季鸿崑 著

中国饮食科学技术史稿

ZHONGGUO
YINSHI
KEXUE
JISHU SHIGAO

图书在版编目(CIP)数据

中国饮食科学技术史稿 / 季鸿崑著. —杭州：浙江工商大学出版社，2016.10

ISBN 978-7-5178-1057-5

Ⅰ. ①中… Ⅱ. ①季… Ⅲ. ①食品科学—技术史—中国 Ⅳ. ①TS2-092

中国版本图书馆 CIP 数据核字(2015)第 088379 号

中国饮食科学技术史稿

季鸿崑 著

出 品 人 鲍观明
策划编辑 唐妙琴
责任编辑 唐妙琴 钟仲南
封面设计 王妤驰
责任校对 袁金麟
责任印制 包建辉
出版发行 浙江工商大学出版社
(杭州市教工路 198 号 邮政编码 310012)
(E-mail:zjgsupress@163.com)
(网址:http://www.zjgsupress.com)
电话:0571-88904980,88831806(传真)
排 版 杭州朝曦图文设计有限公司
印 刷 杭州五象印务有限公司
开 本 710mm×1000mm 1/16
印 张 20.75
字 数 407 千
版 印 次 2015 年 4 月第 1 版 2016 年 11 月第 2 次印刷
书 号 ISBN 978-7-5178-1057-5
定 价 56.00 元

浙江工商大学出版社营销部邮购电话 0571-88904970

中华食学元典精神的辉煌和缺失

(代前言)

我们常说,中华民族有五千年不间断的文明史。所谓不间断,是指在太平洋西岸的这片土地上,尽管发生过多次聚散离合,但我们的生活形态和民族精神一直在延续着、发展着,这是古埃及、古印度、古巴比伦和古希腊等其他文明发源地所无法比拟的。从物质文明的层面看,成熟的农耕文明养成了中华儿女稳定的几乎万世不易的生活形态,并且在此基础上形成了我们特有的思维方式和民族精神。我们中华民族就像一个酸碱度适中的大染缸,任何有限的群体都无法改变这个染缸的基本色调和它的中性特质。历史上曾经有好几个来自北方的游牧民族,也曾经局部甚至全部占有这个染缸,但其最终结果是他们丧失了自我,被染成了中华民族的一部分,连逃走的机会都没有。近代以来,西方列强也曾经数度企图改变我们,但都是以失败而告终,不可一世者如当年的日本,结果也被碰得头破血流,尽管他们处心积虑地想"以华制华",但他们不具备我们的民族基因,所以既无法改变也根本学不到我们的民族精神。这种民族精神就是我们的元典精神,它无处不在,当然也存在于我们的饮食生活中,笔者称之为中华食学的元典精神。

自古以来,人类饮食就是一门牵涉面极广的大学问,但在物质层面上,它因为"人人有份"和"众所周知"而被割裂,分别置于农学和医学之中,因此没有"食学"这个说法,这在全世界都是如此。同样,在精神文明层面上,人们可以从饮食活动摄取若干高深的哲理,用之于"修身、齐家、治国、平天下"的个人和社会的道德准则之中;如中国古人有一句名言"治大国若烹小鲜",有许多人为之一振。然而,在浩如烟海的中国古籍里,虽然从汉代开始就有以《食经》为名目的饮食著作,但绝大多数只是一些烧饭做菜的"食谱",要从那里得到"治大国"的道理,那绝对是自欺欺人。这些《食经》连起码的中国烹饪术的技术体系都没有概括出来,直到清代乾隆年间,才由袁枚写成了约7000字的《须知单》和《戒单》(均见《随园食单》)。至于专门的食品学著作,勉强可以从宋应星的《天工开物》中找到,但那已经是明朝的事情了;不过相关的技艺(诸如酿酒、制酱、粮食加工等)在民间一直存在。坦率地讲,我国真正用科学的方法记述和总结食品制造和烹饪技术,实际上是在西学东渐以后,最早是英国传教士傅兰雅的《化学卫生论》在上海的《格致汇编》上连载,而真正称"饮食"为"学"的是1939年由上海商务印书馆出版的《实用饮食学》(龚兰真、周璇编著)。这是一本只有170页的小册子,主要是介绍普通的营养知识和按食材类别制作菜肴的方法,用“饮食学”这个名称的出版物很少。1966年,与毛泽东、蔡和森并称“湘中三杰”的萧瑜(子昇)写了一本《食学发凡》(仅5万字,台湾世界书局出版),首先提出了“食学”的名称,但也没有多少人响应。直到2011年,赵荣光先生用“亚洲食学论坛”的名称在杭州主持召开了一次有一定规模的国际性的饮食文化研讨会,紧接着又连续召开这样的研讨会,“食学”这个称谓才逐渐传播开来。笔者也乐意使用这个名称,因为这意味着我们目前正在进行的研究工作,已经由烹饪、烹饪学、饮食文化等层次逐步深入,用时髦的说法,叫“逐步进入深水区”;旧有的学术架构已不能反映研讨的学术内涵了,而“食学”这种提法,可以恰当地综合饮食的物质层面和精神层面的一切特征,特别是这两方面的相互影响和相互依存关系。“食学”是个典型的科学文化概念,介于现代人习称的科学和文化之间,而我们常说的“饮食文化”,实质上只是一个比较狭隘的文化概念,它比较偏重于饮食人文的精神研究。

任何一门学问,都有各自的经典,即记述这门学问的核心著作。而元典就是这些经典中的经典。北京大学出版社从本世纪开始,组织出版了一套“科学元典丛书”(目前已列选并出版的有29种)。他们对科学元典所下的定义是:“科学元典是科学史和人类文明史上划时代的丰碑,是人类文化的优秀遗产,是历经时间考验的不朽之作。它们不仅是伟大的科学创造结晶,而且是科学精神、科学思想和科学方法的载体,具有永恒的意义和价值。”在这一段文字中,“时代丰碑”“优秀遗产”“不朽之作”“创造结晶”,以及科学“载体”“永恒”价值,是构成元典的核心标准。我们用这个标准对照我们历史典籍中的食学论述,有哪些够得上称为“食学元典”呢?这正是我们在本文中要回答的一个问题。

一、中华食学元典

宋代陈世崇在《随隐漫录》卷四中说:“古之大儒,格物以为学,伦类通达,谓之真知;其次博物以为闻,敏识强记,谓之多知。”(广陵古籍刻印社笔记小说大观本第九册第377页)由此可见,元典必为真知,是“德性之知”,用现代语言来说,就是创造性的思维,其主要特征就是“伦类通达”,能够揭示普遍真理。这种人是很少的,非圣即贤。对于古代中国来说,应该都是先秦诸子各派的代表人物,而达到“伦类通达”的学说莫过于阴阳五行说。

阴阳和五行原来是两个几乎独立的学术流派,从现有的古代典籍来考察,阴阳学说的元典首推《周易》,它用阴阳八卦而推演成六十四卦,再用爻位变化表征各种事物的变化规律,所以在《周易·系辞·上》中,一开始便引入天地、乾坤、尊卑、动静、刚柔、男女等一系列阳阴相对应的概念和物相,并说“一阴一阳之谓道”。古代传说《周易》为伏羲、周文王所著，其文字解释出于周公，而书后所附“十翼”向来认为是孔子所作，所有这些而今都无法准确查证。而《老子》“万物负阴而抱阳，冲气以为和”，是大家熟知的关于阴阳最早的概念。那么究竟是《老子》抄袭《周易》，还是《周易》抄袭《老子》呢？这是根本说不清的问题，其实也无须说清楚，反正《周易》是中国古代最伟大的哲学元典之一。

至于五行学说，当之无愧的元典是《尚书·周书·洪范》。《洪范》是《尚书·周书》的重要篇章。一开头便说是周武王向商朝老臣箕子询问治国之道，箕子便写了这篇《洪范》答复他。所谓洪者，大也；范者，法也。洪范就是治理国家的根本大法。因其一共有九条，所以也称“洪范九畴”，据说这是大禹时期就流传下来的。治理国家时，按“九畴”办事，就会“彝伦攸叙”(按天下之常理行事)。这九条的第一条便是“五行”，实乃中国古代五行学说的滥觞，而且及于“五味”。除此之外，《洪范》与饮食生活有密切关系，例如第三条叫“农用八政”，孔安国解释这个“农”字乃厚的意思，“农，厚也。厚用之政乃成”，而马融的解释则为“食为八政之首，故以农名之”。这些便是后代正史中把经济史称作“食货志”的根据。《洪范》对人们的饮食生活等级也做了规定，明确君王可以“惟辟玉食”(享用美食)，人臣如享用美食便是“其害于而家，凶于而国”，“民用僭忒”(祸乱重重)。

将阴阳和五行合在一起形成阴阳五行学说，现有的古籍依据大概在春秋战国时期，最早见于《管子》。现在传世的《管子》并不全是管仲本人所作，可是由于管仲在先秦哲人中，其出世年代比老子、孔子都要早，所以他的若干见解应比他人更早。但尽管今本《管子》中有些篇目明显地把阴阳、五行结合在一起，我们却不能武断地认定管仲就是阴阳五行学说的首创者。而按照司马迁在《史记·孟子荀卿列传》中的记述，战国末期的阴阳家邹衍(约前305—前204)该是阴阳五行说的创造者，他还发明了解释封建王朝更迭的“五德始终说”，把阴阳五行说推广到人类社会生活的各个方面。可惜他的著作早已散失了，所以我们今天无法窥探这个学说的原始全貌。

看来，阴阳五行说并非先秦时的某一家之说，而是儒、道、墨、法、阴阳等各家的杂糅产物，因此，第一部杂家著作《吕氏春秋》便成了阴阳五行学说最早的完整载体，它的“十二纪”将阴阳和五行两者完满结合，被烹饪界人士奉为经典的《本味》也充斥了阴阳五行观念。

入汉以后，另一部杂家名著《淮南子》更是用阴阳五行学说阐述自然和社会人文关系的元典。然而，真正把阴阳五行学说提到中国古代哲学主体地位的是西汉人董仲舒。他就是那个说服汉武帝“罢黜百家，独尊儒术”的变种大儒。董仲舒的儒术除了对孔孟有传承关系，还吸收了道家和阴阳家的一些主张为他所用，其中最突出的是他改造了先秦时期以原始的辩证法和朴素唯物论为基础的阴阳五行学说，使之充满了神秘主义色彩。他用“祥瑞”为封建君王的统治歌功颂德，又用“灾异”劝告封建君王要遵守天地的常道。他像巫师一样预测一些自然现象，结果有时因不准确而几乎丢了脑袋。但是不管怎么说，阴阳五行说在他手里变活了，上可以影响国家政治，下可以规范人们的衣食住行和生老病死。

综上所述，阴阳五行学说元典可以《周易》《尚书·周书·洪范》《管子》《吕氏春秋》《淮南子》和董仲舒的《春秋繁露》为代表。至于它们和食学之间的关系，笔者曾在《追溯中国饮食哲理的祖宗——碎片化的阴阳五行说》（《楚雄师范学院学报》2013 年第 1 期）一文中进行梳理。然而哲学原理并不能代替人们的思想观念和伦理道德，而作为中华民族民族精神的先秦儒家思想的影响更大。对于食学而言，《论语·乡党》，《礼记》中的《中庸》《月令》《内则》诸篇和《孟子》都具有元典价值，这在本书以下的叙述中会逐步明确。

二、中华食学元典精神的辉煌

赵荣光先生曾在《孔孟食道与中华民族饮食文化》（'98 世界华人饮食科技与文化交流国际研讨会论文之六，1998 年，大连）一文的开头，把文化分为微观（个体）、中观（民族共性）和宏观（人类文化的时代总汇）三个层次。我们在这里探讨的中华食学当属中观层次，即是中华民族饮食文化的元典精神。在此，我们有着辉煌的历史与成就。

（一）孔孟食道是中华饮食的根本价值观

“孔孟食道”是赵荣光先生的首创。顾名思义，“孔孟食道”就是以孔子和孟子两个人的饮食生活实践为标的，结合他们的饮食思想所形成的中华民族的饮食文化观念。其形成时期虽然在春秋（孔子）战国（孟子）时期，却继承和吸收了夏、商、周三代的饮食文化成果。孔孟食道的冠名权属于孔子和孟子，却涵盖了老子、墨子、庄子、管子、荀子、韩非子等先秦百家诸子的个人饮食和民食观点，并一直为我们中华民族各个不同时代的精英们奉行不悖，其元典精神就是养生为本、守俭节约，反对铺张浪费，崇尚足食节用，在他们的饮食生活中同样体现仁义思想和礼让和谐的做人原则。所以孔孟所提倡的饮食是仁食、义食，更是礼食。赵荣光先生说：“孔孟食道是春秋战国时代一种非常典型的食学思想。”（此为他最早提出“食学”的依据）可以说，孔孟食道其实也是我们中华民族 3000 多年来的食学思想。

（二）“民以食为天”阐明了所有人的生存权利

“民以食为天”的说法虽然出现在秦朝末年楚汉相争时，是自称“高阳酒徒”的郦食其在为刘邦出谋划策的一次谈话中说的，但在三代甚至更早的尧舜时代，已是先民的切身体验。这在《尚书·虞书》的《尧典》《舜典》《大禹谟》诸篇中都有清晰的反映,《管子·牧民》更是明确指出“仓廪实则知礼节,衣食足则知荣辱”,是以“民以食为天”成了家喻户晓人人皆知的普遍真理,为历代治国理政者所遵奉,是区别历史上君王英明还是昏庸的基本标准。即使到了当代,中央领导到基层视察,看农家的厨房几乎是必须有的活动,这种思想近年来颇为一些外国的社会学家所推崇。

(三)“致中和”“大一统”是中华食学基本的理论图像

“致中和”出于《礼记·中庸》。作为“四书”之一的《中庸》,传为孔子之孙子思(孔伋)所作。“中庸之道”向来被视为中华民族的民族精神,其中“致中和”一节的原文是:“喜怒哀乐之未发,谓之中;发而皆中节,谓之和。中也者,天下之大本也;和也者,天下之达道也。致中和,天地位焉,万物育焉。”历代注家,也有用阴阳五行说来解释的。其实中国追求“中和”即是追求和谐,诸子百家对此多有论述,而且几乎没有反对的意见。20 世纪 80 年代,“烹饪热”兴起以后,有不少学者以“中和”作为中国烹饪追求的理想境界,我国台湾学者李亦园先生以“致中和”作为中国饮食文化研究的理论图像(《第六届中国饮食文化学术研讨会论文集》,台湾中华饮食文化基金会,2000 年,台北)。他认为:在人们的饮食活动中,不仅在烹调技术中追求“中和”,而且在人际关系、人与自然的关系中,都追求“天地位焉,万物育焉”的理想状态。

“大一统”的提法,首先见于《春秋公羊传·隐公元年》。据说《公羊传》是战国时齐人公羊高所作,在汉以前并未写成文本,而是一部口述史,直到西汉景帝时,才由他的玄孙公羊寿和齐人胡母生将它“著于竹帛”。从现在传世本开头一段文字看,“统”是始的意思,“大一统”就是天下均服从于周天子。到了汉武帝时,董仲舒把它发挥到淋漓尽致,成了中华民族的集体性格。不过在现代传世的董仲舒主要著作《春秋繁露》中并没有“大一统”这三个字,勉强有这个意思的是《符瑞第十六》篇“一统于天子”,即天下都要服从于天子。但在《汉书·董仲舒传》中,收录了他回答汉武帝的三篇对策,在最后一篇中,明确说:“《春秋》大一统者,天地之常经,古今之通谊也。今师异道,人异论,百家殊方,指意不同,是以上亡以持一统;法制数变,民不知所守。臣愚以为诸不在六艺之科、孔子之术者,皆绝其道,勿使并进。邪辟之说灭息,然后统纪可一,法度可明,民知所从矣。”汉武帝接受了他的建议,便采取了“罢黜百家,独尊儒术”的专制政策,“大一统”成了中国人两千年来信奉的行动指南。阴阳五行说是我们中国人信奉了 3000 年的思想律,而“致中和”和“大一统”则是实现思想律的行动指南,这在中华饮食文化中无时不在、无处不在。

(四)“天人合一”是中华民族追求和谐的理想境界

董仲舒要求人们“独尊儒术”,其实他提倡的“儒术”并非孔孟所阐发的“纯儒”,而是经他吸取了道家、法家尤其是阴阳五行家以后改造的混杂诸子的新儒家。他的《春秋繁露》时刻不离《春秋》,并且把战国时期由子思、孟子乃至荀子提出的天人关系提高到“天人合一”的高度。他说:“天人之际,合而为一。同而通理,动而相益,顺而相受,谓之德道。”(《春秋繁露·深察名号》)然而子思等人的“天”,相当于现代的自然,而董仲舒的“天”,则实指君王,他说:“唯天子受命于天,天下受命于天子,一国则受命于君。君命顺,则民有顺命;君命逆,则民有逆命。”(《春秋繁露·为人者天》)由此,原先“天人之际”是指人和自然的关系,可到了董仲舒那里,成了君主受命于天,他和汉武帝之间的《天人三策》,主要就是阐明这种观点。于是“天人相应”成了“天人感应”,实在是精华与糟粕共存。

“天人合一”思想首先植入了中国传统医学,并且影响了中华饮食,所谓“一方水土养一方人”“非时不食”等,都由此而来。而环境生态方面的尊重自然的意识,古代虽有反映,但主要还是近代提出的,不过当代外国学术界,对中国古代倡导人和自然和谐相处的“天人合一”思想,的确是非常赞赏的。

(五)“和而不同”“求同存异”是中华饮食多元共存的指导思想

《论语·子路》云:“君子和而不同,小人同而不和。”何晏对此作注时说:“君子心和,然而所见各异,故曰不同;小人嗜好者同,然各争利,故曰不和。”类似的说法在先秦古籍中多次出现,而且常常用烹调作比,是以“和而不同”成了中华饮食的元典精神,特别是在各地饮食风味流派的讨论中,和而不同是处理此类问题的基本原则。至于“求同存异”,是从近代逻辑学方法论中推演出来的,即在研究某一事物的因果关系时,如果用寻找诸现象之间共同点的方法来判别其因果,叫作“求同法”,也称“契合法”;反之,如果是用寻找诸现象之间的差异来判别其因果,便叫作“求异法”,或称“差异法”;如果将两者结合在一起,便称“求同求异法”或“契合差异法”。实际上“和而不同”就是“求同求异法”的古代表达形式,人们在处理实际问题时,总是首先寻找共同点,因为这是“和”的基础,对于那些非原则、非核心的差异,不必强求一致,这就是“求大同,存小异”。我们可以在人们的饮食生活中,寻找到很多符合这个原则的实际例证。“求大同,存小异”现在已成为我国外交政策中的一个基本法则,真是“治大国若烹小鲜”。2014 年 3 月 27 日,习近平主席在法国巴黎访问联合国教科文组织总部时,就是用“和而不同”来阐明世界上不同文化之间和谐共存、互相尊重的关系的。

(六)“医食同源”或“药食同源”是中国人饮食保健的基本法则

“医食同源”或“药食同源”是传统中医药长期发展总结出的饮食保健养生法

则,由于中医药所用的药物都是天然产物,其中相当多的品种就是人们日常生活中的食物或其加工制品,这完全是古代"神农尝百草"的余韵。因此,有时候"药"和"食"没有明确的界限,即药有食的功能,而食有药的效用,这在《神农本草》直至现代的中药学中,表现得都非常明显。历史上对此做出明确认定的是唐代名医孙思邈,他在《千金翼方·养性》中说:"君父有疾,期先命食以疗之,食疗不愈然后命药。"尤其杰出的是他的"治未病"思想,实开近代预防医学的先河。他的弟子孟诜发展了乃师的思想而创立"食疗之说",可惜孟诜的主要著作《食疗本草》现在仅存残本。

"药食同源"思想在中国人的饮食生活中长期占据指导地位,然而,在中医典籍中并没有这四个字,但它却是家喻户晓的饮食养生原理,特别是在保健食品及保健药品研制和使用中,药和食几乎没有明确的界限,这和源于西方的近代医学是明显不同的。在近代医学中,食就是各种营养要素的综合体,而药则是具有各种不同靶向的治病物质,其中虽然也有天然产物,但主要是人工合成或从天然产物中分离出来的有治疗效果的物质。在近代医学体系中,食只是营养的物质基础,而药是没有营养功能的。

我们中国人经过100多年近代医学的救助和洗礼,早已经接受了近代医学,但在日常生活中,却又对老祖宗的传统医学念念不忘,这就注定了中国人饮食科学理论的多元化:一方面讲究食物的营养成分,另一方面又讲究各种食物的配伍,接受阴阳五行说的理论指导。这种特有的混搭现象,不知会延伸到何年何月。

笔者将以上六点概称为食学的元典精神,它们涵盖了科学和人文两个方面,不仅指导了13亿中国人的饮食生活,同时又孕育着我们中华民族的民族精神,其成果是非常辉煌的。我们反对在饮食文化形态上划分三六九等的说法,对于饮食文化而言,凡是存在的,就一定有它的合理因素,国内如此,国外也如此。我们祖先在《礼记·礼运》中阐发的大同思想,的确是一种理想主义的愿望,但我们的民族性格倡导和谐,所以我们从不歧视或排斥别人。我国近代著名的社会活动家、社会学家、人类学家、民族学家费孝通先生在1990年提出的"各美其美,美人之美,美美与共,世界大同",笔者称它为处理各种不同文化形态之间关系的"十六字诀",现在为越来越多的人所接受。它或将成为我们中华民族新的元典精神,在食学范围内,它几乎不需要做更多的解释,立刻成为我们研究各种现实问题的指导思想。

三、中华食学的精神缺失

笔者向来坚持"一分为二"的研究方法,对于任何事物都不应该执其一端,连董仲舒都说:"独阴不生,独阳不生"(《春秋繁露·顺命》)。我们中国人早已认识到世界上没有绝对完美的事物,"金无足赤,人无完人"就是一个最好的比喻。然而,在

20 世纪的"烹饪热"中,有些学者抱着"弘扬"心态,说过一些过头话。诚然,中华饮食的普及形态是中国烹饪,它的确有许多值得我们自豪的历史积淀,连近代民主革命伟大先行者孙中山、中华人民共和国的伟大领袖毛泽东和新时代改革开放的总设计师邓小平,对此都曾经赞赏有加(研究中国在 20 世纪的历史,离开这三个人便无法进行)。然而,再完美的事物,都难免有瑕疵,何况涉及 13 亿人口的饮食? 眼前的现实,也揭示了中华食学在精神层面上确有缺失,就笔者本人的认识而言,至少在批判思维、科学精神和法制观念三个方面存在明显的缺失。

(一)批判思维

批判思维是学术研究中不可或缺的创造性思维,大凡能够促进社会进步的学术思潮,都少不了批判思维的推动。欧洲文艺复兴运动对中世纪黑暗时代的批判,是西方近代科学诞生的动力,从哥白尼的《天体运行论》开始,在自然科学的各个领域内都开展了对宗教神学的批判。以笔者所熟悉的化学科学而言,1661 年英国人波义耳在《怀疑的化学家》中,对古希腊的四元素说进行了批判,从而确立了化学科学的元素论;1789 年法国人拉瓦锡的《化学基础论》出版,确立了科学的燃烧理论,氧化作用被人们所承认;1808 年起英国人道尔顿的《化学哲学新体系》第一部分出版,建立了科学的原子论,从此近代化学得以成为一门完整的学科,用大量的实验事实对旧观念、旧思想进行彻底的批判。其实,我们中国在古代就存在类似的批判思维。春秋战国时期的百家争鸣就是一个典型的范例。例如《荀子・非十二子》就点名批判别人,甚至包括子思、孟子;《韩非子》全书充满批判精神。到了汉代,汉武帝听了董仲舒的话,"罢黜百家,独尊儒术",实际扼杀了批判精神,实现了独裁统治的目的。但好景不长,到了东汉,王充的《论衡》中就有《道虚》《问孔》《非韩》《刺孟》这样的篇名,实在是对董仲舒"大一统"思想的批判。魏晋南北朝时期,面对各民族和各统治集团的纷争,董仲舒的那一套无济于事,加上印度佛教的东传,儒家一尊的地位动摇,批判性思维又重新发散,从而促成了中华民族文化的进一步繁荣。令人惊异的是,战争频仍,民不聊生,文化反而繁荣,这就是批判思维的魅力。大凡由治向乱,思想反获得解放,文化于是繁荣;反之由乱返治,统治者便会收紧缰绳,使得人们的思想僵化,创造性思维反而会丧失。宋儒的理学、明代王阳明的心学无不如此。

近代中国,批判性思维大发散的时代是五四运动前后,在思想文化界,达到了天翻地覆的程度。对于中华食学来说,也就是这场运动,才真正把近代科学引进中国人的饮食生活。在民食政策方面,从孙中山的"耕者有其田",到毛泽东时代的土地改革、农业合作化和人民公社,也才真正考虑每一个中国人的饮食问题。真正解决中国人吃饭问题的是邓小平,他也是从批判思维起步的。关于"实践是检验真理的唯一标准"的大讨论,开创了中国共产党人自我批判的先河。这场批判运动至今还没有结束。在食学研究领域内同样如此,眼下需要的就是用扬弃的功夫对待我们祖宗留下的饮食文化遗产。

需要指出:学术方面的批判思维要力戒“党同伐异”式的人身攻击,“文人相轻”是知识分子的恶习,固守师门是厨行的陋规,许多现实状况着实令人烦恼,我们要引以为戒。

(二)科学精神

“科学”这个词原本产生于西欧,是由日本人首先翻译并传入我国的,早先叫作格致之学。格致者,格物致知也,语出《礼记·大学》:“致知在格物,物格而后知至”。宋、明儒家如朱熹、王阳明等都把它当作研究知行关系的哲学命题,明人所编辑的《格致丛书》,相当于今天的自然、技术和人文科学,到了清代,格致就完全成了自然科学的代名词。因此,直到今天,人们也无法给“科学”下一个大家一致赞同的定义。至于科学精神,现在和科学思想、科学方法一起成了人们谈论学术的口头禅,但也没有一致的认识,诸如探索、求实、怀疑、实证、创新、理性等都被视为科学精神的实际内涵。由于科学反对迷信权威,提倡实事求是,所以和历代“独尊儒术”的方针不协调,特别是西方文艺复兴运动以后,我国知识界仍保守僵化,从而落后于世界先进水平。尽管鸦片战争以后,西方人强迫我们接受了近代科学,但创新精神始终是块短板。尤其是在饮食科学技术领域,至今还有许多荒唐的见解,大的如不愿意接受近代营养科学,小的如至今还有人说机器做出来的东西不如手工的好吃。2014年“两会”期间,转基因食品又成为人们普遍关注的话题,其实,这提醒农业部,一方面对转基因食品的商业化一定要严加控制,一定要有完全无害的科学结论出来再推广;另一方面对转基因食品的研究一定要抓紧,否则是要吃大亏的,我国失去大豆市场的定价权就是现实的教训。至于餐饮行业中对某些消费量大的菜肴面点品种,精确掌握手工技艺的技术参数,进行机械化的生产,那绝对是个必然趋势。

(三)法制观点

科学的发展使人类思想从单一性走向多样性,美国历史学家H. 亚当斯在1905年说:“一百年以后,也许是五十年以后,在人类思想上将要出现一个彻底的转折。那时,作为理论或先验论原理的法则将消失,而让位于力量。道德将由警察所代替”(转引自贝尔纳《科学的社会功能》中译本第15页)。最后一句话很有现实意义,当人们的思想从单一性向多样性转变,古代那些朴素的道德说教的确显得苍白无力,我们中国当下的情况和100年前H. 亚当斯的预言惊人地一致。笔者清楚地记得,在20世纪三四十年代,故乡农民知道的“王法”只有“杀人者偿命”之类道德原则,寺庙是劝人行善的主要场所,壁画上那些令人毛骨悚然的场景,教育人们要弃恶从善,就连贸易行为中的克扣斤两,死后也会被阎王惩罚,用秤钩钩起犯事者的心脏。诸如此类的道德宣传,的确也起到了一定的震慑作用。然而,对于那些不相信这些的人来说,这种方式毫无约束力,特别是在新中国成立以后,破除迷信运动早将这些冲得无影无踪,代之而起的是社会公德宣传。然而,在市场经济中,"公德"几无约束力,于是警察代替了道德,一切要依法办事。改革开放以后,有关食品安全和公平交易的犯罪事件,最终都是要靠法律手段来解决。这时我们才发现,我们中国的法制是多么不完备。在食学的元典精神中必须补上法制意识,专利、技术标准、产品规格、安全卫生法规之类的法律手段,一个也不能少。

目　　录

第一章　中国古代饮食科学技术史的背景文献

研究中国饮食科学技术史和研究中国饮食文化史，在背景资料方面，既有相似的地方，也有不同的地方。饮食文化史从远古开始直至当代，一直呈现连续发展的延伸状态，而饮食科学技术史，到魏晋以后，其基础理论水平基本上是停滞的，相关工具和单元操作也是如此。秦汉时代已经成型的技术模式，无论是从工具方面考察，还是从单元操作方面考察，几乎就不再发展了；而营养、食品工艺和烹饪工艺三个重要组成部分的理论体系再也没有什么划时代的重大变化了，有的就是这些工艺的应用范围不断扩大。食物新品种的确是在增加，尤其是菜肴和面点的新品种，那简直是以几何级数的形式在翻番，但它们在工具和技术方面却基本是老样子，所有的成果都是在奴隶制社会向封建制社会转化过程中出现的，以至于当我们今天研究中国饮食科学技术史时，这一时期的背景资料，就成了经典。且只有掌握这些经典，我们才能认识到中国饮食科学技术史和饮食文化史的关系，如果不了解这种关系，中国古代的饮食科学技术史就太单薄了，和一般的食品史、烹饪史、菜肴史、面点史，也就没有什么区别了。至于从封建制社会向资本主义社会乃至社会主义社会转变时期的背景资料，我们不打算在这里集中介绍，而是在各个具体专题下分别介绍，因为大家对近、现代的背景是比较清楚的，无须多费篇幅。

鉴于所述背景文献大多在隋唐以前，而且相对集中于“四库”的子部，选择的依据主要是《汉书・艺文志》和《隋书・经籍志》。至于考古文物，也在具体专题下分别介绍，这里也就从略了，以免重复。

第一节　儒家经典与中国饮食文化

儒家是中国传统文化的主流，究其原因，一方面是由于历代最高统治者特别是汉武帝的提倡。有人说，秦始皇最大的功绩在于实现了中华民族的统一，而汉武帝的最大功绩在于建立了中华民族的文化传统，而这个传统的核心就是儒家的思想和学术。另一方面的原因，在于儒家创始人孔子花了很大的力气去整理夏商周三代的文献资料，形成了一套后来被称为“六艺”的社会文化体系，这正是他比那个时代其他学派创始人高明的地方。孔子阐述自己的政治主张和生活准则时，不是自说自话，而是充分利用当时的社会文化资源，这就是“六艺”。所谓“六艺”，即“六经”，孔子曾说：“六艺于治一也，《礼》以节人，《乐》以发和，《书》以道事，《诗》以达意，《易》以神化，《春秋》以道义”（《史记·滑稽列传》）。这就是儒家六部经典的要义。现在除了《乐经》不传以外，其他“五经”仍然是我们研究中国文化不可或缺的经典，足见孔子对中国文化传统的影响力之大。为了证实这一点，我们不妨一一考察：“《易》以神化”，在今天来说，就是哲学，《易》本卜筮之书，因为孔子作《十翼》，它才成了中国古人的思想律。“《书》以道事”，用今天的话来说，就是施政文告，孔子后代孔颖达作《尚书正义》序说：“先君宣父生于周末，有至德而无至位，修圣道以显圣人，芟烦乱而翦浮辞，举宏纲而撮机要。”这说明《尚书》是经过孔子整理的。“《诗》以达意”，孔子将流传民间的诗歌 3000 首删成后来的《诗经》，这也是学术界公认的。“《礼》以节人”，孔子毕生以宣扬仁、礼为己任，故今传之《三礼》都与他有关，这是不容置疑的。“《春秋》以道义”，所谓“春秋”，即鲁国的历史，而且是经过孔子修订过的鲁国历史，他修史的目的，历史上早有定论，“孔子作《春秋》，乱臣贼子惧”，这便是孔子的“道义”。“六艺”中唯有《乐》未能传下来，只有在《礼记》中有一篇《乐记》。对此，历史学家有不同的说法，因与本书主旨无关，故不加讨论。由于孔子整理了当时流行的文献资料，所以他在先秦诸子百家中影响最大，而且他又是为统治阶级服务的，所以儒学成了“显学”。可是他自己却说“述而不作，信而好古”。一本《论语》，是孔子弟子们的读书笔记，更显得他治学的谦虚态度。总之，在汉武帝“独尊儒术”之前，儒学并不是独一无二的学术体系，孔子在世时也非常不得意，有时甚至“累累若丧家之犬”。幸亏在他死后，有众多弟子传播他的学说，战国时期更有孟子、荀子传承他的衣钵，但其社会影响也不见得在其他学派之上，汉高祖刘邦甚至在儒生的帽子里撒尿，“文景之治”也是以黄老道家为治国的指导思想。直到建元年间（前 140—前 135），汉武帝才接受了董仲舒“罢黜百家，独尊儒术”的基本国策。在此之前，“自孔子卒，京师莫崇庠序”（《史记·太史公自叙》）；可在此之后，儒家又成了显学，特别是隋唐以后的科举制度，使儒家经典成为读书人走上仕途的敲门砖，因之一直兴旺发达，即使偶遭批判，也会不久即起死回生，而且是一浪高过一浪。所以研究中国学术者，不可不理会孔子和儒家。

汉代以后，对儒家的评价首见于司马谈的《六家要指》：“夫儒者以六艺为法，六艺传经以千万数，累世不能通其学，当年不能究其礼，故曰‘博而寡要，劳而少功’，若夫序君臣父子之礼，列夫妇长幼之别，虽百世弗能易也。”当时司马谈就说过，“是以其事难尽从”，但其上下尊卑的说教，真是百世弗易，中国儒家不断变换角色面孔，这一点却从未改变过。司马迁其实也很尊重孔子，所以作《孔子世家》，其宗旨是“周室既衰，诸侯恣行。仲尼悼礼废乐崩，追修经术，以达王道，匡乱世反之于正，见其文辞，为天下制仪法，垂六艺之统纪于后世”。不仅如此，他还因为“孔氏述文，弟子兴业，咸为师傅，崇仁厉义”而作《仲尼弟子列传》。（以上均见《史记·太史公列传》)到了汉武帝推行“独尊儒术”的政策以后,《汉书·艺文志》(传为刘向作)中的评价就成了“儒家者流,盖出于司徒之官,助人君顺阴阳明教化者也。游文于六经之中,留意于仁义之际,祖述尧舜,宪章文武,宗师仲尼,以重其言,于道最为高”。这时的儒家已不是“百家”之一而是学术之宗了。到了《隋书·经籍志》中,直言“儒者,所以助人君明教化者也。圣人之教,非家至而户说,故有儒者宣而明之”。在此之前,虽有“小人儒”“俗儒”等贬义说法,但儒为经世之师的地位已经确立。

儒家创始人孔子(前551—前479;周灵王二十一年—周敬王四十一年),名丘,字仲尼,鲁国陬邑(今山东曲阜东南)人。他的主要思想保存在《论语》中。对于任何一个古人来说,其历史作用总有积极面和消极面,孔子也不例外。他被历代统治者奉为圣人,也曾被激进人物斥为罪人,但真正对他进行批判,实始于五四运动,毛泽东晚年直言“孔学名高实秕糠”。其实这些做法和言论,几乎都出于政治需要,而孔子本人永远是“博而寡要”的读不懂的历史人物。我们在这里不拟继续讨论这些,只是想指出,孔子是轻视体力劳动(也轻视妇女)的封建圣人,所以对于饮食生活,他的一句“食不厌精,脍不厌细”,至今人们仍争论不休。还有经他整理过的“六经”,也确实保存了一些珍贵的先秦时代的饮食科技史料,例如“乃命大酋”之类,而《论语·乡党》则更为光辉。所有这些,我们在这里不单独介绍,因为在以后的叙述中,不可避免地要涉及。这里只是把《汉书·艺文志》所列儒家诸子中的饮食史料,做概括的介绍。

一、《论语》和中国饮食文化

儒家创始人孔子的简单生平,前面已做了介绍,除了“六经”以外,《论语》是考察他学术思想和生活哲学的主要依据。他整理了“六经”,却说自己“述而不作”。至于《论语》则是其弟子门人所做的记录,中国有名人语录,大概始于孔子。在他之后又有曾参、子思、孟子、荀子等一传、二传甚至三传、四传弟子,所以他的学术系统从未中断。特别是在汉武帝接受董仲舒的“罢黜百家,独尊儒术”的建议以后,孔子的儒家学说,便成了真正的“国学”。关于孔子的全部学术,不是本书所能讨论的,笔者也没有那个能力和水平。在这里,我们仅就《论语》本身与中国饮食文化的关系做简要的讨论,因为这是研究中国古代任何一门学术都绕不开的坎。

关于孔子(连同孟子)的饮食思想,赵荣光提出“孔孟食道”的说法,笔者颇为赞赏,并引为同志。他在'98世界华人饮食科技与文化交流国际研讨会(1998,大连)上宣读的论文《孔孟食道与中华饮食文化》中,论证了孔孟食道的存在和历史文化价值,并以严谨的治学态度申说:由于文献的缺失,我们尚不能给孔孟食道的全部内涵做准确的界定。笔者倒是觉得赵荣光先生过于谨慎了,他此后多次仅以《论语·乡党》为依据解释孔孟食道。依本人的理解,孔孟食道至少可以肯定如下三点。

(一)上下不移,仁礼为先

上下不移是孔子治理社会的基本原则,认为君臣父子不可易位。这在《论语》中俯拾皆是,甚至主张上智与下愚不移,更无须论证。《论语·颜渊》:"齐景公问政于孔子,孔子对曰:'君君、臣臣,父父、子子。'公曰:'善哉! 信如君不君,臣不臣,父不父,子不子,虽有粟,吾得而食诸?'"足见这种社会伦理秩序是靠他的仁礼思想来维系的。还是《论语·颜渊》:"子贡问政。子曰:'足食,足兵,民信之矣。'子贡曰:'必不得已而去于斯三者,何先?'曰:'去兵。'子贡曰:'必不得已而去于斯二者,何先?'曰:'去食。自古皆有死,民无信不立。'"这便是著名格言"去食存信"的来历。由此可见孔子对社会道德的重视,而他的核心正是仁、礼两个字,我们已经无须再作引证。

(二)以食养志,取之有道

孔子对"志"(做人气节)看得很重,他在《论语·子罕》中曾说过:"三军可夺帅也,匹夫不可夺志也。"他强调做人要对社会有贡献,反对"饱食终日无所用心"(《论语·阳货》),他更赞赏伯夷叔齐那种"不降其志、不辱其身",宁可饿死的气节(《论语·微子》)。他连鲁人微生高向邻居讨点醋(醯)都嗤之以鼻,说此人算不得是"直人"(《论语·公冶长》)。他力戒弟子勿为"小人儒",他痛恨季氏富于周公,而其弟子冉求却为季氏去征赋税,他因此气得说:"非吾徒也,小子鸣鼓而攻之可也。"(《论语·先进》)

(三)足食节用,崇俭抑奢

孔子最满意的学生是颜回,就是因为颜回虽然极度贫困,仍然有志于学。他很推崇管仲,一个很重要的原因就是佩服管仲虽然位高权重,却仍然"饭疏食";同样,对于夏禹"薄衣食,而致孝于鬼神",非常钦佩。

由于孔子重道不重器,所以他轻视体力劳动。因此,从饮食科学技术的角度去研读《论语》,只有《乡党》中那一段"不食"的训条蕴含着极大的科学价值,人们均视为重视卫生的典范。其实孔子的本意在于"敬",《乡党》所述是指对祭祀饮食不可马虎,因此要有崇敬之心,不能违背礼仪的规则。可是不少人把孔子当作"饮食之人",特别是根据"食不厌精,脍不厌细"那两句,把孔子当作美食家的祖宗,实际上是对孔子的不敬。孔子是要求人们把最美好的食物奉献给神灵,是"祭如在,祭神如神在"的实际要求。至于《乡党》那些训条本身,因为以后要多次引用,这里就不进一步介绍了。

二、《孟子》和中国饮食文化

孟子(约前372—前289;约周烈王四年—周赧王二十六年),名轲,字子舆,邹(今山东邹县东南)人,受业于子思的门人,被公认为是孔子学说的继承人。现在传世的《孟子》和《论语》及原收在《礼记》中的《大学》《中庸》,自宋代朱熹以后合称"四书",该书对中国传统文化有很大的影响。

孟子的饮食思想,首先是发展和丰富了孔孟食道。关于"上下不移",他在《滕文公上》中关于"劳心者治人,劳力者治于人。治于人者食人,治人者食于人"的那段话,本书将在"农家"一节中详细引证,这是"上下不移"的典型论述。他在《告子上》中说,"鱼我所欲也,熊掌亦我所欲也。二者不可得兼,舍鱼而取熊掌者也",并由此比喻,导出"舍生取义"的著名训条,与孔子的"仁、礼"思想一起,成为中华民族传统人格的最高境界。文天祥临死时说的"孔曰成仁,孟曰取义",便是中国古代知识分子万不可放弃的行为准则。《告子上》开始时还有一则关于"礼与食孰重"的讨论,孟子完全主张重礼而轻食与色。《尽心上》还说:"饥者甘食,渴者甘饮,是未得饮食之正也。"关于饮食行为,《告子上》通过告子之口,明确指出:"色、食,性也。"但这个性,是有道德标准的,《离娄下》中所说的著名的"齐人有一妻一妾"的故事,很能表达孟子对来路不明饮食的鄙视。关于足食节用,崇俭抑奢,孟子在《离娄下》中同样赞同孔子对颜回"箪食瓢饮"俭朴生活的评价,在《告子上》中对"饮食之人"也痛加批判,不羡慕"膏粱之味"。在《尽心下》中,孟子郑重宣示:"食前方丈,侍妾数百人,我得志,弗为也。"但这不等于孟子不知道什么好吃,在同一篇随后的讨论中,说到曾子的父亲曾皙嗜羊枣,曾子为了尊重父亲,所以不食羊枣。为此公孙丑问孟子:"脍炙(烤肉)与羊枣孰美?"孟子明确回答他:"脍炙哉。"并在随后的谈话中解释了曾子为什么不食羊枣。从以上讨论可知,孟子的饮食思想完全是继承孔子的,因此"孔孟食道"的提法是科学的。

孟子也有超过孔子的地方,那就是他的民本思想。在古代以民为本,主要是说如何养民。在《梁惠王上》中,他劝梁惠王要奖励农耕,因为"不违农时,谷不可胜食也。数罟不入洿池,鱼鳖不可胜食也。斧斤以时入山林,材木不可胜用也,谷与鱼鳖不可胜食,材木不可胜用,是使民养生丧死无憾也。养生丧死无憾,王道之始也。五亩之宅,树之以桑,五十者可以衣帛矣。鸡豚狗彘之畜,无失其时,七十者可以食肉矣"。这便是孟子的理想社会。

孟子很主张孝道,《离娄下》列举不孝的五种行为,其中有三种是"不顾父母之养"。但他对死葬的重视超过生养,他说:"养生者,不足以当大事,惟送死,可以当大事。"赵岐注曰:"孝子事亲致养,未足以为大事,送终如礼则为能奉大事也。"这不仅为官吏丁忧制度进一步提供了理论根据,而且也影响了厚葬之风。

孟子认为："口之于味，有同嗜焉。易牙先得我口之所嗜者也。如使口之于味也，其性与人殊，若犬马之与我不同类也，则天下何嗜皆从易牙之于味也？至于味，天下期于易牙，是天下之口相似也。"(《告子上》)对此赵岐注曰："人口之所嗜者相似，故皆以易牙为知味，言口之同也。"这是说，人对于食物滋味的美好与否，其认同感是相同的。他在另一处还说，这些感官认知是生理本能。但是人对美味的嗜好追求，也要受到礼制的约束。

孟子在《滕文公上》开头，曾有一段关于古农家许行的评价，我们将在农家部分做介绍，这里就从略了。

三、"三礼"中的饮食科技资料

我们中国人都把周公、孔子当作圣人的标本，主要原因恐怕就是因为他们为后代立下了做人的规矩，这就是遵奉了数千年的礼教或礼制，合"礼"即合理，否则就是悖谬；因此，流传到今天的《周礼》《仪礼》和《礼记》三本古书便留下了许多关于做人的规矩，被合称为"三礼"或《礼经》。它们在讲如何做人的同时，也要规范人们的生活行为，因此也就记载了许多古代的生活科学知识，其中尤以《周礼》和《礼记》最为突出。其实我们中国的"经"书，通常是指《周易》《尚书》《诗经》《礼经》和《春秋经》(合称"五经")，因为它们都经过孔子的删削整理，而且孔子及其后学都一直尊奉这些"经典"，所以它们实际上是儒家经典的精华所在。就饮食科学而言，《易》《书》《诗》和《春秋》涉及的内容相对较少，所以我们在这里主要介绍"三礼"。

(一)《周礼》

《周礼》也称《周官》或《周官经》，古文经学派说是周公所作，今文经学派认为是战国时的作品，也有人认为是西汉末年刘歆所伪造。近代学者根据周秦青铜器上的铭文和相关文献综合考察，定为战国时的作品。全书共有《天官冢宰》《地官司徒》《春官宗伯》《夏官司马》《秋官司寇》《冬官司空》六个部分，分述周代中央政府的各种官制职掌，因《冬官司空》早佚，后以《考工记》补入。其中与饮食科学相关的内容有：

1.《天官·内饔》："辨腥臊膻香之不可食者：牛夜鸣，则庮(yóu)；羊冷毛而毳(cuì)，膻；犬赤股而躁，臊；鸟麃(piǎo)色而沙鸣，貍；豕盲视而交睫，腥；马黑脊而般(斑)臂，蝼。"

2.《天官·医师》以及《食医、疾医、疡医和兽医》之职掌。

3.《天官·酒正》："辨五齐之名，一曰泛齐，二曰醴齐，三曰盎齐，四曰缇(tí)齐，五曰沉齐。""辨三酒之物，一曰事酒，二曰昔酒，三曰清酒。辨四饮之物，一曰清，二曰医，三曰浆，四曰酏(yí)。"

4.《周礼·考工记》为我国古代重要的科技史资料，据考证，它是春秋末期齐国人记录手工技术的官书，西汉河间献王刘德因《周官》缺《冬官》，将其补入，分别对车舆、宫室、兵器等的制作技术做了说明，其中有关青铜冶炼技术有两段文字：

"金有六齐。六分其金而锡居一，谓之钟鼎之齐；五分其金而锡居一，谓之斧斤之齐；四分其金而锡居一，谓之戈戟之齐；三分其金而锡居一，谓之大刃之齐；五分其金而锡居二，谓之削杀矢之齐；金锡半，谓之鉴燧之齐。"

"凡铸金之状：金与锡黑浊之气竭，黄白次之；黄白之气竭，青白次之；青白之气竭，青气次之。然后可铸也。"

分析这两段文字的真实意义，可以推断各种青铜器具的制作技术。

(二)《仪礼》

《仪礼》简称《礼》，也称《礼经》或《士礼》，是春秋战国时期一部分礼制的汇编，一共17篇，一说是周公所作，一说是孔子所订。近代根据书中所列的丧葬制度，结合考古发掘成果，认定《仪礼》成书于战国初期至中期。1959年，在甘肃武威还发现《仪礼》汉简多篇。《仪礼》所述均为具体的礼制，从中可以看出我国先秦时代的许多饮食器具和食物名称，但并没有多少关于饮食的技术史料。

(三)《礼记》

《礼记》也称《小戴记》或《小戴礼记》，是秦汉以前各种礼仪论著的选集，相传为西汉戴圣编纂，今本为东汉郑玄的注本。全书共49篇，大率为孔子弟子及其再传、三传弟子所记，是研究中国古代社会情况的重要著作。其中的《中庸》相传系孔子之孙孔伋（子思）所作，朱熹将其与《大学》《论语》《孟子》合称"四书"。《礼记》编纂者戴圣，西汉宣帝（前73—前48年在位）时博士。关于其籍贯，有两种说法：一说是梁（治所为今河南商丘）人，一说是为魏郡斥丘（今河北成安东南）人。曾任九江太守，与叔父戴德一同学《礼》于后苍。《小戴记》属今文经学。

《礼记》的饮食科技史料主要见于《月令》和《内则》两篇：

《礼记·月令·仲冬之月》："乃命大酋：秫稻必齐，曲蘖必时，湛炽必絜，水泉必香，陶器必良，火齐必得，兼用六物，毋有差贷。"是古代重要的酿酒史技术资料。

《礼记·内则》："饘、酏、酒、醴、芼、羹、菽、麦、蕡、稻、黍、粱、秫唯所欲。枣、栗、饴、蜜以甘之，堇、荁、枌、榆、免、薨（kǎo）、滫、瀡以滑之，脂、膏以膏之。"是重要的烹饪技术资料。

《礼记·内则》还有一段关于食物名称及其吃法的文字，含有丰富的古代烹饪技术资料；其中"淳熬""淳母""捣珍""渍""熬""糁"和"肝膋（liáo）"等八种被称为"八珍"的具体制作方法，是我国古代最早的菜谱，可以归纳出许多种烹饪技法。《内则》所载的这些技术资料，在以后的叙述中会经常引用，这里不做抄录。

与戴圣同时学《礼》于后苍的还有他的叔父戴德，也是今文礼学的开创者之一，也是宣帝时的博士。他所编纂的礼称《大戴礼记》，今本目录有81篇，其中的《夏小正》与《月令》相类，按月记录物候和农事，还有星宿观察记录，故为研究农学和天文史者常用，也有少量饮食资料。

四、《晏子春秋》中提倡节俭与和同之辨

《晏子春秋》旧题春秋时齐国晏婴撰，刘向也曾做过校录。《汉书·艺文志》列为儒家，但书名为《晏子》，无“春秋”两字，因此今本《晏子春秋》是否即《晏子》，目前尚未定论。1972年山东临沂银雀山西汉墓中出土的《晏子》残简，与今本有关章节对照，内容大体一致。但此书是否为晏婴所作，后人多持否定观点：唐时柳宗元就认为是墨家所作，清代孙星衍、近代高亨曾指出该书编成于战国中期，而不是晏婴在世的春秋末期，也有人（如吴则虞）认为是秦博士淳于越所作，但近年有人考定是战国中期齐人淳于髡编成的（赵逵夫，《光明日报》2005年1月28日6版）。总而言之，该书不是晏婴的手笔，是后人依托并采掇晏婴的言行编成的，几乎已成定论。《隋书·经籍志》所列书名为《晏子春秋》，署名是“齐大夫晏婴撰”。

晏子即晏婴（？—前500；？—周敬王二十年），刘向和《史记·管晏列传》都说他在齐国仕过齐灵公、齐庄公和齐景公三代，而齐庄公元年是公元前553年，据此估计，晏婴至少活了70岁，这对于古人来说，是长寿的了。晏婴字平仲，莱之维夷（今山东高密）人，《史记·管晏列传》说他“以节俭力行重于齐。既相齐，食不重肉，妾不衣帛。其在朝，君语及之，即危言；语不及之，即危行。国有道，即顺命；无道，即衡命。以此三世显名于诸侯”，是春秋末期知名政治家。据说他“长不满六尺”，多次出使外国，别人以其矮小而嘲弄他，但都被他的外交智慧所折服，著名的“晏子使楚”的故事至今还被许多语文教材所收录。

晏婴在世的时间，与孔子差不多同时，因此他的有些主张得到孔子的赞赏，但晏婴对孔子常有批评。晏婴辅佐时间最长的国君是齐景公，此人好奢华游逸，幸得晏婴的规劝，所以才得以苟延残喘，因此在《晏子春秋》一书中，充分体现了晏婴主张节俭的一面。他自己的日常生活也极其清苦，在《谏上》篇中还深刻反映了他的民生思想。但是从科学技术的角度看，《晏子春秋》并没有太大的价值，唯在《外篇》中有一条晏婴和齐景公、梁丘据三人讨论“和与同”时，齐景公问：“和与同异乎？”晏婴答曰：“异，如和羹焉。水火醯醢盐梅，以烹鱼肉，燀之以薪。宰夫和之，齐之以味，济其不及，以泄其过。君子食之，以平其心。……若以水济水，谁能食之。”这可以理解为烹调的基本原理。这一段话也见于《左传·昭公二十年》，看来确实是晏婴所说。国家主席习近平2014年3月27日在法国巴黎访问联合国教科文组织总部时所做的演讲中，在论证世界文明多样性时，便引用了这个故事。《左传》作者左

丘明是约与孔子同时代的鲁国太史，他记载的这个故事，发生在鲁昭公二十年（前522），齐景公（书中称齐侯）和他的宰相晏婴一起登上王家狩猎场的观察台，因此台为梁丘据所造，其时梁丘据也驾车赶到，所以齐侯问晏婴曰："唯据与我和夫？"晏子对曰："据亦同也，焉得为和！"公曰："和与同异乎？"晏子答曰："异。"接着便以"和羹"（做菜，"羹"在古代中国是菜肴的重要形式）与"和声"（音乐）作为比喻，说明和、同的关系，也即习近平的引文（《光明日报》2014 年 3 月 28 日第 2 版）。

五、《荀子》的饮食养生思想和烹调

荀子（约前 313—前 230；约周赧王二年—秦王政十七年），名况，战国末期思想家、教育家，赵国人，时人尊而号为卿，汉人避宣帝刘询讳称为"孙卿"。游学于齐，后三为"祭酒"（学长），继赴楚国，楚公子春申君用为兰陵令（今山东苍山县兰陵镇），后著书终老于此。韩非、李斯都是他的学生。荀子晚孟子百岁，他是秦始皇行将统一中国之前的一个重要的儒家学派传人，《史记》有一简单列传，说他五十岁才到齐国，《汉书·古今人物表》把他列为第二等的"上中仁人"。其主要著作《荀子》又称《孙卿子》。《汉书·艺文志》中称："《孙卿子》三十三篇。名况，赵人，为齐稷下祭酒。"《隋书·经籍志》仍称《孙卿子》，唐代元和十三年（818）杨倞作注时改称《荀卿子》，以后即称《荀子》。今本《荀子》共 20 卷 33 篇，从中可以看出他反对天命及鬼神迷信之说，因此有制天命的"人定胜天"思想；他批判了先秦诸子的学术思想，特别是他的性恶论直批孟子的性善论，强调环境和教育对人的影响，因此他的思想中有诸多唯物主义的因素；但总的倾向仍然是儒家传统，强调"师法之化，礼义之道"。《荀子》中关于饮食科学的论述主要表现为：

1. 强调礼信在养生过程中的作用。《荀子·修身》："扁（辨）善之度，以治气养生，则后彭祖；以修身自名，则配尧舜。""凡治气养心之术，莫径由礼。"

2. 因为强调礼的作用，所以荀子对祭祀活动用的食物祭品很重视。《正论》："食饮则重大牢而备珍怪，期臭味，曼而馈（杨倞注：列万舞而进食），伐皋而食（杨倞注：皋，香草之属），雍而彻乎（杨倞注：雍，《周颂》乐章名，奏《雍》而撤馔）。"又《礼论》："大飨（祭先王），尚玄尊，俎生鱼，先大羹，贵食饮之本也。飨（四时庙祭），尚玄尊而用酒醴，先黍稷而饭稻粱。祭（月祭），齐大羹而饱庶羞，贵本而亲用也。"礼仪所用食物，强调礼制，并不是好吃。玄尊，清水；大羹，白煮肉汁。这些并不好吃，但在祭祀先王时，必须齐备，因为那是祖先的饮食之本。

3. 追求色香味是人类饮食欲望的表现。《正论》："目不欲綦色，耳不欲綦声，口不欲綦味，鼻不欲綦臭，形不欲綦佚。此五綦者，亦以人之情为不欲乎。"这里的"綦"是极、很的意思。《礼论》："故礼者，养也。刍豢稻粱，五味调香，所以养口也；椒兰芬苾，所以养鼻也；……"这个"养"是靠"礼"来节制的，而"礼"是有等级的，所以荀子所说的“养”也是有等级的。而且荀子也知道口味和气味是有区别的。《正名》:“甘苦咸淡辛酸奇味,以口异(杨倞注:奇味,众味之异者也);香臭芬(花草之香气也)郁(腐臭也)腥臊洒(辛)酸(酸,犹辛酸辣气之触鼻者)奇臭,以鼻异。”这是《荀子》中少见的饮食科学知识。

《荀子》对火候的原始概念——“火齐”也有记述。《强国》:“刑(形)范(模型)正,金锡美,工冶巧,火齐得。”这是讲青铜冶炼时的火候控制,杨倞注:“火齐得,谓生熟齐和得宜。”

《劝学》:“兰槐之根是为芷,其渐之滫,君子不近,庶人不服。”杨倍训:“渐,渍也,染也;滫,溺也。”将滫释为小便。但《淮南子·人间训》:“申菽杜茝,美人之所怀服也,及渐之于滫,则不能保其芳矣。”高诱作注:“申菽杜茝,皆香草也。”“滫,臭汁也。”而《礼记·内则》“滫瀡以滑之”,郑玄注:“秦人溲曰滫,齐人滑曰瀡也。”当代烹饪界都说《内则》的这句话,即今天的“勾芡”技术。可1989年版《辞海》引《史记·三王世家》曰:“兰根与白芷,渐之滫中。”裴駰集解引徐广曰:“滫者,淅米汁也。”所以《辞海》释“滫”为淘米水,引申为溲淘。但《三王世家》的这句引文,并非司马迁所作,而是西汉史学家褚少孙补写的“褚先生曰”,原文是:“传曰:‘兰根与白芷,渐之滫中,君子不近,庶人不服’者,所以渐然也。”视此原文来自《荀子·劝学》篇,而前缀之“传曰”很像《春秋穀梁传》的口气,这个“滫”似乎不如淘米水干净。赵所生等所编《袖珍字海》(江苏教育出版社1994年版)中对“滫”的解释是:“①酸臭的淘米水,也泛指污臭之水。②拌和。[滫瀡]用淀粉拌和食物,使之软滑:脂膏滫瀡之具,或以不给。”因此,要释为“勾芡”,是指动词“滫瀡”而不是名词的“滫”。可是袁枚在《随园食单·须知单·用纤须知》中,为什么不提及“滫瀡”呢?难道他未见过《礼记》吗?这是绝对不可能的,所以这仍然是值得研究的烹调技术史课题。

六、董仲舒和《春秋繁露》对中华饮食文化传统的影响

董仲舒(前179—前104;汉文帝元年—汉武帝太初元年),广川(今河北景县西南)人,《史记》和《汉书》均有传。西汉哲学家,曾任博士、江都王相和胶西王相。专治《春秋公羊传》,著有《春秋繁露》和《董子文集》。在《汉书·董仲舒传》中,详录了“天人三策”(即汉武帝和董仲舒讨论治理天下的三问三答),在“三策”的最后,董仲舒的结论是:“《春秋》大一统者,天地之常经,古今之通谊也。今师异道,人异论,百家殊方,指意不同,是以上亡以持一统;法制数变,下不知所守。臣愚以为诸不在六艺之科、孔子之术者,皆绝其道,勿使并进。邪辟之说灭息,然后统纪可一,而法度可明,民知所从矣。”这就是著名的“罢黜百家,独尊儒术”的由来,由于汉武帝采纳了他的建议,中国2000多年封建社会以儒学为正统的地位自此奠定,他是中国“大一统”思想真正的奠基者。有人曾说,中国历史上有两位真正的皇帝,第一位是秦

始皇，他消灭六国，统一了中国，使得中华民族的国祚至今不衰；第二位就是汉武帝，他建立了中国封建社会的统治体系，也可以说是建立了中华民族的民族精神，这中间少不了董仲舒的“功劳”。然而董仲舒的儒学既不是孔子创立的“原儒”，也不是孟子集大成的“纯儒”，而是以儒家宗法思想为中心，杂以阴阳五行学说，把神权、君权、父权、夫权贯穿一起而形成的封建神学体系，其核心内容便是“天人感应”“君权神授”、借“天道”胁迫人事，试图论证“道之大原出于天，天不变，道亦不变”，还有“三纲五常”的封建伦理观，上、中、下三品的人性观，“黑白赤三统”的循环史观等。董仲舒思想的主要部分是中国2000多年封建统治的理论基础。对于科学而言，他是将阴阳五行学说制度化、绝对化的第一人，实际上阻碍了中国科学技术的发生和发展。董仲舒的“天谴”论，大讲祥瑞、灾异对统治阶级的指导作用，也曾经因所言不灵，几乎丢掉了性命。不过董仲舒也曾揭露过“富者田连阡陌，贫者无立锥之地”的封建社会阶级矛盾。董仲舒在饮食养生方面有过一些论述，也属于以食喻事的范畴，这些论述主要见于《春秋繁露》，虽然这本书可能窜入了后人的见解，但主要思想应该还是董仲舒的。诸如：

《楚庄王》篇：“春秋之道，奉天而法古。”

《王道》篇：“孔子曰：君子为国必有三年之积，一年不熟乃请籴，失君之职也。”

《服制像》篇：“天地之生万物也以养人，故其可食者以养身体，其可威者以为容服，礼之所为兴也。”

《仁义法》篇：“诗云：‘饮之食之，教之诲之。’先饮食而后教诲，谓治人也。又曰：‘坎坎伐辐，彼君子兮，不素餐兮！’先其事，后其食，谓治身也。”

“虽有天下之至味，弗嚼弗知其旨也。”

《身之养重于义》篇：“天之生人也，使人生义与利。利以养其体，义以养其心。心不得义不能乐，体不得利不能安。义者心之养也，利者体之养也。体莫贵于心，故养莫重于义。义之养生人大于利矣。”

《五行对》《为人者天》《五行之义》《五行相生》《五行相胜》《五行顺逆》《治水五行》《治乱五行》《五行变救》《五行五事》，诸篇讲五行，“五味莫美于甘”。

《五行之义》篇：“若酸、咸、辛、苦，不因甘肥不能成味也。甘者五味之本也；土者五行之主也。五行之主土气也，犹五味之有甘肥也。”

《阴阳义》篇：“天地之常，一阴一阳。阳者天之德也；阴者天之刑也。迹阴阳终岁之行，以观天之所亲，而任成天之功，犹谓之空。空者之实也。故清溧之于岁也，若酸咸之于味也。仅有而已矣。”

《阴阳出入上下》篇：“天道大数，相反之物也。不得俱出，阴阳是也。”

《天道无二》篇：“天之常道，相反之物也。不得两起，故谓之一。一而不二者，天之行也。阴与阳，相反之物也。”

《阳尊阴卑》《阴阳位》《阴阳始终》《阴阳义》《阴阳出入》《天地阴阳》诸篇皆论

阴阳。

《祭义》篇:“五谷,食物之性也。天之所以为人赐也。”

《循天之道》篇:“夫德莫大于和,而道莫正于中。中者,天地之美达理也。圣人之所保守也。”“能以中和养其身者,其寿极命。”

“甘者,中央之味也。四尺者,中央之制也,是故三王之礼,味皆尚甘,声皆尚和。”“凡养生者,莫精于气,是故男女体其盛,臭味取其胜,居处就其和,劳佚居其中,寒暖无失适,饥饱无过平,欲恶度理,动静顺性,命喜怒止于中,忧惧反之正,此中和常在乎其身,谓之得天地泰。得天地泰者,其寿引而长。”

“食欲常饥,体欲常劳。”

“饮食臭味,每至一时,亦有所胜,有所不胜,之理不可不察也。四时不同气,气各有所宜。宜之所在,其物代美,视代美而代养之,同时美者杂食之,是皆其所宜也。故荠以冬美,而荼以夏成,此可以见冬夏之所宜服矣。冬,水气也。荠,甘味也。乘于水气而美者,甘胜寒也。荠之为言济与?济,大水也。夏,火气也。荼,苦味也。乘于火气而成者,苦胜暑也。”

《天道施》篇:“饮食无礼则争。”

由上可知,董仲舒以后,天下不复有纯儒矣。而他的“五德始终”和“天人之际”等,却深刻地影响着中国的文化传统,其中也包括了饮食文化传统。

七、《盐铁论》中的饮食文化史料

西汉汝南(今河南上蔡西南)人桓宽,字次公,西汉宣帝时任为郎,官庐江太守丞。他在历史上的地位并不显赫,但他却将西汉昭帝时盐铁会议上桑弘羊与贤良、文学就盐铁官营等问题的辩论集成一书,取名《盐铁论》,共 60 篇。《汉书·艺文志》和《隋书·经籍志》都将其列为儒家,其体例很像今天的会议记录。

盐铁会议始于汉昭帝始元六年(前 81),召集各地推举的贤良、文学(西汉文帝时诏“举贤良方正能直言极谏者”,以察朝廷政治得失,中选者则授予官职,叫作贤良方正。武帝时复诏举贤良或贤良文学,是西汉后期儒生取得出身的途径)。当时有 60 多人到京城参加会议,“问民间所疾苦”。参加会议的贤良、文学对政府政策进行了全面的批评,特别是反对盐铁官营、均输、平准等事关政府财政收入的主要政策。从《史记》《汉书》相关的史料和《盐铁论·杂论》的记述推定,此次会议的主持者为当时任丞相的车千秋(《汉书》有传,因原姓田,故《汉书·百官公卿表》作田千秋)。此人小心谨慎,虽与霍光、上官桀、桑弘羊同为汉武帝托孤之臣,但他一切都听命于霍光,所以在盐铁会议上持中折允,桓宽说他“周鲁之列,当轴处中,括囊不言,容身而去,彼哉彼哉”!会上代表政府方面的主角是时任御史大夫的桑弘羊,他是为汉武帝出谋划策、主持盐铁官营的主要人物;桓宽说他“桑大夫据当世,合时变，推道术，尚权利，辟略小辩。虽非正法，然巨儒宿学恧然大能自解，可谓博物通士矣。然摄卿相之位，不引准绳以道化下，放于利末，不师始古。《易》曰‘焚如弃如’，处非其位，行非其道，果陨其姓，以及厥宗”。这些贬斥之辞，跃然纸上，最后说他因造反而招致灭族。而桓宽在《杂论》中提及的“贤良茂陵唐生、文学鲁万生”，“还有中山刘子雍”“九江祝生”等60余人则是辩论的另一方，桓宽显然是站在他们的立场上，所以这份会议记录应属儒家。

《盐铁论》有很大篇幅是辩论盐铁官营的，这的确是西汉经济生活和政治生活中的大事。发展盐铁生产，特别是铁的生产，事关社会综合生产能力的提高。贤良说：“农，天下之大业也。铁器，农民之大用也。器用便利，则用力少而得作多。”而国家垄断盐铁则与民争利，是舍本逐末的做法（《水旱》篇）。对于这个背景，也同样影响当时人们的饮食生活，因为铁质工具的广泛使用，使饮食科学水平大大提高。但盐铁生产事关国家的经济命脉，所以会议以后，只起了“罢榷酤官”（允许私营酒业，改征酒税）的作用，盐铁依然官营。

《盐铁论》与饮食直接相关的部分是《散不足》篇。所谓“散不足”，即“聚不足”的反面。封建君主骄奢淫逸，必然要聚天下之财，以供挥霍，其生活欲望永不满足，于是横征暴敛，与民争利，这就是“聚不足”。所以贤良说：“故国病聚不足即病息，人病聚不足则身危。”为了根治“国病”，就要提倡节俭，改变社会风气，执行“散不足”的政策。是以《散不足》篇就是批判奢华生活的檄文。

《散不足》从衣食住行诸方面比较斯时古今之别，用以说明奢靡之风给国家带来的危害，其中涉及饮食的记述有如下四个方面：

第一，食物原料追求珍怪。“古者谷物菜果，不时不食，鸟兽鱼鳖，不中杀不食，故缴（zhuó）网不入于泽，杂毛不取。今富者逐驱歼网罟，掩捕麑（ní）鷇（kòu），耽湎沉酒，铺百川。鲜羔羝（zhào），䴢（jī）胎扁，皮黄口。春鹅秋雏，冬葵温韭，浚茈蓼苏，丰薷（rú）耳菜，毛果虫貉。”这里除说明了西汉富人喜吃幼小动物，还说明当时有了温室技术，培育反季节蔬菜。

第二，餐饮器具讲究奢华珍贵。“古者污尊抔饮，盖无爵觞樽俎。及其后，庶人器用，即竹柳陶瓠而已。唯瑚琏觞豆而后雕文彤漆。今富者银口黄耳，金罍玉钟。中者舒玉纻器，金错蜀杯。夫一文杯得铜杯十，贾贱而用不殊。箕子之讥，始在天子，今在匹夫。”

第三，菜肴点心，讲究烹调方法，品种多样。“古者燔黍食稗，炑（bì）豚以相飨。其后，乡人饮酒，老者重豆，少者立食，一酱一肉，旅饮而已。及其后，宾婚相召，则豆羹白饭，綦脍熟肉。今民间酒食，殽旅重叠，燔炙满案，臑（ér）鳖脍鲤，麑卵鹑鷃橙枸，鲐鳢醢醯，众物杂味。古者庶人春秋耕耘，……非膢（lú）腊不休息，非祭祀无酒肉，今宾婚酒食，接连相因，析酲什半，弃事相随，虑无乏日。古者庶人粝食藜藿，非乡饮酒、膢腊、祭祀无酒肉，故诸侯无故不杀牛羊，大夫士无故不杀犬豕，今闾巷县伯，阡陌屠沽，无故烹杀，相聚野外，负粟而往，挈肉而归。夫一豕之肉，得中年之收，十五斗粟，当丁男半月之食。古者庶人鱼菽之祭，春秋修其祖祠。士一庙，大夫三，以时有事于五祀，盖无出门之祭。今富者祈名岳，望山川，椎牛击鼓，戏倡舞像。中者南居当路，水上云台，屠羊杀狗，鼓瑟吹笙。贫者鸡豕五芳，卫保散腊，倾盖社场。"这一段描写了西汉武帝、昭帝时期民间日常饮食、人际交往和祭祀活动中的饮食状况，用以指责当时的奢华之风。

第四，说明了西汉时期餐饮市场异常活跃。"古者不粥（同"鬻"，卖）饪（熟食），不市食，及其后，则有屠沽，沽酒，市脯鱼盐而已。今熟食徧（同"遍"）列，殽（带骨的肉）施成市，作业堕怠，食必趣时；杨豚韭卵，狗腤（zhé）马朘（zuī），煎鱼切肝，羊淹鸡寒，挏马酪酒，蹇（jiǎn）捕胃脯，胹（ér）羔豆饧，彀（鸟卵）膹（fèn）雁羹，臭鲍甘瓠，熟粱貊炙。"

这四个方面均出自贤良之口，充分反映了儒家的复古倾向，重农抑商。所以《盐铁论》在消费理论方面是错误的，提倡节俭是正确的，但不能压抑适合当时生产力水平的消费行为，更不能视民间消费水平的提高为僭越，这就是儒家饮食思想和消费观念的软肋。当然过度消费肯定会造成社会不幸，这也许就是《盐铁论》的现代价值。20 世纪 80 年代，《盐铁论》曾受到烹饪界的追捧，但从科学技术的角度看，其学术价值远在《齐民要术》之下。

八、刘向和《新序》论烹调原理

西汉经学家、目录学家刘向（约前 77—前 6，西汉昭帝元凤四年—汉哀帝建平元年），沛（今江苏沛县）人，本名更生，字子政，西汉楚元王刘交四世孙。曾校阅群书，成我国目录学鼻祖。所撰《新序》和《说苑》很像当代的读书笔记，有许多珍贵的史料，可资与其他古籍互相印证。

今本《新序》10 卷，第 1—5 卷均题名《杂事》，第 6 卷题《刺奢》，第 7 卷题《节士》，第 8 卷题《义勇》，第 9—10 卷题《善谋》。其中各节于饮食最重要的文献，当数《杂事第四》的第四条："晋平公问于叔向曰：'昔者齐桓公九合诸侯，一匡天下，不识其君之力乎？其臣之力乎？'叔向对曰：'管仲善制割，隰朋善削缝，宾胥无善纯缘。桓公知衣而已，亦其臣之力也。'师旷侍，曰：'臣请譬之以五味，管仲善断割之，隰朋善煎熬之，宾胥无善齐和之，羹以熟矣，奉而进之，而君不食，谁能强之，亦君之力也。'"这里比喻的是齐桓公称霸成功的故事，叔向以缝纫作比，师旷以烹调作比，在比喻中将古代烹调技术概括为断割、煎熬、齐（剂）和三个技术要素。这是将烹调技术系统化的归纳方法，用现代语言来表示，就是刀工、火候和调味三者。这个归纳的科学价值，远在先秦诸子之上。笔者过去多次引用，今后仍将引用，这里就已经有了烹饪技术之道的滥觞。

《杂事第四》还记叙了"楚惠王食寒菹而得蛭"的故事。《节士》篇记黔敖施食而饿者不食"嗟来之食"，爰旌目不食"盗丘"之食等故事，其他文献亦常见。唯有《杂事第五》所云"夫姜桂因地而生，不因地而辛"，说姜桂不管生长在什么地方，它都是辛辣的，还真有些道理。不过总的说来，师旷的那一番高论是最有科学价值的，仅此一端，即使《新序》在饮食技术史上的价值在诸子之上。

今本《说苑》有 20 篇，体制与《新序》相类似，论述为政之道，其中亦有些科技资料，如《君道》："汤曰：药食先尝于卑。然后至于贵。"是以知古代是以下层人民做药理试验的。《说丛》："衡平无私，轻重自得。"是说那时有了天平。《辨物》"度量权衡"一条，说明古代的度量衡制度均是以"黍"为基准的：在长度方面，"以黍生之为一分……"；在体积方面，"十六黍为一豆……"；在重量方面，"一千二百黍为一龠，十龠为一合，……"《说丛》还说了误差理论："寸而度之，至丈必差；铢而称之，至石必过。"《杂言》中也说到了烹饪中的水火关系，"譬犹水火不相能然(燃)也，而鼎在其间，水火不乱，乃和百味"，类似说法也常见于其他古籍。但总的说来，《说苑》的前半部分，好像古代公务员培训手册，用一个个事例说明施政成败的要害和机谋，例如《奉使》中便收录了著名的"晏子使楚"的故事；而《说苑》的后半部分则说明世间一般的做人道理。其文笔流畅，的确是很好的散文著作，都是以说故事的方法阐明事理，书名《说苑》很是确切。

另外还有一本《列仙传》，晋葛洪《抱朴子》和《隋书・经籍志》都题为刘向所撰，宋代以后学者都以为是东汉时人的伪托。书中为 70 个神仙人物作传，后人有关神仙故事的传说大多以此书为根据，诸如彭祖活到 800 多岁等均据此。本书体例与刘向的另一本著作《列女传》相类似，在饮食史上价值不大。

第二节　道家和道教文献中的饮食科学知识

道家是先秦诸子百家中的一个重要流派，其创始人是春秋时代的老子，其后由庄子继承和发扬。因为主张无为而治，所以在西汉初期很适合当时大乱之后需要大治的形势，以达到社会休养生息的目的，被称为黄老(黄帝和老子)，一度成为从汉高祖到汉景帝约 50 年间的统治思想。司马迁在《史记・太史公自序》中记叙他的父亲司马谈关于《六家要指》时说："道家使人精神专一，动合无形，赡足万物。其为术也，因阴阳之大顺，采儒、墨之善，撮名、法之要，与时迁移，应物变化，立俗施事，无所不宜，指约而易操，事少而功多。"又说："道家无为，又曰无不为，其实易行，其辞难知。"这个评价是很高的，超过了阴阳、儒、墨、名、法等其他五家，这显然是在汉武帝"独尊儒术"政策之前的主流评价。可是到了《汉书・艺文志》，班固的评价是："道家者流，盖出于史官，历记成败存亡祸福古今之道，然后知秉要执本，清虚以自守,卑弱以自持,此君人南面之术也。"这个评价也是不低的,而且可以看出在西汉以前,道家和科学技术并没有什么太大的关系。可是到了《隋书·经籍志》,则说:"道者,盖为万物之奥,圣人之至赜也。"道家从统治术变成了探索万物奥秘的深奥学问,甚至还说:"百姓资道而日用,而不知其用也。"也就是说,道家学说深入百姓的日常生活,从统治者的殿堂跌入民间,于是道家吸收了先秦和秦汉时期多家学说改造自己,其中最主要的是阴阳家和五行家,从"其辞难知"到"而不知其用也",徒增了许多神秘主义因素,孕育了中国土生土长的宗教——道教。中国历史上的头号"大隐"——老子,既是先秦道家的创始人,也是道教的教主,这就完全不奇怪了。道家不等于道教,道家是中国传统学术体系的"九流"之一,而道教是中国的"三教"之一。所谓"九流",就是《汉书·艺文志》中所列的儒、道、阴阳、法、名、墨、纵横、杂、农九家,这是后来"四库"分类法中子部的主体;所谓"三教",就是儒教、道教和佛教。其实儒家本无宗教之说,但历代封建统治者都试图将孔子神圣化,将儒、道、佛三教并立,尤其是儒家中的今文经学派,从董仲舒到康有为,都将孔子当作教主看待,即将孔子学说视作宗教的称谓,叫作儒教,也叫"孔教"。但真正提出"孔子创教"之说的是康有为,他是在光绪二十四年(1898)初刊行的《孔子改制考》中提出的。佛教是从外国传入的宗教,三教中只有道教是我国土生土长的宗教。

关于道教的起源,葛兆光在《道教与中国文化》(上海人民出版社 1987 年版)的上编有详细的分析。他认为道教作为一个成熟的宗教体系,大概形成于公元 4 世纪以后,吸收中国古代从老子、庄子、邹衍、《吕氏春秋》到《淮南子》,以及星相家、医方家、谶纬家等对于自然、社会和人的思维成果,以道家思想为主干,构筑了一个庞大而整饬的自然、社会与人类三合一的起源和结构理论;并采撷了流传于古代中国尤其是楚文化圈的种种神话,改造编排出一个等级森严、名目众多的神祇谱系,还和上述哲理糅合进行宗教性的转化;再将中国古代关于自然鬼神崇拜祭祀发展成规定的宗教仪式和各种法术;更为杰出的是它还吸收了当时自然科学(主要是化学和医学等)的成果,创建了独特的具有中国特色的养生术和养生思想,并且发展成不同于西方炼金术的炼丹术。中国炼丹术的外丹(主要是化学)和内丹(主要是生理学)都深深地影响了中国的传统医药学,也影响了中国的饮食科学和烹饪术。由于道教关注人的生存欲望和享乐欲望,所以它从诞生的那一天起,就受到社会各阶层的重视。民间道教和上层道教同时兴起。

东汉末年,政权腐败,军阀割据势力争斗不已,造成民不聊生的各种惨相。东汉顺帝时(126—144),张道陵(亦作张陵)在四川鹤鸣山(今大邑县境内)创教,以《道德经》为主要经典,因入教需交五斗米,故被称为"五斗米道";后教徒尊张道陵为天师,于是被称为"天师道"。张道陵死后,传其子张衡,张衡死后传衡子张鲁,张鲁在汉中地区建政教合一的割据政权,后归于曹操。西晋以后天师道分化,一部分仍在民间下层活动,并发动孙恩、卢循农民起义;另一部分在社会上层活动,到南北朝时，南朝刘宋道士陆修静将其改造成“南天师道”。而在汉灵帝熹平年间（172—178），巨鹿（今河北）人张角、张宝、张梁三兄弟创立了太平道，“太平”就是“极大公平”，推崇黄帝和老子，以《太平经》（按：《后汉书·襄楷传》称东汉顺帝时，瑯琊人宫崇献其师干吉（亦作于吉）所著《太平清领》，即此书）为主要经典，以用符咒为人治病作为发动群众的手段，终于爆发了著名的“黄巾起义”；因受到封建统治者的残酷镇压后失败，而太平道从此被湮没。太平道和天师道都是道教的早期派别，虽然有《太平经》和《道德经》作为经典，但并没有完整的宗教理论；直到东晋时，葛洪作《抱朴子·内篇》和南朝梁陶弘景作《真诰》和《真灵位业图》，道教才成了像模像样的宗教。而道教在中国的传统医药和自然科学方面的影响，也正是由于葛洪和陶弘景所起的作用，不过这种道教流派被称为神仙道教。关于这些，我们将在随后介绍《抱朴子》时再做说明。

通过以上对道家和道教的概况介绍，应该能够清楚知道道家和道教的区别。笔者以前曾将它们分别称为学术道统和宗教道统，即使在宗教道统非常昌盛的唐宋时期，道家的学术道统并未中断，但后期道家在自然科学方面的影响并不大，除了魏晋时嵇康等人关于养生学说的讨论以外，学术界主要关注点是老庄哲学。相反的，道教兴起以后，道家的声音被淹没在道教的宣传之中，这一点正是我们今天阅读这些古文献时需要注意的，不能将两者混为一谈。下面我们将按文献出世时间顺序，分别讨论主要文献中的饮食科学资料。

一、《老子》顺应自然的养生观

司马迁《史记·老子韩非列传》中说：“老子者，楚苦县（今河南鹿邑东）厉乡曲仁里人也，姓李氏，名耳，字聃，周守藏室之史（相当于今国家图书馆馆长）也。孔子适周，将问礼于老子。”又说“或曰老莱子亦楚人也”，甚至还说“周太史儋”即老子。也就是说，在司马迁作《史记》时，就已经搞不清老子的真实身世，所以他记录了李耳、老莱子和太史儋三个人都可能是老子，但都没有确定，所以他说：“老子，隐君子也。”后世一般都按司马迁的取舍，倾向于第一种说法，即老子姓李名耳。署名刘向撰的《列仙传》上把老子尊为神仙，说：“老子姓李名耳，字伯阳，陈人，生于殷，时为周柱下史，好养精气，贵接而不施。转为守藏史，积八十余年。《史记》云：二百余年时称为隐君子，谥曰聃。仲尼至周见老子，知其圣人，乃师之。后周德衰，乃乘青牛车去，入大秦，过西关（一说即函谷关）。关令尹喜待而迎之，知真人也，乃强使著书，作《道德经》上下二卷。”传后还有一段 32 个字的赞。显然这是神化了的老子，是他被奉为道教教主的根据。现代学术家认为《老子》（又称《道德经》）的作者是生活于春秋末期的思想家，先秦道家的创始人，孔子曾向他问礼。

《老子》一书的版本很多，长沙马王堆汉墓帛书、湖北荆门郭店楚简、唐代陕西周至县楼观台《道德经》碑，以及敦煌石室中发现的多种《道德经》写本，都是现今存世和发现的古代版本。至于它的注释本就更多了，其中最早的当推西汉时的河上公注本和西晋的王弼注本，不过除专门研究老子或道家的学者以外，一般都使用王弼注的《老子》。这个注本共81章，其中1—37章组成上篇，习称“道经”，38—81章组成下篇，习称“德经”。从科学角度讲，《老子》一书所反映的养生思想对中国传统医学和养生学有深刻的影响，其主要论述有：

《三章》：“是以圣人之治，虚其心，实其腹，弱其志，强其骨。常使民无知无欲，使夫智者不敢为也。为无为，则无不治。”这是道家清心寡欲思想的肇始。

《十章》：“载营魄抱一，能无离乎？专气致柔，能如婴儿乎？”这是说人的形体与精神的关系就像婴儿那样无知无欲。《庄子·庚桑楚》所述的“卫生之经”就是老子的思想和认识。同样在《二十八章》中云：“知其雄，守其雌，为天下溪。为天下溪，常德不离，复归于婴儿。”王弼注曰：“雄，先之属；雌，后之属也。知为天下之先也，必后也，是以圣人后其身而身先也。溪，不求物而物自归之。婴儿不用智，而合自然之智。”这和下文的知白守黑、知荣守辱是一个意思，强调顺应自然，在养生方面追求婴儿状态。《五十五章》再次阐明这一点。

《十三章》：“五色令人目盲，五音令人耳聋，五味令人口爽，驰骋畋猎令人心发狂。”这是清心寡欲的养生思想的具体化，后世道家和中医典籍中大量引用这种说法。这和后面的《三十五章》“乐与饵，过客止。道之出口，淡乎其无味，视之不足见，听之不足闻，用之不足既”，意思是一致的。《三十一章》有“恬淡为上”，《六十三章》有“味无味”（王弼注：“以恬淡为味，治之极也”），也都是这个意思。

《五十章》：“治大国若烹小鲜。”这是当代饮食文化和烹饪学术研究常说的一句话。小鲜即小鱼。煮小鱼，不可胡乱搅拌，否则会烂得不成样子。而当代引用者常以此说明煮小鱼的道理深奥，实有神秘主义色彩。实际上，只要读一读王弼注就清楚了。注曰：“不扰也。躁则多害，静则全真。故其国弥大，而其主弥静，然后乃能广得众心矣。”治理国家就像煮小鱼一样，不能乱折腾。

《老子》不主张技术进步，《十九章》所说“绝巧弃利，盗贼无有”，实属荒唐。

道家的代表人物在老子之后、庄子之前是关令尹喜和列子。前者即传说中令老聃著《道德经》的函谷关尹，另一说他姓尹名喜，通常简称关尹，庄子把他与老子并列，生活于春秋末期。《汉书·艺文志》子部道家有《关尹子》九篇，云：“名喜，为关吏，老子过关，喜去吏而从之。”刘向《列仙传》上说他“善内学，常服精华”，还说他“服巨胜（胡麻的别名）实”，看来，黑芝麻被神化的历史由来已久矣。但《关尹子》一书已不见于《隋书·经籍志》和《唐书·艺文志》，说明该书已散佚。今本《关尹子》系南宋时出于浙江永嘉孙定家，显系伪托，但道教仍称为《文始真经》，足见是道教徒所伪造。今本《关尹子》关于养生学的论述不出老庄之外，故不论。

列子即列御寇，战国时道家，《汉书·艺文志》有《列子》八篇，并说他先于庄子。

今本《列子》系东晋张湛所注，前面也有刘向的校书记录，并说列子是郑国人，所写寓言与《庄子》相类似，但张湛说它“所明往往与佛经相参”，所以学术界多认为系晋人所作，也见于《隋书·经籍志》。唐玄宗天宝元年(742)诏号《列子》为《冲虚真经》，列为道教经典。

《列子》一书中把许多自然现象都纳入道家的“有”与“无”对立统一关系的框架内，例如《列子·天瑞》说：“故生者，有生生者。……有味者，有味味者。……味之所味者尝矣，而味味者未尝呈；皆无为之职也。”初读这几句佶屈聱牙的语言，真不知所云。其实很简单，以味而言，某些物质表现有味道，是因为它本来就是有味的，而这种味道是尝出来的，如果你不去尝它，它的味道就呈现不出来，这正是道家无为概念中常用的绕口令。所以《列子·说符》中也录引了孔子说易牙能够区分淄水和渑水味道的故事。《列子·汤问》又说：“华实皆有滋味，食之皆不老不死。”这反映出先秦道家并没有神仙不死之说，这显然是神仙道教兴起以后强加给列御寇的。正因为如此，《列子》(还有一些其他的依托道书)在科技史上的价值，既不如《抱朴子》，也不如《老子》和《庄子》。

二、《管子》一书的民食思想和地域饮食观

《管子》一书，在《汉书·艺文志》中列为道家，而在《隋书·经籍志》中则列入法家，原称有 86 篇。虽然署名管仲所作，但学术界常认为是后人依托之作，不过这个依托时间不会太晚，因为司马迁在《史记·管(仲)晏(婴)列传》中列有《牧民》《山高》《乘马》《轻重》《九府》等篇名，《山高》和《九府》两篇不见于今本。刘向在编订《管子》86 篇时就说过，“《九府》书民间无有，《山高》一名《形势》”。也就是说，从司马迁到刘向，不过百年就已经有了变化。今本《管子注》出于唐房玄龄，也有说出于唐尹知章。历代注家早已指出《弟子职》一篇见于《孝经》，是管子所作，孔颖达则说：《轻重》是后人所加。还有“盐筴”(盐税制度)是后人所为，却托名管仲，使其“蒙诟”，其实这种至今仍在实行的盐税制度，对于国家贡献很大，未必就有什么“蒙垢”之说。是以早有人说过：“《管子》非一人之笔，亦非一时之书。……当是春秋末年。”故而我们今日读《管子》，应该还是把它视为春秋时代的古籍，其中也并非完全没有管仲的见解。

管仲(？—前 645；？—周襄王七年；？—齐桓公四十五年)，即管敬仲，名夷吾，字仲，颍上(河南临颍)人，是春秋初期著名政治家。他以“尊王攘夷”相号召，帮助齐恒公“九合诸侯，一匡天下”，成为春秋时代的第一个霸主。他改革当时的政治管理制度，发展生产，采取奖励流通等措施，对于当时的社会进步，还是很有意义的。司马迁对他的评价很高，在其本传中所引管仲的话，“仓廪实而知礼节，衣食足而知荣辱，上服度则六亲固。四维不张，国乃灭亡。下令如流水之原，令顺民心”，

至今仍有很大的现实意义。这里的“四维”就是大家熟知的“礼义廉耻”。

当代学术界认为，管仲自己的言论见于《国语·齐语》，但这些言论与饮食文化的关系不大，其与饮食文化关系密切的论述主要还是在《管子》之中：

《牧民》：“仓廪实则知礼节，衣食足则知荣辱。”这是一句很容易理解的格言。在《事语》篇中再次说到“仓廪实则知礼节”。并且据此大力提倡农耕，例如《八观》：“行其田野，视其耕耘，计其农事，而饥饱之国可知也。”《治国》：“民无所游食则必农，民事农则田垦，田垦则粟多。粟多则国富。”所以《管子》一书特别注重粮食问题，例如《国蓄》：“五谷食米，民之司命也；黄金刀币，民之通施也。”“凡五谷者，万物之主也。谷贵则万物必贱，谷贱则万物必贵。”《揆度》：“五谷者，民之司命也。刀币者，沟渎也。”《轻重乙》：“故五谷粟米者，民之司命也；黄金刀币者，民之通货也。先王善制其通货以御其司命，故民力可尽也。”《枢言》还说：“一日不食，比岁歉；三日不食，比岁饥；五日不食，比岁荒；七日不食，无国土；十日不食，无畴类，尽死矣。”我们在这里不厌其烦地摘引同样的说法，足见粮食在中国政权稳定中的地位和作用，至今还是如此。

《管子》成书的年代，是五行学说盛行时期，所以在书中也有显著的反映，其《幼官》《幼官图》《水地》《五行》《揆度》诸篇都明显按五行说行使其政务。对于阴阳，也是《管子》一书遵循的理论模型，《四时》中明确说：“阴阳者，天地之大理也；四时者，阴阳之大经也。”只不过《管子》中的阴阳五行说，不如《礼记·月令》《吕氏春秋十二纪》《淮南子·时则训》或《黄帝内经·素问》那样系统和完整。

《汉书·艺文志》将《管子》列为道家，势必涉及养生之术，如《戒》：“滋味动静，生之养也；好恶喜怒哀乐，生之变也；聪明当物，生之德也。是故圣人齐滋味而时动静，御正六气之变，禁止声色之淫，邪行亡乎体，违言不存口，静然定生，圣也。”《形势解》：“起居时，饮食节，寒暑适，则身利而寿命益。起居不时，饮食不节，寒暑不适，则形体累而寿命损。”《立政九败解》：“人君唯无好全生，则群臣皆全其生，而生又养生。养何也？曰：滋味也，声色也，然后为养生。”这是说养生不仅是形体，礼义廉耻更重要，特别是为人君者。《管子》推崇养生思想，与《老子》《庄子》颇有类似之处，即都主张顺应自然，所以在《制分》中有“屠牛坦朝解九牛，而刀可以莫（削）铁，则刃游间也”，这和《庄子·养生主》“庖丁解牛”的故事是一样的。

作为一代英明政治家的管仲，肯定也是主张节俭、反对奢侈的，《大匡》把居住豪华、交结朋党和“好饮食”视为从政者三大罪状。《中匡》：“沉于乐者洽于忧，厚于味者薄于行，慢于朝者缓于政，害于国家者危于社稷。”所以主张“节饮食”，反对“方丈陈于前”（《五辅》）。《侈靡》中坚决批判“雕卵然后瀹（yuè）之，雕橑（薪材）然后爨之”那种奢侈行为。需要指出的是，这里的“雕”不应是雕刻的意思，而是彩绘雕饰的意思，即是在鸡蛋上绘画后再煮，在薪材上画上图画再去烧火。正由于管仲反对豪华饮食，所以他竭力反对齐恒公过分信任厨师易牙。桓公不听，最后被活活饿死，数月不得下葬，蛆虫从尸体上爬到门缝外面。在《管子》的《戒》篇和《小称》篇中一再叙述这件事。

《管子》对"一方水土养一方人"早有描述，《宙合》说"地不一利，乡有俗，国有法，食饮不同味，……"，《水地》篇则做了系统的论述，《四时》篇还结合了气候特征论证这一点。对于五味，《管子・水地》则说："淡也者，五味之中也。"但对烹调原理，《管子》没有详加讨论，不过《宙合》说到"五味不同物而能和"，即调味可和众物之味而甘美之。

《管子》对原始社会向奴隶社会的过渡有精辟的解释。《君臣下》："古者未有君臣上下之别，未有夫妇妃匹之合，兽处群居，以力相征。于是智者诈愚，强者凌弱，老幼孤独不得其所，故智者假众力以禁强虐，而暴人止。为民兴利除害，正民之德，而民师之。"这完全是进化论的科学论断，远在各种宗教起源学说之上。而作为政治家的管仲，自然力主"使君子食于道，小人食于力。君子食于道，则上尊而民顺；小人食于力，则财厚而养足"（《法法》），"君子食于道，小人食于力，分民。……君子食于道，则义审而礼明"（《君子下》）。

关于祭祀，《五行》中说得很好："天子出令，命祝宗选禽兽之禁、五谷之先熟者，而荐之祖庙与五祀，鬼神飨其气焉，君子食其味焉。"

《小匡》："美金以铸戈剑矛戟，试诸狗马；恶金以铸斤斧钼夷锯欘，试诸木土。"这里美金当指青铜，恶金当指铁，前者是造兵器的，后者是做工具的，说明春秋时已有铁质工具。

《海王》以盐税使齐国致富。《地数》："恶食无盐则肿。"《轻重甲》："北海之众无得聚庸（功也）而煮盐。……国无盐则肿。"

《弟子职》："左执虚豆，右执挟匕。"挟匕当是筷子。

三、《庄子》和饮食文化

战国时道家庄周，即习称的庄子（约前369—前286；周烈王七年—周赧王二十九年），宋国蒙（今河南商丘东北）人，做过蒙地方的漆园吏；但安徽蒙城也认庄子为其乡贤，是老子之后集大成的道家学者，其地位类似儒家的孟子，其著作《庄子》后来被道教尊称为《南华经》，庄子也被称为"南华真人"。《汉书・艺文志》称《庄子》52篇，但今传郭象（？—312；？—西晋怀帝永嘉六年）注本仅33篇，其中"内篇"7篇，一般认为是庄周所作，"外篇"15篇和"杂篇"11篇系由庄周及其门人和后世道家所作；但也有人认为均是庄周所作。这本书在中国文化史上影响很大，历代研究家的专著不断，我们在这里不再详加讨论，仅就其与饮食文化相关的部分加以摘引。

《内篇・逍遥游》："藐姑射之山，有神人居焉，肌肤若冰雪，绰约若处子。不食五谷，吸风饮露。”这是后来道教徒追求神仙之术的依据。

《内篇·齐物论》：“民食刍豢，麋鹿食荐，蝍且（《尔雅》释为‘蜈蚣’）甘带（蛇），鸱鸦鼠，四者孰知正味。”（郭象注：“此略举四者，以明美恶之无主。”）说明所谓的美味，实际上是生物的本能，不同的生物有不同的嗜好。

《内篇·养生主》“庖丁解牛”的故事，喻养生之道要顺应自然规则，即所谓“游刃有余”。

《外篇·骈指》：“属其性于五味，虽通如俞儿，非吾所谓臧也。”历代注家解释中，有说俞儿（《淮南子》作“臾儿”）是黄帝时识味之人，或云也是齐人。“和之以姜桂，为人主上食。”这里的“臧”是“善”的意思，因此这句话的意思是：说到五味，虽然像俞儿那样精通，我也不能说已经很好了，比喻人外有人，天外有天。

《外篇·天地》：“且夫失性有五：一曰五色乱目，使目不明；二曰五声乱耳，使耳不聪；三曰五臭薰鼻，困惾（塞也）中颡（嗓子）；四曰五味浊口，使口厉爽；五曰趣舍滑心，使性飞扬。此五者，皆生之害也。”这说明道家提倡清心寡欲，无为而治。在饮食方面主张“生熟不尽于前”（《外篇·天道》），知足便总觉得有余。

《外篇·刻意》：“吹呴呼吸，吐故纳新，熊经鸟申，为寿而已矣。此导引之士，养形之人，彭祖寿考者之所好也。”这是道家养生一大流派，可以理解为运动养生，追求导引之术，似今日之气功。

《杂篇·庚桑楚》：“老子曰：卫生之经，能抱一乎？能勿失乎？能无卜筮而知吉凶乎？能止乎？能已乎？能舍诸人而求诸己乎？能翛（音 xiāo，自由自在之貌）然乎？能侗（心无执着）然乎？能儿子乎？儿子终日嗥而嗌（咽喉）不嗄（哑），和之至也。终日握而手不掜（任手自握），共其德也。终日视而目不瞚（任目自视），偏不在外也。行不知所之，居不知所为，与物委蛇，而同其波，是卫生之经已。”这一段话不见于今本《老子》，所述即道家的养生之道追求的终极目标，即活得像无知无识的婴儿一样，一切任其自然。这里的“卫生”非现代理解的清洁卫生，而是道家提倡的养生。

看来《庄子》中直接论述饮食的文字并不多，但作为道家的经典著作，其哲学高度是非常精辟的。例如《养生主》和《达生》所表达的顺其自然的养生理念，深深地影响了中国的传统医药，而这里摘引的《庚桑楚》“老子言”，即“卫生之经”，更充分说明了这一点。但也不要认为道家养生说完全不主张运动，这里摘引的《刻意》，就消除了这个误解。道家养生主张清心寡欲，恬淡无为，所以不主张刻意追求美味，相反认为追求过度反而“害性”。因此关于道家讲究饮食美味的说法，均为后世道教徒所为，与先秦道家没有关系。

鉴于《庄子》是一部伟大的哲学著作，所以有些论述对中国传统文化的影响很大。例如《庄子》的最后一篇题为《天下》，讨论治天下的“方术”，讲到了墨翟、禽滑厘、宋钘、尹文、彭蒙、田骈、慎到、关尹、老聃、惠施、公孙龙等属于不同学派的政治主张；特别是在名家惠施的议论中，有云："至大无外，谓之大一；至小无内，谓之小一。无厚，不可积也，其大千里。天与地卑，山与泽平。"这即是近代数理科学无穷大和无穷小的极限概念，趋于零而不等于零。再有"一尺之棰，日取其半，万世不竭"，这显然是物质无限可分的概念。这和《墨子・经下》"非半弗斱（zhuó），则不动，说在端"正好相反，墨子说物质分到最小的时候，总有一个最小的"端"，是不可再分的。那么"端"是什么呢？《墨子・经上》说："端，体之无序而最前者。"名家的惠施说物质一分为二，可以"万世不竭"，唯物论者墨子说物质可分，但不能分没了，最后总有个"端"存在着。这种有关物质基本定义的争论，我国在春秋战国时期就开始了，可是到了秦汉以后，特别是汉武帝"独尊儒术"以后，人们不再追求对物质世界的根本认识，这大概就是封建统治者愚民政策的结果，儒家的"民可使由之，不可使知之"起了重大作用。

道家不重视技术的思想，在《庄子・外篇・天地》有清楚的说明："以道泛观而万物之应备。故通于天地者，德也。行于万物者，道也。上治人者，事也。能有所艺者，技也（这里郭象注曰：技者，万物之末用也）。技兼于事，事兼于义，义兼于德，德兼于道，道兼于天。"这就是庄子为世界规定的伦理秩序。所以他在本篇后文中安排了子贡和汉阴丈人关于甕和桔槔取水的故事，通过保守的汉阴丈人之口说，"有机械者必有机事，有机事者必有机心"，有了机心就会怀疑那个通于"天"的"道"。看来，先秦道家对创造发明持否定的态度。可是我们中国的若干科学门类缘起于道家，特别是与人体相关的科学，如中医，就以道家和阴阳家的理论做基础。我们从饮食角度看道家，特别是先秦道家，他们和汉晋以后兴起的道家是有很大区别的，正如鲁迅所说：道教不是道家。

四、葛洪和《抱朴子》及道教、道家的养生思想与实践

东晋神仙道教理论家、医学家、炼丹术家葛洪，字稚川，自号抱朴子，丹阳句容（今属江苏）人。关于他的生卒年代，王明先生在《抱朴子内篇校释》（中华书局"新编诸子集成"第一辑）后面所附《晋书・葛洪传》后，曾做过考证，列举了 283 年（西晋武帝太康四年）至 363 年（东晋哀帝兴宁元年）即 81 岁，283 年至 343 年（东晋康帝建元元年）即 61 岁，还有钱穆说的"洪岁殆不出六十"等三种说法。实际上还有第四种说法，即 1989 年版《辞海》"葛洪"条说"约 281—341"，相当于西晋武帝太康二年至东晋成帝咸康七年，61 岁。王明以为 81 岁之说比较可信。署名葛洪的存世古籍不少，仅《隋书・经籍志》子部注录的有属于道家的《抱朴子・内篇》，属于杂家的《抱朴子・外篇》，属于五行家的《遁甲肘后立成囊中秘》《遁甲返覆图》《遁甲要用》《遁甲秘要》《遁甲要》，属于医家的《肘后方》《玉函煎方》《神仙服仙药方》（署抱朴子撰），还有署名葛仙公（当为葛洪从祖葛玄）的《狐刚子万金诀》和署名葛氏撰的

《序房内秘术》。新旧《唐书》以及其后的《宋史》《明史》的《艺文志》，不断列有葛洪的著作，明《正统道藏》所列更多。王明先生在《抱朴子内篇校释》的附录二列有"葛洪撰述书目表"，共列举书名63个，并注明其出版和考证资料。现在学术界很注意研究的首推《抱朴子》(包括"内篇"和"外篇")、《神仙传》《肘后备(要)急方》，以及曾认为是葛洪或刘歆撰的《西京杂记》(实际上是梁朝的吴均所撰)。总而言之，葛洪一生著述颇丰，堪称"著作等身"。

葛洪出身汉晋世家，有封建社会正宗的学术传统背景，而关于他的神仙道教，在《抱朴子·内篇·金丹》中，他自己说得非常清楚：他的师父是郑隐，而郑隐受之于葛玄(即葛洪从祖)，葛玄又受之于左元放(左慈)。而且他确实从事过炼丹，传说杭州西湖葛岭即葛洪炼丹遗址，广东罗浮山是他晚年的炼丹所在。《抱朴子·外篇》最后有一《自叙》篇，葛洪对其学术源流明确交代："其内篇言神仙方药，鬼怪变化，养生延年，禳邪却祸之事，属道家；其外篇言人间得失，世事臧否，属儒家。"故向来有外儒内道的说法。葛洪把道家术语附会到金丹、神仙的教理上，使道教思想系统化、理论化，并和儒家的名教纲常思想相结合，以神仙养生为内，以儒术应世为外。《抱朴子·内篇》的第一篇名《畅玄》，开宗明义说："玄者，自然之始祖。"这就是对魏晋玄学崇尚清谈的风气进行了批判。他也不满传统道家的"无为而治"，提出"身在山林而心存巍阙"，难怪他的后辈陶弘景被称为"山中宰相"。葛洪反对贵古贱今，提倡文章与德行并重。他还说"圣人"不会变成"仙人"，周公、孔子是圣人，他们整天想着济世御民，没有心情静心修炼，而神仙是在深山老林人迹罕至的地方修炼的，所以周、孔不会成神仙。被称为"外儒"的《抱朴子·外篇》，今本共有50篇，文字很优美，对仗工整，读起来有音乐感，大量使用典故，说理明快，但后代文人几乎很少有研究它的，其主要原因恐怕还在于它不是正宗的儒学。葛洪把"圣人"和"仙人"不可兼修的矛盾，用宿命论来解决，"受气结胎，各有星宿"(《内篇·塞难》)。因此他主张的"玄道"，是具有超自然的神秘主义的概念。

在中国古代的学术流派中，真正具有科学意味的学派是墨家，但它却未能被传承下去。而关注人生价值的道家，却被歪打正着的道教延续至今，在道教大型丛书——明代正统《道藏》中，仅《道德经》的注本就收录了50多种。虽说道家不等于道教，但道教在理论体系上的确打着道家的旗号。所以在东汉以后，人们把"君人南面之术"的道家变成了"探万物之奥"的道家，科学和神秘主义的成分都增加了，这应当归功于道教。加之东汉时谶纬之说盛行，儒、道两家都有很多人钻入易学的樊笼，《汉书·艺文志》列易学9家，还有数术190家。而《隋书·经籍志》中即列有约80家，还有五行家272部(不包括天文和历数)，基本上都是以《周易》的模式来演绎的。因此，非宗教的道家学派距人们的日常生活反而越来越远了，其应用科学成分越来越少了，除了嵇康等"竹林七贤"关于"养生论"的辩论以外，魏晋以后的道家几乎是纯粹的哲学流派，而关于医学、养生、饮食这些与大众生活休戚相关的部分，都是道教关注的内容，葛洪就是这方面的集大成者。他上承燕齐方士、秦汉术士的神仙理念和修炼方法，把本来与道家无关的方仙道发展成神仙道教，受到许多封建帝王和统治阶级的信仰；下延则是陶弘景和孙思邈等中国传统医药学名家。他的代表作《抱朴子·内篇》在生命现象方面的观点和实践主要有如下三个方面。

（一）追求长生不死的养生方法

这是在反科学思维指导下的研究活动，葛洪坚信神仙可学，长生可致。他说："养生以不伤为本。"（《抱朴子·内篇·极言》）他又说："养生之尽理者，既将服神药，又行气不懈，朝夕导引，以宣动荣卫，使无辍阂，加之以房中之术，节量饮食，不犯风湿，不患所不能，如此可以不病。但患居人间者，志不得专，所修无恒，又苦懈怠不动，故不得不有疹疾耳。……是故古之初为道者，莫不兼修医术，以救近祸焉。"我们仔细揣摩他的这番话，竟和《黄帝内经·素问·上古天真论》中关于"天年"的说法颇为相似，两者不同之处在于葛洪要"服神药"，因为他要做神仙，而《黄帝内经》则不过要求"尽终其天年，度百岁乃去"。葛洪把"天年"的科学论断做过了头，便成了荒唐的迷信。其实葛洪的神仙思想早有所本，《史记·封禅书》所记为历史事实，《太平经》辛部还有"不食长生法"，更为神奇的是东汉魏伯阳所撰《周易参同契》中说："巨胜尚延年，还丹可入口。金性不败朽，故为万物宝。术士服食之，寿命得长久。土游于四季，守界定规矩。金砂入五内，雾散若风雨。熏蒸达四肢，颜色悦泽好。发白皆变黑，齿落生旧所。老翁复丁壮，耆妪成姹女。改形免世厄，号之曰真人。"这些都是葛洪的前辈们的论断，他都继承了。从此，"金液还丹"便成了炼丹术的终极追求。为此他做了许多化学实验，客观上促成了古代化学科学的发展。《抱朴子·内篇》中记述了许多丹方，都是历史上珍贵的化学史料，20 世纪 80—90 年代，一批中国化学史研究者通过模拟实验的方法，破译了一些炼丹方，例如发表在《自然科学史研究》1982 年第 1 卷第 2 期的王奎克等《砷的历史在中国》和郑同、袁书玉《单质砷炼制史的实验研究》两篇论文，便揭示了《抱朴子·内篇·仙药》"又雄黄当得武都山所出者……饵服之法：或以蒸煮之，或以酒饵，或先以硝石化为水乃凝之，或以玄胴肠裹蒸之于赤土下，或以松脂和之，或以三物炼之，引之如布，白如冰"的奥秘，结果得到了单质砷，使得单质砷的炼制史提前到公元 3 世纪。而此前化学史界认为单质砷最早是由德国炼金家马格勒斯（Magnus，1193—1280 年）制得，其实中国炼丹家对单质砷的认识比他早了约 1000 年。

中国炼丹术所追求的"金液"就是液态黄金，"金砂入五内"，"熏蒸达四肢"，就是用黄金取代凡人的血肉之躯，当然可以"毕天不朽"了；而"还丹"则是可以变化的仙丹，他们实验中所用的主要是铅和汞的化合物，他们认为吃了这些东西，就可获得"返老还童"的结果，当然也可以"改形免世厄"，长生不老。从现在的史料看，中国炼丹家没有制造过"王水"，也没有得到过氰化物，所以他们不可能得到真正的

"金液";就是得到了,也不能服食,它们会使人立刻丧命。而所谓的"还丹",都是毒性很强的金属硫化物或氧化物,同样会吃死人的。所以在炼丹术盛行的唐代,因服食丹药而死的皇帝就有6个,其中包括雄才大略的唐太宗。正由于服食丹药死的高贵者太多了,外丹术才受到了广泛的诟病,道士们转而用加强自身锻炼的内丹术来追求长生不死。时至今日,气功、太极拳等都是内丹术的余绪,而当代有某些厨师用金箔做菜,则是在重复历史上的荒唐。

(二)道教炼丹术丰富了中国的传统医药科学

长生不老是荒诞的幻想,理所当然会失败,但是从防病治病的角度讲,延年益寿是完全可能的。葛洪原来想:"金丹入身中,沾洽荣卫。"(《内篇·金丹》)但他极力推崇的丹砂即硫化汞,稍有化学知识的人都知道,那绝对是毒药。在《抱朴子·内篇·至理》篇,葛洪列举了多种可以延年益寿的植物,诸如:枸杞、黄芪、款冬、紫菀、贯众、当归、芍药、秦胶、独活、菖蒲、干姜、菟丝、苁蓉、甘遂、栝楼、黄连、甘草、麻黄等等,连同道教徒十分推崇的黄精等等,至今仍是常用的中药材。其道理很简单,因为它们都有治疗疾病的作用。《至理》篇还说:"汉丞相张苍,偶得小术,吮妇人乳汁,得一百八十岁。"人乳是高级营养品,张苍食人乳长寿,是确有其事的,《史记·张丞相列传》和《汉书·张周赵任申屠传》都说:"(张)苍免相后,口中无齿,食乳,女子为乳母。妻妾以百数,尝孕者不复幸。年百余岁乃卒。"这个张苍老而无耻,但说他活到180岁,应是葛洪吹牛。

葛洪大概是历史上第一个有名有姓的炼丹术士兼医生,因扁鹊、仓公,是先秦和西汉人士,那时道教还没有产生。东汉时的郭玉、华佗,也没有证据说他们是道教徒。而葛洪说过:"古之为道者,莫不兼修医术。"所以他有医书留于后世。自葛洪以后,陶弘景也兼道教理论家、实践家和医生于一身,他的《养性延命录》,是典型的丹术和养生相互糅合的著作。而唐代的孙思邈的《备急千金要方·养性》和《千金翼方·养性》更是如此,并且附有具体的方剂。大概在宋元以后,医生和道士一身二任的现象逐渐减少,但神仙道教给中医药带来的影响却是很深远的,丸散膏丹等中药剂型的名称,就是从炼丹家那里继承过来的。直到新中国成立初期,四川名医张觉人还用炼丹术治病。

(三)"辟谷""服食""火候"等是道教影响中国饮食烹饪的可贵遗产

葛洪在《抱朴子·内篇·论仙道》中说,秦始皇、汉武帝"徒有好仙之名,而无修道之实";文中列举了二人多种行为,不符合仙道的要求,所以没有成仙。其中有关饮食的论述是:"仙法欲止绝臭腥,休粮清肠。而人君烹肥宰腯,屠割群生,八珍百和,方丈于前,煎熬勺药,旨嘉餍饫。"这就是说,学仙道首先要"休粮",即"辟谷",也称为"绝谷""断谷",就是不食五谷和肉类,《史记·留侯世家》说"留侯(张良)性多病，即导引不食谷”，但不等于绝食，仍要吃药服饵。道教养生注意四季十二月的阴阳消长、气运消化，在生活起居、饮食、药物等方面调养摄护，并以相应的导引、吐纳、存思等方法锻炼。他们认为春天养脾、夏天养肺、秋天养肝、冬天养心、四季养肾，合称五养。五养中都有不同的食物品种，即所谓“服食”养生，就是服食药饵以求长生。药指人工修炼的丹药和草木药，其中的丹药多为无机化合物，几乎都有不同程度的毒性，剂型为丸、散、膏、丹、汤剂等。唐代以后，这些丹药主要用于医疗，服食的金石药越来越少。例如在孙思邈的《备急千金要方·养性》和《千金翼方·养性》提供的数十个配方中，使用金石药的方剂仅 12 个，而且主要用钟乳石、赤石脂、云母、牡蛎、马牙石(长石)等几乎无毒的碳酸盐和硅酸盐类(其中钟乳石用得最多)，石膏也仅一用。丹砂(硫化汞)、光明砂、雄黄(硫化砷)也各一用，这和魏晋时流行的“五石散”是大相径庭了。这说明道士们已吸取了经常死人的教训。至于草木药，孙思邈推崇的主要有地黄、黄精、乌麻(乌茎天麻)、松子、柏实、松脂、茯苓、枸杞、杏仁、乳、蜜、酥、雷丸、人参、黄芪，甚至还有猪脂肪、肥大肠、白羊蹄、羊心、羊肝等。至于菌芝类，更是道教早已推崇的服食原料。他们还视白蝙蝠为特殊良药。而从汉代起被认为是延年食物的黑芝麻，《周易参同契》就有“巨胜尚延年”之说，《抱朴子·内篇·仙药》则云：“巨胜一名胡麻(黑芝麻)，饵服之不老，耐风湿，补衰老也。”黑芝麻至今还是国人公认的滋补食品。道教徒将这些原料制成糕点、酥酪、膏露等剂型，用清蒸、红烩、粉蒸、烤炸、熘炒、腌熏、焖炖等方法处理，用来代替他们认为有渣滓毒害的五谷。由于这些原料都含有一定成分的营养素，所以他们才能辟谷不死，当然也不会长生，但却给中国营养学和饮食科学留下了许多值得研究的课题。

中国烹饪的加热制熟方法，同样为炼丹家所借用，并且创制了文、武火的说法，如《周易参同契》有“首尾武，中间文”，《抱朴子内篇·金丹》有“又当起火，尽夜数十日，伺候火力，不可令其失适”的说法，特别是《周易参同契》，把《周易》的卦象引入加热燃烧过程，演绎了一套玄妙的火候理论，再加上术士们常用的隐语，使得人们读炼丹书，犹如读“天书”。道教文献中的科学技术，往往都是和神秘主义的迷信糅合在一起的。因此，当前要研究道教的养生理论和服食原理与方法，剥离其神秘主义的外衣是必不可少的工作，而这些工作唯一可行的方法，就是用科学实验来验证它们。

需要指出，唐宋以后兴起的内丹术，普遍借用外丹术的术语，即生理学和化学，用同一套名词术语，自然带来许多莫名其妙的困惑。例如，我们读宋人张伯端的《悟真篇》就有这种感觉。鉴于本书主旨是讨论饮食科学的，这里就不再涉及了。笔者只是说，凡是未被科学实验证实的说法，千万不要信以为真，至多只能存疑。

道家没有禁酒的说法，但道教从它诞生那天起，就主张禁酒。《太平经》丁部有《禁酒法》，而《抱朴子·外篇》有一篇专门的《酒诫》。想不到“外儒”的葛洪在这里找到了儒道合一的由头。

道家和道教所创造的那些科学技术成就，在宋元以后就几乎凝固了，所以我们也不再介绍那些文献了。

最后，我们要略微介绍一下嵇康的《养生论》。作为“竹林七贤”之一的嵇康(225—264；三国魏文帝黄初六年—魏元帝曹奂景元五年)，字叔夜，谯郡铚(今安徽宿县西南)人，是三国著名文学家、思想家、音乐家。他娶魏宗室女，官至中散大夫，世称嵇中散。因声言“非汤武而薄周孔”，且不满当时掌握政权的司马氏集团，遭钟会构陷，为司马昭所杀。嵇康崇尚老庄，讲究养生服食之道，他在《养生论》中，主张精神与形骸双修。他说：“君子知形恃神以立，神须形以存。悟生理之易失，知一过之害生。保修性以保神，安心以全身，爱憎不栖于情，忧喜不留于意，泊然无感，而体气和平。又呼吸吐纳，服食养身，使形神相亲，表里俱济也。”嵇康不是道士，但他的养生主张为许多道教理论家所吸收。陶弘景和孙思邈都引用过他的言论。

第三节 《墨子》和中国饮食科技

和儒家、道家不同，墨学在汉唐以后，几乎是湮没了的先秦学术。《汉书·艺文志》上所列墨家仅有6家，到了《隋书·经籍志》中，仅有3家，即《墨子》15卷，《隋巢子》1卷，《胡非子》1卷。据说梁时有《田俅子》1卷，已佚。我们今天所能看到的仅有《墨子》一种而已。《汉书·艺文志》对墨家的评价是：“墨家者流，盖出于清庙之守。茅屋采椽，是以贵俭；养三老五更，是以兼爱；选士大射，是以上贤；宗祀严父，是以右鬼；顺四时而行，是以非命；以孝视天下，是以上同。此其所长也。及蔽者为之，见俭之利，因以非礼，推兼爱之意，而不知别亲疏。”司马谈在《六家要指》(见《史记·太史公自叙》)说“墨者亦尚尧舜道”，提倡节俭，主张薄葬，选贤任能，不贵亲疏尊卑。但是当时人就说他们不合时宜，“俭而难遵”。不过司马谈还是公正地评价墨家，“要曰强本节用，则人给家足之道也”。故人们都说他好，却不愿意按他的办法办。《隋书·经籍志》的评价是：“墨者，强本节用之术也”，却是“愚者为之，则守于节俭，不达时变，推心兼爱，而混于亲疏也”。所以秉公办事，只有傻瓜才干，这是古来的道理，是墨家的悲哀，也是我们民族的悲哀。

墨子即墨翟，约生活于公元前468年至公元前376年，史传上都说他是宋国的大夫，现代学术界说他是今山东滕州人，被人们誉为中国古代的“科圣”。《墨子》首见于《汉书·艺文志》，共71篇，《隋书·经籍志》为15卷加目录1卷。宋《中兴馆阁书目》存61篇，连目录共63篇，后又亡10篇，实存53篇，即今本。原存《道藏》中，因缺宋讳字，故知其为宋本。从其行文称谓看，应为墨子本人及弟子后学所撰，其成书年代在孔子之后、孟子之前，在春秋战国时期影响很大。《韩非子·显学》称："世之显学，儒墨也。"《孟子·滕文公》称："圣王不作，诸侯放恣，处士横议，杨朱墨翟之言盈天下。天下之言，不杨则归墨。杨氏无我，是无君也；墨氏兼爱，是无父也。无父无君，是禽兽也。"所以孟子号召大家"拒杨墨"。《庄子·天下》也大批墨家无德，却也无可奈何。司马迁列孔子为"世家"，为老、庄、申、韩等诸子列传，唯独没有墨子及其门人的传略，足见"强本节用"是大家公认的治国准则，却"俭而难遵"。魏晋时，神仙道教兴起，葛洪把他列为神仙，并为其立传："墨子者，名翟，宋人也。仕宋为大夫，外治经典，内修道术。著书 10 篇，号为墨子，世多学之者。与儒家分途，务尚俭约，颇毁孔子（今本《墨子》存'非儒'下篇），尤善战守之功。"接着详细介绍了墨子与公输般辩论，止楚攻宋的故事，这些都于史有据。但葛洪说墨子 82 岁遇神人点化成了"地仙"，后汉武帝派人征召不出，周游五岳，等等，就是神仙道教之徒胡编的（葛洪《神仙传》卷四）。这大概就是明代正统《道藏》收《墨子》入《道藏》的根据吧。

汉唐以降，墨学虽不是"显学"，但人们从来没有忘记它，一代枭雄曹操、古代文胆刘勰、唐宋八大家之一韩愈，乃至晚清训诂大家孙诒让等人，对其都有积极的评价。到了近代，孙中山说墨子的兼爱与耶稣的博爱相同。章太炎说墨子的道德，非孔子、老子所敢窥视。梁启超说墨子精神是中华民族的特性之一。鲁迅说："孔子之徒为儒，墨子之徒为侠。唯侠老实，所以墨者末流，至于'死'为终极目的。"而毛泽东更誉墨子为"平民圣人"。美籍华人学者李绍昆则说：在科学哲学领域，最伟大的大师桂冠应归功于墨子。以上这些都是中国工程院前院长宋健所归纳，他本人则说墨子是"倡唯物主义师祖，谋天下之先驱"。而汉武帝"罢黜百家，独尊儒术"使墨学走向衰微，蔡元培感叹墨学中断使中国科学不得发达。张岱年则说，如果墨子不绝，中国科学史必有更加辉煌的成就。所以宋健说墨学"是中华民族最优秀的历史科学遗产"（《艺术为墨学增辉》，《文汇报》2002 年 3 月 23 日第 7 版）。

墨子的思想和做派，在宣扬等级至上的儒家占统治地位时，是不可能有很大作为的。可是当封建制度受到人们普遍质疑时，墨子便受到了极大的尊重，宋健在前文开头时便引用了《民报》1905 年第 1 期称颂墨子为"世界第一平等博爱主义大家"，与黄帝、华盛顿、卢梭并列为世界有史以来四大伟人。这是 20 世纪初辛亥革命期间的评价。而当科学成为世界性的信仰时，墨子又成了科学精神的象征。梁启超在其《〈墨子校释〉自序》中说："在吾国古籍中欲求与今世所谓科学精神相悬契者，《墨经》而已，《墨经》而已矣。"这里所说的《墨经》乃指今本《墨子》中《经上》《经下》《经说上》《经说下》四篇，它保存了墨子及其学派对自然科学和应用技术的许多研究成果，反映了墨家的科学技术活动和实践，是当代研究墨家科学思想的重要依据。例如《经上》："力，形之所以奋也。"这就是今天牛顿力学第一定律，其数学式为

F＝ma，F为力，形m为质量，奋a为加速度。比牛顿年长约2000岁的墨子，早已发现了经典力学第一定律，只不过没有用数学公式来表述。墨家坚持可知论，坚信人的认识能够把握物质世界的本质，所以力主不仅要知其然，而且要知其所以然。《经上》“巧传则求其故”，就是要将世代相传的手工技术上升为科学理论，这正是当代科学思想、科学精神和科学方法的核心。同时这也反映了墨家学派是工匠和学者的结合，墨家学说是两种知识体系的结合，这正是当代科学技术史家关于科学起源的共同认识。科学学创始人贝尔纳就说过：“科学的一个形相是体系化的技术，其另一形相则是合理化的神话。这是因为科学起初本是同手艺人的秘术和祭司的学问几乎辨别不出的一个形相。而手艺人的秘术和祭司的学问则在大部分有记录的历史中一直是互相分开的东西，故而经过了许久，科学才在社会里建树了独立的存在。”（贝尔纳：《历史上的科学》序）“科学主要有两个历史根源。首先是技术传统，它将实际经验和技能一代代传下来，使之不断发展。其次是精神传统，它把人类的理想和思想传下来并发扬光大。”“一直要到中古晚期和近代初期，这两种传统的各个成分才开始靠拢和汇合起来，从而产生一种新的传统，即科学的传统。”（［美］梅森（S. F. Mason）：《自然科学史》第一章导言，周煦良等译，上海译文出版社1980年版）所以，英国著名学者李约瑟在《中国科学技术史》中评价墨家的科学技术成就时说：“完全信赖人类理性的墨家，明确奠定了在亚洲可以成为自然科学的基本概念的东西。”（转引自陶贤都：《先秦墨家科技思想论析》，《光明日报》2008年10月19日第7版）墨子如此伟大，但他的学派却衰亡了，陶贤都说：“儒家贵道贱器，鄙视生产和科学技术。墨家科学思想与中国传统文化的价值取向的背离，也决定了其必将衰败的命运。从墨家科学思想本身来看，这些思想超越了中国古代社会的发展，缺乏社会基础，也导致其容易衰落。”（同上）看来，墨子生得太早了，他成了我们中华民族在科学发展道路上龟兔赛跑中的兔子，我们的近代科学技术停滞不前，难道是墨子的错？否！是董仲舒和汉武帝的错。因此在当代中国学术界对传统文化一片颂扬之声中，我们还必须保持几分清醒的头脑，除了善待孔子，还要欢迎马克思，更要想到伽利略、牛顿乃至达尔文和爱因斯坦，对那些埋怨现代科学技术的说辞，保持高度的警惕。

作为“平民圣人”的墨子，绝不会说出“食不厌精，脍不厌细”那样的话，墨家关于饮食的言论都是从平民角度出发的，概括地讲，有以下几个方面。

（一）主张节俭，反对奢侈浪费是墨家的重要主张

以饮食而言，“古之民未知为饮食时，素食而分处。故圣人作，诲男耕稼树艺，以为民食。其为食也，足以增气充虚，强体养腹而已矣。故其用财节，其自养俭，民富国治。今则不然，厚作敛于百姓，以为美食刍豢，蒸炙鱼鳖，大国累百器，小国累十器，美食方丈，目不能遍视，手不能遍操，口不能遍味。冬则冻冰，夏则饰饐（yì）。

人君为饮食如此，故左右象之。是以富贵者奢侈，孤寡者冻馁”（《辞过》）。“古者圣王制为饮食之法，曰：‘足以充虚继气，强股肱，耳聪目明，则止。不极五味之调，芬香之和，不致远国珍恢异物。’何以知其然，古者尧治天下，南抚交趾，北降幽都，东西至日所出入，莫不宾服。逮至其厚爱，黍稷不二，羹胾（zì）不重，饮于土簋，啜于土铏，斗以酌。”（《节用上》）“目之所美，耳之所乐，口之所甘，身体之所安，以此亏夺民衣食之财，仁者弗为也。是故子墨子之所以非乐者，……非以刍豢煎炙之味，以为不甘也。”（《非乐上》）故而对“不可食糠糟，曰食饮不美”，“是以食必粱肉”（同上）的行为痛加批判。

有一段记述墨子与其门徒禽滑厘关于奢侈和适用的《墨子》佚文，说：“锦绣绨纻，乱君之所造也。”“齐景公喜奢而忘俭，幸有晏子以俭镌之。”“纣为鹿台糟丘酒池肉林，……故卒身死国亡，为天下戮。”“今当凶年，有欲予子随侯之珠者，不得卖也，珍宝而为饰。又欲予子一钟粟者，得珠者不得粟，得粟者不得珠，子将何择？禽滑厘曰：吾取粟耳，可以救穷。墨子曰：诚然，则恶在事夫奢也。长无用好末淫，非圣人之所急也。故食必常饱，然后求美……”所以墨子强烈主张亲君子远小人，在《所染》篇中，对舜和许由、伯阳，禹和皋陶、伯益，汤和伊尹、仲虺，周武王和（姜）太公、周公这四对君臣关系大加赞赏；而对夏桀和干辛，殷纣和崇侯、恶来，周厉王和厉公长父、荣夷终，周幽王和傅公夷、蔡公谷这四对则极力批驳……他教导人们对“子西易牙竖刁之徒”一定要提高警惕。

墨子和其他许多先秦哲人一样，知道统治阶层上层人士的行为对形成社会风气的影响巨大。《兼爱中》：“昔者楚灵王好士细腰。故灵王之臣，皆以一饭为节，胁息然后带，扶墙然后起。比期年，朝有黧（lí）黑之色。是其故何也？君说之，故臣能之也。”所以说统治者对自己的爱恶选择，不可不慎。

（二）墨家代表城市中下层手工业者的利益，主张兼爱、平等

《墨子・法仪》：“人无幼长贵贱，皆天之臣也。此以莫不刍牛羊，豢犬猪，絜为酒醴粢盛，以敬事天。此不为兼而有之兼而食之邪？天苟兼而有食之，夫奚说以不欲人之相爱相利也。”同样，在《尚贤中》《天志上》《天志下》《明鬼下》诸篇，也有类似的说法。墨家强调“顺天之意”，要天下百姓平等地“祭上帝鬼神”，因为“幼长贵贱，皆天之臣也”。所以对这里的祭礼主张，不能理解为迷信。

（三）“民以食为天”是墨家重要的饮食思想

《七患》篇说：“凡五谷者，民之所仰也，君之所以为养也。故民无仰则君无养，民无食则不可事。”“食者，国之宝也。”《尚贤中》说：“耕种树艺，聚菽粟，是以菽粟多而民足乎食。”是以墨家早已有储粮备荒的建议，如《七患》有云：“国无三年之食者，国非其国也；家无三年之食者，子非其子也。此之谓国备。”这简直像今天之“一号

文件”。所以他又在《非命下》中说：“故昔者禹汤文武方为乎天下之时，曰：必使饥者得食，寒者得衣，劳者得息，乱者得治。”

(四)墨家兼有学者和工匠两种知识系统，反对轻视体力劳动的儒家

《非儒下》甚至揶揄“厄于陈蔡”时孔子的窘相，而对发明了弓箭的后羿、发明了铠甲的杼、制造车辆的奚仲、制造舟船的巧倕(垂)，墨子认为都是受人尊敬的君子。因此任何工种，都有精益求精的可能，《法仪》：“巧者能中(中，得也)之，不巧者虽不能中，放(放，即仿)依以从事，犹逾己。故百工从事，皆有法所度。”墨子不仅主张精工细作，而且主张还要懂得为什么要这样做，《兼爱上》：“譬之如医之攻人之疾者然，必知疾之所自起，焉能攻之？不知疾之所自起，则弗能攻。”做工和治病的道理，从哲学上讲是一样的，所以《墨经》才会成为我国古代科技史上的光辉篇章。

(五)墨家主张选贤任能，不计较出身

《尚贤上》：“故古者圣王之为政，列德而尚贤，虽在农与工肆之人，有能则举之，重予之爵，重予之禄，任之以事，断予之令。”故而在《墨子》一书中，多次提到“汤举伊尹于庖厨之中”。前些年饮食文化研究中，不少人主张尊伊尹为厨师鼻祖，是想借此提高厨师社会地位。其实对伊尹的评价，问题不在于他曾为厨师，而在于“列德而尚贤”，如果没有这一条，墨子仍然视他们为小人，为此，他多次批评齐桓公信任易牙。

《墨子》一书，还从侧面提出了一些值得探讨的饮食技术问题。例如《尚贤下》：“粒食之所养。”《天志下》：“天下之国，粒食之民。”《耕柱》：“见人之作饼，则还然窃之。”《说文食部》云：“饼，面食也。”那么在墨子生活的时代，我国的粮食加工技术，能够磨面吗？看来是能够了，但主要还是“粒食”。试看《耕柱》篇的相关原文是：“子墨子谓鲁阳文君曰：‘今有一人于此，羊牛刍豢，维(饔)人但(袒)割而和之，食之不可胜食也。见人之作饼，则还然窃之。曰：舍余食。不知日月安不足乎，其有窃疾乎？’鲁阳文君曰：‘有窃疾也。’子墨子曰：‘楚四竟(境)之田，旷芜而不可胜辟，评灵(呼虚)数千，不可胜。见宋郑之闲邑，则还然窃之，此与彼异乎？’鲁阳文君曰：‘是犹彼也，实有窃疾也。’”我们不厌其烦地引了这一段全文，是因为中国古籍中，这是“饼”字首次出现，也当是中国有“粉食”的可靠文献根据。而《耕柱》这一篇目，学术界倾向于认为它是墨子本人或其嫡传弟子的著作，这样看来，至迟战国时期，我国就有了“粉食”的饼。鲁阳(楚国县城之一)人放着吃不完的牛羊肉菜肴不吃，去偷他人的饼吃，所以他的君主(文君)说他有好偷的毛病。其实从近年来的考古发掘资料看，我国“粉食”的历史还要更早些，这在后文还会提到。

今本《墨子》有好几篇兵书，其中《备城门》篇有“灶置铁鐕(xín)”，这个“鐕”是“鬵”(大锅)的假借，清代孙诒让曾详加考证，即釜或鍑。是以我国在战国时肯定有

铁质炊具了。此外,在《备穴》中,还有用“醯”(即醋)熏进攻敌人眼睛的战斗方法,说明当时醋已经广泛使用了。

第四节　杂家著作

一、《吕氏春秋》和中国古代饮食

吕不韦(?—前235;?—秦王政十二年),战国末年卫国濮阳(今河南濮阳西南)人,原为阳翟(今河南禹县)大商人,因结交并保护秦国留赵国的秦公子异人(即子楚),并入秦游说秦华阳夫人立异人为太子,后异人继位为秦庄襄公,得任相国,被封为文信侯。庄襄王死后,秦王嬴政年幼,尊称其为“仲父”。其封邑大得惊人,门下有宾客三千,家童万人。秦王嬴政亲政后,他被免职,先居封地河南,不久又被迁向蜀都,因恐惧而自杀。他曾命宾客编著《吕氏春秋》,汇合先秦各家学说,被称为杂家。《汉书·艺文志》有杂家《吕氏春秋》26篇,传至今世。《史记》有《吕不韦传》,对吕不韦的发迹史记得很详细,但未提及《吕氏春秋》。按《汉书·艺文志》列杂家二十家,多数已经散佚,传至当代仍有较大影响的就是《吕氏春秋》和《淮南内》(即今之《淮南子》),其他如《尉缭》《尸子》《公孙尼》等,虽有后人辑佚,然总难窥全豹了。《汉书·艺文志》在评论杂家的特点时说:“杂家者流,盖出于议官。兼儒、墨,合名、法,知国体之有此,见王治之无不贯,此其所长也。及荡者为之,则漫羡而无所归心。”按照这个特点来看《吕氏春秋》,应该说是杂家名著。东汉末期,高诱整理作注时曾作序说:“此书所尚,以道德为标的,以无为为纲纪,以忠义为品式,以公方为检格,与孟轲、孙卿(荀子)、淮南(刘安)、扬雄相表里也。”是以见其杂。全书共分十二纪八览六论,训解各十余万言,故又称《吕览》。清乾隆年间,毕沅为该书新校本作序时指出,“至味”一篇,当出自《汉书·艺文志》的道家《伊尹》51篇。又“上农”“任地”“辨土”等篇述后稷之言,与《亢仓子》所载略同,应为周秦以前农家之言。其他如采《老子》《文子》之说,则不一而足。毕沅说:“是以其书沈博绝丽,汇儒墨之旨,合名法之源,古今帝王天地名物之故,后人所以探索而靡尽与。”《隋书·经籍志》也列为杂部。《吕氏春秋》写成时,因秦王嬴政年幼,大权为吕不韦所独揽。为此,高诱说:“备天地万物古今之事,名为《吕氏春秋》,暴之咸阳(秦国首都)市门,悬千金其上,有能增损一字者,与千金。时人无能增损者。”正如高诱所说,并非无人能,而是惮于吕相国权势不敢能。

杂家之言,理应采各家之长,但实际效果如何?并非无瑕可批。但《吕氏春秋》的自相矛盾之处并不显著,这就是它杂成一家的功夫。这一点比之后200多年成书的《淮南子》要成功得多。《淮南子》虽列为杂家,但偏于道家的特征是非常明显的。因此就中国传统文化价值而言,《吕氏春秋》实在《淮南子》之上。20 世纪 80 年代,《吕氏春秋》受到中国大陆地区“烹饪热”的热捧,《本味》一篇不仅被誉为中国历史上最早的烹饪学论文,而且被视为烹饪手艺最精确的概括;可惜的是仍把烹饪手艺的精髓归结为“口弗能言,志不能喻”,夸大了《本味》的神秘主义因素,无视近代科学的存在,这对于中国烹饪科学的发展产生了负面的影响。这种“烹饪热”的要害就在于否认近代科学对传统烹饪手艺的指导作用,由于没有科学原理的诠释,所以手工艺很难得到科学的提升,一些人徒然感叹有些即将失传的手艺,有“人在艺在,人亡艺亡”的危险,因而埋怨当代青年人不刻苦学艺,其实是没有找到传艺的有效方法。《淮南子·诠言训》:“有百技而无一道,虽得之弗能守。”刘安及其宾客都知道这个道理,难道 21 世纪的人们还没有这个认识吗?我们今天研究任何一门技术或学问,都应该弄清楚相关的“道”,而且是现代的科学之道,掌握了反映事物根本规律的科学之道,就再没有不可传承的神秘技艺,

对于从事中国饮食科学技术史研究的人来说,认真读通《吕氏春秋》这道大杂烩,实有事半功倍的效果。下面就是笔者概括的相关要旨。

《吕氏春秋》的《十二纪》首篇与《礼记·月令》有密切关系,孔颖达在作《月令》注疏时,做了详细考察,但是否为吕不韦所作,在汉朝就已经说不清楚了。《淮南子·时则训》也与此类似,是自《尚书·周书·洪范》以后,五行学说的系统演绎。而《黄帝内经·素问》的《金匮真言论》《阴阳应象大论》《藏气法时论》《宣明五气论》《五常政大论》等篇,不仅做了全文引植,并且进一步推论演绎。因此《十二纪》对中国传统医药和饮食生活的影响很大,至今人们还用它来指导四时饮食,这种前科学时代的事物现象观察,结合天象等古代天文知识,越发神秘得高深莫测。这种知识在认识论上的一个显著特征,就是很难在错与对之间做出肯定性的选择。所以在现代人的饮食生活中,我们往往要借助它们来解释气候、温度、地域、食物和人体体质之间的协调关系,即所谓“天人合一”。因此,在目前的科学水平之下,还不能立刻对它们做出否定的决断。

《十二纪》除首篇之外,都另有四篇专论,讲述某一种事项,计有《孟春纪》后的《本生》《重己》《贵公》《去私》四篇,《仲春纪》后的《贵生》《情欲》《当染》《功名》四篇,《季春纪》后的《尽数》《先己》《论人》《圜道》四篇,《孟夏纪》后的《劝学》《尊师》《诬徒》《用众》四篇,《仲夏纪》后的《大乐》《侈乐》《适乐》《古乐》四篇,《季夏纪》后的《音律》《音初》《制乐》《明理》四篇,《孟秋纪》后的《荡兵》《振乱》《禁塞》《怀宠》四篇,《仲秋记》后的《论威》《简先》《决胜》《爱士》四篇,《季秋纪》后的《顺民》《知士》《审己》《精通》四篇,《孟冬纪》后的《节丧》《安死》《异宝》《异用》四篇,《仲冬纪》后的《至忠》《中廉》《当务》《长见》四篇,《季冬纪》后的《士节》《介立》《诚廉》《不侵》四篇,最后还有一篇《序意》。从这些篇目名称可以看出,每一“纪”都有一个主题思想。

需要指出的是，在处理五行和四时的关系方面，《吕氏春秋》《月令》《时则训》和《黄帝内经》都有一个硬凑的软肋，即在季夏和孟秋之间，硬插了一个“中央土”。按照纳甲规则，三春均为“甲乙”日；但孟夏和仲夏为“丙丁”日，而季夏为土行的“戊己”日；三秋均为“庚辛”日；三冬则为“壬癸”日。这应该说是个明显的漏洞，《黄帝内经·素问·金匮真言论》直言，这个漏洞叫作“长夏”。孔颖达在为《月令》作注疏时指出：“四时是气，五行是物。”则一年 365 天，每季该是 90 天，这样土行在四时中没有位置了，只能在季夏中挖出 18 天来作为“中央土”。这个短暂“中央土”地位显赫，在味为甘，在臭为香，在色为黄，在声为宫，在体为心，乃至“天子居太庙太室”，那就是宇宙的中心。显然，这些很难与真正的科学搭界。

在《十二纪》的 48 篇附文中，有许多与饮食相关的名言，例如：

《本生》：“肥肉厚酒，务以自强，命之曰烂肠之食。”

《重己》：“味不众珍。……味众珍则胃充，胃充则中大懑(鞔)，中大懑而气不达，以此长生可得乎？”

《去私》：“味禁重(高诱注：‘不欲厚味胜食气伤性也’)。”

“庖人调和而弗敢食，故可以为庖。若使庖人调和而食之，则不可以为庖矣。”

《尽数》：“大甘大酸大苦大辛大咸，五者充形，则生害矣。”

“故凡养生，莫若知本，知本则疾无由至矣。”

“凡食之道，无饥无饱，是之谓五藏之葆(高诱注：‘葆，安也’)。”

《仲冬纪》引《周礼》：“乃命大酋，秫稻必齐，曲蘖必时，湛饎必洁，水泉必香，陶器必良，火齐必得。兼用六物，大酋监之，无有差忒。”

《吕氏春秋》“八览”为《有始览》《孝行览》《慎大览》《先识览》《审分览》《审应览》《离俗览》和《恃君览》，每览又分 8 篇(唯《有始览》7 篇)共 63 篇，每览第一篇的篇名与览的名称相同。如《有始览》的第一篇即《有始》篇，其他类推，这也是先秦古籍篇名确定的常见方法。“八览”中有关饮食的论述有：

《孝行》篇，叙述行孝养亲之道为：“养有五道：修宫室，安床笫，节饮食，养体之道也；树五色，施五采，列文章，养目之道也；正六律，和五声，杂八音，养耳之道也；熟五谷，烹六畜，和煎调，养口之道也；和颜色，说言语，敬进退，养志之道也。此五者，代进而厚用之，可谓善养矣。”这实际上就是古代“养生”的要旨。

《孝行览》的第二篇即著名的《本味》篇，本篇开头说伊尹的出身来历，然后以伯牙和钟子期知音的故事比喻商汤和伊尹的关系，于是乃有“说汤以至味”的那一段托名伊尹的高论：“夫三群之虫，水居者腥，肉玃(jué)者臊，草食者膻，恶臭犹美，皆有所以。凡味之本，水最为始。五味三材，九沸九变，火为之纪。时疾时徐，灭腥去臊除膻，必以其胜，无失其理。调合之事，必以甘酸苦辛咸，先后多少，其齐甚微，皆有自起。鼎中之变，精妙微纤，口弗能言，志不能喻。若射御之微，阴阳之化，四时之数。故久而不弊，熟而不烂，甘而不浓，酸而不酷，咸而不减，辛而不烈，淡而不薄，肥而不𦛏(hóu，油腻)。肉之美者：猩猩之唇，獾獾之炙，隽燕之翠，述荡之腕，旄(máo)象之约。流沙之西，丹山之南，有凤之丸，沃民所食。鱼之美者：洞庭之鱄(pū，江豚)，东海之鲕(ér)，醴水之鱼，名曰朱鳖，六足，有珠百碧。藿(guàn)水之鱼，名曰鳐，其状若鲤而有翼，常从西海夜飞，游于东海。菜之美者：昆仑之苹，寿木之华，指姑之东，中容之国，有赤木、玄木之叶焉。余瞀之南，南极之崖，有菜，其名曰嘉树，其色若碧。阳华之芸，云梦之芹，具区之菁，浸渊之草，名曰土英。和之美者：阳朴之姜，招摇之桂，越骆之菌，鳣(zhān)鲔(wěi)之醢，大夏之盐，宰揭之露，其色如玉，长泽之卵。饭之美者：玄山之禾，不周之粟，阳山之穄，南海之秬。水之美者：三危之露，昆仑之井，沮江之丘，名曰摇水，曰山之水，高泉之山，其上有涌泉焉，冀州之原。果之美者：沙棠之实，常山之北，投渊之上，有百果焉，群帝所食。箕山之东，青鸟之所，有甘栌焉。江浦之橘，云梦之柚，汉上石耳，所以致之。”以下便是劝汤成为天子，以及如何能成天子，否则是得不到这些东西的。

《本味》篇所述的烹调原则，至今大体上如此。在近代物理学、近代化学和生物学没有产生以前，要说清楚相关的道理是不可能的，所以他只能说“口弗能言，志不能喻”。而中间一段所述的美食标准，实际上就是后来的风味内涵，现代完全可以色香味形质的相关概念予以解释。至于最后所述的美好的肉、鱼、菜、和(调味品)、饭(粮食)、水、果等。颇具《山海经》的风格，有虚有实，无论是物品名称，还是产地，在吕不韦之后约 500 年的高诱，就已说不清楚了，何况今日乎？但是《本味》所述的食物原料的分类方法，至今仍在采用。所以说它是一篇极好的烹饪论文，应该说是恰当的评价。

《长攻》篇所述勾践向夫差借粮食，伍子胥反对，夫差不听，结果使吴国吃了大亏。说明粮食乃国家的重要战略物资，至今仍有借鉴作用。

《遇合》篇：“若人之于滋味，无不说(悦)甘脆，而甘脆未必受也。文王嗜菖蒲菹，孔子闻而服之，缩頞(颈)而食之，三年然后胜之。”说明人的口味偏嗜是习惯造成的。

《察今》篇：“尝一脟(脔)肉，而知一镬之味，一鼎之调。”比喻以小见大。

《先识览》：“周鼎著饕餮，有首无身，食人未咽，害及其身，以言报更也。”(《广雅·释言》：“更，偿也。”)

《知接》篇，讲管仲劝齐桓公不要接近易牙等佞幸之徒，桓公不听，临死时悔之不及。

《任数》篇，讲孔子“厄于陈蔡”，七日没有吃到东西，颜回好不容易讨到米回来煮粥，因煤灰落入甑中，颜回觉得必须舍弃已污染的粥，因为孔子有“不洁不食”之训，但又舍不得弃去，就自己把有煤灰的部分吃了。孔子见了，以为颜回饿极了偷食，但又佯装不知，对颜回说：“今者梦见先君，食洁而后馈”。颜回回答说：不会不洁，刚才煤灰落入甑中，我已经取食掉了。至此，孔子才明白颜回不是偷吃，感叹地说：连眼见都不为实，所以知人是很难的。

《应言》篇："白圭谓魏王曰：市丘之鼎以烹鸡，多洎（jì，汤汁）之则淡而不可食，少洎之则焦而不熟。"这说明用大鼎煮鸡，肉汁（洎）太多，淡不可食，如果水太少，则鸡肉焦而不熟，当然也不可食，所以汁量一定要适当。

《用民》篇："亡国之主，多以多威使其民矣。故威不可无有，而不足专恃。譬之若盐之于味，凡盐之用，有所托也。不适则败托而不可食。威亦然，必有所托，然后可行。"

《吕氏春秋》"六论"指《开春论》《慎行论》《贵直论》《不苟论》《似顺论》和《士容论》，每论 6 篇，共 36 篇，其有关饮食的论述甚少，主要是常见的饮食故事，如《过理》篇记殷纣王骄奢淫逸，晋灵公"使宰人臑熊蹯，不熟，杀之"，"令妇人载而过朝以示威"等。唯最后的《士容论》，实为农家者言，而其中的《上农》《任地》《辩土》《审时》诸篇目，直言农事，强调耕作要切合时令，故最后一段说："是故得时之稼，其臭香，其味甘，其气章（高诱注：'气，力也；章，盛也'），百日食之（'百日食之者，食之百日也'），耳目聪明，心意睿智（'睿，明也'），四卫变强（'四卫，四肢也'），凶气不入，身无苛殃。黄帝曰：四时之不正也，正五谷而已矣（高诱注：'五谷正时食无病，故曰正五谷而已'）。"对于这一段议论，如果说强调食物应有新鲜的气味，那是正确的。由于古人存贮谷物的方法很简陋，故食陈谷可能因变质而致病。迨至当代，这种顾虑已经不存在了。

鉴于《吕氏春秋》成书于战国末期，所涉及的饮食知识实为秦汉之交的实际情况。加之该书杂百家之言，应该说撰著者有"择其善者而从之"的愿望，所以对其与饮食有关的部分基本上都予以摘录。又鉴于古人著书互相引见，但并非原始出处，所以和其他古籍难免有重复之处。以上内容主要涉及养生之道和烹调技艺（集中反映在《本味》篇中），在饮食思想上体现重农和节俭的主张，至今仍有现实意义。

二、《淮南子》一书中的饮食史料

淮南王刘安（前 179—前 122；汉文帝元年—汉武帝元狩元年），其父淮南厉王刘长为汉高祖刘邦的庶子，因谋反自杀，时刘安等兄弟均七八岁，因汉文帝刘恒念手足之情，分封其子于原淮南故地，其长子刘安袭封淮南王封地，即今安徽寿县一带。《史记》和《汉书》均有传，说他"为人好读书鼓琴，不喜弋猎狗马驰骋，亦欲以阴德拊循百姓，流誉天下。时时怨望厉王死，时欲畔逆，未有因也"。故而招天下宾客，出谋划策，最终因造反而被迫自杀。东汉末期涿郡涿（今河北省涿州市）人高诱在注释《淮南子》时，曾写了一篇《叙目》，其中也说道："天下方术之士，多往归焉。于是遂与苏飞、李尚、左吴、田由、雷被、毛被、伍被、晋昌等八人，及诸儒大山、小山之徒，共讲论道德、总统仁义，而著此书。其旨近老子，淡泊无为，蹈虚守静，出入经道。言其大也，则焘天载地；说其细也，则沦于无垠。及古今治乱存亡祸福，世间诡异瑰奇之事。其义也著，其文也富，物事之类，无所不载。然其大较，归之于道，号曰鸿烈。鸿，大也；烈，明也。以为大明道之言也。"西汉后期，刘向曾校订此书，定名《淮南内》。又另有 19 篇，谓之《淮南外》。东汉后期，高诱从同县人、侍中卢植(《汉书》有传)那里读到此书，并研究整理注释二十余年，遂定为 21 篇，即所谓《淮南内》，也就是今天的《淮南子》，《汉书·艺文志》列有《淮南内》21 篇，即此书。另外还列有《淮南外》33 篇和刘安曾向汉文帝进献的《中篇》8 卷，均已失传。《汉书·艺文志》列《淮南子》为"杂家"，但实际上应视为道家和阴阳家的结合，尤其是魏晋神仙道教兴起以后，刘安被奉为神仙，葛洪《神仙传》也给淮南王刘安列了传，但完全荒诞不经，当淮南王反态被汉武帝觉察，可能被诛杀时，"八公"(大概即高诱《叙目》中所列八人)"取鼎煮药，使王服之，骨肉近三百余人，同日升天，鸡犬舔药器者，亦同飞去"。这就是"一人得道，鸡犬升天"神话的由来。可《史记》明确记载"淮南王安自刭死"，而"八公"之一的伍被，先为刘安谋划，后来竟首告，最后难免一死。所以《神仙传》中特别批判了伍被的背叛行为。今日安徽寿县的八公山，是旅游名胜，但事实如何？传说的确不可尽信。不过淮南王炼丹，确有可能，《周易参同契》有"淮南炼秋石"一句，而今本《淮南子·人间训》："铅之与丹，异类殊色，而可以为丹者，得其数也。"这是明指金属铅与氧气的配比不同，是得到铅丹的关键，这里的"数"显系今日化合量的古代说法。可是因《中篇》的佚失，刘安及其门徒究竟炼成了什么，现在已无法稽考了。据说，西汉目录学家刘向(约前 77—前 6；约汉昭帝元凤四年—汉哀帝建平元年)因整理汉家宫廷文籍，见到刘安的《中篇》，曾依法重复其中的黄白术(从贱金属制贵金属)但未成功，因此而获罪。至于当代肯定刘安是豆腐的发明人，所据文献是唐宋以后出世的，其中难免有附会之嫌。即便豆腐发明于汉代，也不见得就是刘安所为，与他的炼丹活动更无关系，因为现有丹方中，鲜有使用大豆者。

今本《淮南子》仍为 21 篇，前列注释者高诱的《叙目》，通行注本虽题高诱注，但实际上已混入东汉许慎的注。正文中的最后一篇称《要略》，是各篇目的要旨概述。全书避刘安之父刘长之讳，故一律改"长"为"修"。刘安及其宾客以道家、阴阳家的观点分析世界和人生，即高诱所说的"讲论道德，总统仁义"，饮食并不是该书主要内容，但古人著书，常以饮食比喻时事，《淮南子》亦然，其涉及饮食的论述有：

《原道训》："雁门之北，狄不谷食，贱长贵壮，俗尚气力。"

"无味而五味形焉，……味之和不过五，而五味之化，不可胜尝也。……味者，甘立而五味亭矣(注：亭，平也。甘，中央味也。)……道者，一立而万物生矣！"

"口味煎熬芬芳。"

《天文训》："阳气为火，阴气为水。"

《地形训》述自然生态的关系:“是故坚土人刚,弱土人肥,垆土人大,沙土人细,息土人美,耗土人丑。食水者善游能寒,食土者无心而慧,食木者多力而奰(bì 怒貌),食草者善走而愚,食叶者有丝而蛾,食肉者勇敢而悍,食气者神明而寿,食谷者知慧而夭,不食者不死而神,凡人民禽兽万物贞虫,各有以生。”刘安用五行说分天下东西南北中,而以“岱岳”(泰山)为中,辽东为东,会稽长沙为南,古河东为西,雁门以北为北。这和《黄帝内经·素问·异法方宜论》不同。

“炼甘生酸,炼酸生辛,炼辛生苦,炼苦生咸,炼咸反甘。”(高诱注:“炼犹变也。”)此即五行相生在五味说中的应用。

《时则训》述四时气候变化,与《礼记·月令》和《黄帝内经·素问》之《四气调神大论》《阴阳应象大论》诸篇是同一指导原则,亦源于阴阳五行说。

“乃命大酋,……”造酒法抄自《礼经》。

《精神训》:“桓公甘易牙之和,而不以时葬。”(高诱注:“齐桓好味,易牙蒸其首子以进之,遂见信用,专任国政,乱嫡庶。桓公卒,五公子争立,六十日而殡,虫流出户,五月不葬,故曰不以时葬也。”)又见《主术训》:“昔者齐桓公好味,而易牙烹其首子而饵之。”

《本经训》:“煎熬焚炙,调齐和之适,以穷荆吴甘酸之变(此言江南重调味)。”

《主术训》:“(楚)灵王好细腰,而民有杀食(即省食)自饥者。”

“天下之物,莫凶于鸡毒(鸡毒,乌头的别名),然而良医橐而藏之,有所用也。”

《缪称训》:“古人味而弗贪也(指知味者不贪食),今人贪而弗味。”

“纣为象箸而箕子叽。”

《齐俗训》:“故糟丘生乎象箸,炮烙生乎热斗。”

“故圣人裁制物也,犹工匠之斫削凿枘也,宰庖之切割分别也。”

“今屠牛而烹其肉,或以为酸,或以为甘,煎熬燎炙,齐味万方,其本一牛之体。”

“屠牛吐(或作坦,齐之大屠)一朝解九牛,而刀可以剃毛。庖丁用刀十九年,而刀如新剖硎(硎,磨刀石),何则?游乎众虚之间。”

“老子曰:治大国若烹小鲜。为宽裕者,曰勿数挠;为刻削者,曰致其咸酸而已矣。”

“含菽饮水以充肠,以支暑热。”

《道应训》:“白公问于孔子……白公曰:‘若以石投水中,何如?’(孔子)曰:‘吴越之善没者能取之矣。’曰:‘若以水投水,何如?’孔子曰:‘淄渑之水合,易牙尝而知之。’”

《泛论训》:“臾儿、易牙,淄渑之水合者,尝一哈(口也)水而甘苦知矣。”

“今世之祭井灶门户箕帚臼杵者,非以其神为能飨之也。恃赖其德,烦苦之无已也。是故以时见其德,所以不忘其功也。”某些感恩仪式并不等于迷信。

《诠言训》:“蓼菜成行,瓶瓯有堤,量粟而舂,数米而炊,可以治家,而不可以治国。涤杯而食，洗爵而饮，浣而后馈，可以养家老，而不可飨三军。非易不可以治大，非简不可以合众。”

“席之先雚(芄，萝藦，多年生蔓草)蕈(苇)，樽之上玄酒，俎之先生鱼，豆之先泰羹，此皆不快于耳目，不适于口腹，而先王贵之，先本而后末。”

《兵略训》：“水不与于五味，而为五味调。……能调五味者，不与五味者也。”

《说山训》：“故里人谚曰：烹牛而不盐，败所为也。”烹羹不与盐不成羹。

“善学者若齐王之食鸡，必食其跖(脚掌)数十而后足。”

“尝一脔肉，知一镬之味。”

《说林训》：“水火相憎，镨在其间，五味以和。”

“羊肉不慕蚁，蚁慕于羊肉，羊肉膻也；醯酸不慕蚋(似蝇而小)，蚋慕于醯酸。尝一脔肉而知一镬之味，悬羽与炭而知燥湿之气。以小见大，以近喻远。”来自《庄子·徐无鬼》。

“农夫劳而君子养焉。”

“酤酒而酸，买肉而臭，然酤酒买肉，不离屠沽之家。故求物必于近之者。”

“进献者祝，治祭者庖。”

《修务训》：“古者民茹草饮水，采树木之实，食蠃蚌之肉，时多疾病毒伤之害，于是神农乃始教民播种五谷，相土地宜燥湿肥垸高下，尝百草之滋味，水泉之甘苦，令民知所辟就。当此之时，一日而遇七十毒。”

“伊尹负鼎而干汤，吕望鼓刀而入周。”

《泰族训》：“蓼菜成行，甂瓯有堤(chí)，秤薪而爨，数米而炊，可以治小，而未可以治大也。……涤杯而食，洗爵而饮，盥而后馈，可以养少，而不可以飨众。今夫祭者，屠割烹杀，剥狗烧豕，调平五味者，庖也……”

“伊尹忧下之不治，调和五味，负鼎俎而行，五就桀，五就汤，将欲以浊为清、以食为宁也。”

“仪狄为酒，禹饮而甘之。遂疏仪狄而绝旨酒，所以遏流湎之行也。”

《要略》：“言至精而不原人之神气，则不知养生之机。”

三、《论衡》一书中有关饮食的论述

王充(27—约97；东汉光武帝建武三年—约东汉和帝永元九年)，会稽上虞(今属浙江绍兴)人，东汉唯物主义哲学家，自称出身“细族孤门”。《后汉书》有传，其所著《论衡》最后一篇《自纪》也记述了他的家族和出身，“充少孤，乡里称孝”，后到洛阳太学师事班彪，读书“好博览而不守章句”，因贫穷买不起书而浏览于洛阳书市，“一见辄能成诵，遂博通众流百家之言”。后做过几任小吏，终因与众不同而回家。“著《论衡》八十五篇，二十五万余言，释物类同异，正时俗嫌疑。”当时大家都公认他的才学，再次举荐他出来当官，但因病不能成行，后竟卒于家。本传还说："乃造《养性书》十六篇，裁节嗜欲，颐神自守。"惜今已不传。范晔在《后汉书》中为他和王符(《潜夫论》作者)、仲长统(《昌言》作者)作传后评价他们是"管视好偏，群言难一。救朴虽文，矫迟必疾。举端自理，滞隅则失。详观时蠹，成昭政术"，足见他们都是不合时宜的空头理论家。其实在汉武帝接纳董仲舒"罢黜百家，独尊儒术"的大背景下，像王充那样作《道虚》《问孔》《非韩》《刺孟》等，范晔的评价算是客气的了，他们能保住脑袋，已经万幸了。

今本《论衡》仍为85篇，其中有关饮食的议文有：

《率性》篇："豆麦之种与稻粱殊，然食能去饥。……譬诸五谷皆为用，实不异而效殊者。"

《感虚》篇："夫熯(hàn)一炬火爨一镬水，终日不能热也。倚一尺冰置庖厨中，终夜不能寒也。何则？微小之感不能动大巨也。"

《福虚》篇记载"楚惠王食寒菹而得蛭"的故事(很多书上有记载)。

《龙虚》篇："传曰：纣作象箸而箕子泣。泣之者，痛其极也。夫有象箸，必有玉杯。玉杯所盈，象箸所挟，则必龙肝豹胎。……称龙肝豹胎者，人得食而知其味美也。"王充说"龙虚"实指世上本无龙。

《道虚》篇：说黄帝乘龙飞去、淮南王鸡犬升天皆虚也。

"黄之与白，犹肉腥炙之燋，鱼鲜煮之熟也。燋不可复令腥，熟不可复令鲜。鲜腥犹少壮，燋熟犹衰老也。天养物，能使物畅至秋，不得延之至春，吞药养性，能令人无病，不能寿之为仙。"

《道虚》篇："道家相夸曰：真人食气，以气而为食。故传曰：食气者寿而不死，虽不谷饱，亦以气盈。此又虚也。"本篇批判道家辟谷不食，长寿不死之鬼话。百岁而死是自然规律，天下绝无长生不死之事。

《艺增》篇："五谷之于人也，食之皆饱。稻粱之味，甘而多腴；豆麦虽粝，亦能愈饥。食豆麦者，皆谓粝而不甘，莫谓腹空无所食。"本篇尽批那些不实的夸大之词。

《问孔》篇：批判孔子答子贡问政关于去食存信的说教，是不切实际的。"使治国无食，民饿，弃礼义，礼义弃，信安所立？传曰：仓廪实，知礼节；衣食足，知荣辱。让生于有余，争生于不足。今言去食，信安得成？春秋之时，战国饥饿，易子而食，析骸而炊，口饥不食，不暇顾恩义也。"

《量知》篇：以煮饭的道理比喻人之学习求知之过程。"谷之始熟曰粟，舂之于臼，簸其秕糠，蒸之于甑，爨之以火，成熟为饭，乃甘可食。可食而食之，味生肌腴成也。粟未为米，米未成饭，气腥未熟，食之伤人，夫人之不学，犹谷未成米，米未为饭也。知心乱少，犹食腥谷，气伤人也。学士简练于学，成熟于师，身之有益，犹谷成饭，食之生肌腴也。"

《别通》篇："古今之事，百家之言，其为深多也，岂徒师门高业之生哉。甘酒醴不酤饴蜜，未为能知味也。”

“空器在厨，金银涂饰，其中无物益于饥，人不顾也。肴膳甘醢，土釜之盛，入者飨之。古贤文之美善可甘，非徒器中之物也。读观有益，非徒膳食有补也。故器空无实，饥者不顾；胸虚无怀，朝廷不御也。”

“腹为饭坑，肠为酒囊。”

《状留》篇：“行则背在上，而腹在下；其病若死，则背在下，而腹在上。何则？背肉厚而重，腹肉薄而轻也。”

“酒暴熟者易酸，醢暴酸者易臭。”

《谴告》篇：“酿酒于罂，烹肉于鼎，皆欲其气味调得也。时或咸苦酸淡不应口者，犹人勺药失其和也。”

“狄牙之调味也，酸则沃之以水，淡则加之以咸。水火相变易，故膳无咸淡之失也。今刑罚失实，不为异气以变其过，而又为寒于寒，为温于温，此犹憎酸而沃之以咸，恶淡而灌之以水也。”

第五节　法家《韩非子》和饮食文化

韩国诸公子的韩非（约前280—前233；约周赧王三十五年—秦王政十四年），战国末期哲学家，法家学派的代表人物，与李斯同为荀子的学生，但李斯自叹不如。曾建议韩王变法图强，但不被采纳，于是作《说难》《孤愤》《五蠹》等十余万言，受到秦王嬴政的赞赏，受邀出使秦国；不久，韩非因李斯、姚贾这两个人的谗言而自杀于狱中。其所著各篇编成今世的《韩非子》一书。他吸收了道、儒、墨各家的思想，尤其是有选择地接受了早期法家商鞅、申不害、慎到等人的统治之术，强调中央集权，对后世影响很大。在哲学上，他发展了荀子的唯物主义，认为“道”是事物运动的普遍规律，而“理”则是具体事物运动的特殊规律，而这一点正是《韩非子》一书影响中国饮食文化研究的最大亮点。《韩非子》在阐发作者的论点时，多次以饮食事项作比，主要有如下几个方面：

第一，韩非论述臣子提出正确建议如何才能被君王所接受，认为必须互相理解。他在《难言》中引用了伊尹为商汤所用的例子：“上古有汤，至圣也；伊尹，至智也。夫至智说至圣，然且七十说而不受，身执鼎俎为庖宰，昵近习亲，而汤乃仅知其贤而用之。故曰：以至智说至圣，未必至而见受，伊尹说汤是也。”这一史实，古文献中常见，但最合乎情理的描述是《韩非子》，“说汤以至味”是伊尹接近商汤所用的手段，而汤接受并任用伊尹仍因为其贤，绝不是伊尹的烹调技术高超所致。反之，如果“以智说愚”，便会惹来大祸，韩非举了很多实例。进而言之，如果愚愚相合，更加不可收拾，典型的是齐桓公和易牙的故事。《难一》曾记述了管仲说服齐恒公，要远离竖刁、易牙和公子开方这三个坏人，说："易牙为君主味，君惟人肉未尝，易牙蒸其子首而进之。夫人情莫不爱其子，今弗爱其子，安能爱君？"齐桓公也曾经去掉易牙，结果连饭都吃不下，于是又把易牙找回来。等到管仲死后，三个坏人作乱，弄得桓公"身死虫流出尸不下葬"。一代霸主齐桓公，是无法和商汤相比的，管仲有伊尹之才，但未能阻止齐桓公亲近小人。而伊尹有易牙之技，但不用来媚主。所以韩非非常重视君主的喜好，因为君主的喜好往往就是社会的风气。《二柄》篇："故越王好勇，而民多轻死；楚灵王好细腰，而国中多饿人；齐桓公妒外而好内，故竖刁自宫以治内……故君见恶则群臣匿端，君见好则群臣诬能。"最后这两句，是最难做到的，是说如果一个君主不喜欢某种事物，那么群臣一定尽量设法掩盖这种事物；如果君主喜爱某种事物，那么群臣一定尽力诬陷能获得这一事物的人，因为只有这样，诬陷者才会得到任用。所以君主一定不能被别人蒙蔽。

第二，在先秦诸子中，韩非最喜欢拿厨师的行为作比。在《韩非子》中，除了易牙的故事以外，他还在《内储说下·六微》中，列举了臣子之间曾互相诬陷而争权的六种原因，其第四种叫"利害相反"，就列举了三个膳宰的例证。一是"昭僖侯之时，宰人上食，而羹中有生肝焉"；二是"（晋）文公之时，宰臣上炙而发绕之"；三是"晋平公觞客，少庶子进炙而发绕之"。这三例都是因为有人要取代宰夫或宰臣的职位而陷害他们，其中以晋文公的宰臣申辩得最有趣，当晋文公大怒要杀他的时候，"宰人顿首再拜请曰：'臣有死罪三：援砺砥刀，利犹干将也。切肉，肉断而发不断，臣之罪一也；援木贯脔而不见发，臣之罪二也；奉炽炉，炭火尽赤红，炙熟而发不烧，臣之罪三也。堂下得无微有疾（害）臣者乎？'公曰：'善。'乃召其堂下谯之，果然。乃诛之"。此外，这段辩辞中含有三项烹饪技术。一是"利犹干将"，说明厨刀锋利，当时刀功技法已精良；二是"援木贯脔"，说明烤肉串还是用木棒串穿的；三是"奉炽炉，炭火尽赤红"，说明当时的加热设备已有相当水平。

《八说》篇还有一则关于厨师的妙论，"酸甘咸淡，不以口断而决于宰尹，则厨人轻君而重于宰尹矣"。是说君主对自己的口味没有尺度，不相信自己的嘴巴，而由管厨的宰尹来决定，于是厨师便不把君主当回事，只要宰尹通过就完事了。韩非以此来比喻大权旁落。

第三，先秦诸子大都提倡节俭，而且都斥责过分追求美食、戕害自己身体、奢侈误国的不良风气，《韩非子》也是这样。《扬权》篇："夫香美脆味，厚酒肥肉，甘口而疾形。"疾形就是伤害身体的意思。而在《喻老》和《说林上》中，两次提到"纣为象箸而箕子怖，以为象箸必不盛羹于土铏（一作'簋'），则必犀玉之杯；玉杯象箸必不盛菽藿，则必旄象豹胎……"箕子因象箸推断殷商的不幸，后来纣王果然亡国，这是一个惨痛的教训。所以韩非在《外储说左下》中说："孙叔敖相楚，栈车（柴车也）牝马，粝饼菜羹，枯鱼之膳，冬羔裘，夏葛衣，面有饥色，则良大夫也。其俭逼下。"宰相如此俭朴，其他官员岂敢奢华，这就是"其俭逼下"。

第四，关于烹调技术，韩非也引晋平公问叔向，齐桓公为什么能"九合诸侯，一匡天下"，这究竟是君之力还是臣之力？这和刘向《新序·杂事》指同一回事。韩非子比刘向早近300年，显然是刘向引自《韩非子》，不过《韩非子·难二》说得简单，原文是："师旷对曰：臣笑叔向之对君也。凡为人臣者，犹炮宰和五味而进之君，君弗食，孰敢强之也。"韩非批判了叔向和师旷两人各执一词，实际上君臣同心，才能成就霸业。应该指出，韩非所引的这段话，从烹饪技术的角度讲没有实际价值，这是他不如刘向的地方。

第五，在饮食史研究中，《韩非子·五蠹》是被广泛引用的史料，主要是关于燧人氏的那一段："上古之世，……民食果蓏(luǒ)蚌蛤，腥臊恶臭而伤腹胃，民多疾病。有圣人作，钻燧取火，以化腥臊，而民悦之，使王天下，号之曰燧人氏。"这是中国熟食产生的描述，同时也是人工取火的开始，因此科技史界也广泛使用这条史料。

韩非在《五蠹》中还分析了人口增长与食物资源的关系，他说："古者丈夫不耕，草木之实足食也"，"人民少而财有余"，所以"故民不争"。而"今人有五子不为多，子又有五子，大父(祖父)未死而有二十五孙。是以人民众而货财寡，事力劳而供养薄，故民争"。也就是说，因为人口增加了，人民就会争夺生活资源而产生矛盾，虽然"倍赏累罚而不免于乱"。按韩非的说法，尧的时候，君主也只能"粝粢之食，藜藿之羹，冬日麑裘，夏日葛衣"，而夏禹"王天下"时，还得亲自带领人民去耕种，非常辛苦，所以才有"禅让"的说法。韩非的这番言论，好像和马寅初的"新人口论"的立论是一样的，足见食物资源(对我们农业国来说，主要是粮食)对一个国家稳定的重要性。

《韩非子·解老》也引用了《老子》的一句名言，"治大国若烹小鲜"。"烹小鲜数挠之则贼其泽，治大国而数变法则民苦之。是以有道之君贵静，不重变法。"这是符合《老子》原义的解释，尤其是"数挠之"这三个字，是最通俗形象的解释，因为《老子》的这句话，引的人很多，但有些解释颇为玄虚，甚至有人因此说做厨师和当宰相是一样的，故而厨师可以当宰相，伊尹就是一位厨师宰相。其实伊尹当宰相是因为他本身就是一位贤者，而不是因为他是厨师，前引的《难言》篇已经很清楚地说明了这一点。

传世的法家著作还有多种，《汉书·艺文志》列有10家，《隋书·经籍志》列有6家，《史记·太史公自序》列司马谈《六家要指》中说："法家不别亲疏，不殊贵贱，一断于法，则亲亲尊尊之恩绝矣。可以行一时之计，而不可长用也，故曰：'严而少恩。'若尊主卑臣，明分职不得相逾越，虽百家弗能改也。"所以说，法家仍是封建社会的法家，并非一律平等。故而《汉书·艺文志》和《隋书·经籍志》都说，"以五刑之法，丽万民之罪"，如果用过了头，"残忍为治，乃至伤恩害亲"。在封建社会里，法律毕竟是统治者的工具。

除《韩非子》外，其他法家著作极少涉及饮食，故不再介绍。

第六节　中医和中国饮食科学

人类饮食的基本功能就在于获取营养，以维持身体的各种生理功能和进行劳作，习惯上所说的填饱肚子（古人叫“充虚”）是不全面的表达，至于其他的人文和社会功能乃纯属文化学意义的理解。但我们中国的传统医学，把食物和药物等同看待，即所谓“药食同源”，或“药食同用”，这是我们中国饮食文化的一大特色。

“药食同源”并不等于说药物和食物毫无区别，人们通常理解药物总是有一定毒性的，“是药三分毒”，而食物应该是无毒的；但事实上绝对无毒的物品几乎没有，只不过对人体的毒害作用有一个相对的度而已。这个度即人或动物中毒的一个统计意义上的数量，近代科学对这个量有一个专门的标准，叫作致死中量（LD50），即实验动物死亡一半时所需要的量，单位以克或毫克/公斤体重表示。实验动物通常使用小白鼠，因为它的生理活动特征和人极为相近。对于食物而言，通常不使用致死中量的指标，而是用最高限量的概念，即每公斤食物允许的最高含量（用克、毫克甚至微克做单位），许多食品添加剂如食用色素、食用香精、调味剂等都使用这个指标。而对若干种微量营养素如维生素、矿物质等，则规定具体的摄入指标。最低的摄入指标是人体正常代谢活动所需的起码数量，最高的摄入指标是超出代谢实际需要可能发生不良生理反应的限量指标，通常以每日摄入的克、毫克、微克（或特定的国际单位）表示，有时也用每公斤体重所需的量表示。以上这些指标都是近代科学研究的产物，我们中国古人没有这些数量概念。中国传统医药学虽然也有量的概念，但更多的是经验把握，例如中医儿科医生过去开处方用药都以“分”计，而成人各科医生通常以“钱”或“两”计，但对于那些有剧毒的草药，也是以“分”计量的。中医的这种经验把握也同样影响了中国饮食，饮食活动中对食量的标准是反对“过犹不及”，以饱为度。所以我们常见到中国传统养生著作中提倡“吃八成饱”。这种说法很难评价，说它不科学，每个具体的意识健全的人却都自己有数；说它科学，这“几成饱”的确是个说不清的数量概念。

从科学的角度讲，饮食是人生命活动得以延续的基础性的生理活动之一（另一个就是呼吸），这是古代就已经有了的认识，但是要想正确地解释这种生理现象，并不是一件容易的事情。以我们中国而言，在先秦时期，那些观察社会现象、研究驭人之术的各种学派，是说不清楚这个问题的，只有那些研究生命现象的学派，才会做出合乎当代科学水平的解释。这些学派在《汉书·艺文志》中统一归于“方技类”：“方技者，皆生生之具，王官之一守也。太古有岐伯、俞拊，中世有扁鹊、秦和，盖论病以及国，原诊以知政。汉兴有仓公。今其技术晻昧，故论其书，以序方技为四种。”也就是说，以医术为核心的方技，还有四个分支，即“医经”“经方”“房中”和

“神仙”四家。当时列入“医经”的有《黄帝内经》等 7 家 216 卷，“医经者，原人血脉、经落(络)、骨髓、阴阳、表里，以起百病之本，死生之分，而用度箴石汤火所施，调百药齐和之所宜。至齐之得，犹磁石取铁，以物相使。拙者失理，以愈为剧，以生为死”。显然，这是中医理论体系的肇始，当今传世的《黄帝内经》应包含了其中的主要内容。而列入“经方”的有 11 家 274 卷，“经方者，本草石之寒温，量疾病之浅深，假药物之滋，因气感之宜。辨五苦六辛，致水火之齐，以通闭解结，反之于平”。这显然是后世医方的滥觞，其中尚未见有《神农本草》，而且这些经方均已失传。“房中”列有 8 家 186 卷。“房中”又称“阴道”，本为男女两性的医术，后成为道教的一种法术。“神仙”列有 10 家 205 卷，“神仙者，所以保性命之真，而游求于其外者也”。这就是后来的导引按摩之术，孔子当时就说：“索隐行怪，后世有述焉，吾不为之矣。”正因为秦汉以前的医学和迷信杂糅，所以后来为道教所利用。医药依附于宗教，这是世界医学史上的普遍现象，佛教传入中国带来了古印度医学，伊斯兰教也有其特定的医学体系，直到 1840 年以后，西方的基督教教会在中国各地大办医院，这倒和其他宗教相似，只不过基督教教会传来的是近代医学。

秦汉以前的医家，“盖论病以及国，原诊以知政”和“治大国若烹小鲜”有同样的意味，所以有“上医治国，中医治人，下医治病”的说法。中医常把自己的学科创始人归于古代神话中的帝王，“神农和药济人”(《世本》)，而更多的古代医经均托名黄帝以及岐伯、雷公，“岐黄之术”成了医学的代称。还是司马迁比较客观，他在《史记·五帝本纪》中未言及黄帝与医药的关系，而在《太史公自序》中说：“扁鹊言医，为方者宗，守数精明；后世循序，弗能易也，而仓公可谓近之矣。作《扁鹊仓公列传》第四十五。”扁鹊即秦越人，战国时医学家，人们说他是脉学倡导者，这正是中医学的核心技术，所以司马迁说他“为方者宗”。可惜扁鹊的著作大多已散佚，现仅有《难经》题为秦越人所撰。仓公即淳于意，西汉初年人，《史记》本传中有他的典型医案，均言“诊其脉”，是以他是扁鹊脉学的传人，他为阳虚侯刘章所开的“火齐粥”，恐怕是中医食疗的鼻祖。

《汉书》竟然没有为任何一个医生列传，连张仲景都没有记录。而《后汉书·方术列传》载有 34 人之多，但多数是荒诞不经的术数人物，可以视为医生的仅郭玉、华佗二人而已。《三国志·魏书·方技传》也有华佗传，并说广陵吴普、彭城樊阿是他的嫡传弟子。吴普主运动养生，传华佗的五禽戏，樊阿传针术，在当时都是名医。魏晋以后，医生与神仙道教术士是一身而二任，著名人物是葛洪和陶弘景。

需要指出的是，汉末医学家张仲景，名机，南阳人。所著《伤寒论》《金匮要略》两书，总结汉以前的医学经验，提倡六经分证和辨证论治原则，阐述寒热、虚实、表里、阴阳的辨证和汗、吐、下、温、清、和等治法，对祖国传统医学做出了重大贡献。

隋唐以后，祖国传统医学已进入昌明时期，《隋书·经籍志》子部列医方 256 部，合 4510 卷，并说：“医方者，所以除疾病，保性命之术也。”显然，这是回归科学的说法，虽然其中难免有迷信的因素，但总的来说，是以科学为主了。其中所列如《崔氏食经》《食经》《食馔次第法》《四时御食经》《食经》及《会稽郡造海味法》《论服饵》《淮南王食经》《膳羞养疗》等，显然是与饮食密切相关的，“医食同源”在这里得到了明确的论证。尤其是生活在唐代的孙思邈(581—682；隋文帝开皇元年—唐高宗永隆三年)，京兆华原(今陕西耀州区)人，他知识广博，且精通佛典，更是一位道教炼丹家。他总结了唐以前的临床经验和医学理论，所著《备急千金要方》和《千金翼方》，对预防、养生、食疗等与饮食相关的医学领域均做出了重大贡献。他说：“善养性者，治未病之病。”(《备急千金要方·养性序》)他引用晋代嵇康的话说：“养生有五难：名利不去为一难；喜怒不除为二难；声色不去为三难；滋味不绝为四难；神虑精散为五难。”这显然是吸收了道家一贯主张的养生思想。对于饮食，他主张“不欲极饥而食，食不可过饱；不欲极渴而饮，饮不欲过多。饱食过多则结积聚，渴饮过多则成痰澼”(均同前)。他还有一段据称是扁鹊的名言：“安身之本必须于食，救疾之道惟在于药。不知食宜者，不足以全生；不明药性者，不能以除病。……是故君父有疾，期先命食以疗之，食疗不愈，然后命药。”(《千金翼方·养性·养老食疗》)真是说得太好了。

中国传统的饮食养生思想，从源头讲，其实有两个系统。一个是先秦道家，老子、庄子，到晋代嵇康，汉末道教乃至魏晋神仙道教的葛洪、陶弘景；另一个就是中华民族人文始祖神农、黄帝到远古名医岐伯、雷公，再经扁鹊、仓公和张仲景。这两个系统传到唐代，孙思邈把两者融合到一起，真正的“医食同源”实践和理论上的成熟，实始于孙思邈。虽然他也有不科学的论述(这是中医胎里的毛病)，但其基本倾向是科学的，我们无法也不应该苛求古人。至于中国饮食与古代的营养学说，我们将另立专章详细讨论。

第七节　中国饮食科学的基本源头——中国古代农家

古农家是战国时期注意农业生产的学术流派，《汉书·艺文志》列为“九流”之一，并列了古农书 9 种 114 篇，但这些著作大多不传于今世，仅《氾胜之书》18 篇有辑佚本流传，但这个氾胜之并不是先秦人物，而是汉成帝的一位议郎。按《汉书·艺文志》的说法：“农家者流，盖出于农稷之官。播百谷，劝耕桑，以足衣食，故八政一曰食，二曰货。孔子曰‘所重民食’，此其所长也。及鄙者为之，以为无所事圣王，欲使君臣并耕，悖上下之序。”这里的最后一句是明显地轻视农民，这是《汉书》作者的时代局限性所决定的。考诸《尚书》《周礼》等先秦典籍，传说中的“五帝”时期就有了专管农业的官吏；《周礼》说得特别清楚，其《天官》是管消费的，《地官》就是管万民的，其中包括农业生产；地官大司徒的职司之一便是“辨十有二壤之物而知其种，以教稼穑树艺”。在其管辖下的“遂人”“遂师”“遂大夫”“县正”“鄼长”“里宰”“草人”“稻人”“土训”“角人”“羽人”“掌葛”“掌染草”“掌荼”“场人”“廪人”“舍人”“仓人”“司稼”“舂人”“饎人”“槁人”等，都有“教以稼穑”或分管相关农事的职掌；特别最后几个职务，颇像现代的食品工业，分管农产品加工事宜。秦朝设有治粟内史，汉初援秦例，汉景帝时更名为大农令，武帝太初元年更名为大司农，还设专管军粮的搜粟都尉。王莽改大司农曰羲和，后又改称纳言。后汉仍称大司农。以后各代虽有变化，但都设有专门的农官。对于农业生产，自从司马迁作《史记》列《平准书》和《货殖列传》，班固《汉书》列《食货志》以后，历代史家都对本朝的农业做出评估。例如司马迁在《史记·平准书》中说：汉武帝即位初年“太仓之粟陈陈相因，充溢露积于外，至腐败不可食”。这和汉高祖时“漕转山东粟，以给中都官，岁不过数十万石”，完全不可同日而语。总而言之，历史上凡是比较贤明的君主，都比较重视农业生产，而昏君则恰恰相反。

农官的主要职掌是管农业，征税赋，并不一定精通农业生产技术，而精通农业生产技术的是农家。农家的鼻祖是谁，肯定托名于神农氏。《汉书·艺文志》所列的第一部农书就是《神农》20 篇，刘向在其下注曰：“六国时，诸子疾时怠于农业，道耕农事，托之神农。”可惜这本农学祖宗已经失传，而于史有据的农家始祖似乎应该是战国时的许行。他是楚国人，晚年曾到滕国游说，所以《孟子·滕文公上》有云：

> 有为神农之言者许行，自楚之滕，踵门而告文公曰：“远方之人，闻君行仁政，愿受一廛而为氓。”文公与之处，其徒数十人，皆衣褐，捆屦织席以为食。陈良（儒者）之徒陈相，与其弟辛，负耒耜而自宋之滕，曰：“闻君行圣人之政，是亦圣人也。愿为圣人氓。”陈相见许行而大悦，尽弃其学而学焉。陈相见孟子，道许行之言，曰：“滕君则诚贤君也。虽然，未闻道也。贤者与民并耕而食，饔飧而治。今也，滕有仓廪府库，则是厉民而以自养也，恶得贤？”孟子曰：“许子必种粟而后食乎？”曰：“然。”“许子必织布而后衣乎？”曰：“否！许子衣褐。”“许子冠乎？”曰：“冠。”“奚冠？”曰：“冠素。”曰：“自织之与？”曰：“否！以粟易之。”……“以粟易械器者，不为厉陶冶。陶冶亦以其械器易粟者，岂为厉农夫哉！且许子何不为陶冶，舍皆取诸其宫中而用之？何为纷纷然与百工交易？何许子之不惮烦？”曰：“百工之事，固不可耕且为也。”“然则治天下独可耕且为与？有大人之事，有小人之事。且一人之身而百工之所为备，如必自为而后用之，是率天下而路也。故曰：或劳心，或劳力；劳心者治人，劳力者治于人。治于人者食人，治人者食于人，天下之通义也。”

孟子最后说的几句话，和《论语·子路》中“樊迟请学稼”那一段中孔子的说法是一样的，也和《汉书·艺文志》中对农家的批判是一样的，反映出儒家轻视体力劳动的思想是一贯的。不过返回到春秋战国时期，孔子、孟子的思想比农家许行的思想有更大的进步意义。许行在政治思想上主张要回归原始公社制绝对平等的状态中去，显然是不切实际的，但他重视农耕、追求平等的思想还是值得肯定的。由于儒家极力维护封建的等级制度，确保“上下之序”，这和许行的主张完全相悖，所以统治者不会接受许行的治国方略，这大概就是古农家著作大量湮没的原因之一。这也在客观上阻碍了中国农业科技的发展。所以到了隋代，在《隋书·经籍志》子部中，农家著作也只剩下《氾胜之书》2 卷、《四民月令》1 卷、《禁苑实录》1 卷、《齐民要术》10 卷、《春秋济世六常拟议》5 卷这 5 种，同时还注明了《陶朱公养鱼法》《卜式养羊法》《养猪法》《月政畜牧栽种法》等各 1 卷均已亡佚。《隋志》对农家的定义是：“农者，所以播五谷、艺桑麻，以供衣食者也。”对于如此重要的学问，该志最后仍然说：“鄙者为之，则弃君臣之义，徇耕稼之利，而乱上下之序。”所以我们对后代儒家“耕读为本”之类假话，万不可信。以农立国的中国，历代封建统治者都玩“亲农”“亲蚕”之类作秀活动，北京至今还有“先农坛”遗迹，都是他们蒙骗“鄙者”的鬼把戏。

《隋书·经籍志》所列已亡的《卜式养羊法》，或许可信。汉武帝时用人不拘一格，当时曾任重臣的公孙弘，因“牧豕海上”而为贤良，最后竟做到御史大夫；而卜式则是牧羊起家，最后也做到御史大夫；卜式的继承者兒宽，也力主“劝农业”。班固在《汉书》中把他们三个人的列传写在一起，的确很有意思。

现在传世最古的农书当推《氾胜之书》，是后人从《齐民要术》和《太平御览》等古籍的引文中辑佚而成，虽非原样，但也可以管中窥豹。原书作者氾胜之，在西汉成帝（前 32—前 7）时为议郎，曾以轻车使者的身份在“三辅”（关中平原）提倡种麦，并获得丰收，后升迁为御史，是西汉著名农学家。《氾胜之书》主要叙述耕作、育种、栽培等农田技术，对于食品（即农产品）几乎没有涉及，所以它仅仅是古农书，与人类饮食科学缺乏直接的关系。

现在传世的古农书还有《四民月令》，是东汉崔寔仿《礼记·月令》的体例，逐月记载东汉时洛阳地区士、农、工、商四种职业人士的生产和生活活动。原书也已散佚，现在传世的有 4 种辑佚本。其中有少量的饮食资料，更多的是民俗方面的内容，例如提到“合酱”要在春天进行之类。作者崔寔（？—约 170；？—东汉灵帝建宁三年），《后汉书》有传，附在其祖父崔骃和父亲崔瑗列传之后，是东汉著名政论家。

《隋书·经籍志》所载 5 种农书，现在唯一完整传世的是后魏高阳郡（后魏即北魏，当时高阳郡有两个，一在今山东境内，一在今河北境内，至今无法肯定）太守贾思勰所撰的《齐民要术》10 卷。贾思勰，山东益都（今山东寿光）人。关于他的生平事迹其他一无所知，如此重要的农学著作，其作者的情况竟如此寥落，足证我国古代对科技专家的忽视(天文、历法、数学除外,因这些学科是皇权神化的工具),这也是我们这些后代不必回避的历史真相。

《齐民要术》的伟大,远在浩如瀚海的"四书五经"的注疏阐释著作之上。它不仅概括总结了自先秦经两汉、魏晋直到南北朝时的农学经验,保留了许多经典名著的吉光片羽,还记述了除耕作栽培以外的农产品加工技术,特别是在食品制作和烹饪技术方面留下了可贵的技术史料。如果没有它,可能在隋唐以后,我国的食品科技和烹饪技术不知要到什么时候才能摆脱帝王将相、文人雅士的理政比喻和情感表达,而对于饮食科学技术本身则往往是言不及义。为了研究古代的饮食科学和烹饪技术,我们常常不得不利用地下文物,反推当时的技术真相,这些推测有时难以完全服人,豆腐的发明就是一个典型事例。所以《齐民要术》不仅是中国农业科学划时代的著作,更是食品和烹饪技术的开山之作。鉴于《齐民要术》的地位独特,我们在随后各章中要经常引用它,故此相关的具体内容,这里不做介绍。

唐宋时期,没有什么大全式的农书问世,当时科学价值高的农学和饮食著作当推陆羽的《茶经》和朱肱(翼中)的《北山酒经》。但从此以后,学术笔记大量出现,《酉阳杂俎》《清异录》《东京梦华录》等在饮食史研究上有重要地位。特别是宋代,菜谱类书籍也开始崭露头角,但其科学技术价值都比不上《齐民要术》。

元代王祯曾撰有《农书》。王祯,字伯善,山东东平人,生活于13、14世纪之间。元成宗元贞元年(1295)任宣州旌德县令,大德八年(1304)任信州永丰县令。在任期间廉政爱民,劝导农桑,颇有政绩。据著者自序,《农书》完成于1313年。全书主要讲农业技术,有珍贵的农器图谱;其第二部分为《百谷谱》,收录粮食、果蔬、林木、工艺作物近百种,最后还有"饮食类",其中《豳·七月诗说》和《食时五规》两篇均亡佚,仅有《备荒论》一篇;在《农器图谱》部分,"杵臼门"和"利用门"收录了粮食加工工具;"鼎器门"收录了7种炊具,有一定的参考价值。《农书》历来被认为错误百出,而且是原作者造成的,所以引用时要注意甄别。目前最新的研究版本是我国著名农学史专家缪启愉、缪桂龙父子整理的《东鲁王氏农书译注》(上海古籍出版社2008年版)。

明代徐光启的《农政全书》是我国封建社会最后一本大型农书。徐光启(1562—1633;明世宗嘉靖四十一年—明思宗崇祯六年),字子先,号玄扈先生,上海人。一生做过很多大官,最后终于登上宰相的位子。他在政治上并无建树,但在科学技术方面的成就却彪炳千秋,涉猎数学、天文历法、军事技术甚至实验科学,而在农业和水利上的研究成效尤为卓著,所著《农政全书》可与《齐民要术》同悬诸日月,并列为我国农学著述的两大丰碑。徐光启与西方来华传教士利玛窦交往过密,是我国积极介绍西洋科学来华的重要的早期人物,是著名的《几何原本》的翻译者。《农政全书》的"农器图谱"部分也吸收了粮食加工工具和炊具;"树艺"部分收录了粮食、水果、蔬菜等作物108种；“牧养”部分收录了10种家畜，还有鱼和蜜蜂；“制造”类的食物部分讲了酿酒、制盐等；尤其是最后的“荒政”部分，收录了448种可食的野生植物，虽来自朱橚的《救荒本草》，但都做了重新评价。《农政全书》与烹饪技术的关系虽不密切，但对食品制造有很大的启发。

从科学技术的角度讲，唐宋是我国饮食消费水平提高、烹饪技术成熟的时期，而元明时期则是我国食品制造日趋成熟的时期，除了《饮膳正要》《本草纲目》等关乎营养科学的成果以外，农业科学水平也得到了空前的发展，甚至还吸收了西方的技术成果，《农政全书·泰西水法》就是明证。一批早期来华的传教士，也热心介绍西方科学技术，尽管他们自己还处在近代科学的前期，但其思维方法有颇多科学因素，这和中国以儒家为正宗的传统思维方法有显著不同。儒家视技术成果为“奇技淫巧”，为“有出息的”士子所不屑为，而重视科学技术的墨家早已湮没，这样就不能使技术成果上升为科学理论。以力学为例，古希腊的亚里士多德和中国的《墨经》对经验知识产生过差不多相似的理论洞察力。《墨子·经上》：“中，同长也。”这是杠杆平衡原理的基础，可是战国以后只是在工匠中代代相传，而作为古代知识分子的士，却一味醉心于功名利禄。可是古希腊的初始力学很快就发展成理论知识的综合体——近代力学。直到明朝末年，科学的求知意识才开始为一些文人所接受，其间出现的一部伟大的工艺百科全书，就是宋应星的《天工开物》。

宋应星，生于明神宗万历十五年(1587)，字长庚，江西奉新人，曾中过举人，也做过几任地方小官；崇祯十七年(1644)弃官回乡，后又曾仕南明，大约死于清顺治年间。“平生究心实学”，有过多种科学著作，但《天工开物》一书是我国古代科学技术名著，全书共18篇。他在该书的序言中说：“乃贵五谷而贱金玉之义(本书第一篇为‘乃粒’，最后一篇为‘珠玉’)，观象、乐律二卷，其道太精，自揣非吾事，故临梓删去。丐大业文人弃掷案头，此书于功名进取毫不相关也。”作序的时间是崇祯丁丑年(1637)。这个序把封建社会的文化生态表达得清清楚楚。《天工开物》的“乃粒”(粮食栽培)、“粹精”(粮食加工)、“作咸”(制盐)、“甘嗜”(制糖)、“膏液”(榨油)、《曲蘖》(酿酒)各篇所记，乃中国食品工业的先声，而“陶埏”(制陶)、“冶铸”“锤锻”和“五金”诸篇，可作为工具制造的参考。

入清以后，曾经有过康熙皇帝热心科学的说法，我们从《康熙几暇格物编》中可以看出，他对一些科学技术问题的确有些独特的见解，当然也有一些错误的说法，但对于一个皇帝来说，能够留心并注意学习科学技术，在中国历史上的确罕见。不过康熙本人的思想体系，仍然是他赖以统治天下的儒家正统学说，当一些科学技术著作与这种正统体系相悖时，他就动用他手中的权力去扼杀某些新学说。例如他就曾禁行比利时传教士南怀仁介绍欧洲天文学、力学、逻辑学等知识体系的著作《穷理学》，说此书“文辞甚悖谬不通”。最后，康熙与罗马教会发生“礼仪之争”(要外国人磕头下跪)，从而促使清政府于1723年(雍正元年)决定禁绝天主教，使得早期的西学东渐因此中断了100多年。闭关锁国的大门最后被人家用大炮轰开了，却也使得中国的近代科学革命与当时的世界大潮流擦肩而过。在这里我们不妨列举下列几个事件的具体时间：南怀仁向康熙帝申请印制《穷理学》一书的时间是1683年的最后一天，牛顿的《自然哲学的数学原理》出版于1687年，而传教士邓玉函和中国教徒王徵合作编译的《远西奇器图说录最》（简称《奇器图说》）印行于1627年（明熹宗天启七年）。由此不难看出，中国近代科学革命本来可以和西方同步，但宗教和政治认同使我们的先人失去了大好时机，从而导致了1840年以后的百年苦难。可悲的是《四库全书》编者把《奇器图说》中的力学思维评价为"俱极夸其法之神妙，大都荒诞恣肆，不足究诘"。这一教训仍然值得我们今天研究传统文化时反思，以为只有儒学才能使中华民族复兴，那完全是用3000年前的历史经验来解决当代的问题，恐怕是摸错了庙门。诚然，儒学精神有其光辉的精华，但也有其致命的糟粕，轻视技术、轻视科学便是其中之一。

中国传统的饮食科学技术文献，大量散布在经史子集"四库"以及"道藏""佛藏"之类大丛书中，其离散程度极高，我们在以上所介绍的都是其中荦荦大者，给人的一个基本印象是杂乱而不成体系，这正是我们当代人所要做的大事。值得称道的是前清乾隆年间，袁枚写成了他的《随园食单》，这本书写作的思维方式与以往所有的笔记小说和食谱菜单都不相同，他似乎不自觉地使用了近代科学的思维方式去总结传统的烹饪技艺。其《须知单》和《戒单》远在已往的食事书籍之上。我们回头再看袁枚其人。袁枚（1716—1798；清康熙五十五年—嘉庆三年），字子才，号简斋、随园老人，浙江钱塘（今杭州）人，乾隆进士。按理说，他应该是典型的儒家，而且也做过几任知县。但他却对儒家的"诗教"表示不满，还对汉儒和程朱理学进行过抨击，甚至还写过"六经皆糟粕"的诗句，所著《小仓山房文集》《随园诗话》《子不语》等，都着力宣扬闲情逸致，尤其是《子不语》，完全是正统儒家尽力反对的离经叛道之作，但他却揭开儒生们故作矜持的面纱，描述真实的人生感情。《随园食单》不是他的主要著作，却反映出他的思维方式脱离了传统儒家的樊篱，否则不会有如此高明的见识。鉴于《随园食单》在中国烹饪技术史上的重要地位，在以后的章节会经常引证，故这里不做进一步的讨论。

第二章　中华民族食物和营养理论的历史演进

中华民族历来是世界上人口最多的民族，而且最早进入农耕文明时期，故而它的食物结构和由此产生的饮食文化特点，形成了不同于其他民族的食物理论；而这种具有民族特色的食物理论衍生出不同于其他民族的营养理论，即中国传统医学理论体系中的营（荣）卫学说。

营卫学说与近代营养科学是完全不同的知识体系，其前科学特征注定了它与近代营养科学很难进行简单的对接。所以在近百年来，近代营养科学在中国迅速传播，并且日益成为广大民众的饮食消费指南；而营卫学说日趋成为大多数人所不熟悉的古典医学名词，即便在中西医学体系剧烈争论的今天，它也不是争论的热点，人们往往用膳食结构和中医诊断治疗的理论模型来代替它。其实，这是不恰当的。为此，笔者着重从营卫学说和近代营养科学的历史演进来阐述它们的关系，最终希望大家承认近代营养科学在现实饮食消费中的指导地位。

第一节　“民以食为天”和“天人合一”

美国人类学家阿莫斯图（F. F. Armesto）说：“食物完全有资格成为世界上最重要的物质，而民以食为天的说法一点也不为过。”但是在很长的历史时期内，食物的历史向来被人们所冷落，这一领域的研究者主要是出于业余爱好，或因其从事文物的研究，因此研究的角度各不相同，涉及的课题有营养学和疾病的关系，食物和美味的关系，食物和贸易的关系，食物和人类社会阶级的关系，食物和文学艺术的关系，食物分配和社会管理权力的关系，食物和生态环境的关系，等等（F. F. Armesto：《食物的历史》前言，舒平译，北京中信出版社 2005 年版）。而真正从文化学的角度去认识食物，乃是最近的事情。特别是在我们中国，饮食文化作为一门学术来研究，至多只有几十年的时间。姚伟钧先生曾对此做过综述（姚伟钧：《二十世纪中国的饮食文化研究》，《饮食文化研究》2001 年第 1 期）。从理论上讲，饮食文化学是自然科学和社会科学的交叉学科，是讨论食物和人类社会关系的一门学问。对这一点，阿莫斯图在他的著作中已经说得很清楚了。可是饮食文化学在其形成和发展的过程中，却存在严重的人为割裂现象，研究者往往囿于自己的知识结构而机械地强调问题的某一个侧面：自然科学家比较关心自然界食物资源的调查、生产和加工技术，进而探索食物和人体健康的关系；而社会科学家则关注食物资源在人群中的分配关系，以及由此产生的文化和艺术的社会功能。就现状而言，这种割裂现象还没有自觉弥合的迹象，自然科学家醉心于饮食科学和营养卫生学，认为饮食文化只不过是一种空谈；而社会科学家则认为如果不把饮食行为提升到文化的高度来认识，那就无异于动物的觅食，甚至是给机器加油。在 20 世纪 80 年代，中国的饮食文化研究首先是从烹饪开始的，当时有一个响亮的口号是“烹饪是文化，是科学，是艺术”，中国是“烹饪王国”；还有人说“人类文明始于饮食”，而他们所谓的“饮食”竟然仅指“烹饪”而已。诸如此类的弘扬心态和语言充斥于一切相关的书刊报纸，在强烈的狭隘民族主义情怀下，迸发了“文化大革命”期间被强压下去的复古潮流，一种倾向掩盖了另一种倾向，中国烹饪的历史不仅提前到 50 万年前的北京猿人，甚至提前到了 170 万年前的云南元谋人。然而就全世界范围而言，目前还没有确凿的证据说明烹饪具有 15 万年以上的历史。

狭隘的民族主义心态往往不能客观地观察历史，更不愿意客观地面对现实和预见将来。有人说，21 世纪中国烹饪将是世界烹饪的主流。所有这些，都是基于前科学时期的思维定式；这种思维定式热衷于用一种一成不变的哲学模式去评价一切，力图将科学变成哲学的附庸，而不是用科学的进步去修正旧的过时的哲学范畴。坦率地讲，所有这些力图拔高烹饪技术在人类知识体系中学术地位的企图，其真实目的和实际效果就是促进餐饮业的发展。从表面上看，这个目的是达到了，最近十几年的中国餐饮业，每年都以两位数的百分比在增长，从而使得人们更加相信“文化力”的神奇功效。其实这种繁荣局面并不是来自餐饮业本身，而是因为以改革开放为主要措施的社会主义市场经济建设，带来了现代化和综合国力的增强，带来了人民生活水平的提高，也带来了餐饮业的繁荣局面。在复古和现代化的较量中，不管我们的主观愿望如何，现代化的成功是必然趋势。举个极简单的例子，那就是最近几年来，连续多年全国餐饮企业 500 强的排列顺序中，来自境外的百胜集团总是遥居榜首；尽管有些人咒骂它的产品是“垃圾食品”，它的生产模式重机械化而轻手工，它和中国传统的饮食文化是如此格格不入，但它赚了大钱。这就不得不使我们深思，按传统的饮食文化观点指导的中国餐饮业，为什么会在家门内吃败仗，足见饮食文化中的物质层面仍然是决定性的因素。因此，探究中华民族的食物科学和营养理论的历史演进过程，如何吸取外来饮食文化和近代营养科学的积极成果，实为真正弘扬中华民族饮食文化优良传统的首要任务。

中国古代有许多关于饮食的论述：《孟子·告子上》——“食、色，性也”；《礼记·礼运》——“饮食男女，人之大欲存焉；死亡贫苦，人之大恶存焉。故欲恶者，心之大端也”；《韩非子·五蠹》——燧人氏“钻燧取火，以化腥臊”；《周易·系辞·下》——庖牺氏“作结绳而为罔罟，以佃以渔”，神农氏“斫木为耜，揉木为耒，耒耨之利，以教天下”；《尚书·舜典》——“帝曰：弃，黎民阻饥，汝后稷，播时（通莳）百谷”；《尚书·洪范》——“八政：一曰食，二曰货，……”（班固《汉书·食货志》对此有明确的解释：“食谓农殖嘉谷可食之物；货谓布帛可衣及金刀龟贝，所以分财布利，通有无者也。”）以上这些引文中的“食”，如做动词即“吃”的意义，饮食即吃喝；如作名词即指“食物”。但是将食物作为众多“可食之物”的总名，则是在唐朝初年，欧阳询等奉命编修《艺文类聚》时，将该书的第72卷命名为“食物部”。而第一本以食物命名的专书则是金朝李杲（即名医李东垣，1180—1251）著的《食物本草》。直到明代，卢和又写了一本《食物本草》（传世本为汪颖所改编）。嘉靖年间，吴禄又编了《食品集》。而李时珍在《本草纲目》中介绍卢和的《食物本草》时，说卢和“尝取本草之系于食品者编次此书”。由此可见，至迟在明代，食物和食品这两个名词都已经流行了，不过两者并没有区别，都和当今的食品原料或烹饪原料或食材相当。

西学东渐以后，首先将英文Food译为食物的是英国人傅兰雅和中国人栾学谦合作，于1880年翻译的《化学卫生论》（The Chemistry of Common Life），但仍然没有区分食物和食品的概念。笔者以为将食物和食品加以区别，可能是受到日本学者的启发。因为在甲午战争之后，中国人留学日本曾一度成为潮流，这些留学生把日式汉语带回中国，促进了中国学术名词的规范化，其中就包括了食品科学和营养科学。我们现在容易查到的是商务印书馆在1923年出版的由上海东方杂志社编的《食品与卫生》一书，这里的“食品”即现代意义上的食品，而卫生也是现代意义上的清洁卫生，不再是养生的同义词。1936年，上海中国书店又出版了严毅编的《食品大观》。也就在20世纪30年代，南京中央大学等一些著名大学开办了相当于今天食品工程专业的系，但大多称为农业化学系或农产品加工系，真正称为食品工程系多在20世纪40年代以后。而真正对食品给出法定概念的时间是1982年11月19日，第五届全国人大常务委员会第二十五次会议通过了《中华人民共和国食品卫生法（试行）》，在其第九章第四十三条规定：“食品：指各种供人食用或者饮用的成品和原料，以及按照传统既是食品又是药品的物品，但是不包括以治疗为目的的物品。”这个法律定义在1995年10月30日第八届全国人大常委会第十六次会议通过的《中华人民共和国食品卫生法》中被列为第九章第五十四条，但文字表述没有变化。直到2009年2月28日全国人大常委会十一届七次会议上通过的《中华人民共和国食品安全法》，依然如此。根据这个法定概念，食物和食品依然没有严格区分，只不过食品是法律语言，而食物只是口头的习惯语言；但人们常常把自然状态的可食之物叫食物，而经过加工的食物叫食品，例如，把小麦叫食物，而面粉则是食品，生猪是食物，而猪肉则是食品，但也不是绝对的。至于从文化学的角度讨论饮食文化，食物和食品似乎没有区分的必要。

“民以食为天”是我们中国贯穿古今的食物理论。由于我国是世界上最早进入农耕文明的国家，植物性食物是人们赖以生存的主要食物资源，古人早已认识到以粮食为主体的食物是农耕文明的主要载体，例如《管子·牧民》说“仓廪实则知礼节，衣食足则知荣辱”，所以作为汉高祖谋士的郦食其才有“民以食为天”的高论（《汉书·郦食其列传》），这里的食实际上就是指粮食，即“五谷”。《齐民要术》卷三《杂说》引《范子计然》曰：“五谷者，万民之命，国之重宝也。”用现代语言讲，就是说粮食是国家的战略物资，所以我们今天无论是研究饮食文化，还是研究国民营养，都不可忽略这一点。前几年逝世的社会学家张光直明确指出，古代财富的标志有四：(1)土地；(2)食物（包括农作物和兽肉）；(3)劳动力（农业和家庭手工业）；(4)贝（货币）。（张光直：《论中国文明的起源》，“中国经济论坛”2003 年 8 月 5 日发布）这和前引《汉书·食货志》的解释实际上是一样的。时至今日，农业仍称为第一产业，就是因为农业承担的是养活人命的食物的生产任务。在任何情况下，一个国家或一个地区的农业出了问题，就意味着那里的人民难以获得足够的食物，那里的社会就无法安定。所以食物的生产方式、食物的品种、人们的食物结构和加工方式、食物的分配原则和人们的进食方式等，都具有明显的人文特征。

如果说“民以食为天”是中国传统的食物理论，那么“天人合一”就是这个理论的哲学基础。“天人合一”思想是把自然规律和人的生存规律等同看待的，自然界有天地之分，人也有三等九级，因此人的饮食也必须与其社会身份相适应。《左传·庄公十年》有一段关于“肉食者鄙”的议论，“肉食者”成了位于大夫以上的权贵的代名词，这说明饮食的等级观念在古代是不可逾越的。汉代刘向说得更为具体，在其所著《说苑·杂说》中记载了晋献公的言论，认为筹划国家大事是肉食者的事情，藿食者是没有资格参与的。此时有一个名叫祖朝的上书说：肉食者一旦决策错误，藿食者就要肝脑涂地。这里说的肉食与藿食，是社会阶级分化的象征，同时也有显示人性善恶和体格健壮与否的差别。《大戴礼记·易本命》中有一大段文字对此做出论断：“是故坚土之人肥，虚土之人大，沙土之人细，息土之人美，耗土之人丑。是故食水者善游能寒，食土者无心而不息，食木者多力而拂，食草者善走而愚，食桑者有丝而蛾，食肉者勇敢而捍，食谷者智慧而巧，食气者神明而寿，不食者不死而神。”《淮南子·坠形训》也说：“是故坚土人刚，弱土人肥，垆土人大，沙土人细，息土人美，耗土人丑。食水者善游能寒，食土者无心而慧，食木者多力而拂（烦），食草者善走而愚，食叶者有丝而蛾，食肉者勇敢而悍，食气者神明而寿，食谷者知慧而夭，不食者不死而神。”这两段引文显然是出自一人之手，究竟是谁抄谁的已不重要。两段文字前半部分是说土壤的肥沃贫瘠影响人的性格，后半部分是说不同种类的动物因其食性不同，则其体质功能各不相同，如果干脆不食了，那就是神了。这种说法到了魏晋时期，神仙道教将它加以改造，换成了另一种说法。葛洪在其代表作《抱朴子·内篇·杂应》中说：“食草者善走而愚，食肉者多力而悍，食谷者智而不寿，食气者神明不死。”并且指出：“此乃行气者一家之偏说耳，不可便孤用也。”葛洪一方面为他的服食成仙思想找理论根据，一方面又怕他的信徒们真的“断谷”过度而死亡，便想出了“偏说”和“不可孤用”的辩词来。显然这些说法在今天看来，并没有什么严格的科学依据，但却使我们看到了古人已经认识到自然条件和食物结构对人的性格和体质的综合影响。这正是“天人合一”观的积极成果，是中国古人关于人和自然关系的精辟概括，这应归功于承前启后的集大成者汉代大儒董仲舒。但是董仲舒将它夸大了，从而变成了神权和君权的理论武器，以至于我们今天重新评价它的作用时，不得不有所保留。我们既可以继承“天人合一”观，用来正确处理人类生存发展和自然界的和谐关系，不可不顾及自然规律而一味蛮干，不能对大自然进行掠夺式的开发，但也不应消极地适应自然而无所作为，更不应将自然现象与社会现象等同看待。

在我们中国，自从以孔子为代表的儒家倡导以仁礼为本的君子饮食以后，人的饮食行为就从单纯的生理需要上升为人生行为规范的重要内容。早期儒家主张饮食消费的等级性，但反对奢侈放纵。儒家正宗传人孟子更是明确谴责富贵者的纵欲行为，积极倡导“寡欲”。这种饮食思想在西方也有类似的论述。成书于1850年的《化学卫生论》就明确指出：“人食各物，受益不同，有必多食方养身者，有可少食亦足用者。而各国人性礼仪风俗强弱，多藉其常食何类植物而异，即各国烧煮烹调亦有不同，此各事并非无理而然。”所以说，“食物不仅仅能维系人类肉体的生存，它也是人们的社会影响力的一个来源”。人类为了获得食物，就会不断地设法改造自然，“只要有人类存在的生态系统中，人类就是其中的主宰”。而在人类社会内部，“在那未有历史记载的远古年代，有一部分人开始掌握比他人更多的食物资源的时候，食物就成为社会阶层的分化器，成为阶级的标识、衡量社会等级的尺度”，“不平等现象在人类进化的过程中是绝对的”（[英]乔森(J. F. Johnston)：《化学卫生论》第四章，[英]傅兰雅、[中]栾学谦译，上海《格致汇编》连载本，光绪七年）。20世纪出现的饮食人类学就是研究这种现象的一门科学，它阐述了人类食物演进的历史过程，也就是人类社会文明的演进过程。鉴于本章的宗旨在于阐述营养理论的流变，所以对食物史的问题不做赘述，但它却正是饮食文化所当研究的核心课题。

第二节　医食同源、天年和营卫学说

无论中外，在史前时期，先民们从自然界识别食物和识别药物的活动是同时进行的。在我们中国，神农尝百草，一日遇七十毒的传说至今仍被当作信史。西方的人类学家也说：“在某种意义上讲，食物就是医药”，“食物和医药的发展历史都可以算是一个探索的过程，就是寻求合适的食物与适当的身体条件的结合点”（《格致汇编》连载本，第41页）。这也是我国古代“药食同源”的真谛。前文所提及的《食物本草》以及其他许多有关“食疗”的古籍，都是“药食同源”说的有力证据和积极成果,《本草》就是现代意义上的《药典》,把食物列入《本草》,就是把食物列入《药典》,这是中国传统文化的一大特色。中国传统医学(即中医)的理论体系是建立在阴阳五行学说的基础之上的,因此中医对食物和人体健康之间的关系以及相关的理论,也同样离不开这个窠臼;我国传统的营养理论,更只能产生在这个基础之上。

一、医食同源

关于"医食同源"或"药食同源"出现的时间,并无准确的说法,而要考证这个问题,当从《神农本草经》的成书年代说起。我国第一部医药学史的系统著作是陈邦贤的《中国医学史》(1937 年上海商务印书馆"中国文化史丛书"本),在其第八章开头对《神农本草经》的形成做了详细的考察,分别对主张为神农时代、黄帝时代、商周时代和两汉时代的各种古文献依据做了详细的罗列,并对各种说法做了他自己的论断,依次否定了神农时代说、黄帝时代说、商周时代说,从而认定了《神农本草经》系西汉末期的作品。在他所列各种古文献中,如下三条是最有科学和历史价值的:

《周礼·天官》:"医师掌医之政令,聚毒药以供医事。""以五味、五谷、五药养其病。"郑康成注曰:"五味:醯、酒、饴、蜜、姜、盐之属;五谷:麻黍稷麦豆也;五药:草木虫石谷也。"农耕社会以"谷"(粮食)为主要食物,而"五药"中有"谷",当为"药食同源"说之先声。而《周礼·天官》之"凡和,春多酸,夏多苦,秋多辛,冬多咸,调以滑甘",则是药为食用的根据。这里虽有药食同用的思想,却没有《神农本草经》成书的根据,因为《汉书·艺文志》中尚未有该书的蛛丝马迹。

《汉书·平帝纪》:元始五年(5),"征天下通知逸经、古记、天文、历算、钟律、小学、《史篇》、方术、《本草》及以《五经》、《论语》、《孝经》、《尔雅》教授者,在所为驾一封轺传,遣诣京师"。

《汉书·游侠传·楼护》:"护诵医经、本草、方术数十万言。"

《汉书》的这两段引文,不同的版本有不同的文字,且元始五年(5)时,实际掌权者乃王莽。查《王莽传》的说法也与此不尽相同,不过用来说明汉末已有"本草"之说是可靠的。至于楼护,就是著名的"五侯鲭"的发明者,《汉书》将他列为"游侠",说他懂得一点"本草"之学,还是可信的。所以陈邦贤引卫聚贤在《古史研究》中述及《山海经》医药由来时说:"《本草经》,《汉书·艺文志》不载,见于《汉书·平帝纪》及《楼护传》,是以《本草经》为西汉末年的作品。《本草经》书名《本草》,假托于神农,其中植物占百分之八十,药字又从草,是其书之成,与农业很有关系。农业社会的人,因受谷类菜蔬的经验,始发明某草可以治某病,中国处于农业社会,是以中国产生治病书的《本草》,以植物为主要。"这可以作为《神农本草经》成书的历史结论。所以在其所列 365 种药中,上品 120 种,久服可以轻身益气,不老延年;中品 120

种，可以抗疾病，补虚弱；下品 125 种，可以除寒热邪气，破积聚。故此中医认为上品药为君，中品为臣，下品为佐使。实际上在以后中医的医疗实践中，并不都遵守这个评价，南朝梁代陶弘景作《本草经集注》时就已经做了调整，后世的本草著作更有所发展。

1973 年底，长沙马王堆三号汉墓出土了大量帛书，其中有古医书十几种。帛书整理小组于 1977 年公布了其中的五种，取书名为《五十二病方》（文物出版社 1979 年版）。《五十二病方》中所用药物有多种食物，包括盐（食盐）、葵、麦、赤荅（赤小豆）、菽（大豆）、稷、黍、秫米、青粱米、甘蔗、姜、薤、葱、芥、署豫（山药）、苦瓠、椒、杏仁、枣、家鸡、雉（野鸡）、羊、犬、马、牛、兔、猪、鹿、鲋鱼（鲫鱼）、牡蛎、蜜、醯（截或苦酒，即醋）、酒、酱、饭焦（锅巴）、多种动物脂肪、鸟卵（蛋）等多种食物，而且在服用剂型中除汤汁之外，尚有饼、粥、羹，甚至以菜肴的形式服用。马王堆三座汉墓的墓主已确认为汉高祖时长沙王相轪侯利仓（《汉书・高惠高后文功臣表》为“黎朱苍”）及其夫人辛追（即长沙马王堆汉墓女尸）和儿子，所以《五十二病方》抄写于秦汉之间，是完全可以肯定的。连同其他 4 种古医书（主要是脉学）综合考察，在理论解释上使用阴阳概念，而无五行说的影响，因此可以断定这些古医书早于《神农本草经》，也早于《黄帝内经》。《五十二病方》有力地说明了“医食同源”思想由来已久，而中医学的阴阳五行学说的系统影响应该是《黄帝内经》所致。然而《黄帝内经》的成书年代一直存有争议，但非一人一时之作是肯定的，且医药耕植卜筮之类古书并未遭到秦始皇“焚书坑儒”的灾难，因此《五十二病方》为我们提供了一个孤证，即阴阳五行学说系统介入传统医药学的时间应该在董仲舒以后，张仲景是个承前启后的关键人物，他在《伤寒杂病论》的原序中说：“夫天布五行，以运万类，人禀五常，以有五藏；经络府俞，阴阳会通；玄冥幽微，变化难极。”说明他在《神农本草经》的基础上使中医学的理论更加系统化。

中医学以阴阳五行学说作为理论基础，再在“医食同源”理念的指引下，阴阳学说也在一定程度上影响了中国的食物理论，最典型的就是以“五味”作为营养要素的表达方式，这在中医典籍中俯拾即是。为此，《本草》的性味归经也就成为食物的性味归经。“谨和五味”成了医药学和饮食学的共同追求和共同标准。但人们仔细考察某些食物原料或药材时发现，医和食的“味”，并不是绝对相同的。我们即以常见的苡仁米为例，在《神农本草》中叫“薏苡人”，注“味甘微寒”；孙思邈《千金方》中叫“薏苡仁”，注“味甘温”；孟诜《食疗本草》中也叫“薏苡仁”，注“性平”；李时珍《本草纲目》中叫“薏苡仁”，注“甘，微寒，无毒”。足见苡仁米的“味”是五味中的“甘”味，从古到今是一致的。中医所说的“性”或“气味”，用“温、热、寒、凉、平”五个概念来表示，极热的称热，极凉的称寒，临热称温，临寒称凉，处于中间的称平。显然药味与食味均来自《尚书・周书・洪范・五行》，而药性和食性则来自《周易》的阴阳概念，是很难判断的。所以同一种物质，在不同的医书中，其性味或气味描述往往不同，这就很难把握了。学界通常认为“医食同源”思想的集大成者是孙思邈，在此之前以“食禁”“食忌”“食经”等名目的古籍，对药、食的界限并不明确，“用之充饥则谓之食，以其疗病则谓之药”。随着医药学的发展，以食为主的“食经”和以药为主的“本草”逐渐互相融合。现知唐代孙思邈的《备急千金要方》（简称《千金要方》）和《千金翼方》都设有“食治”专卷，其中既讨论“食性”（食物的性质和疗效），也讨论“食忌”（食物的副作用），把日常食物的医疗作用说得非常清楚，其目的即在于治病。“但识五谷之疗饥，不知百药之济命。”所以他主张：“先命食以疗之，食疗不愈然后命药。”而他的弟子孟诜则进一步发展了食疗法，他撰成了中国历史上第一部食疗法专著《食疗本草》（后又经比他稍后的张鼎的增补），可惜这部名著散佚了。现代经过从敦煌文书和其他医书中辑佚而恢复的《食疗本草》，列有约 260 种食物原料。应该说，“医药同源”作为一种医学概念，在这时已经形成了，它包括了“食宜”和“食忌”两个方面，而且还要和具体对象的体质特征相适应。因此，真正科学意义上的“食疗”或“食养”，不是社会上流行的诸如“壮阳补肾”“滋补虚实”之类那样简单，“食宜”和“食忌”都要以体质特征的辨认为前提，否则滋补品也会变成毒药。

“医食同源”成了孙思邈“治未病”的理论基础，在唐宋以后继续发展。元代忽思慧的《饮膳正要》则是完全继承了孙思邈的食疗思想，系统地归纳了“食宜”和“食忌”的具体配方；科技史界把该书誉为中国第一部营养学著作。我们如果以科学的态度对待它，应该说它是精华与糟粕并存，特别是“食忌”部分，肯定是糟粕多于精华。果真要接受这份遗产，应当用科学证伪的方法，去除其糟粕，而不是当前这样，辑录各种旧说，鱼目混珠，造成不必要的混乱。

“医食同源”思想对后世滋补饮食尤其是保健食品配方的设计有很大的影响。但是“医食同源”及其类似说法的“药食同源”或“药食同用”，并不见于中医古籍，只是中医学界的一种流行说法。这种说法产生的年代，大概不会早于 20 世纪，不仅《辞海》之类大型工具书没有收录，就是许多医史专门著作也没有为它花费过什么篇幅，这是很值得玩味的专业语言现象。

“药食同源”揭示了药与食在自然来源上的同一性。除此之外，它们还表明了在维持生命和保障身体健康方面的同一性。但药和食之功能却是迥异的：食物是人体生命延续不可或缺的物质基础，在每个人的整个自然寿命中，几乎是每日不可无；而药物则是人体出现非正常生理状态时才需要使用的。

二、天年学说

人的自然寿命，在中国传统医学中叫作“天年”，一个人如何才能终其天年，《黄帝内经·素问·上古天真论》有一段精辟的论述：“上古之人，其知道者，法于阴阳，和于术数,食饮有节,起居有常,不妄作劳,故能形与神俱,而尽终其天年,度百岁乃去。"后世讨论养生者,无出其右。《黄帝内经·灵枢》有一篇篇名就叫作《天年》,是具体阐述人的生与死全过程的。黄帝问岐伯:"何者为神?"岐伯答曰:"血气已和,荣(营)卫已通,五脏已成。神气舍心,魂魄毕具,乃成为人。"当黄帝问岐伯如何才能长寿?岐伯答曰:"五脏坚固,血脉和调,肌肉解利,皮肤致密,营卫之行,不失其常,呼吸微徐,气以广行,六腑化谷,津液布扬,各如其常,故能长久。"黄帝又问:"人之寿百岁而死,何以致之?"岐伯答曰:"使道隧以长,基墙高以方,通调营卫,三部三里起,骨高肉满,百岁乃得终。"岐伯的这段话,现代人颇难理解,有人解释为:长寿的人,其鼻孔和人中深邃而长,面部的骨骼高厚而方正,营卫的循行通调无阻,面部的三停耸起而不平陷,肌肉丰满,骨骼高起,这种壮健的形体,是活到百岁而终其天年的象征(正坤编:《黄帝内经》上、下册,中国文史出版社 2003 年版)。关于《黄帝内经》的作者和成书年代等,学术界已有较一致的认识,所谓黄帝和岐伯也只是托名而已,这里对此不做进一步讨论。对上述引文只需指出两点:(1)这里的"天年"指 100 岁;(2)人能终其天年,除了有先天的健壮体魄外,后天的生长环境也很重要,饮食也是后天生长的重要因素,饮食关乎"营卫",但却没有提及医药的作用。不过《黄帝内经》称人的天年寿期为 100 岁之说,在其他的古籍中亦多做如是说;但也有古人称 120 岁者,例如《尚书·周书·洪范》的最后一段说人有"五福",第一即为"寿",孔颖达作《正义》说:"人之大期百年为限,世有长寿云百二十年者。"(《十三经注疏》,中华书局影印本 1975 年版)近世纪以来有人认为可达 150—160 岁,但神仙家言彭祖 800 岁等,那是荒诞的神话。

天年之说,既然是医家所为,则中国的传统医学,其成长过程与道家和道教的发展有密切的关系(季鸿崑:《道家、道教养生思想源流和中国饮食文化》,《饮食文化研究》2001 年第 1 期)。人们为了能够安度天年,将相关的理论和方法综合概括成一门学问,这便是称为中华传统文化奇葩的养生学。"养生"(也叫摄生)这个词,首先见于《庄子·养生主》,是道家顺应自然思想的哲学阐述。在先秦时期,讨论养生理论和养生方法的论述屡见于古籍,而养生学理论的系统化当然还是成书于汉代的《黄帝内经》。当儒学成为唯一显学以后,养生学的哲学基础并没有得到发展,直到魏晋南北朝时期,嵇康、向秀、郭象、葛洪、陶弘景等人对养生思想做了进一步的发展,也总结了一些有效的养生方法。到了隋唐时期,养生思想跟随着神仙道教的修炼潮流达到全盛,孙思邈便是其杰出的代表。他也是中国养生学的身体力行者,他本人究竟活了多少岁,至今学界仍然争论不休,但肯定是高寿。养生学的哲学渊源来自道家,后来又被道教所继承,并且和神仙道教的长生修炼纠缠在一起,所以传统养生学免不了和神秘主义交叉,这是我们今天认识这份历史遗产时不得不谨慎的原因,当科学和迷信杂糅时,稍有不慎就会陷入伪科学的泥潭。

中国养生学是个关顾人生命现象的大概念,它所要求的不只是为了活着,而是如何幸福而有意义地活着。前文所引的《黄帝内经·素问·上古天真论》的那一段话就充分地说明了这一点。以中央人民广播电台医学顾问张湖德为首的一批学者就以《黄帝内经》为主线,系统地挖掘整理了中国传统医学中关于养生的理论和方法,编成了一套以《〈黄帝内经〉养生全书》为总名的普及型养生学读物(张湖德主编:《〈黄帝内经〉养生全书》,共10册,中国轻工业出版社2001年版),其中的第一册就叫作《养生总论——天年》,可见"天年"是中国养生学追求的终极目标。还有一册名《体质养生》,则系统地阐述了饮食和药物养生的理论和方法,说明"药食同源"原本就是养生学的重要原则。

中国所有的传统科学均以阴阳五行学说为其理论模型,中医尤其如此,并且由此演绎出与近代医学很难对接的脏腑学说和经络学说。中医对人的健康状况,常用精气神三个字加以概括,称为人体的"三宝"。在早期的中医经典中,这三者都是生命现象的基本要素,可是在道教内丹术兴起以后,每一"宝"又有先天和后天之分。以先天言之,分别称为元精、元气和元神,越发具有神秘主义的色彩。何谓精?中医说"精为形之基",是人体生命的物质基础。《黄帝内经·灵枢·决气》:"两神相搏,合而成形,常先身生,是谓精。"《黄帝内经·灵枢·经脉》:"人始生,先成精。"这里所指的显然都是先天的"元精";而在生命形成以后,"元精"又必须依赖"后天水谷之精"的充养,才能发挥生长发育的作用,即先天之精与后天水谷之精相互滋生,两者密切相关。脾胃所化生的后天水谷之精,不断输送到五脏六腑,转化为脏腑之精。脏腑之精充盛时,又输归于肾,以充养先天之精。这是道教内丹术的基本理论,概括地讲:无先天之精则无以生身,无后天之精则无以养身。所以《黄帝内经·素问·金匮真言论》说:"夫精者,身之本也。"

气,是中国古代常用的哲学概念。有人说"气"是指产生和构成天地万物的原始物质,元气指天地万物之本原,从老子的"道"到东汉王充乃至北宋张载等人,都用元气的变化来解释宇宙万物的生成、发展、变化、消亡等自然现象。在中医中元气和气往往是不加区别的,泛指生命的源泉。《黄帝内经·素问·宝命全形论》:"夫人生于地,悬命于天,天地合气,命之曰人。"《难经·八难》:"气者,人之根本也,根绝则茎叶枯矣。"所以元气直接关系到人的生老病死。元气充足,运行正常,是人体健康的保障;元气不足,或气机失调,就是致病的原因。故而国人常有俗语:人,就是一口气。中医家则常说,善养生者就是善于保护这种与生俱来的元气,即先天之气;在古籍中常以"炁"字表示,它是启动脏腑经络功能活动的原动力,并司理后天的呼吸之气、水谷营卫之气、脏腑之气、经脉之气等。但"气"究竟是什么,谁都说不清楚,此为中医学神秘主义的一大源泉。近年来,有人企图用"动态生物场"等来解释它,但都没有取得足以称得上是科学的实证。因此"元气论"就成了许多对中医持批判态度的学者们的重要靶点,他们坚定地主张,要使传统中医现代化,就应该走出古代哲学和前科学时代产生的"气论"的牛角尖。

对于人身“三宝”之一的“神”，按中医的说法，本原于先天父母之精。《黄帝内经·灵枢·本神》：“生之来，谓之精，两精相搏谓之神。”《黄帝内经·灵枢·天年》：“血气已和，荣卫已通，五脏已成，神气舍心，魂魄毕具，乃成为人。”道教认为：神也有先天和后天之分，先天的称元神，与元精、元气相关。而后天的神有识神和欲神两种，用内丹家的说法，“元神者，先天之性也”，“欲神者，气质之性也”，而“识神”即人的日常杂念。由此看来，神则是比气更为神秘的概念，以致有人把它比作现代心理学中的“意识”。

三、营卫学说

道教的精气神学说，在原始道家经典《老子》和《庄子》中都可以找到根据，其中元精与交感之精、元气与呼吸之气、元神与思虑之神有很大的区别；而早期的中医典籍就已经吸收了这些说法，形成了更系统的精气神学说，并且在处理不同的生理活动时又进行了具体化。例如天癸学说中的精气即指肾气，在营卫学说中的精气则指饮食化生的营养物质（水谷精气），在人体状态中就指“人体正气”，如此等等。

需要特别指出的是，中医的营卫学说是中国传统医学中真正的营养学理论，应该视为中国饮食养生学的核心理论。可是在最近几十年的饮食文化研究中，某些国粹主义者用以排斥现代营养科学的理论武器，并不是营卫学说，而是中医主张的膳食结构，用传统的膳食结构说排斥建立在现代科学基础之上的近代营养科学，实在是鱼目混珠。奇怪的是，就连那些专讲中医饮食保健或食疗之类的书籍和论文，也没有正视营卫学说的地位，好像真有点“数典忘祖”的味道。

中医认为营（与荣通）和卫都是“气”的表现形式，也都是由饮食中的水谷所化生的。《黄帝内经·素问·痹论》：“营者，水谷之精气也，和调于五脏，洒陈于六腑，乃能入于脉也。故循脉上下，贯五脏，络六腑也。卫者，水谷之悍气也，其气慓疾滑利，不能入于脉也，故循皮肤之中，分肉之间，熏于肓膜，散于胸腹。逆其气则病，从其气则愈；不与风寒湿气合，故不为痹。”又《黄帝内经·素问·逆调论》：“营气虚则不仁，卫气虚则不用，营卫俱虚则不仁且不用，肉如故也，人身与志不相有，曰死。”是以营气和卫气都是中医认定的营养的物质基础，实为后天之精气。《黄帝内经·素问·调经论》：“取血于营，取气于卫。”血行于脉中，故营气行于脉中；气行于脉外，故卫气行于皮肤肌肉之间。在中医看来，卫气是个生理学名词，属于阳气的一种，生于水谷，源于脾胃，出于上焦，行于脉外，其性刚悍，运行迅速流利，具有温养内外、护卫肌表、抗御外邪、滋养腠理、开合汗孔等功能。而营气则来源于水谷之精气，性质柔和，行于脉中，供养各脏腑机体活动之需要，也是化生血液的重要成分。在《黄帝内经·灵枢》中，有《营气》《营卫生会》《平人绝谷》《卫气》《天年》《五味》《卫气失常》《岁露论》等篇，不仅解释了营气和卫气的真实含义和相关的生理功能，而且阐明了它们与人体健康的关系。特别是《黄帝内经·灵枢·营卫生会》中托名岐伯答黄帝的一段话:“人受气于谷,谷入于胃,以传与肺,五脏六腑,皆以受气,其清者为营,浊者为卫,营在脉中,卫在脉外,营周不休,五十度而复大会。阴阳相贯,如环无端。”该篇还进一步解释营卫和昼夜的关系,灵活地运用了阴阳互动的原理,如果将它与《天年》《五味》等篇结合起来解释,就清楚地看到发端于阴阳五行学说的中医传统营养理论;这个理论又综合了当时已知的生理知识,所以在诊疗、针灸等治病方法中起了重要的作用。所以后世医学一直引用营卫学说。汉代张仲景在其传世名著《伤寒论》中,就把“营卫不和”视为致病的重要原因(张仲景:《伤寒论·辨太阳病脉证并治中》,中国书店 1993 年版)。此外,营卫学说也是神仙道教追求长生不死的理论依据之一,葛洪就说过:“金丹入身中,沾洽荣(营)卫。”(王明:《抱朴子内篇校释》,中华书局 1985 年第 2 版,第 72 页)唐代孙思邈则更是重视“流行荣卫”或“荣卫失度”在人体健康状态中的重要性(孙思邈:《备急千金要方·养性》及《千金翼方·养性》,上海古籍出版社“气功·养生丛书”本 1990 年版)。直到明代,吴正伦还在《养生类要·饮食论》中指出,“通荣卫”是调节人体生理状态的重要措施(吴正伦:《养生类要·饮食论》,上海古籍出版社“气功·养生丛书”本 1990 年版)。

《黄帝内经》开发出的使人终其天年的五项措施,是“法于阴阳,和于术数,食饮有节,起居有常,不妄作劳”,隐约地含有平衡的思想,但却没有也不可能有平衡的数量。很显然,其中既有早期朴素唯物论的精华,也有前科学时期神秘主义的糟粕。因此,在人体生理和心理现象没有得到系统的科学认识之前,是很容易误入歧途的。秦汉以后,追求长生不死的炼丹术和传统中医药互相渗透,再加上道家和道教学者的渲染和提倡,养生和神仙若即若离,使得人们相信神仙可致,特别是一些道教理论家对此坚信不疑。例如晋代的葛洪在《抱朴子内篇·论仙》中明确地说:“夫求长生,修至道,诀在于志,不在于富贵也。”“仙法欲静寂无为,忘其形骸。”(王明:《抱朴子内篇校释》,中华书局“新编诸子集成”本 1985 年第 2 版,第 17 页)所以他总结了魏晋以前一切修仙学道的方法,奠定了道教追求长生的理论基础;他的代表作《抱朴子·内篇》实为道教养生集大成的巨著,其后的陶弘景、孙思邈等人的养生主张,在《抱朴子·内篇》中都可以找到根据。而道家学者嵇康在《养生论》中则认为,神仙“似特受异气,禀之自然,非积学所能致也。至于导养得理,以尽性命,上获千余岁,下可数百年,可有之耳”(嵇康:《养生论》,上海古籍出版社“气功·养生丛书”本 1990 年版)。显然,嵇康认为有神仙,但不可学。不过他对天年的认识是错误的,什么“上获千余岁,下可数百年”,无疑是荒唐的推测。他所说的“导养得理”便是道家的顺应自然、少思寡欲,便能“形与神俱”。实际上嵇康自己并未能做到,最后还是被人杀了。道家视精神为生命的主宰,所以对形骸与精神的关系似乎更看重精神,而神仙道教则千方百计追求长生不死,肉身成仙。荒诞的长生当然是绝无可能，但道教徒的许多修炼方法，确有延年益寿的功效，所以对传统的中医药产生了巨大的影响，其中也包括了饮食养生。

“药食同源”是中国传统医学的重要概念，食物的“四气”（寒热温凉）和五味（甘酸苦辛咸），在人体内的升降沉浮，源于脏腑、经络理论的归经分类，以及食物配伍之间的相生相克关系等等，都是把食物和药物等同看待的。由于中医的脏腑是功能概念，不同于西医的解剖学器官组织，例如中医的肾并不是专指肾脏（即俗称腰子），而是一系生理功能的符号，似乎以肾气表述更为合适；但肾气的物质基础是什么，中医只能用模糊的阴阳虚实做表象的描述，所以很难掌握，临床诊断的经验积累起了决定性的作用。

营卫学说中最有说服力的物质基础是“水谷精气”，但“水谷精气”要和一大堆虚拟的临床概念相对应是很难的，结果在实际的饮食活动中起不了指导作用，于是只能用膳食结构代替之，这就是《黄帝内经·素问·脏气法时论》：“五谷为养，五果为助，五畜为益，五菜为充，气味合而服之，以补精益气。”在很长时间内，这个膳食结构模型一再被人们当作传统的营养理论在颂扬，但是从来没有人解释它跟营卫学说的关系；更有意思的是，“气味合而服之，以补精益气”这两句，往往被引用者略去。笔者以为：前科学时期的神秘主义迷住了人们的眼睛，从而使得那些朴素唯物论的正确结论得不到正确的科学诠释。但是无论是精气神学说，还是营卫学说，至今仍没有人将它们和近代医学的对应关系说清楚，至于它们是否可跳出阴阳五行学说的框架，更是一头雾水。传统的养生学说，要想达到真正的科学境界，就必须回答什么是“水谷精气”“营气”和“卫气”。假如我们把“水谷精气”理解为营养素和生物能量的总和，那么行于脉中的“营气”就相当于现代营养学中的各种营养素；而行于脉外的“卫气”，就是缘于人体呼吸氧化过程中产生的能量。至于“清”与“浊”，是营卫两气的表观性质，乃是中医脉象中与升降浮沉相关的轻重概念。这样似乎可以找到两者对接的跳板。但中医师们并不认同，他们坚持这是两个不同的理论体系，就应该永远各说各话，这在其他学科中是非常罕见的。近来，有些少壮派的中医学者也把营气释为营养物质，而卫气则为机体的免疫能力，好像此说并未被中医学界普遍认可。

第三节　近代营养科学

近代营养科学最基本的原理就是平衡膳食原理，把人体看成是一个动态的平衡体系，每天摄入的营养物质和能量与消耗的营养物质和能量有一个大致相等的平衡关系。这里的营养物质不是食物的品种，而是它们所含有的营养素。这种反对“过”与“不及”的平衡思想，在中国古代医学中早已认识，并且上升到哲学层面，只不过将平衡体系中的物料组成等同于食物的品种；中医也意识到这个问题，所以才有“水谷精气”的说法，但它却是看不见摸不着的“精灵”。而前文一再引用的“五谷为养，五果为助，五畜为益，五菜为充，气味合而服之，以补精益气”那几句话，和“水谷精气”是什么关系，“养”“助”“益”“充”四者又有什么不同，中医界一直没有正面阐述过这些问题。所以当近代营养科学进入中国几十年后，传统的饮食养生理论立刻陷入困境，尽管提倡者不乏其人，但总因缺乏量化的科学基础，从而迅速地退出国家营养政策的主流地位。

营养科学是医学科学的一个分支，它的理论基础不仅涉及食物，而且涉及生理科学，因此近代营养科学的形成首先要有近代生理科学的基础。1543 年，比利时人维萨留斯(Audreas Vesalius，1514—1564)的不朽著作《人体结构》的出版，推翻了盖伦的权威地位，确立了近代解剖学；这本与哥白尼《天体运行论》同年出版的科学巨著，被视为科学从中世纪向近代过渡的里程碑之一。其后是 1628 年，英国人哈维(W. Harvey，1578—1657)发表的《心血运动论》揭示了血液循环现象。1759—1766 年间，瑞士人哈勒(A. Haller，1708—1777)出版了《生理学纲要》，继哈维之后确立了近代生理学。但生理科学的最终揭秘需要近代化学科学的合作，而且1777—1789 年间由法国人拉瓦锡(A. L. Lavoisier，1743—1794)确立的科学的燃烧理论和新元素观，以及与他同时的英国人卡文迪什(H. Cavendish，1731—1810)、瑞典人舍勒(W. Karl Scheele，1742—1786)和英国人普里斯特里(J. Priestley，1733—1804)等人关于氮气、氧气和二氧化碳的发现，1840 年德国医生迈尔(J. R. von Mayer，1814—1878)关于人体血液循环系统中能量守恒定律的研究，还有德国化学家李比希(J. F. von Liebig，1803—1873)建立了农业化学和食物化学的基础，德国科学家 Carl von Voit、Max Rubner 和美国科学家 O. Atwater 等人建立了物质代谢和能量代谢的理论和测定方法，从而为近代营养科学奠定了基本理论和研究方法的基础。到了 19 世纪的前半期，近代化学有了长足的发展，营养科学进入了各种营养素的发现时期，蛋白质和氨基酸、脂肪、糖类等概念的提出和对相关化合物的认识，到 1900 年时已经有相当数量了。20 世纪初期，这方面的成就就更多了，诸如 1929 年美国科学家 Burr 证明亚油酸是人体的必需脂肪酸；1935 年美国科学家 Rose 认定了人体的 8 种必需氨基酸；1920 年第一次有了维生素的命名，在此前后已发现的维生素有 A、B 族、C 和 D，但到 1947 年发现 Vb12 以后，至今再没有新的维生素物质发现。对矿物质的认识前后延续了 3000 年，例如我国在 3000 年前就有“海藻疗瘿”的知识，公元 4 世纪古希腊人用淬火的水(含铁离子)治疗贫血，对人体常量元素的认识大概在 1800 年前后即已完成；但对微量元素的认识则很晚，锌是 1960 年才被认识的，至今仍是很活跃的研究领域。至于居民所需营养素供给量的第一次建议，是美国人于 1943 年提出的，以后其他各国陆续根据本国的食物资源和饮食习惯制订了各自的营养素参考摄入量(DRIS)，并且不断地进行研究改进加以调整。近代营养科学已成为指导人们饮食生活的重要学科。

通过以上关于近代营养科学形成和发展的历程的描述,可知它是从古代医学中经由近代生理学和近代化学的结合,脱胎而自成体系的。

对于我国来说,并没有这种结合过程,而是完全从西方引进的,因此在传入的初期,不可避免地存在相当长的滞后效应,也很不容易被人们普遍接受。例如在明朝末年由传教士邓玉函所著《人身说概》,对中国医学几乎没有什么看得到的影响。鸦片战争以后,北京、上海、广州等地有了专门的翻译西方科技书籍的机构。在所译的书籍中也包括了早期近代营养科学的著作,例如前面已提及的译成于 1880 年的《化学卫生论》(原著写成于 1850 年),就曾经影响了包括谭嗣同、鲁迅等(可能还有孙中山)近代中国的先驱人物。尽管在 1850 年时西方营养科学本身也相当幼稚,甚至对三大产能营养素还没有系统的认识,但中国的先进分子们却也囫囵吞枣地知道了一些亘古未有的生化物质名称,所以连译名在今天看来都非常别扭,在这里我们不妨从该书中举几个相关化合物的译名进行对照,从中也可以看出传统文化与近代文明对接的艰辛历程(季鸿崑:《〈化学卫生论〉的解读及其现代意义》,《扬州大学烹饪学报》2006 年第 1 期)。

《化学卫生论》译名	英文原名	现代译名
小粉	starch	淀粉
油质	fat	脂肪
巴辣麻的尼	palemitine	软脂
司替阿里尼	stearine	硬脂
哥路登(面筋)	gluten	谷蛋白
非布里尼	fibrine	纤维蛋白
暮斯苦里尼	muscline	肌纤蛋白
加里以尼	caleine	酪蛋白
苦里阿的尼	kerateine	还原角蛋白
格路布里尼	globuline	球蛋白

在科学史上,蛋白质的概念是 1838 年首先由荷兰化学家 Jan Mulder 提出的,所以 1850 年成书的《化学卫生论》也有了蛋白质。而糖类化合物结构测定和人工合成是德国化学家 Emil Fischer 于 19 世纪 90 年代完成的,他也因此获得了 1902 年的诺贝尔化学奖。20 世纪以后,有数十位科学家因在维生素、蛋白质以及物质代谢方面的研究成果而获得诺贝尔化学奖与生理医学奖,现代营养学的知识体系和研究方法已经相当先进了。

需要指出的是尽管《化学卫生论》一书印刷过多次，在中国流传得相当广泛，但对人们的饮食生活的指导作用却相当有限，这显然是由于中国传统医学中的养生学与近代营养科学在知识体系上的巨大差异所致。“水谷精气”与六大营养素、能量之间几乎没有共同的语言，而“养”“助”“益”“充”的食物结构，又使得许多人故步自封，以为祖宗已经为后人们解决得很好了。另外，任何一种外来文化（包括科学、宗教等等）要想在本地生根，就必须有土生土长的传播者队伍，否则外来文化就像浮萍一样；近代营养科学也是如此。在这方面，郑贞文和吴宪两位前辈的成就，我们不可忘记。

郑贞文（1891—1969），福建长乐人，毕业于日本东北帝国大学化学系，曾任福建省教育厅长、厦门大学校长等职。他从日本回国后，对于中国化学名词厘定的贡献很大：把化学元素名称的中文译名规范化，将非金属元素中的气态元素用“气”字头的形声字命名，如氢、氧、氮等；液态元素用“氵”字旁的形声字命名，如溴；固态元素用“石”字旁的形声字命名，如碳、矽（后改硅）、磷、碘等。对无机化合物的命名也做了规范，创立“氨”等新字。对有机化合物的命名，他创译了烃、烷、烯、炔、苯、萘、蒽……醇、酚、醚、醛、酮、羧酸等等一系列新汉字，或给旧汉字以新义。此外他还撰写了几本介绍近代科学的书籍，编写过英汉词典。在这里需要特别提出的是，他于1914年撰写了《营养化学》，由上海商务印书馆出版；该书于1926年、1929年、1935年曾再版多次，颇有影响（王治浩等：《一代文人郑贞文》，《中国科技史料》1991年第3期，第38—45页）。

吴宪（陶民）（1893—1959），福建福州人，1919年获哈佛大学博士学位。我国杰出的早期生物化学家和营养学家，是这些学科在我国的启蒙人物，在20世纪30年代首创蛋白质的变性学说，在国际上有一定的影响。1928年，吴宪撰著的《营养概论》由上海商务印书馆作为职业学校教材出版，该书初版序言开宗明义地说：“民之强弱，视乎卫生，卫生之事，莫重于营养。”他在该书后附录了“吾国食物之营养价值表”，乃是中国第一份食物成分表。至1938年，该书已重印了三次。1938年，吴宪对原书做了修订，增加了各种营养素的化学与新陈代谢，并增补了新的食物成分表，直到1947年2月，上海商务印书馆还在重印。吴宪在免疫学和营养学方面也做了大量的研究工作。吴先生的夫人严彩韵（1902—1993），出生于上海，也是著名的生理化学家，是吴宪科学事业的积极支持者和合作者；其长子吴瑞则是国际著名的分子生物学家。吴宪的《营养概论》，在20世纪50年代又由严彩韵做过修订，因其在美国出版，所以这个版本在国内罕见。总而言之，吴宪的《营养概论》实为我国近代营养学的奠基之作（曹育：《杰出的生物化学家吴宪博士》，《中国科技史料》1993年第4期，第30—42页）。

关于我国近代营养学的早期著作，除了郑贞文的《营养化学》和吴宪的《营养概论》外，尚有顾寿白的《营养论》（上海商务印书馆1934年版），朱佐廷的《小学儿童营养之研究》(中华书局 1935 年版),日本三浦政太郎《营养化学》的中译本(上海商务印书馆 1936 年版,1951 年重印),顾学箕的《食物营养化学》(医学评论社 1937 年版),罗登义的《营养论丛》一至二册(中华工商书局 1948 年版),方文渊、李德麟的《食物与营养》(上海一家社 1949 年版),南京大学教授郑集的《实用营养学》(上海正中书局 1947 年版、华东医务生活社 1952 及 1953 年版、人民卫生出版社 1957 年版),等等。新中国成立以后,营养学书籍的种类日见增多,经我们检索,截至 2005 年底,仅上海图书馆入藏的中文营养学书籍就达到 1229 种之多,可见近代营养学已经成为我国当前营养科学的主流。至于在 20 世纪前半期,我国学者对营养科学研究方面的贡献,吴襄和郑集曾以《现代国内生理学者之贡献与现代中国营养史料》的书名做过总结,该书于 1954 年由上海中国科学图书仪器公司出版发行。

现代汉语中“营养”一词的由来,哈尔滨医科大学于守洋教授曾做过专题研究(于守洋:《保健品的进展与营养科学的建设》,http://www.jink.cn/news/news/20054279413.htm),他说:“相当现代意义上的营养一词的汉语,最早见于 1624 年(明天启四年)张介宾著的《景岳全书·癌症》。而商务印书馆 1915 年出版的《辞源》第一版中,在‘营养’一词项下,则称系译自英语 nutrition。”于先生可能没有注意到中国近代科学名词的演变过程。早在洋务运动期间,一批热心西学的知识分子和从欧美留学归来的留学生,曾经用文言文翻译了一批科学名词,但这批译词多以音译为主,多少有些生吞活剥的味道,所以今天仍在使用的并不多。中日甲午战争之后,许多人转而留学日本,他们把日本“荷兰学”的某些成果带回中国,章太炎、鲁迅、郭沫若等都是其中的佼佼者。就营养而言,《化学卫生论》书名中的“卫生”仍是指“养生”,而郑贞文《营养化学》便改变了这个传统概念,显然是从日本贩回来的,至于吴宪的《营养概论》,尽管在序言中仍有“卫生”(养生)的说法,但近代科学意义上的“营养”概念已经完全确立了,所以吴宪乃是营养科学“西学东渐”的集大成者,他制订的中国第一个食物成分表便是最有力的证据,“养”“助”“益”“充”与之相比,其科学内涵有了天壤之别。

关于“营养”一词的定义,我国近代营养学先驱之一的周启源教授在《“营养”词义考》(《中国科技史料》1986 年第 4 期)一文中,认为“生物从外界吸取适量的有益物质(如人的食物、动物的饲料、植物的肥料等)和避免吸取有害物质以谋求养生,这种行为或作用称为营养”。不过周先生最后还是推荐了《英汉生物化学词典》(科学出版社 1983 年版)的解释:“向生物提供、由生物摄取和利用的必需物质,以维持其正常生长、发育、劳动和一切功能活动的行为。这种行为叫作营养。”他还指出:不要再把营养和养料、营养品或食物等名词混淆。显然这是泛指的营养概念,所以无法阐明“有益物质”的具体内涵,也未能阐明营养素和能量等营养学基本概念。前引于守洋教授的专文中,列举了 20 世纪 80 年代以后,相关教科书、专著和辞典中各种大同小异的关于“营养”的定义,其中值得推荐的是高等医学院校教材《营养卫生学》中的说法:(1)人体对热能和各种营养素的需要(简称营养学基础);(2)各种条件下人群的合理营养和膳食(简称合理营养);(3)各种食物营养品价值与食物源开发(简称食物营养)。这实际上就是现代人类营养学的研究范围和研究方法的高度概据,已经相当清楚了,可以满足本书说明问题的需要。

通过以上介绍,可见近代营养科学在中国传播的历史充其量只有100多年,但是它对我国人民饮食生活的指导作用已经凸显。笔者在1988年就明确主张以近代营养科学理论和实践指导中国的烹饪教育以及相关的教学培训活动,从而进一步扩大它对中国人民饮食生活的指导作用;社会餐饮业和一切集团伙食单位的从业者应接受起码的营养知识培训。但是却招致某些烹饪专家的指责,"全盘西化"和"数典忘祖"是这次指责的两大罪状;他们反复指出"养""助""益""充"是中国人数千年的饮食实践,并且吃出了中华民族"不坏"的体质。他们还说西方营养学(其实应该称近代营养学)理论中的"单一营养素"的评价方法不可取,那种评价会导致"文明病"(富贵病),"如果一定要提现代营养学的话,也应该是传统营养学和现代营养学并重"。有人甚至用菠菜中铁含量的误测结果来否定所有的食物成分分析结果,并且由此来否定现代营养学的科学价值。但是,这些专家谁也没有把"传统营养学"的实际内涵说清楚,除了"养""助""益""充"和"阴阳调和",谁也没有提到营卫学说和"水谷精气",他们一门心思地宣传食物的阴阳属性和性味归经,并且从古代医书中搜罗了大量的食物配伍的禁忌规则,却缺乏实际的观察结果。这些配伍禁忌,早在1936年就被郑集教授的科学实验所否定(Contr. Biol. Lab. Sc. Soc. China,Zool Sen.,V. 11,No. 9,P. 307,1936)。还有"以脏补脏"(吃啥补啥)的食物指导原则,弄得人们将信将疑、无所适从。把伪科学当饮食指南,可以说是我们这个时代的悲哀,看来这场争论还有继续下去的必要,这实际是中西医学体系的争论。

第四节 中西医学体系之争与"传统营养学"和现代营养学

西方医学传入中国的历史,最早可以追溯到16世纪以前,但是近代医学传入中国时间并不长,特别是中国人学西医的历史只是鸦片战争前后的事情。据陈邦贤考证,最早始于1835年(清道光十五年)广州基督教医院外国医生训练中国生徒做助手。1843年(道光二十三年)香港医院、1881年(光绪七年)上海同仁医院、1883年(光绪九年)苏州博习医院等,都陆续教授华人学习近代医学。上海同仁医院后来发展为圣约翰大学医学部,以后此类医院和相关的学校越来越多。而完全独立建制的医学院都是在1900年以后出现的,例如著名的北京协和医学校建立于

1903年(光绪二十九年),济南齐鲁医学校建立于1904年,上海的同济德文医学校建立于1908年。中国自办的西医教育,最早的要算1865年(同治四年)京师同文馆的科学系,它应视为中国新医学教育的肇始;其后如天津医学馆(1881年)、北洋军医学堂、京师大学堂医学馆等等(陈邦贤:《中国医学史》,上海书店1984年重印上海商务印书馆1937年重印本)。直到1949年中华人民共和国成立时,全国共有公私立医学院校系科近30所;但这些院校的规模,无法与今天任何一所医学院校相比,它们的毕业生所服务的医院都集中在大中城市,占中国人口80%的农村地区几乎没有西医,广大农民和社会底层人民的医疗工作只能由传统的中医担当,而且也没有一所培养中医师的学校,中西医学之间不仅没有沟通的渠道,而且有强烈的对立情绪。由于人们近代意识日益加强,所以从清末民初起,就有一批主张学习西方的人士,号召全国西医联合起来,推动政府取缔中医。其中最典型的是1914年,以中华医学会余云岫医师为代表的一批西医人士,发起了颇有声势的反中医运动。而恽铁樵、余伯陶等一批中医著名人士极力抵抗,强烈要求中西医平等。当时的北洋政府和后来的南京国民政府,基本上都是倾向于西医的,但由于各方面反应强烈,所以一直没有结果。但是在一些曾经接受过中医影响的国家如日本,则采取了废除中医保留中药的政策,这种"废医存药"的做法也严重地影响了我们中国。

中华人民共和国成立以后,持续了半个世纪的中西医地位平等的争论,才有了最后的结果,而其中起了关键作用的人物正是毛泽东。毛泽东一生很了解也很重视中国的传统文化,只不过他是以政治家的视野来做出取舍的,这一点许多纯学者往往颇有微词。其实从中外的历史来看,这很正常,而且如果有什么个人情绪的话,那就不够客观了。对于中医,毛泽东一直采取扶持的态度。早在1948年他在西柏坡接待当时的苏共特使米高扬时就说过:一个中医,一个中国菜,是中国人民对世界的两大贡献。1950年8月第一届全国卫生工作会议召开时,毛泽东提出了"面向工农兵、预防为主和中西医结合",作为新中国卫生工作的三大基本方针。1952年11月第二届全国卫生工作会议召开时,他又进一步明确这三大方针。1953年底,他在《对卫生工作的指示》中,明确反对当时中央卫生部有关负责人的"中医是封建医","是封建社会的产物,应随封建社会的消灭而消灭"的论点。他说:"我认为中国对世界上的大贡献,中医是其中的一项。中医是在农业、手工业的基础上发展起来的。中医宝贵的经验必须加以继承和发扬,对其不合理的部分要去掉。西医也有不正确的地方,也有机械唯物论。将来发展只有一个医,应该是唯物辩证法作指导的一个医。看不起中医是错误的;把中医提得过高了,也是不恰当的。"他号召西医学中医,用科学的方法研究中医。正是由于他的提倡,中国才出现了专门的中医科、中医院,还办了好多中医学院(张国新:《毛泽东与中国医学文化发展的道路》,人民网领袖人物资料库)。直到1958年3月10日,毛泽东在成都会议上批判教条主义时,再次提出要学习和研究中医。在此之后,他又多次做出类似的指示。但是,需要指出的是:毛泽东毕竟是政治家,政治和学术是两码事。特别是他的晚年,一切都以"阶级斗争"为纲,在许多领域做出了一些过激的不科学的指示,其中就包括了医学方面的"六二六"指示。所谓"六二六"指示,是指他在1965年6月26日给当时中央卫生部的一个批示。其全文是:

"告诉卫生部,卫生部的工作只给全国人口的百分之十五工作,而且这百分之十五中主要还是老爷。广大农民得不到医疗,一无医院,二无药。卫生部不是人民的卫生部,改成城市卫生部,或老爷卫生部,或城市老爷卫生部好了。

"医学教育要改革,根本用不着读那么多的书。华佗读的是几年制?明朝李时珍读的是几年制?医学教育用不着收什么高中生、初中生,高小毕业学生三年就够了,主要在实践中提高。这样的医生放到农村去,就算本事不大,总比骗人的巫医要好,而且农村也养得起。书读得越多越蠢。现在医学院那套检查治疗方法,根本不符合农村。培养医生的方法,也是为了城市。可是中国有五亿多人是农民。

"脱离群众,把大量的人力、物力放在研究高、深、难的疾病上,所谓尖端。对于一些常见病、多发病、普遍存在的病,怎样预防?怎样改进治疗?不管或放的力量很小。尖端问题不是不要,只是应该放少量的人力、物力,大量的人力、物力应该放在群众最需要解决的问题上。

"还有一件怪事,医生检查一定要戴口罩,不管什么病都戴,是怕自己有病传染给别人?我看主要是怕别人传染给自己!要分别对待嘛!什么都戴,这肯定造成医生与病人之间的隔阂。

"城市里的医院应该留下一些毕业一两年本事不大的医生,其余都到农村去。'四清'到××年就扫尾,基本结束了。可是'四清'结束,农村的医疗卫生工作没有结束呀!把医疗卫生的重点放到农村去嘛!"

1965年正是"文革"的前夜,毛泽东的这个指示必然是政治代替一切。在此后的1965年8月2日和1966年3月12日,又对卫生工作做了两次谈话,更是突出政治。事过境迁,我们今天再读这些历史文件时,它们的负面效应已经无须再讨论了。但是,在毛泽东大力倡导下,中国出现了中西医结合的专门学科。在第一批响应毛泽东西医学中医的医生中,出现了许多杰出的成果和人才,著名的中国科学院院士陈可冀,在接受中国科学院科学在线网站记者潘锋采访并和网友互动交流时,详细阐述了中西医结合的理论。他认为只有中西医结合,才能发展传统医学,只有这种现代科学交叉的方法,才可以在中西医之间起到取长补短的作用。他还认为当前一个迫切的任务是中医古籍的现代诠释,要用现代汉语将那些古奥艰涩难懂的中医古籍翻译过来,让人们能够读懂它们,只有在这个基础之上才能"取其精华,去其糟粕"(潘锋:《对陈可冀院士的访谈录》,中国科学院科学在线网2005年7月28日)。陈院士还谈到了温家宝总理的题词:"实行中西医结合,发展传统医学。"可见中西医结合是党和政府一贯的学术方针。

无独有偶,曾任中国科学院自然科学史研究所副所长的廖育群先生,是一位受到中医家传并且亲自尝过许多汤药,接受过中西医学教育并且“悬壶济世”的医师。用他自己的说法是:“意外地走上了治科学史的道路。这一新经历又意外地使我获得了更多理解中医的契机。概言之,现代科学知识可以帮助我们理解中医何以能够治病的问题;而历史知识却能够告诉我们那些玄妙的中医理论是如何形成的。科学知识可以在中西两种医学体系间架起理解的桥梁;历史知识可以在古今之间铺设沟通的道路。但无论哪一个方面都是一个二维空间的平面,只有将科学的解释和历史的解释结合在一起,才有可能构建一个立体的三维空间,才有可能全面地理解中医。”为此他正在从事“批判”《黄帝内经》的工作,这种看似“挖中医祖坟”的研究,实际上正是为了使传统的中医焕发新时代的青春。(廖育群:《我与中医的缘分》,《江南保健报》“吴门医苑”副刊 2005 年 7 月 19 日)

然而中西医结合的方针,并不是医学界的共识,有些西医坚决主张取缔中医,或者给它个“废医存药”的名分。有一家叫作“医学捌号楼”的网站(http://www.med 8 th.com.),汇集了一大批批判中医的论著,其中不仅有余云岫等医学人士的批中医檄文,也有像鲁迅甚至周作人等人对中医复古思潮的批判,还有当代许多青年对中医理论中那些神秘主义成分的批判,对中医方法论中非科学方法的抨击,火力的确是相当猛的。不过这些论著在平面的主流媒体属于见不着的“另类”,因为他们的矛头有些就直接指向当代中医界的代表人物,包括在每年全国“两会”上为中医张目的人大代表和政协委员。

同样,我们在许多报刊上,经常会读到中医师或中医人士强调“正宗”的呼声,坚决反对西医在医学理论和方法上对中医科学的干预,也反对现代化的中医教育模式,主张恢复师徒相授的传承方式。有些中医人士不无挖苦地说,用了几千年的方剂,为什么偏要小白鼠说了算?其实,中国古代是用穷人来做实验的。“汤曰:药食先尝于卑,然后至于贵。”(刘向:《说苑·君道》,上海古籍出版社“诸子百家丛书”本 1990 年版,第 10 页)

笔者赞同陈可冀院士的主张,单纯的西医或单纯的中医都不是最好的方案。新中国成立以后的历史经验已经明确告诉了我们,西医在城市、中医在农村的局面已经有所改变,西医下乡和中医进城已是普遍现象。经过 50 多年的努力,我国的医疗战线已经有了一定的规模,西医西药的普及程度已不是毛泽东在 50 多年前所见到的那样,我国人民平均预期寿命已由 1949 年的 37 岁上升到现代的 70 多岁了,有的地区如上海、苏州已超过 80 岁了。除了社会稳定、人民生活水平提高等因素以外,医疗卫生水平的普及和提高是不可忽视的,其中西医的贡献是主要的,特别是在病因的确诊、传染病流行病的防治、免疫治疗等方面,没有西医是不行的。因此如果真能将中西医进行良好的结合,则对中国人民健康事业而言,功莫大焉。

我们在这里不厌其烦地叙述中西医结合和争论的历史和现状,看似和营养没有关系，实际上完全是一回事。作为中医一部分的“传统营养学”，营卫学说中的营、卫二气和“水谷精气”，以及人体的气血阴阳虚实体征的表述，都离不开中医；就是大家容易理解的“养”“助”“益”“充”式的膳食结构，也是由中医理论衍化而来的。因此要充分理解这些，首要的就是对相关的古籍进行解读，否则就摆脱不了神秘主义的羁绊。对于近代营养科学而言，一方面是要开展结合国情的理论和临床的科学研究；另一方面为了使它更好地指导人们的饮食生活，保障人民的身体健康，进行营养立法已经刻不容缓了，因为营养事关人的生存，生存是人的基本权利。

走中西医结合的道路，扶持中医，已经成为政府的医疗政策。特别是进入2006年以后，连续发布的几项重大科技决策文件，诸如2006年1月26日公布的《中共中央国务院关于实施科技规划纲要增强自主创新能力的决定》和《国家中长期科学和技术发展纲要(2006—2020年)》，温家宝总理2006年3月5日在十届全国人大四次会议上所做的政府工作报告和2006年3月17日正式公布的《中华人民共和国国民经济和社会发展第十一个五年规划纲要》，连同2003年4月7日公布的《中华人民共和国中医药条例》，都专门强调了发展中医药事业的重要性和所要采取的重要措施，特别指出要坚持继承和创新相结合的原则，保持和发展中医药特色和优势，积极利用现代科学技术，促进中医药理论和实践的发展，推动中医药现代化。应当说这些方针和原则同样适用于传统中国养生学(包括“传统营养学”)。传统中医药中的某些方法已经成了世界非物质文化遗产。由此看来，现在不是重视与否的问题，而是要脚踏实地地在现代化上下功夫的问题，消极的单纯复古是没有前途的，对近代营养科学采取排斥的态度也同样是没有前途的，而且永远也排斥不了。

第五节　新中国营养科学的回顾

在新中国成立以前，我国现代营养科学研究工作是很薄弱的。大概在1913年以后，以北京协和医学校为首的基督教教会学校中一批外国来华医生曾进行过零星的营养调查和食物成分分析，这可以视为中国近代营养科学研究的萌芽时期。到了1925年以后，早期的中国自己的营养学家开始在中国本土开展近代营养科学教育，进行营养调查和食物成分分析研究，成立了专门的营养学研究机构，创办了相关的学术刊物；虽然规模很小，却可以视为中国近代营养科学的成长期。1937年抗日战争全面爆发，相关的营养研究机构内迁到西南地区继续工作，并且为抗日战争服务。1945年正式成立了中国营养学会，但因研究工作条件简陋，很难取得大的成果。中国现代营养科学研究的发展期是在1949年新中国成立以后，关于这一段营养史，翟风英主编的《中国营养工作回顾》(中国轻工业出版社2005年版)

中，做了比较全面的总结，而民国时期的营养学史，吴襄和郑集在《现代国内生理学者之贡献与现代中国营养学史料》（中国科学图书仪器公司 1954 年版）以及郑集《中国营养学的发展及中国营养学杂志的创刊经过》（《营养学报》1996 年第 18 卷第 1 期，第 1—2 页）则做了全面的总结。

新中国成立以后，我国营养学研究的最大成就是：

第一，我国于 1959、1982、1992、2002 和 2011 年先后进行了五次全国性的营养调查。其中除第一次调查结果没有公布外，第二、三、四次的调查结果表明，随着国民经济状况的改善，我国人民的食物结构有了明显的改变，但因脂肪摄入量增加过快，在学龄前儿童、学龄儿童和青少年、成年人以及老年人四个年龄段，肥胖和超重现象都有上升的趋势，特别是在学龄儿童和成年中尤为明显，这说明与膳食相关的慢性病发病率明显上升。但第五次调查结果却表明：农村情况大为好转，温饱问题已经解决；城市普遍出现了能量过剩，人们对植物油认识仍不全面，以为只要少吃肥肉和动物脂肪，植物油多吃点无妨，加之食材过于精细，平常运动量不够，导致城市居民超重率达 32.4%；另外，微量营养素的摄入量普遍不足。所以有关部门号召大家要合理搭配三餐，均衡膳食，同时积极锻炼，达到能量收支平衡。

第二，开展了对中国居民膳食结构、质量及不同人群营养状况的追踪研究。

我国进行不同人群营养状况的改善研究，特别是对贫困地区儿童营养的改善研究，取得了阶段性的成果，低体重和矮小儿童的发病率明显降低。第三次营养调查显示，农村地区蛋白质摄入量明显不足。为此于 1996 年正式启动了“大豆行动计划”，2000 年启动了东北三省中小学学生豆奶计划，还在全国大中城市开展了“国家学生饮用奶计划”等，都取得了一定的效果。随着市场经济的发展，这些由国家和政府推动的营养改善行动，逐渐向市场化的方向发展；由于食物品种的日益增多，人民群众自由选择的空间大了，情况正在向科学饮食的方向发展。

第三，食物成分分析方面的研究工作日益深入和扩大。

我国的食物成分分析研究虽然在 20 世纪 20 年代即已开始，但因为研究队伍不大，加之政治腐败、战乱频仍，所以一直未能产生权威性的效果。直到 1952 年，第一个比较完整的《食物成分表》才由原中央卫生研究院营养系整理出版。这个《食物成分表》先后经过三次修订，最新版本为《中国食物成分表 2002》，由杨月欣、王光亚、潘兴昌任主编，北京大学医学出版社出版。杨月欣还据此设计制作了电子版《营养计算器 V 1.6》，是一套面向大众的权威性的营养指导软件。新版的食物成分表，不仅列举了各营养素的含量，而且分得更为细化，一些常见食物中蛋白质的氨基酸组成，食物可食部分总脂肪含量中的结合饱和脂肪酸、单不饱和脂肪酸和多不饱和脂肪酸占总脂肪酸的百分比，各种维生素的含量、胆固醇的含量、微量元素的含量等等，都得到了及时的反映，有利于和国际学术界的接轨。

第四，膳食指南与平衡膳食宝塔的制定。

我国第一份膳食指南是中国营养学会于1989年10月制定的《中国居民膳食指南》,一共八条,即食物要多样化,饥饱要适当,油脂要适量,粗细要搭配,食盐要限量,甜食要少吃,饮酒要节制,三餐要合理。1996年,卫生部委托中国营养学会和中国预防医学科学院营养与食品卫生研究所(现为中国疾病预防控制中心营养与食品安全所)对其进行修改,修订后的《中国居民膳食指南》于1997年4月25日公布,仍为八条,即食物多样,谷类为主;多吃蔬菜、水果和薯类;常吃奶类、豆类或其制品;经常吃鱼、禽、蛋、瘦肉,少吃肥肉和荤油;食量和体力活动要平衡,保持适宜体重;吃清淡少盐的膳食;饮酒要限量;吃清洁卫生不变质的食物。这个膳食指南通用于健康成人和2岁以上的儿童,而对婴幼儿、儿童、孕妇、乳母和老年人等特定人群对各自膳食的特殊要求,中国营养学会又提出了《特定人群膳食指南》作为补充。

为了推荐中国居民各类食物的适宜消费量,根据我国居民膳食的主要缺陷和平衡膳食的原则,又以宝塔的形式形象化地表达比较理想的膳食结构模式,这便是"中国居民平衡膳食宝塔"。这个宝塔一共分五层,居于最底层的是谷类食物,每人每天应吃300—500克;第二层是蔬菜和水果,每天分别应吃400—500克和100—200克;第三层是鱼、禽、肉、蛋等动物性食物,每天应吃125—200克(其中鱼虾类50克,畜、禽肉50—100克,蛋类25—50克);第四层是奶类和豆类食物,每天应吃奶类和乳制品100克,豆类和豆制品50克;最高的第五层是油脂类,每天不超过25克。对于这个食物结构模式,我们今天还未能实现,相反,有些指标(如油脂)在城市中已经超过。膳食宝塔有一个缺陷,就是未能标明食盐的摄入量,这也是我国居民膳食的一个缺陷,每人每日平均摄入量各地都在10克以上(北方尤甚),而世界卫生组织(WHO)建议的平均摄入量为6克/人/日,这是值得我们重视的。而且还要指出,这个摄入量是指各种食物中NaCl的总量,不仅仅只是单纯的食盐。

第五,中国居民营养素参考摄入量(DRIs)的研究制定。

膳食指南和膳食营养宝塔都是定性的平均模式,它只是粗略地反映了人们每天进食各种食物的大概比例,并不能准确地表达人体对各种营养素的实际需要量。因此,要想更精确地计算各种营养素的具体需要量,就必须把《食物成分表》和膳食指南结合起来。国际上开展这项研究始于第一次世界大战以后,当时全世界都处在营养不良的状态之中,那时成立了一个国际组织叫"国际联盟"(类似于今天的联合国),它主持制定了一个最低营养需要量。以后,各个国家都研究制定了本国最低营养需要量。我国的这项活动始于1938年,中华医学会公共卫生委员会特组织营养委员会,在吴宪教授的主持下制定了"中国民众最低限度之营养需要",其中能量需要采用国际联盟的一般标准,即在温带地域居住的成人,不从事体力劳动者,每人每日最低能量需要为2400千卡,而蛋白质的最低需要量则为每日每千克体重1克。当时吴宪教授认为居民以素食为主,优质蛋白质的摄入量较少,为此,他建议将蛋白质的最低需要量定为每日每千克体重 1.5 克。1941 年，郑集教授经过研究认为，在温带地域居住的成人，不从事体力劳动者，每人每日的最低需要量可降至 2200 千卡，蛋白质也可以降至每日每千克体重 1.3 克，脂肪每人每日的需要量为 50—60 克。以后又有许多营养学家参与研究，提出修改意见，直到 1988 年中国营养学会认为基础研究的条件已经完备，开始整理相关研究成果，于 2001 年 5 月 28 日，正式发布了《中国居民膳食营养素参考摄入量》(中国轻工业出版社 2000 年版)。《中国居民膳食指南》及"平衡膳食宝塔"、《食物成分表》和《中国居民膳食营养参考摄入量》这三项现代营养学研究工程，标志着现代营养科学已成为我国人民饮食生活的科学基础之一。

第六，1949 年以后陆续治疗的大规模的营养素缺乏症。

20 世纪 50 年代末 60 年代初的蛋白质—能量营养不良，是众所周知的事实，大量的浮肿病人均源于营养不良，后来因经济政策调整，粮食增产而自然解决。

维生素 A 缺乏症，至今尚未完全解决，当前主要是因食物品种不够多样化而造成的。

江西省的维生素 B_1 缺乏症，系由农民为了多产糠麸(用于猪饲料)将米碾得过于精细所造成的，后经过碾米机的改良而得到了解决。

全国性的碘缺乏症，因推广加碘食盐而得到有效控制。

对存在于黑龙江、吉林、辽宁、内蒙古、河北、河南、山西、山东、陕西、甘肃、西藏、湖北、贵州、四川、云南等 15 个省、自治区的硒缺乏症——克山病和湖北省恩施地区的硒中毒——脱发脱甲病的综合研究，确定了人体硒的最低需要量、生理需要量和安全摄入量，成人硒的最低需要量为 22μg/d，生理需要量在低硒地区为 50μg/d，适硒地区大概也是 50μg/d，而高硒地区的安全摄入量最高为 550μg/d。这一组数据目前是国际营养学界确立硒是人体必需微量元素的主要依据，是中国营养学家群体对于人类健康的重大贡献。

中国营养学家在 20 世纪后期还对维生素 B_2 缺乏症——阴囊皮炎、烟酸缺乏症——癞皮病、叶酸缺乏和神经管畸形、锌缺乏症、铁缺乏症、钙缺乏症等公共营养问题进行了流行病学和防治措施的研究工作，并且取得一定程度的成功。

第七，我国积极推动国家营养政策和营养法规的制定。

新中国成立初期，我国处于粮食严重短缺的状态之中，1953 年起实行"粮食统购统销"政策。1953 年 10 月 16 日，中共中央做出《关于实行粮食的计划收购和计划供应的命令》和《粮食市场管理办法》，并于同年 11 月 23 日正式颁布实施，居民凭购粮本和粮票购买粮食及其制品。这项政策执行了 40 年，直到 20 世纪 90 年代，各省才先后放开粮食市场价格，取消了凭证供应。现在看来，这实在是一项不得已而为之的政策，在执行过程中，对各类人群的定量供应标准的制定，是营养学家们的贡献。

在温饱问题得到基本解决以后，1993 年 6 月，国务院公布了《九十年代中国食物结构改革与发展纲要》；1997 年 12 月 5 日，国务院办公厅公布了《中国营养改善行动计划》；2001 年 11 月 6 日，国务院办公厅公布了《中国食物营养发展纲要（2001—2010 年）》，并先后制定了《中国儿童发展纲要（2001—2010 年）》和《中国妇女发展纲要（2002—2010 年）》。还有其他一系列有关公共营养工作的政府文件的制定，都是先由营养学家们进行可行性研究，然后由政府决策批准公布实施的。此外，1995 年制定的《中华人民共和国食品卫生法》和 2009 年制定的《中华人民共和国食品安全法》，也都有营养学家参与其事。2014 年 2 月 10 日，国务院又发布了《中国食物与营养发展纲要（2014—2020）》，明确指出："针对不同区域、不同人群的食物与营养需求，采取差别化的干预措施，改善食物与营养结构。"中国营养学家任重而道远。

第八，培养专业人才，开展国内外学术交流。

改革开放之前，我国的营养教育非常薄弱，高级营养专业人才很少。20 世纪 80 年代初，一次全国性的营养专业学术会议统计，当时全国高级营养师仅 82 人；陈云同志说：比大熊猫还珍贵。而到了 2005 年，根据教育部高等教育司的统计，全国与营养相关的专业有烹饪与营养教育 8 家，食品与工程 130 家，食品质量与安全 16 家，预防医学 50 家，还有其他相关专业未统计在内，例如为数众多的高等专科及职业技术学院层次上的烹饪专业和数目更大的中等职业学校。不过这些院校都不是培养高层次营养研究人才的，在教育部正式备案的营养专业仅上海第二医学院 1 家，而且 2005 年招生人数仅本科生 28 名，硕士生 2 名，博士生 2 名，这和我们这个人口大国是极不相称的。这一状况与我国当前普遍存在的急功近利思潮密切相关。如果我们仅有一批应用型的营养人才，没有足够的高级研究人才，那么我国就只能永远在发达国家的后面打转。眼下的营养普及工作很能说明问题：对于许多食品，一会儿说它好得不得了，一会儿说它是毒药。至于国内外的学术交流活动，我们更需要有一批具有生物化学和生理学素养的营养学家，做出重大的营养理论贡献来。这方面，有一个积极的信号：全国有上百所职业技术学院设有烹饪专业，它们的学生都接受过系统的营养教育，还有 10 所左右的本科院校，设有"烹饪和营养教育"专业，那更是新中国营养事业的生力军。

最后还要重复指出：我国的公共营养指导是多元化的；现代营养学曾被有些人不恰当地称为西方营养学，可它正是我国营养科学的主流，是国家大型营养政策的制定和营养性疾病防治的支柱，这一点不容怀疑。但同时还要发挥传统的中国饮食养生学的作用，特别是一些有效食疗方剂的开发和认定，都是很有前途的；问题是：一不要变成商业广告；二要经过科学证伪过程检验。只要把这两项工作做好了，传统的中国饮食养生学就一定有其用武之地。虽然这个问题事关中西医学体系争论，但我们紧紧把握住实践和效果这两个环节，完全可以避开那些争论。

第三章　中国食品工艺和科学技术

现代中国的食品行业和餐饮行业是分开管理的，在计划经济年代，食品行业属于轻工，而餐饮行业属于商业服务，改革开放以后又增加了旅游管理（主要由原党政机关的招待所改建）。餐饮行业的分类比较简单，而食品行业则有数十种分支门类，其重点门类就有粮食加工、油脂工业、屠宰和肉蛋类加工、水产品加工、蔬菜水果加工、乳制品业、酿酒业、饮料制造、调味品工业、采盐业、制糖业、食品添加剂、罐头食品制造、糕点糖果制造、方便食品、冷冻食品以及进一步细化的肉制品、面制品、焙烤食品、炒货、蜜饯等，还有特殊门类如烟草工业等，以及与这些门类配套的食品机械、食品包装材料和包装机械、储存、保鲜、运输等等，而且还有逐渐增长的势头。所有这些门类，都可以归入食品生产这个范畴之内。

在奴隶社会以前，人的社会劳动分工远没有今天这样复杂。以我们中国来说，在笼统的"食"概念下，食品行业和烹饪是密切结合在一起的；但至迟在周代，食品和烹饪就有了初步的分工。《周礼》为我们提供了一个大致的蓝图，其"天官"部分主要是烹饪方面的分工，而"地官"部分主要是食品方面，已散佚的"冬官"（现以《考工记》代替），主要是工具制造方面。秦汉以后，这种分工愈来愈细。为什么要进行这种分工呢？实为生产力水平提高以后，社会管理的需要。为了进行有效的管理，就必须制定相关的礼仪制度，司马迁在《史记·礼书》中说得很清楚："故礼者，养也。稻粱五味，所以养口也；椒兰芬茝，所以养鼻也；钟鼓管弦，所以养耳也；刻镂文章，所以养目也；疏房床笫几席，所以养体也。"他又说："君子既得其养，又好其辨也。所谓辨者，贵贱有等，长少有差，贫富轻重皆有称也。"啊！原来如此。为了使这种"辨"更具有伦理价值，首先要从祖先崇拜做起，所以祭祀礼仪高于一切，君权神权，相得益彰。为了加重神权的力度，还要用忆苦思甜的方法使得这些礼仪制度更加神圣。《史记·礼书》对于祭祀饮食有专门的说明："大飨上玄尊，俎上腥鱼，先大羹，贵食饮之本也。大飨上玄尊而用薄酒，食先黍稷而饭稻粱，祭哜先大羹而饱庶羞，贵本而亲用也。贵本之谓文，亲用之谓理。两者合而成文，以归太一，是谓大隆。"玄酒，实际上就是清水，大羹就是未调味的肉汤，后人已经不吃了，但还是要借它们来彰显"食饮之本"。对此《史记·乐书》曾做过交代："食飨之礼，非极味也。……大飨之礼，尚玄酒而俎腥鱼，大羹不和，有遗味者矣。是故先王之制礼乐也，非以极口腹耳目之欲也，将以教民平好恶而反人道之正也。"可事实又如何呢？

从来就没有一个皇帝真的以“大羹”“玄酒”为他们必备的饮食。既然祭祀活动讲究尊卑贵贱，那么活在人间世界更要讲究等级了，《周礼·天官》所列的那些官工职掌便是周天子及其家庭的饮食生活写照，明确的职掌分工实际上也是社会食物生产的分工，并且演变为行业分类。在士、农、工、商四民的基础上，必然产生物物交换的贸易行为，最终导致货币的出现，这就大大推动了社会职业分工的细化。《史记·平准书》和《汉书·食货志》对此有详细的分析，特别是司马迁在《太史公自序》中说：“布衣匹夫之人，不害于政，不妨百姓，取与以时而息财富，智者有采焉。”所以他作了《货殖列传》，列举了秦汉时期许多工商业者的发家经过。其中与饮食有关的如猗顿因盐发家，富比王侯，又如“贩脂，辱处也，而雍伯千金。卖浆，小业也，而张氏千万”。可以想象，酿酒、造醋、制酱等等，也一定可以成就若干富商的发财美梦。然而究竟有多少种行业，直到《齐民要术》出世，才初见端倪。

第一节　发酵技术在食品制造工艺中的应用

发酵是自然界普遍存在的因微生物在有氧或无氧存在的条件下分解有机化合物的生化反应。和一般的化学反应一样，在反应过程中，也同样伴随着能量的变化。这些能量就是微生物本身生长发育所需要的能量。例如某些酵母菌能在糖酵解途径使葡萄糖分解产生酒精（乙醇）的过程中获得能量，而这些酵母菌因获得能量而大量繁殖，又反过来使更多的葡萄糖分解，产生更多的酒精。因此，发酵作用的结果与菌种有密切的关系。自从近代微生物科学认识到细菌、酵母菌、霉菌等的生物催化作用以后，工业微生物的培养和利用成了发酵酿造工业的关键技术，于是发酵通常被理解为利用微生物制造工业原料或工业产品的过程。当发酵在无氧条件进行时称为无氧发酵，例如酒精发酵、乳酸发酵、丙酮丁醇发酵等；在有氧条件进行时称为有氧发酵，例如醋酸发酵、氨基酸发酵、维生素发酵、抗生素发酵等等。究竟采用何种发酵条件，主要决定于生产何种产品和选择何种微生物制剂。现代发酵有很强的专一性，因为人们能正确认识特定发酵过程应该选择的微生物种类和培育方法，而这一认识是1857年由法国医学家巴斯德所发现的，是他发现了酒精发酵和乳酸发酵都是微生物作用的结果。至于我国学术界接受这一科学发现的时间则在20世纪初年，而在此之前我国的发酵工艺都是经验型的，从科学技术的角度讲，几乎是几千年一贯制。

一、酒

我国先民最早发现并利用的发酵作用是天然的酒精发酵。张亮采在《中国风俗史》第一篇中说:“且太古国家,无君之名称,只有酋长。酋本绎酒,引申之则以酒官为大酋。酒尊之尊上从酋,《尔雅》释文引《说文》,训酒官法度。而引申之则为贵。齐之稷下犹称长者为祭酒,后人称天子为至尊,是也。酒为饮食后起之事,有酒则饮食之饶足可知。”他又说:“饮食不外肉食谷食两种,而橘柚酒醴,已登食品。嗜酒之俗自上倡之,禹虽恶旨酒,而有酣酒之戒。而太康羲和及桀,皆淫湎于酒,桀竟以此亡国。殷纣嗜酒,沬土化之。成王封康叔于卫,至命周公作《酒诰》以警戒之。盖酒害之中于风俗,非一日矣。”这一段文字基本上概括了三代以前的酒文化,而酒的发明人不是仪狄就是杜康,一般都认为是夏朝初年的人,距今不过4000年,实际上远远低于考古学的研究成果。目前已发现的最早的有关酒的遗址是距今8000—9000年的河南舞阳县北舞渡镇的贾湖遗址,1979—1982年间发现,1983—2001年间先后进行7次发掘,属于裴李岗文化类型的新石器时代遗址。除了发现音律准确的骨笛和刻画了与文字符号相似的陶器外,经过中美两国科学家的研究,还在陶器碎片上发现了自然发酵后生成的酒中的沉渣,经分析辨认后,确定为稻米、山楂、蜂蜜等的残滓。这样我国酿酒的历史可以提前到距今9000年前。在此以后,各地发现了多处古代酿酒遗址,甚至出土了多种古酒遗物,这些都说明我国先民早已会酿酒,但相关的技术文献却少得可怜。《尚书·说命》有:“若作酒醴,尔惟曲蘖。”这里的“曲蘖”,泛指酒母,是酿酒所用的微生物制剂。按《说命》所记应为殷高宗武丁与其丞相傅说的事情,但学术界一直认为《说命》是东晋时才出现的“伪古文”,是后人假造的。不过这种假造,并不背离当时的历史环境,所以仍有一定的可信度,因此说殷商时代做酒要用曲蘖,应该是符合古代历史真实的,况且殷人嗜酒,因此在造酒技术上有所突破,更在情理之中。在考古方面,河南郑州二里岗、河北藁城台西、河南安阳殷墟等多处殷商遗址,都发现在殷代酒器中有大量白色沉淀物。郑州二里岗收集到的此类沉淀物总量达8.5千克之多,经过分析,这些沉淀物就是古代的酵母。1987年,在河南罗山天湖晚商息族墓地还出土了一件密封的青铜卣,其中装有古酒,经色谱法测定,每百毫升还能检出8.239毫克的甲酸乙酯,具有浓郁的果香气味。有关古酒的考古发现和民俗学田野调查结果都有力证明,我国先民早已掌握了酿酒技术,但最为有力的可靠资料,还是《礼记·月令》。

在第一章中我们已经介绍了《礼记·月令·仲冬之月》:“乃命大酋,秫稻必齐,曲蘖必时,湛炽必絜(洁),水泉必香,陶器必良,火齐必得。兼用六物,大酋监之,毋有差贷。”这是我国古代最完整的酿造技术总结。再结合《周礼·天官·酒正》:“酒正:掌酒之政令,以式法授酒材。凡为公酒者,亦如之。辨五齐之名:一曰泛齐,二曰醴齐,三曰盎齐,四曰缇齐,五曰沉齐。辨三酒之物:一曰事酒,二曰昔酒,三曰清酒。”郑玄等人对这一段文字早有解读,作为管理酿酒官员的“酒正”,其主要政令就是“以式法授酒材”,所谓“式法”,即作酒之法式,既有米曲之数,又有功沽之巧。就是《礼记·月令》“乃命大酋”章的“六必”。“凡为公酒者,亦如之。”郑玄注为:“谓乡射饮酒，以公事作酒者，亦以式法及酒材授之，使自酿之。”这说明酒正管辖的不只是王室用酒，也说明先秦时期对酿酒的管理是很严的。至于从技术的角度“辨五齐之名”，实际上是对酿酒过程中物料状态变化的具体描述。“一曰泛齐”，郑注：“泛者，成而滓浮，泛泛然，如今宜成醪矣。”醪指汁渣相混的发酵混合物，当代的酿酒厂仍这样称呼，因此“泛齐”实为发酵的第一阶段，主要是糖化酶的作用，使碳水化合物水解成葡萄糖，由于分解作用不完全，所以有滓上浮，故称“泛齐”。“二曰醴齐”，郑注：“醴犹体也，成而汁滓相将，如今恬（甜）酒矣。”孔颖达疏：“此齐孰时，上下一体。”醴齐即成熟的发酵醪，因已有成醇发酵作用，故稍有酒味，但主要是甜味，故称为“醴齐”。“三曰盎齐”，郑注：“盎犹翁也，成而翁翁然，葱白色，如今酇白矣。”孔疏指出“酇”为地名，萧何被封为酇侯，封地在今南阳，故此“酇白”是汉时的酒名。至于“翁翁然”是什么意思，曾有人解释是发酵过程中生成大量的 CO_2，不停地翻动醪体而生嗡嗡的声音。不过此说有望文生义之嫌，如因 CO_2 气流的翻动作用，似乎以“啪啪”为宜。“四曰缇齐”，郑注：“缇者，成而红赤，如今下酒矣。”缇读 tí，紫红色、浅绛色，这是发酵作用接近完成时醪体的颜色，这种酒在郑玄生活的东汉时代，称为“下酒”。“五曰沉齐”，郑注：“沉者，成而滓沉，如今造清矣。”这是指发酵作用的最后阶段，醪体悬浊状态消失，水溶性物质上浮，其中包括水、酒精和一切水溶性物质，而不溶于水的滓渣则下沉，这种酒在汉代时称为“清”或清酒。整个发酵过程五个阶段的混合物都可以饮用，不过“醴齐”以上不像今天的酒，倒很像酒酿，而盎齐、缇齐、沉齐阶段都已经是酒了。但生活在东汉后期的郑玄，他自己就声明“然古之式法，未可尽闻”，所以也有猜测的成分。至于“辨三酒之物，一曰事酒，二曰昔酒，三曰清酒”，郑玄引郑司农（郑众）注曰：“事酒，有事而饮也，昔酒，无事而饮也，清酒，祭祀之酒。”郑玄不同意郑众的解释，他说：“事酒，酌有事者之酒，其酒即今之醳（yì）酒也。昔酒，今之酋久白酒，所谓旧醳者也。清酒，今中山冬酿，接夏而成。”郑玄的这个解释中有个关键字，即“醳”。《礼记·郊特牲》中有“旧泽之酒”，郑玄注：“泽，读为醳。”视此醳即酿酒之义。这样，事酒就是新酿的酒，昔酒就是旧酿的酒，而清酒的时间更长，即汉代的“中山冬酿”，冬天酿造，到夏天才完成（接夏而成）。孔颖达作疏时，接郑玄的话说：“昔酒为久，冬酿接春。”古人酿酒，都选择冬天，“乃命大酋”章就是“仲冬之月”的政事，冬酿冬饮就是事酒，冬酿春饮，就是昔酒，冬酿夏饮，就是清酒。至于“中山”，应指汉代的中山郡，旧地在今河北保定、安国以西一带，这个地方是出名酒的地方。

从技术的科学含量而言，《礼记·月令》中的“六必”的确是很了不起的成就，在近代微生物学没有建立以前，所有以发酵过程为特征的工艺，其技术要领无出其右者。

需要指出的是，汉代以前的过滤酒，其酒精含量是很低的，宋人沈括在《梦溪笔谈·辨证一》中就算过账。文献中说“汉人有饮酒一石不乱”者，沈括按汉时制酒法计算,“每粗米二斛,酿成酒六斛六斗;今酒之至醨(稀薄),每秫一斛,不过成酒一斛五斗”。因此他推定汉代的酒,粗有酒气而已,所以才能豪饮而不乱。不过汉代一斛,相当于宋代的二斗七升,这个体积还是相当大的,人的肚皮是容不下这许多液体的。他推定“石乃钧石之石,百二十斤。以今秤计之,当三十二斤,亦今之三斗酒也”,所以说“于定国(西汉末年人)饮酒数石不乱,疑无此理”。宋代唯物主义者沈括从不囿于旧说,所以他才有很大的成就,在《梦溪笔谈》中,这是涉及酒的唯一资料。

在《礼记·月令》以后,有关酿酒的技术文献是后魏贾思勰的《齐民要术》,其卷七的《造神曲并酒第六十四》《白醪曲第六十五》《笨曲并酒第六十六》和《法酒第六十七》等四篇,是专门讲制曲和造酒方法的技术文献,也是我国历史上最早的造酒技术总结。虽然《礼记·月令》中的“六必”是我国历史上最早的发酵的科学结论,但它所阐发的是技术原理,而不是实际执行的技术方案。可以想象,三代时期的造酒方法和配方当是重要的技术机密,不仅有酒正专管其事,而且造酒也是由专门的“酒人”承担的。秦汉以后,虽然保密程度不会如此之高,但也不是人人可以得而为之的。而“六必”之中的核心技术是“曲蘖必时”,“若作酒醴,尔惟曲蘖”。因此如何制造曲蘖,在《齐民要术》以前,未见记载,这也正是《齐民要术》的伟大之处,其科学价值不言而喻。

《齐民要术》一共记述了44种造酒方法,但记述的曲蘖制造方法只有8种,其中神曲5种,白醪曲1种,笨曲2种,可见当时会造酒者不一定都会制曲。

所谓“神曲”(也叫“女曲”,曾误作“安曲”),在《齐民要术》中列有5种制法。为什么称“神曲”?是否和中药神曲(也称六神曲,即麦曲)有关?小麦曲作为消食止痢药,最早见于陶弘景的《名医别录》,但《别录》并不称之为神曲,所以这是笔者的揣测。命名的根据仍在《齐民要术》之内,该书所列的第一种神曲制法,非常神秘,为了说明问题,这里不妨引其全文:

作三斛麦曲法:蒸、炒、生,各一斛。炒麦:黄。莫令焦。生麦:择治甚令精好。种各别磨。磨欲细。磨讫,合和之。

七月取中寅日,使童子着青衣,日未出时,面向杀地,汲水二十斛。勿令人泼水,水长(涨)亦可泻却,莫令人用。

其和曲之时,面向杀地和之,令使绝强。团曲之人,皆是童子小儿,亦面向杀地;有污秽者不使。不得令人室近。团曲,当日使讫,不得隔宿。屋用草屋,勿使瓦屋。地须净扫,不得秽恶;勿令湿。画地为阡陌,周成四巷。作“曲人”,各置巷中,假置“曲王”,王者五人(以曲面捏的面人)。曲饼随阡陌比肩相布。布讫,使主人家一人为主,莫令奴客为主。与“王”酒脯之法:湿“曲王”手中为碗,碗中盛酒、脯、汤饼。主人三遍读文,各再拜。

其房欲得板户，密泥涂之，勿令风入。至七日开，当处翻之，还令泥户。至二七日，聚曲，还令涂户，莫使风入。至三七日，出之，盛着瓮中，涂头。至四七日，穿孔，绳贯，日中曝，欲得使干，然后内之。其曲饼，手团二寸半，厚九分。

祝曲文：

东方青帝土公、青帝威神，南方赤帝土公、赤帝威神，西方白帝土公、白帝威神，北方黑帝土公、黑帝威神，中央黄帝土公、黄帝威神，某年、月，某日、辰，朝日，敬启五方五土之神：

主人某甲，谨以七月上辰，造作麦曲数千百饼，阡陌纵横，以辨疆界，须建立五王，各布封境。酒脯之荐，以相祈请，愿垂神力，勤鉴所领：使虫类绝迹，穴虫潜影；衣色锦布，或蔚或炳；杀热火熯，以烈以猛；芳越薰椒，味超和鼎。饮利君子，既醉既逞(酲)；惠彼小人，亦恭亦静。敬告再三，格言斯整。神之听之，福应自冥。人愿无违，希从毕永。急急如律令。

祝三遍，各再拜。

制曲需要请神，而且请的好像还不是行业神，如此装神弄鬼做出来的曲，当然是“神曲”了。其实从科学的角度讲，非常简单，就是将一斛洗净的生麦、一斛蒸熟的麦和一斛炒黄而不焦的麦，分别磨成细粉，然后合在一起。取二十斛干净的水和成面团。当日做径二寸、厚九分的饼，摊放在干净的地面上。曲房用密不透风的草房。曲饼放好后，用泥涂封曲房的门窗，不令外面的空气进入。至第一个七天后，开门将曲饼翻个身，然后再密封门窗；至第二个七日，将曲饼堆在一起，再封门窗；至第三个七日，将曲饼装入瓮中；至第四个七日，将曲饼取出穿孔，用绳贯穿起来晒干，然后保存。原文中有些措施不属于迷信，如“七月取中寅日”制曲，七月就是利用夏天的气温，至于寅日，那就是迷信了。再如做饼者都用干净的儿童，干净是防止有害杂菌污染，是科学，而一定要儿童来做，则又是迷信了。如此等等。不过原文中的“杀地”，过去注家都未做说明，笔者以为即“煞地”，是当年岁星所在的方位，是中国古人日常生活中常有的禁忌，不知当否？

不用装神弄鬼也可以制曲：“又造神曲法：其麦蒸、炒、生三种齐等，与前同；但无复阡陌、酒脯、汤饼、祭曲王及童子手团之事矣。”不过这种方法用模具制曲饼，只要三个七日，就完全成功了。贾思勰也赞赏这种方法。

神曲的第三种制法，主要为蒸麦、炒麦、生麦的配比是 2∶2∶1，其他与第一法相似，不过把“曲王”变成了“曲奴”。神曲的第四种制法也与第一种制法相似，不过要用一种“胡叶”煮汤拌曲，这个“胡叶”是什么东西？不同的注家有不同的理解，至今没有确定的说法。第五种方法叫“河东神曲方”。河东即今山西运城地区。这种方法的配料比是炒麦 6 份，蒸麦 3 份，生麦 1 份，磨粉混合后，用桑叶、苍耳、艾草、茱萸蒸(或野蓼)等几种草药煮汁和曲粉,也用模具制饼,曲饼放在麦秸上成曲。

《白醪曲第六十五》所述是“皇甫吏部家法”,设施比较讲究,配料比是蒸、炒、生麦各等分,磨粉混合后,用“胡叶”煮汤和粉,在铁范中做曲饼。饼床的最下层为苇箔,苇箔上铺篷席,篷席布2寸厚的桑柴灰。曲饼先在热的胡叶汤中浸一下,然后放在桑灰上,上面再盖一层生胡叶。曲屋密封,“七日翻,二七日聚,三七日收,曝令干”。因为用这种曲发酵制得的白醪酒,是用糯米速酿的连糟吃的甜米酒(不是今日的甜酒酿),所以曲中不得有不能食用的杂质。

《笨曲并酒第六十六》中列举了两种笨曲的制法。所谓“笨曲”,就是只用炒黄了的麦子磨做曲粉,粉粒也比较粗,做成饼后,上覆艾草,三个七日以后即可成曲。笨曲也在七月制作,如延至九月也可作,不过叫作颐曲。笨曲的发酵能力不如神曲,“神曲一斗,杀米三石;笨曲一斗,杀米六斗”。所谓“杀米”即可使发酵的米,如不能“杀”,便是发酵作用不完全。此外,《齐民要术》的《法酒第六十七》还说到“焦麦曲”和一种叫“大州白堕曲”的曲,制法不详细,历代注家也是语焉不详。

通过以上讨论,可见在隋唐以前,制曲用的粮食都是小麦,主要有神曲和笨曲两类。用这些不同的曲种,再和不同的粮食配合,甚至加入中草药,在不同的季节酿造(实际上就是不同的发酵温度),取不同的水源和投料次数,便可以酿出各种不同风味的美酒,而所据的还是《礼记·月令》的“六必”。可到了隋唐以后,再也没有出现《齐民要术》这样的农业和食品科学名著。尤其是唐代,是中国文学的辉煌时期,特别是唐诗,仅《全唐诗》收录的就有49403首,残句1000多条,作者2837人,其中酒诗占有很大的比重。有人做过统计,晋代陶渊明存诗142篇,写到酒的有50篇;唐朝李白存诗1000篇,写到酒的270篇;杜甫存诗1400篇,写到酒的300篇;白居易存诗2800篇,写到酒的800篇;这个风气延伸到宋朝,苏轼、陆游都有大量的酒诗、酒词和酒文,仅陆游写酒的诗即达3400篇。酒还影响了中国的绘画和书法艺术。可是,记述酿酒技术的诗文却很少,因此唐代有关酿酒技术的文献,无出《齐民要术》之右者。然而唐代的药酒制造却是一大特色,这和孙思邈的提倡有很大的关系。其实,早在殷商时代就有饮用酒精溶液的习惯,出土的甲骨文就有“鬯(chàng)其酒”的记载,这里的“鬯”,当指《周礼·春官》“鬯人掌共秬鬯而饰之”;《礼记·曲礼下》“凡摯,天子鬯”中的“鬯”,即以郁金香草煮汁和黑黍酿成的酒,是专供祭祀用的,因此还不是药酒。以酒为药,见于《黄帝内经·素问·汤液醪醴论》:“邪气时至,服之万全。”长沙马王堆汉墓出土的《五十二病方》中,酒是常用药,甚至有用酒消毒的方法。酒入药的最早文献是陶弘景的《名医别录》,但《汉书·食货志》中即有“酒为百药之长”(王莽语)的说法。不过药酒的大量使用还是在唐代,孙思邈在《备急千金要方》中设有“酒醴”专章,记载了十多种药酒的配方,并说明了这些药酒的制法:“凡合酒,皆薄切药,以绢袋盛药纳酒中,密封头,春夏四五日,秋冬七八日,皆以味足为度,去滓服酒。”以后药酒制作,大率如此。

《齐民要术》的取材，大抵依据当时的中国北方，所以制曲均用小麦，实际上南方已用稻米。三国曹魏王粲《七释》："瓜州红曲，参糅相半，软滑膏润，入口流散。"唐代徐坚等人撰《初学记》又记录了红曲。而生活在五代末和宋代初年的陶穀，在《清异录》中有"以红曲煮肉"的说法。宋人诗词中有关红曲的文字就更多了。直到当代，我国红曲的主要产地还在福建、广东一带。红曲霉菌也许就是南方酸性红壤天然培育而成，也未可知。福建古田，至今还有将糯米埋入红壤自然发酵、制造红曲的土办法。

到了宋代，有关酒的古籍甚多，著名的如苏轼《东坡酒经》、朱肱《北山酒经》、林洪《新丰酒经》、李保《续北山酒经》、范成大《桂海酒志》、窦苹《酒谱》等。特别是朱肱的《北山酒经》，乃是中国酿酒史上在《齐民要术》之后又一里程碑式的名著。

朱肱，字翼中，号大隐翁、无求子，浙江湖州归安人，生活在北宋后期，宋徽宗时曾被授医学博士，所著《北山酒经》共 3 卷"记酿酒诸法并曲糵法"：上卷为总论，叙酒的起源、酒的社会功能和酿酒的工艺要领；中卷叙制曲理论和方法；下卷叙酿造工艺理论，它又分一般工艺原理和具体酒品的酿造。从科学技术的角度讲，主要有两个方面：

第一，宋代的制曲方法比前代有显著的改进。

一是制曲的粮食原料品种比过去更多了。《北山酒经》列有顿递祠祭曲、香泉曲、香桂曲、杏仁曲、瑶泉曲、金波曲、滑台曲、豆花曲、玉友曲、白醪曲、小酒曲、真一曲、莲子曲、妙理曲、时中曲等 15 种曲，其中以小麦为原料的有 7 种，用大米的 3 种，米麦混合的 3 种，麦豆混合的 1 种，用绿豆的 1 种。二是在制曲工艺中普遍使用中草药。三是粮食原料已不一定要经过蒸炒加热，仅需碾碎即可。四是曲粉制饼后，用老曲粉涂布于其表面，可以使杂菌大大减少。五是发明了"干酵法"，即"用酒瓮正发醅，撇取上面的浮米糁，控干，用曲末拌，令湿匀，透风阴干，谓之干酵"。六是宋代已使用啤酒花，即在制曲过程中加入捣碎烂的苍耳、蛇麻、辣蓼等，这里的蛇麻（花），就是现代的啤（酒花），说明我国宋代已使用它了，而不是今时才从国外引进啤酒酿造法才使用的。七是有关红曲的史料大大增加。

第二，宋代的酿酒工艺技术也较前代大为提高。

朱肱将酿酒的全过程分成卧浆、淘米、煎浆、烫米、蒸醋糜、用曲、合酵、酴（tú）米、蒸甜糜、投醹（rú）、酒器、上糟、收酒、煮酒等 14 道工序，这和现代工艺的单元操作和单元程序颇为接近；而且知道了掌握发酵过程中的酸度变化，也知道要用加热法灭菌，并且视不同情况控制发酵时间。这些都大大超过了《齐民要术》。

宋代已正式出现"黄酒"的名称，果酒和配制酒的品种也很多，于史有据的酒名达 300 种。

元朝是蒙古人入主中原建立的王朝，他们从北方带来了马奶酒（马奶在搅动下自然发酵而成）和葡萄酒。特别是吐鲁番（当时文献称"哈喇火"）的葡萄酒，当地维吾尔人(当时称"畏兀人")将新采摘的青葡萄,堆入以砖石砌成的凹地瓮中,以足践踏使平,上压大木头,并以羊皮、毛毡等覆盖,利用鲜葡萄皮上附着的天然酵母自然发酵,过十日半月之后,见葡萄堆已下陷,掀开毡、木等物,瓮中葡萄酒已酿成,取出置于别瓮中。第一次取出的称头酒。然后将葡萄堆再踏再覆盖,依次按时取二酒、三酒。这种葡萄酒的酿法不同于内地的粮食酒,不必外加曲蘖。据说上等葡萄酒,"一、二杯可醉人数日"(徐海荣:《中国饮食史》卷四,华夏出版社 1999 年版,第 737 页)。

以上所述的这些酒,都是将发酵液体直接饮用甚至带滓饮用,统称为过滤酒。一般说来,过滤酒的酒精含量不会太高,因为发酵是个复杂的生物化学过程,但整个过程大体上分为两步:第一步是淀粉在曲霉菌的作用下分解为麦芽糖,并进一步分解为葡萄糖,曲霉菌分泌的酶(生物催化剂)即包括了淀粉酶和麦芽糖酶;第二步是葡萄糖在酵母菌分泌的酒化酶的催化下,转变成酒精。根据化学平衡原理,当酒精生成量达到一定浓度时,反应便会停止,所以用曲霉发酵的醪体或发酵液中,酒精浓度通常在 15%—20%之间。而且曲霉素菌的生物活性也逐渐降低,因此发酵时间再长也不可能使酒精浓度再提高。后来人们发现,如果用蒸馏的方法将发酵体中酒精蒸出,可以大大提高酒精浓度。近代化学研究证明,在 78.15℃时,乙醇(酒精)和水组成恒沸混合物(其中含乙醇 95.6%,水 4.4%),其中的水分用蒸馏的方法是除不掉的,但这种酒精是不可以饮用的,因为当酒精含量达 70%时,对生物体的细胞有强烈的脱水作用,酒精消毒便是根据这个原理,烈性酒进入口腔的烧灼感也因此而起,饮料酒度数也是根据这个原理确定的。但是 15%—20%的酒精度在有些时候不能满足部分人群的需要,于是便利用蒸馏的方法来提高酒精度,这种酒被称为蒸馏酒。

我国何时有蒸馏酒?学界有不同的说法。最早的是汉代说,其根据便是上海和安徽等地的博物馆藏有东汉时期的青铜蒸馏器,尽管用这些古器可以蒸出高浓度的酒来,但却没有足够的理由说明汉代就有蒸馏酒;其次是唐代说,有人认为唐人诗文中的"烧酒"即是蒸馏酒,引用得最多的是白居易的诗句"荔枝新熟鸡冠色,烧酒初开琥珀光",还有一些文字说明当时的烧酒即将酒加热后再饮,所以唐代"烧酒"未必就是蒸馏酒;再后便是宋代说,立论根据还是蒸馏器,炼丹术士吴悮的《丹房须知》中的"抽汞器",周去非《岭外代答》中说到的广西有升炼"银朱"的设备,这两者都是蒸汞的设备,还有南宋张世南在《游宦纪闻》卷五中说到的用蒸馏器制"花露",但这些蒸馏器都不能明确说明是蒸酒的;最后便是元代说,这是非常肯定的,元代文献上经常出现的阿剌吉酒,就是蒸馏酒。阿剌吉是阿拉伯语 araqi 的音译,不同的译法还有轧赖基、哈赖基、阿里气等,这个名词在多种欧洲文字中有类似的形式,阿拉伯语 araqi 的原意是汗、出汗,是指蒸馏操作时在容器壁上形成的回流液滴,这正是发酵液蒸馏时的常见现象。阿剌吉一词也说明我国的蒸馏技术是元代从海外传入的，如果说阿剌吉是音译，那么“烧酒”就是意译了。对这个问题说得最清楚的是李时珍，他在《本草纲目》卷二五《谷部·烧酒》中说：“烧酒非古法也，自元时始创其法。”在他之前，已有《饮膳正要》（成书于元天历三年即1330年）有阿剌吉酒的称谓；元朝后期官员许有壬在《至正集》卷十六《咏酒露次解恕斋韵》中说：“其法出西域，由尚方达贵家，今汗漫天下矣。”昆山人朱德润在至正甲申年（1344）作《轧赖机赋》，其中有“一器而两，圈铛外环而中洼”，即当时蒸馏器的描写；浙东慈溪人黄玠在其《弁山小隐吟录》卷二中还写了一首《阿剌吉》诗；元末明初浙东龙泉人朱子奇在《草木子》卷三下《杂制篇》中说：“法酒，用器烧酒之精液取之，名哈剌基，酒极浓烈，其清如水，盖酒露也。”关于蒸馏技术，《居家必用事类全集》巳集《酒曲法》说得最清楚：

> 南番烧酒法（番名阿里乞）：右件不拘酸甜淡薄一切味不正之酒，装八分一甏，上斜放一空甏，二口相对。先于空甏边穴一窍，安以竹管作咀，下再安一空甏，其口盛住上竹咀子。向二甏口边，以白磁碗碟片，遮掩令密，或瓦片亦可。以纸筋捣石灰厚封四指。入新大缸内坐定，以纸灰塞满，灰内埋烧熟硬木炭二三斤许，下于甏边，令甏内酒沸。其汗腾上空甏中，就空甏中竹管却溜下所盛空甏内，其色甚白，与清水无异。酸者味辛甜，淡者味甘，可得三分之一好酒。

这段文字所述乃小型原始蒸馏装置，所用之甏，未说明何种材质，不过可见“汗腾”，可能是玻璃瓶。需要指出，我国古代，玻璃甚为珍贵，我国虽盛产石英，但并不产天然碱，不像古埃及等尼罗河流域，因当地产天然碱，早就制得透明的硅酸盐材料的玻璃，因其透明可观察器皿内部物料的变化，这对于化学实验来说，是很有利的条件。可我国古代的蒸馏器如水火鼎之类，不是陶器便是金属器，无法观察到器内的物料变化，所以陡添几分神秘感。但这里所用的甏，也可能是玻璃瓶，因元代时，阿拉伯地区的玻璃器皿已传入中国。上述方法中一共用了三个瓶子，一为装八分满粗酒或发酵液的瓶子，它是正放的；第二个是斜放的空瓶，它是倒放的，但其瓶口事先“穴一窍”，其中插了一根竹管咀子；竹管咀子引入第三个正放的空瓶，这便是成品酒的接收器。注意在第一、第二两瓶口以及竹管咀子的接触处，都要用碎瓷片和纸筋石灰密封，以防止蒸馏时酒气和水汽外逸。整个装置上倒放的第二个瓶子，实际上是一个冷凝器，是利用常温空气自然冷却的。在第二和第三两个瓶之间是不能密封的。在整个操作过程中，沸腾的粗酒，由液体状态变成混合的气体状态，并上升到作为冷凝器的倒置空瓶中，经器壁冷却成“汗”，汇聚流入竹管咀中，最后滴入第三个正放的接收瓶中。用这种原始的蒸馏装置达不到酒精的恒沸点78.15℃，估计其含水量尚在30%左右，相当于今天的烈性白酒。

上述蒸酒装置在现代的化学实验室中，实在是太小儿科了；但在600多年前的元代，今天的初中化学实验足以折服那时的酒徒。然而那时的原始的蒸馏装置远比今天的高级蒸馏装置伟大，这就是历史，创新和改革是不可同日而语的。上述蒸馏装置的规模很小，因其加热用炭不过两三斤之许，而且不便连续加热，相比之下，朱德润在《轧赖机赋》中所写更为先进：

> 观其酿器，扃（jiōng）钥之机，酒候温凉之殊甑，一器而两，圈铛外环而中洼，中实以酒，仍械合之无少焉。火炽既盛，鼎沸为汤，包混沌于爵蒸，鼓元气于中央。熏陶渐渍，凝结如炀，滃渤若云，蒸而雨滴，霏微如雾，融而露瀼。中涵既竭于连爊，顶溜咸濡于四旁。

然而可惜的是："赋"是文学作品，含有太多的修饰空间，文字虽然优美，描写却并不成功。从文字描述看，这种蒸馏器显然是金属制品，也许就是明清和民国时期广泛使用的"天锅"。笔者幼年时曾见到这种工具。在20世纪30年代，当时中国农村（特别是淮河以北）主要还是自然经济占统治地位，许多农民都自家酿酒，而且还是高粱酒。比较殷实的人家，每年都要种几亩高粱，高粱秆是很好的燃料，脱粒的谷穗是扎扫帚的材料，收获的高粱也很少出售或食用，而是用来酿酒。但属于蒸馏酒的高粱酒，不是每家每户都能掌握酿造技术，而且也需要专用设备，因此每到冬天农闲以后，就有专门为农户酿酒的师傅，背着"天锅"走村串户，从事酿酒服务。这种"天锅"多为搪锡铜质器具，一般分为两层，靠阴阳契合而组合（"扃钥之机"），旁边有出酒的侧管，顶上为一敞口釜，蒸酒时注凉水于其中，实为一冷凝器。一般农家酿酒，都是自己消费，糟滓用于养猪，所以每家酿酒的数量通常在10公斤以下，一般都是一锅。这种土制酒非常浓烈，因为它并不勾兑。那时也有酒坊，不过其规模稍大而已，电影《红高粱》所表现的就是那种场景。

中国人知道有盘管式水冷却器的蒸馏设备，在1876年以后，上海的《格致汇编》杂志上连续刊载了傅兰雅和栾学谦合作翻译的《化学卫生论》，就介绍了这种蒸馏设备，但并没有广泛使用。大概在19世纪末20世纪初，中国出现了第一批现代意义上的酿酒工厂，如山东烟台的张裕酿酒公司，于1892年建成投产，1904年英国和德国人建成英德麦酒厂（1948年改名青岛啤酒厂）等，所用的机器设备都是从国外输入的。我们中国人完全用现代化方法生产饮料酒主要是新中国成立以后才实现的。

我国传统的发酵技术，最值得称道的还是"曲蘖必时"，在近代微生物学建立以前，世界各地都用天然杂菌制曲，因此曲中各菌种的比例就成了酒品风味的关键因素，但这种比例又完全由当地当时的天然条件所决定。直到明代，宋应星在《天工开物・曲蘖》中，仍列举了酒母、神曲（药用曲）和丹曲（红曲）的制法，与其前代的方法没有本质的变化，在“酒母”部分除大麦、小麦曲之外，还有用小麦面粉和黄豆制作的面曲，甚至还有用糯米粉的，凡曲麦米面，随方土造，南北不同，不过常用“自然蓼汁”；在“神曲”部分，用白面做曲饼，以青蒿自然汁、马蓼自然汁和面，还会加入其他中草药，像做酱黄那样，据说这是唐朝的方法；在“丹曲”部分，用籼稻米浸泡发臭后，以长流水漂净后蒸成半生饭，用曲粉、马蓼自然汁和明矾水拌成饼，放置发酵。书中有三幅操作图（图 3-1-1 至图 3-1-3）。由此可以想象，造曲优选的过程是非常偶然的，也必然在实践中淘汰了不知多少劣质的曲种，所以现在各地成功的优良曲种都是宝贵的非物质文化遗产，值得我们珍惜。另外，中国传统的酒曲，一开始就把糖化和醇化的酶集于一身，这是很独特的。但是由于近代科学不是在中国诞生的，所以我们对这些曲的科学认识是很滞后的，这也正是我国现代酿酒工业的软肋。

图 3-1-1　制酵母图之一淘米

（宋应星《天工开物·曲蘖》）

图 3-1-2　制酵母图之二拌信（酵种接种）

（宋应星《天工开物·曲蘖》）

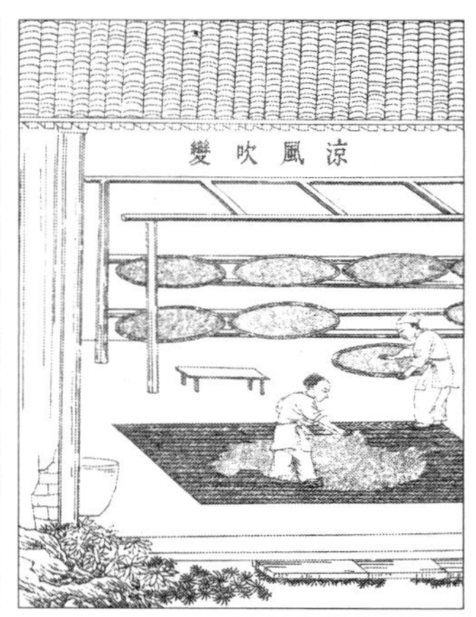

图 3-1-3　制酵母图之三自然发醇

（宋应星《天工开物·曲蘖》）

二、醋

醋的发明几乎与酒同时，也可以说，造酒失败就成了醋，但醋作为酸味调料的历史不会太早，赵荣光先生对此有专文考证（《饮食文化研究》2005 年第 3 期）。大概到春秋时期，醋才成为百姓居家的必备之品。其实，在生活水平低下的地区，百分之九十的人家都没有醋，这或许是“柴米油盐酱醋茶”中，醋列于酱之后的原因吧！因为再穷的地方，也几乎是家家有酱的。

在古代，醋曾有过酢、醯、酸、苦酒等不同名称。关于它的制法，在《齐民要术》成书之前，目前尚未发现有可靠的文字记述。而造醋亦当遵循“六必”的原则，因为它也属于发酵过程。既然是发酵过程,使用何种生物催化剂,也应该是关键。我们从今天的有机化学知识中可知,从乙醇(酒精)发酵制醋酸,属于氧化过程,因此,必须在有氧气存在的条件下进行,故醋曲和酒曲是不一样的。酒曲以糖化酶和醇化酶为主要的生物催化剂,而醋曲还要含有使酒精转化为醋酸的醋酸菌。中国古代早已认识到这一点,所以贾思勰在《齐民要术》卷八的《黄衣、黄蒸及蘖第六十八》中专门讲了醋曲和酱曲,并且说“黄衣一名麦䴸(huàn)”。

> 作黄衣法:六月中,取小麦,净淘讫,于瓮中以衣净之,令醋。漉出,熟蒸之。槌箔上敷席,置麦于上,摊令厚二寸许,预前一日刈薍(wan)叶(荻叶)薄覆。无薍叶者,刈胡枲,择去杂草,令无有水露气;候麦冷,以胡枲覆之。七日,看黄衣色足,便出曝之,令干。去胡枲而已,慎勿飏簸。齐人喜当风飏去黄衣,此大谬:凡有所造作用麦䴸者,皆仰其衣为势,今反飏去之,作物必不善矣。
>
> 作黄蒸法:六七月中,取生小麦,细磨之。以水溲而蒸之,气馏好熟,便下之,摊令冷。布置,覆盖,成就,一如麦䴸法。亦勿飏之,虑其所损。

实际上,黄衣和黄蒸的区别在于,前者用整麦粒,后者用磨成带麸皮的麦粉,两者都可以造醋,也都可以造酱,即都是酱曲。不过造酱多用黄蒸,因酱是带滓吃的,如用黄衣,则整麦粒有不良口感;而造醋用黄衣,因最后是要滤滓的,而且可以省去磨碎的工序。黄衣和黄蒸都是在铺有草席的蚕架上发酵的,所以比较容易控制。《齐民要术》作者再三强调不能飏去黄色的菌衣,因为那就是营糖化作用和蛋白质水解作用的霉菌植株,把它们飏去,必然减弱黄衣或黄蒸的酵解作用。

《作酢法第七十一》一共介绍了醋的24种制法,其中明确用黄衣(麦)的有作大酢法3种,另有秫米神酢法、大麦酢法、烧饼作酢法、回酒酢法、动酒酢法、神酢法(也可用黄蒸)共9种方法;另粟米曲作酢法用笨曲、秫米酢法用干曲、水苦酒法用女曲、卒成苦酒法用曲;还有动酒酢法以“不中饮”的春酒做原料,无须另加曲;作糟糠酢法和酒糟酢法用酒糟、作糟酢法用春糟、《食经》作大豆千岁苦酒法用酒醅、作小豆千岁苦酒法用酒、作小麦苦酒法用薄酒、乌梅苦酒法即用酒等,均不另外加曲;再有蜜苦酒法除了加水,其他什么都不加,而外国苦酒法则在蜜水中加胡荽子,此两法也不加曲。所用的原料粮食有粟米、秫米或黏黍米、大麦、大豆和小豆,也可以用酒糟、糠麸和酸败的酒,甚至用蜜,这充分体现了北方特色。醋的发酵方法没有酒那样复杂,唯一的技术难点是控制发酵温度,温度低了成醋率低下,温度高了使醋酸菌丧失活性,即所谓“烧醅”。实际上所列的24种制法中,前15种均称为酢,后10种称为苦酒。顾名思义,苦酒是有酒味的,故后10种方法用的都是液体发酵法。

到了唐代,醋的使用方法已经很广泛了。唐人韩鄂写了一本农书叫《四时纂要》,按月份记载农事及家庭生活;在七月份,就记载了“米醋”“暴米醋”“麦醋”“暴麦醋”等几种制醋方法,只是工艺与《齐民要术》略有不同而已。据考证,正式用淀粉发酵制得低浓度醋酸的食醋并称为“醋”,是从韩鄂开始的,在他以前,醋释为酸,或酸和醋并用。

我们知道,食醋中的醋酸含量仅有3%—5%,氢离子浓度是很低,用作食品调味剂甚为理想,但如果在化学实验中,做一般概念上的“酸”使用,这个浓度太低了。因此,从魏晋到隋唐,当神仙道教徒们从事炼丹活动时,就希望有高浓度的醋酸,炼丹术术语“华池”实际上就是浓醋酸溶液。所以炼丹家们也制醋。从现有炼丹文献来看,他们所用的方法依然是发酵法,而提浓醋酸的方法依然是蒸馏法,但却没有这方面的文献证据。尽管我们用近代化学方法,可以制得100%的醋酸,但在1000多年前,那是不可能的。至于中国炼丹家为什么刻意得到浓醋酸,那是因为中国古人并不掌握制造硫酸、硝酸、盐酸等强无机酸的技术。历史上曾经有只言片语,例如唐太宗时,大将王玄策进攻天竺时,曾俘虏过天竺僧人阿罗那顺,此人为古代化学家;唐太宗命他造“延年药”(长生不老药),其中就有无机酸类,但这项科学实验并未对以后的化学实验产生过长效的影响。明朝末年,徐光启曾进行过制酸研究,但也是受西方传教士的指导。我国大概在鸦片战争以后,才从国外进口无机酸类物质,叫作“强水”或“镪水”。而中国自己的民族制酸工业是在20世纪前期才建立起来的。在此以前,醋酸一直是主要的酸性材料。

宋代以后,醋的酿造规模虽然日益扩大,但酿造技术一直没有取得创造性的突破;虽然醋曲的品种增加不少,但仍不知道曲的成分。直到清朝后期,依然如此。例如薛宝辰的《素食说略》、李化楠的《醒园录》、朱彝尊的《食宪鸿秘》、顾仲的《养小录》等食事书籍,都录有制醋方法,但基本操作仍不脱《齐民要术》的窠臼。我们抄录两条极其醒目的条文:

李化楠《醒园录》卷上《极酸醋法》:“五月午时,用做就粽子七个,每个内各夹白曲一块。外加生艾心七个,红曲一把,合为一处,装入瓮内,用井水灌之,约七八分满就好。瓮口以布塞得极紧,置背阴地方,候三五日过,早晚用棍子搅之。尝看至有醋味,然后用乌糖四五圆打碎,和烧酒四五壶,隔汤炖至糖化,取起候冷,倾入醋内,早晚仍不时搅之,俟极酸了可用。要用时,取起醋汁一罐,换烧酒一罐下去,永吃不完,酸亦不退。”这就是早已有之的液体发酵法,在加乌糖和酒之前的各步骤就是培养醋酸菌,其中所加艾心应为防腐剂,后来加的乌糖乃醋酸菌的养料,酒才是发酵作用底物(Substance)。由于醋酸菌是喜氧菌,所以要经常搅动,以保证有足够的氧气供应。

同上《千里醋法》:“乌梅去核一斤,以酽醋(极浓的醋)五升,浸一伏时(一昼夜),晒干,再浸再晒,以醋取尽为度。醋浸蒸饼,和之为丸,如芡实大。欲食时,投一二丸于水中,即成好醋矣。”这是将醋浸乌梅和醋浸馒头晒干,合制成丸状物,可以理解为干醋，即利用醋酸吸附作用而已。

我们中国人真正认识醋酸，当在近代微生物学和化学进入中国以后，人们的霉菌知识增加了，才知道如何培养醋酸菌占优势的曲，也知道了利用蛋白质的水解反应，在食醋中利用氨基酸的鲜味，使食醋的风味更好……这个时期大概在20世纪前期。而不利用发酵法的合成醋酸工业，则在60年代以后，至于醋酸工业纳入石化产业的一个分支，年产量以千万吨计，则是在改革开放以后，醋酸变成了重要的工业原料。不过日常生活中的食醋主要还是发酵法生产的，但生产过程中的科技含量，已不是传统方法可以比拟的了。而化学合成食醋，更是在严格的卫生控制条件下生产的，也是绝对安全的。近年来，因为发现醋酸能有效保持血管的弹性，所以五花八门的保健醋纷纷出炉。

三、酱和酱油

从唯物史观看，酒和醋是先民们的发现，而酱则是他们的发明。文化学家和人类学家都认为：酒是先有自然发酵的成品，而后人工利用的；醋则是酒类酸败的结果；而酱则不同，是人们利用发酵方法追求美味的结果。酒是碳水化合物发酵的第一个产物，汉字结构中从酉，这个“酉”和酋长的“酋”有内在的关系，前引的张亮采《中国风俗史》（上海文艺出版社重印，商务图书馆1917年第6版）中有明确的解释，酒为饮食后起之事，有酒则饮食之饶足可知，故有酋长之称谓。即使是伊尹“割烹要汤”，亦不过是“盐梅”之调。因此，酱的起源不太会早于西周。古籍中明确记酱的是《周礼》《礼记》和《论语》，但均没有制酱的详细方法。看来《礼记·月令·仲冬之月》的“乃命大酋”章，不仅仅是指制酒，制醋和制酱恐怕也要遵守“六必”，难怪北京的酱业老字号有“六必居”的店名，据说招牌上的“六必居”三个字出自明代严嵩的手笔。从科学技术的角度讲，“六必”的核心是“曲蘖必时”，酿酒、酿醋是如此，做酱也是如此，但酱曲不同于酒曲，酒曲以催化淀粉水解成葡萄糖和葡萄糖醇化成为酒精为主反应，而酱曲以催化蛋白质水解成氨基酸为主反应。然而，古代制曲，并不如今天微生物接种技术那样专一，无论是酒曲还是酱曲，都是多种菌的混合体，所以实际使用时，总是要创造一个适宜的发酵环境，使其中某一种或某几种菌种成为优势繁殖体，从而确保其发酵过程按事先设定的方向前进，故而“曲蘖必时”中的“必时”两字大有学问，是营酿造业者经验把握的核心技术诀窍。

日本当代著名食文化学者石毛直道曾对酱做全球角度的研究。他在“2007中国首届酱文化（绍兴）国际高峰论坛”上，提交了一篇题为《从鱼酱和谷酱看世界酱文化》的论文（冯新泉主编：《酱缸流淌出的文化》，中国社会科学出版社2008年版）。在该文的开头，他说：“中国古代在制造鱼酱和肉酱时，除在鱼、肉中加入盐以外，还要加入曲子、酒和香辛料。加入曲子制造酱的方法，是中国独创的制造技术。后来活用到了酿酒技术中。自此以后，不再使用动物性原料，而以豆类、谷类为原料，用曲子发酵制造。这种技术在中国甚为发达，后来成为东亚的制酱方法。”很明显，他认为酱曲使用在酒曲之前，恐怕不太合适。他还说，他在东南亚各地，收集了大量的鱼酱，经过分析证实，这些鱼酱和谷酱一样，都含有大量的谷氨酸，这也进一步说明了酱曲和酒曲不是一回事。石毛先生认为鱼酱起源于东南亚的湄公河流域以及中国西南部的水稻种植区。他特别描述了如下几种与酱相关的食品：

（一）鲊

用鱼贝类或鸟兽肉为原料，加盐腌渍后，再放入谷类粮食煮成的饭，搅拌混合，发酵，制成品保持了原料的原型。这种发酵过程属于乳酸发酵，所以制成品具有浓厚的酸味。这种方法主要在东南亚、日本、南中国的长江流域流行，除了在鱼肉中加入盐、米饭以外，还要加入曲（北宋以后更是加入了着色效果良好的红曲）。但他认为中国食用鲊的可靠历史是东汉，而在南宋以后便不再食用，现在仅在西南少数民族地区还有遗存。

（二）鱼酱

鱼酱与鲊的区别就在于，鲊在发酵以后保持了鱼或肉原来的形态，鱼酱则是在发酵以后，蛋白质结构分解变成氨基酸。石毛所说的鱼酱是指新鲜的鱼类加盐腌渍，由鱼本身的酶类诱发发酵作用，促使蛋白质分解而制作的食品的总称。因此，他所说的实际上就是中国古代文献中的“醢”或“醓醢”。

（三）腌制食品（石毛叫作“盐辛”）

腌制食品是食物原料加盐所制得的咸鱼、咸肉和各种咸菜，但远不是单纯的防腐作用，同样也存在自身的发酵作用而产生氨基酸。用这种方法制得的腌制食品可以生吃，也可以捣成鱼酱。

（四）鱼酱油

有意识将腌制食品长时间放置发酵，最后会产生有浓郁咸味和鲜味的液体，石毛称为鱼酱油，即我们中国所说的鱼露。

（五）以虾为原料，用与上述类似方法制作的虾酱、虾膏和虾油

石毛所说的这些食品，是在考察东亚和东南亚地区的现实情况后的归类，虽然他也参考了中国古代食经之类著作，但和我国历史文献记载的还有不一致的地方。我国最早记录酱类的文献是《周礼·天官·醢人》“王举，则共醢六十瓮，以五齑、七醢、七菹、三臡（ní）实之”，即指酱有五齑、七醢、七菹、三臡之分。郑玄注曰：“五齑：

昌本(菖蒲根)、脾析(牛百叶)、蜃(大蛤蜊肉)、豚拍(猪肩胛肉)、深蒲(尚未出水的嫩蒲叶)也。凡醓酱所和,细切为齑。”而“七醢”则指带汁的肉酱,郑玄指为醓(带汁肉酱)、蠃(螺肉酱)、蜱(蚌肉酱)、蚳(蚁卵酱)、鱼(鱼酱)、兔(兔肉酱)、雁(雁肉酱)等七种醢。“七菹”指韭(韭菜)、菁(韭菜花)、茆(莼菜)、葵(秋葵)、芹(水芹)、苔(水苔)、笋(嫩竹笋)七种咸味或酸味的腌菜,不过“菹”与“齑”不同,齑为碎切,菹为丝或片状。齑为酸味,菹为咸味或酸味。从现代科学的角度讲,凡是酸味,都是碳水化合物的乳酸发酵;凡是咸味,都是食盐的味道。至于“醢”,就是石毛所说的“鱼酱”。还有“三臡”,郑玄指为以麋(麋鹿,即四不像)、鹿、麇(獐)的带骨肉做成的酱。醢和臡的发酵过程都是蛋白质的水解过程。《周礼·天官·膳夫》还说酱有120种之多,不过历代注家都没有说明其具体名称,但可以认定,这些酱的味道不是酸味就是咸味,并且都还应有鲜味。

秦汉以前,所有关于酱的文献资料和地下考古发掘结果,都没有制作的具体配方,只有郑玄在为《周礼·天官·醢人》作注时说:“作醢及臡者,必先膊干其肉,乃后莝之,杂以粱曲及盐,渍以美酒,涂置瓶中,百日则成矣。”这个注文和“六必”同样重要,是《齐民要术》成书之前唯一关于酱的技术史料,也是石毛先生文中没有提及的史料,因有了“杂以粱曲”这四个字,才使我们有理由把醢解释为肉酱,乃至于和后来出现的谷酱、豆酱等同属一类,即都是含有谷氨酸为主要呈味物质的鲜味调料或食品,这是石毛先生的研究结论。不过石毛先生认为曲的应用,制酱早于酿酒,笔者未见文献根据,不敢妄言。但就现有的文献史料,从历史逻辑的角度看,曲最先用于酿酒,然后用来制酱,而且是先做动物肉酱(醢),再做植物豆酱、谷酱。我国文化学者和历史学者,通常只讲酱的美味,并不深究它为什么有美味?所以对“杂以粱曲”这四个字缺乏深入的讨论,而且更不会追究发酵过程的底物是碳水化合物还是蛋白质,所以中华民族的鲜味科学研究,至今流于清谈,实在对不起祖宗。

《齐民要术》除了在《黄衣、黄蒸及糵第六十八》中介绍了两种制酱曲的方法以外,还在《作酱等法第七十》中介绍了作酱的最佳时节和作豆酱、肉酱、卒成肉酱(速成肉酱)、鱼酱、干鲚鱼酱、麦酱、榆子酱、又鱼酱、虾酱、燥脠(shān,羊肉、猪肉混合酱)、生脠(羊肉为主的肉酱)、鱁鮧(鱼肠酱)和两种藏蟹的方法。其中既有贾思勰现场记述的方法,也有抄录《食经》的方法。就发酵方法而言,前者均使用黄蒸(仅一例用黄衣)加酒曲,而抄录《食经》的方法中除麦酱用黄衣外(即先培育黄衣),其他各法或使用清酒、酱、豆酱清等,不过作酱均使用盐,这是与酿酒“六必”不同之处。正是由于这个不同点,人们往往把酱当作食盐的替代物,而忽视了酱是鲜味调料这一根本属性。

《齐民要术》的《作豉法第七十二》介绍了4种作豆豉的方法,其中的作豉法和前述的作豆酱法几乎一样,但这里明确强调温度是发酵过程中的关键因素,“大率常欲令温如人腋下为佳”(这就是说,以人体温度 37℃为最佳),“冷暖宜适,难于调酒”。缪启愉在解释这一条时指出:“《要术》酿制豆豉不加任何曲类作接种剂(现代加米曲霉菌接种),单纯用大豆酿制,而且是大豆整粒未经粉碎的,煮到不十分熟就进入密闭的罨室罨黄,比酿制麦曲要困难得多,因为麦曲的麦粒经过粉碎,与曲菌的接触面大,曲菌容易繁殖,而大豆颗粒大,又未经粉碎,其接触面只在豆麦表面,搞得不好温度过低发不起来,温度过高,菌类不是死亡就是活性迟钝,豆豉就会臭烂,就完全报废了。所以掌握好温度是第一关键,必须时时察候,及时倒翻豆堆,使里外受热均匀,酵解正常,长满黄衣,自外透里,发酵彻底均熟,才算初步成功。然后把罨黄了的半成品豆豉搬出罨室,簸去黄衣杂质,盛入瓮中,加水用耙子冲荡干净,再捞出来用清水淋洗极净,目的在使微生物分解停止,然后紧实埋入罨坑内使其营后熟作用,氧化产生黑色,才能制成柔软香美的豆豉(淡豉)。其间变化复杂,怎样掌握好蛋白质分解的最适温度,最为关键,比酿酒要难伺候得多。”由此可见,淡味豆豉的酿制实为公元 6 世纪前中国发酵食品制作的最高水准。不过淡豉的做法在汉代已经有了,同一篇的“作家理食豉法”系录自古《食经》,是采用重复发酵的方法制得的。而《食经·作豉法》所作为咸豉,在第一蒸生成黄衣后,簸去黄衣,“更煮豆,取浓汁”,再加女曲和食盐,再度发酵后还要蒸曝,即经过三蒸三曝才做成。还有一种“作麦豉法”,亦来自古《食经》,是以小麦代黄豆如制麦黄蒸法,用比《食经·作豉法》更简单的工艺,最后的成品做成小饼,也属于咸豉,用绳子穿起来,外面包纸(以防蝇、尘)挂起来,要吃的时候放在汤里煮一下,拿出来再晒干,可以重复煮用,简直就是吃不完的鲜疙瘩,实为今日固体酱油的滥觞。《齐民要术》的“燥脡法”和“生脡法”都提到了“豆酱清”,缪启愉解释为“从豆酱中取出清汁,像酱油,但不等于现代的酱油”。《要术》中用得更多的是豆豉,实际上豉汁就相当于今天的豉汁。

隋唐五代时期,制酱技术又有所提高,据韩鄂《四时纂要》记载,这一时期用的是将蒸豆、和曲、罨黄等步骤一次完成,制得酱黄,这种酱黄晒干后可以备用,随时制酱,今日家庭制酱,几乎仍用此种方法。例如江苏苏州地区,每年石榴花开时(梅雨季节),几乎每家都要“合酱”,讲究“双缸酱”,用粒大饱满的黄豆和剥去外皮的蚕豆瓣,用水泡软洗净后,拌和粗面粉放在蒸笼里蒸成大块的豆糕,取出摊凉后切成骨牌块,放在饭箩、竹匾之类透气的容器内,上面盖上旧报纸之类以防尘埃落入,任其在潮湿的空气中自然发酵,大体上黄梅天结束时,发酵过程也就完成了,豆糕上结成一层黄绿色的外衣,这个过程叫“罨酱黄”。酱黄罨好后,在太阳下曝晒使干。再在缸中放入煮沸滤净的食盐水(一斤水加 3—4 两食盐),把干酱黄放入其中,泡软后用手捏成糨糊状,最后放在太阳下曝晒。整个三伏天,如果不下雨,都要曝晒,而且夜里也不收储,让它吸露水。遇上雷阵雨,要立刻加盖,万不可让雨水淋入。为了防止蝇蛆生长,讲究的人家,酱缸上要有防蝇设备。万一生了蝇蛆,在吸露水时也会自己爬出，但总是难免，所以一向有“盐里草，酱里蛆”的民谚。晒酱的过程实际上是个自身氧化过程，所以酱的颜色越晒越深。为了加速这个过程，每天清晨都要“搅酱”，使其曝晒均匀，鲜香亮丽。民间说法黄豆酱鲜，蚕豆酱甜，用黄豆、蚕豆混合制成的“双缸酱”既鲜又甜。这个说法是科学的，因为黄豆富含蛋白质，所以酵解生成的谷氨酸浓度大，故鲜；而蚕豆含有大量的淀粉，酵解中伴随着淀粉的水解变成单糖和双糖，故甜。在苏北的盐城地区，制酱的原料是黄豆或黄豆加小麦，罨酱黄的过程是在蒲包内进行的，与苏州大同小异，制得的干酱黄经磨碎后下缸晒酱。农家酱异常鲜美，如果抽取少量酱清，胜过任何名牌的“三伏抽油”，农民通常舍不得抽取，有些人家另以麦麸发酵制酱黄，多入盐水抽取酱油，渣滓喂猪，而酱是没有渣的，农民舍不得弃渣取酱油。这种制酱工艺，大概从唐代起就在家庭主妇中母女相传，直到20世纪50年代人民公社化以后，这个传承链断了。今天的家庭主妇们，已经不掌握这种自给自足式的制酱技术，要吃酱或酱油，悉取于市场。

“酱油”这个名称，是宋代才出现的，林洪在《山家清供》中，述及几项食谱的工艺操作时，明确使用酱油调味，不过林洪所指的均为凉拌方法。而出现在《梦粱录》中的“红熬鸠子”“红熬鸡”“红熬大件肉”，其“红熬”是否即今天的“红烧”，用的是酱油还是红曲，我们当然不能望文生义地予以肯定；但从南宋已有“开门七件事，柴米油盐酱醋茶”的说法，还有苏轼创制的“东坡肉”，以及市面上已有用豉汁调味的烹调方法等等推断，宋代已有用酱油烹制热菜的方法，应该是可信的。而元代倪瓒《云林堂饮食制度集》更是明确记录了用“黄子”（豆饼罨黄后捣碎）加盐水的“酱油法”，可以推断在明代以后，酱油肯定已经普遍使用了。

元代的《居家必用事类全集》《饮膳正要》、明代李时珍的《本草纲目》、宋应星的《天工开物》、邝璠的《便民图纂》、高濂的《居家必备》、刘基的《多能鄙事》、佚名的《墨娥小录》等，都有酱或酱曲制法的记述；至如清代李化楠的《醒园录》、曾懿的《中馈录》、朱彝尊的《食宪鸿秘》、薛宝辰的《素食说略》、顾仲的《养小录》等等，均有大量关于酱、酱油制法的史料。特别是《醒园录》，记述了多种豆腐乳的制法，用酱黄粉制普通豆腐乳、红曲制红豆腐乳、白曲加糯米制糟豆腐乳、酸芥卤制臭豆腐乳等等，大大丰富了我国人民的食谱，只不过在技术上并没有取得理论性的突破，都只是改变原料品种和发酵条件，这也是传统食品工艺所能达到的最高境界。

隋唐以后，传统的肉酱、鱼酱，除了在西南地区嗜酸的少数民族中仍然流行外，东中部的汉族地区基本上不再食用，但虾酱、蟹酱、贝酱（蚝油）却一直延续至当代，不过流行的地区范围主要在东南沿海。究其原因，可能是人们对于鲜味的追求大大超过了酸味。对于这个问题，我们将在下一章风味一节再予以讨论。

中国古代食品工艺中对发酵作用的利用远不止酒、醋、酱（酱油）三个方面，在动植物食物原料的腌制保鲜技术、烹饪面点发泡技术，甚至茶叶加工技术中，都不同程度地使用发酵方法；但中国的微生物科学一直是空白，直到1931年才由上海中华书局出版了陈驹声著《农产制造》和《发酵工业》两书，介绍了工业微生物学的一般知识。1934 年，当时的黄海化学工业研究社方心芳、孙颖川等才对汾酒、山西醋、高粱酒传统工艺中的科学问题做理论性的研究。直到 1940 年，上海商务印书馆才在“大学丛书”中出版了陈驹声的《酿造学总论》，1941 年又出版了他的《酿造学分论》。1940 年上海中华书局出版了方乘的《农产酿造》作为该局“大学用书”的一种，所有这些都是中国发酵科学的现代开山之作。而在 1949 年新中国成立之前，现在能够见到的有关出版物尚有魏岩寿、何正礼的《高粱酒》(商务印书馆 1935 年版)、陈驹声的《发酵工业》(中华书局 1935 年版)、中央工业试验所的《酿造研究》(商务印书馆 1937 年版)、蔡弃民译日本铃木彰的《醋及调味料制造法》(商务印书馆 1938 年版)、秦含章的《酿造酱油之理论与技术》(商务印书馆 1947 年版)、方乘的《农产酿造》(中华书局 1948 年版)、孙颖川的《汾酒用水及其发酵秕之分析》(黄海化学工业出版社 1934 年版)等，真是少得可怜。从这份书单中，我们可以发现中国现代发酵科学的播火者，应归功于陈驹声先生。

陈驹声(1899—1992)，字陶心，福建福州人，1918 年考入国立北平工业大学应用化学科，1922 年毕业后到山东济南黄台溥益糖厂任技师。当时该厂日本技术人员对中国技术人员进行严密的技术封锁，24 岁的陈驹声独立运用自己学到的知识，自主研发糖蜜发酵制酒精技术取得成功，受到中国员工的热情赞扬。此后用他的工艺技术创办了溥益酿造厂(今山东酒精总厂)，升为工程师。1928 年转国立中央大学任讲师，不久转劳动大学任副教授，1931 年 6 月调任实业部中央工业研究所研究员兼酿造实验室主任，分离出酒精生产酵母及阿明诺法所用的根霉，为研究阿明诺酒母混合法奠定基础。另外，他还分离出纯曲霉，缩短酱油发酵成熟期，革新酱油制造技术，并在他家乡福州开花结果，至今福建尧记食品公司还尊奉他为“中国现代酱油酿造之父”。1932 年赴美留学，先在路易斯安那州立大学获硕士学位，后又到威斯康星大学进修工业微生物学课程。1934 年回国，任当时远东最大的酒精厂——上海浦东白莲泾中国酒精厂总化学师。1935 年任国立交通大学发酵学科特别讲员。抗日战争期间，先后任中央大学、交通大学、圣约翰大学、大夏大学、沪江大学、劳动大学、暨南大学的发酵学教授。1941 年起任上海酒精二厂总工程师和技术顾问等，并兼任江南大学、复旦大学、上海第一医学院教授、上海酒精一厂技术顾问等。1955 年调上海轻工业研究所发酵室工作，1956 年研究成功“液体曲”，促进酒精工业生产连续化，1964 年成功用发酵法生产谷氨酸，促进味精工业革命性的转变。1979 年被上海科技大学聘为顾问教授，1982 年任该校生物工程系教授、系主任，指导突破戊糖发酵的难题，为农作物秆芯及蔗渣等农产废渣发酵生产酒精开辟新途径。

陈驹声在 1951 年写成《高等酿造学(大学丛书)》和《实用微生物学》(由商务印书馆出版)，1954 年写成《酶化学》(也由商务印书馆出版)，1958 年著《液体曲研究》

和《实用微生物学》(均由轻工业出版社出版),1959年著《酒精发酵研究》(科学出版社出版),1965年编《氨基酸和肌甙酸发酵》(轻工业出版社出版),1972年著《中国微生物工业发展史》(轻工业出版社出版),1979—1982年著《近代工业微生物学》(上海科学技术出版社出版),1987年著《微生物学工程》(化学工业出版社出版)和《固定酶理论和应用》(轻工业出版社出版),1990年参与了化学工业出版社的"农副产品加工丛书"的编写,1990年出版《酱油及酱类的酿造》和《传统和最新的酒精生产技术》,1991年出版《葡萄酒、果酒与配制酒生产技术》和《发酵法丙酮丁醇生产技术》,1992年出版《乳制品》;在他去世后的1993年还出版了《水产品综合利用》。此外,他还写了大量的论文,生前还担任过多种学术团体的领导人员,真是当之无愧的近代发酵工业的奠基人。他在1940—1954年间由上海商务印书馆出版的《酿造学总论》《酿造学分论》《酿造学实验》《实用微生物学实验》《实用微生物学》《高等酿造学》和《酶化学》,都是建立中国微生物和酿造科学的奠基之作,在当时也是绝无仅有的。而《中国微生物工业发展史》,更是对中国微生物工业所做的第一次科学性总结,这种由开拓者自己写的总结,其可信度高于后代人的推测。

中国近代微生物和发酵科学早期研究还有另一个基地,那就是著名民族资本家范旭东先生创办的黄海化学工业研究社。这个由久大精盐公司化验室扩充的中国早期民办科研机构于1922年6月成立于天津塘沽,由当时号称"西圣"的孙颖川任社长,张子丰为副社长。孙颖川为了发展中国民族化学工业,辞去了薪金丰厚的开滦矿务局的总化验师到天津就任。黄海社和1917年开始筹备的天津永利制碱厂聚集了当时中国第一流的化工专家,其中就包括了世界级制碱权威侯德榜。刚成立的黄海社以研究肥料磷酸铵的合成工艺为主要方向。但因它受海关总署的委托,为海关代行食品检验,出于对食品科学的关注,终于在1931年成立了专门的菌学室,对酒精原料和酵母展开研究。七七事变后,黄海社内迁长沙、重庆,抗战胜利回迁到北京芳嘉园,直到1952年12月,先由重工业部接管,最后并入中国科学院。

黄海化学工业研究社是个化工专家群体。方心芳(1907—1993),河南临颍县石桥乡方庄人,1931年毕业于上海劳动大学农艺化学系,成绩优异,受到老师魏嵒寿(中国近代微生物学开拓者之一)的赏识,推荐他到黄海化学工业研究社发酵与菌学研究室任助理研究员。在此期间,他完成了《汾酒酿造状况报告》(黄海化学工业出版社1934年版)和与金培松合作完成《高粱酒之研究》(黄海化学工业出版社1935年版)。1935年获得"庚款"公费留学,赴比利时鲁汶大学酿造专修科学习,以后又在荷兰菌种保藏中心、法国巴黎大学研究院和丹麦哥本哈根卡斯堡研究所等处研究根霉和酵母菌。1938年回国仍回到黄海社,1949年迁家于北平芳嘉园;时黄海化学工业研究社已由四川迁此,方心芳任黄海社副社长。1952年黄海社由新中国重工业部接管,1959年转入中国科学院,方心芳任微生物研究所副所长兼工业微生物研究室主任,先后对多种工业微生物的培育和利用进行卓有成效的研究,对我国发酵科学理论和工业实践做出了杰出的贡献。1980 年当选为中国科学院学部委员(院士)。

我国的酿酒工业技术,从《礼记·月令·仲冬之月》“乃命大酋”章的“六必”开始,到有详细工艺数据的《齐民要术》,一直到清代的《醒园录》等等食经的记述,三千年来有关技术整体上可以概括为:①依靠空气中杂菌作为菌种制曲,成曲中菌种复杂,发酵作用专一性不强,如以制酱来说,蛋白酶活力低,造成粮食浪费;②传统制曲都在阴暗、闷热、潮湿的“曲房”中手工操作,生产条件恶劣;③生产流水线物料输送均为人力,劳动强度大;④罨制发酵均在酱缸或大池中进行,发酵温度难以控制。自从陈驹声、方心芳等老一辈发酵科学家引进近代微生物学和相关的工程技术以后,采用纯菌种科学制曲,用现代传热技术控温罨制,用现代机械化、电器化进行物料输送,直至用大型金属发酵罐进行连续化生产,产品质量和卫生标准都有了可靠的保证。由手工作坊走向现代化的工厂,这个方向是完全正确的。然而作为农耕文明附属物的季节性的家庭酿造(如黄梅季节合酱、三伏天晒酱等等),几乎是一去不复返了。另外,历史上曾经普遍存在的醓醢、鱼露之类,也因为生态变化而绝迹。例如笔者故乡江苏盐城一带,20 世纪四五十年代经常有小贩走村串户叫卖腌蟛蜞(一种小型的海蟹)、蟹酱的现象,但而今不见其踪影已经有五六十年了,因为根本看不到蟛蜞了。随着这些非物质文化遗产的物质基础的消失,相关的文化现象也只能令人遗憾地消失了。

第二节　涉及水分转移的技术在食品贮存和制造中的应用

水是生命的源泉,这已经是人们普遍认知的常识。因此,以动植物组织体细胞为主要形态的食品,几乎都含有一定比例的水分,食品中水分的变化,也是食品形态变化的主要原因。近代食品化学告诉我们:鲜奶、新鲜的蔬菜和水果,其水分含量都在80%以上,有的达 90%以上;鲜肉(包括禽畜肉)、鲜蛋和新鲜的水产品也含有 50%以上的水分;即使是晒干入仓的粮食也含有 10%左右的水分,绝对不含水的食品只有纯粹的油脂等极少数品种。食品组织中所含有的这些水分,从生物化学的角度可分为体相水和结合水两大类。所谓体相水是指组织、细胞中容易结冰也能溶解溶质的水,这些水主要靠毛细管作用维系在组织和细胞之中,它们又按毛细管作用的强弱分为:一是滞化水或不可移动水,它被组织中显微或亚显微结构和生物膜所阻留而不能自由流动;二是毛细管水或细胞间水,是存在于生物组织间隙和制成食品组织结构中,因较强的毛细管吸附作用而系留的水分,在物理和化学性质上,这一部分水分和滞化水是一样的;三是自由流动水或游离水,是动物的血浆、淋巴和尿液,植物导管和细胞内液胞中的水分，它们是可以自由流动的水分。所谓结合水也称束缚水，这是在分子层次上，食品成分中的非水成分依赖氢键等次级化学键与水分子结合而维系的水分，而体相水则是组织和细胞层次上维系的水分。此外还有毛细管半径在0.1 μm以下的微毛细管，它们也能限制一些水的流动性，这一部分水也可以视为结合水。由于体相水和结合水在食品工艺中的不同作用，其生物学意义完全不同。例如人们用曝晒、烘焙等方法除去粮食中的水分，使得它利于储存，但是由于结合水不可能用这种方法除去，而这部分结合水又是种子胚芽维持生命活动所必需的，若用特殊的方法连这部分水都去掉了，则种子也就失去了发芽的能力。但是对于自由流动水含量极高的蔬菜和水果，其所含液汁在低温下将结冰，重新解冻将使其组织完全崩溃。

以上所述有关水在食品组织结构中的情况，在19世纪以前，无论中国或外国，都没有认识到这个深度。本书在这里做倒因果式的叙述，目的是说明古人虽然没有这些理性的认识，却在生产生活的长期实践中，逐渐掌握了利用水分转移的方法，来改变食品的性质，为自己获得更好生存条件提供物质保证。这些方法大体上分为日光曝晒，重力压榨，热气烟熏，食盐、食糖腌渍等，这些方法可以将一时吃不完的食物保藏起来，调节丰歉，也可以利用这些方法改变食物的性能，提高其食用价值，等等。相关知识的获得，是非常艰巨的积累过程。

一、粮食的贮存

远古人民生活知识贫乏，没有贮藏多余食物的意识，随吃随扔，因此难免要饿肚子。生活经验告诉他们，一时吃不完的食物，可以设法贮藏起来，以备不时之需。生活经验也告诉他们，食物含水量太高，是导致其腐烂、丧失食用性能的主要原因，从而总结出利用太阳的热量晒干食物，并且在相对干燥的条件下予以贮存的方法。植物种子、果实、茎叶乃至动物组织都可以用这种方法脱去水分。最早使用曝晒方法脱水贮存的食物是农作物种子即粮食，在浙江余姚河姆渡、陕西西安半坡、山东胶县三里河、河北磁山等地新石器时代的文化遗址中，都有这方面的发现。夏商以后，地下的粮窖和地上粮仓的遗址，多有发现，已经成了农耕文明的一个组成部分。特别是对种子的保管，已有了专门的措施。在奴隶制社会的早期，即已注意到在粮食贮存过程中要有防潮、防火、通风防霉、防鼠雀虫害的设施，还要注意取用方便。19世纪80年代发掘的山西夏县东下冯遗址就发现多处窖粮遗址，有一处存粟厚度竟达73厘米。而在1978—1980年间发掘的山西襄汾陶寺墓地的明器中，有陶质的仓形器。此外，在今天河南、山西、陕西等地，还有多处发现。此后，此类发掘报告几乎不足以引起人们惊讶之态，而《周礼・地官》的“廪人”“舍人”“仓人”的职司说明，已经清楚地反映了相关的管理制度。更为有力的证据是1978年12月在湖北云梦城关睡虎地出土了公元前306年至前217年(秦昭襄王元年至秦始皇三十年)间写成的竹简1100多枚,整理解读后编成《睡虎地秦墓竹简》,其中有秦国法律文书18种,涉及粮食贮存、使用和管理等方方面面,相关情况在徐海荣主编的《中国饮食史》卷二第六编第三章有详细介绍,这里就不再介绍了。秦朝粮仓的规模很大,一般是"万石一积",而秦都咸阳的粮仓大到"十万石一积"。这样大的粮仓,如不及时流转,是要腐烂变质的。《史记·平准书》说汉武帝时,"太仓之粟陈陈相因,充溢露积于外,至腐败不可食"。所以,历代农家都注意粮食贮藏技术的改造。例如,我国西南地区气候干燥,气温较低,故仓库常建于地下,甚至在田间直接窖藏粮食作物的谷穗植株,随吃随取。而南方相对潮湿,粮仓粮囤底部都要垫草或谷糠,以防潮气上升,就是这样也难免霉变。元代王祯《农书》列有专门的"仓廪门",其中"谷盅"一条最有科学价值,不妨摘录:

> 谷盅
>
> 《集韵》云:虚器也。又谓之气笼,编竹作围,径可一尺,高可二丈,底足稍大,易于竖立。内置木撑数层。乃先列仓中,每间或五或六,亦量积谷多少、高低大小而制之。
>
> 常见仓廪、囷(qūn)京等所贮米谷,蒸湿结厚数尺,谓之𫃉头,以致压盦(ān)变黄,渐成浥腐,往往耗损无数,公私坐致陷害,诚甚可惜。今置此器,使郁气升通,米得坚燥,免蹈前弊,实济物之良法。凡储蓄之家,不可缺也。
>
> 诗云:虚中洁外丈余身,厕迹囷仓气可伸。要识有功能积久,陈陈从此更相因。

除了最后这首诗,徐光启在《农政全书》中是全文照引的,这大概是我国宋元时期的重要发明,至今仍在采用。不过,现代粮仓除了"谷盅"之外,控温、去湿、防鼠、防虫之类设施,全部实施了自动控制,而且储备粮有严格的流转时间,更加没有"陈陈相因"的旧事了。

二、蔬果和肉食品的贮存

自由流动水含量丰富的蔬菜、水果、鲜肉和鲜鱼等,远古人民是无法保存它们的;大概到了夏商时代,受到穴藏粮食的启发,构筑深井,在炎热的夏天可以避免强烈的太阳辐射,使这些鲜食的贮存期相对延长。河南偃师商城和安阳殷墟都发现过此类遗址,考古学家称为井藏法。同样,在南方的楚国也发现了类似的设施,1975年和1979年在楚国都——郢都(今湖北江陵西南的纪南城)发现井中能容144.5千克水的大瓮,而且能够随井泉水深度的升降而沉浮,考古学家断定其为贮存器,是用来为生鲜食物保鲜的,这个井的使用时间大概在公元前三四世纪的战国时期。另外在秦都咸阳和郑韩故城的战国时期遗址中都有发现类似的干井。

井藏主要是利用低温，于是人们想到了冰，在冬天把自然冰采凿起来深藏于地下，制成真正的人工冰库，用来冷藏生鲜食物，还可以用“鉴”贮冰，直接享用冷冻食品。现在发现早期的鉴是陶器，就是大型的陶盆，在春秋中期出现青铜鉴。春秋晚期和战国时期，青铜鉴普遍流行，这大概也是当时贵族们的一种时尚，现在出土的以湖北随县曾侯乙墓的青铜鉴最为精美，是战国时期的杰作。

去掉食物中的水分而制得干肉、干菜、干果，同样也是人们贮存蔬果肉类的常用做法，先秦古籍中常见的脯、腊、脩（修）等，都是有力的证据。这些干货的制造，可以利用太阳光曝晒，也可利用燃烧作用使食物中水分蒸发，甚至使用烟熏的方法进行干制，这些方法一直延续到现代。干制品可以在干制以前先行调味，也可以不调味。

使用得最多的还是腌渍法。在先秦时代，此类方法主要是用于蔬菜瓜果，即所谓的“菹”，后来也用于鱼肉等动物性食物。一般食史书籍都说是利用食盐的渗透作用，好像是食盐分子即氯化钠渗入组织中去了，其实这是一种不准确的说法。实际作用是食物的细胞膜内外的离子平衡体系被破坏了，细胞液中高浓度的食盐具有极强的水化能力，使得细胞膜内的自由流动水向膜外渗透，从而造成食物组织处于严重脱水状态，包括食物体上的各种微生物细胞也处于脱水状态，以致失去生理活性，因而细菌、霉菌等都不能生长，所以食物便不容易腐败。然而腌渍法都伴生一定程度的发酵作用，因为植物体内都含有碳水化合物，故而有利于乳酸菌的生长，从而进行乳酸发酵，使成品带有酸味。在腌渍鱼肉类动物性原料时，添加的米饭、酒糟之类也会发生乳酸发酵，同时还会因蛋白酶的作用使得蛋白质分解产生氨基酸，所以腌渍的鱼肉也有浓厚的鲜味。

《齐民要术》卷八有个专门用于蘸食鱼脍（生鱼片）的“八和齑”的配方和制法。所谓“八和”是指用蒜、姜、橘皮、白梅、熟栗黄、粳米饭、盐和酢（醋）8种原料腌渍的齑酱。我们在这里略去各种原料的初加工方法，只引录最后的“和”法：“先捣白梅、姜、橘皮为末，贮出之。次捣栗、饭使熟；以渐下生蒜……舂令熟；次下涌（zhá）蒜（淖过水，半熟的蒜）。齑熟，下盐复舂，令沫起。然后下白梅、姜、橘（皮）末复舂，令相得。下醋解之。”这里的“熟”是烂的意思，不是煮熟。这种“八和齑”实际上是一种酱。

缪启愉在《齐民要术译注》卷八《菹绿第七十九》的注释中明确指出：菹分菜菹和肉菹两类，菜菹即腌菜、酸泡菜，肉菹就是在肉中加了酸菜或酸醋的肴馔。我们在这里所讲的都是指菜菹。这类菜菹到唐代已经进入市场销售了。杜甫《病后过王倚饮赠歌》：“遣人向市赊香粳，唤妇出房亲自馔。长安冬菹酸且绿，金城土酥净如练。”这里的“冬菹”就是绿的冬腌菜，而“土酥”则指萝卜。

关于肉菹，《齐民要术》中叫“鲊”，其《作鱼鲊第七十四》介绍了8种鲊，其中有7

种是鱼鲊(鲤鱼鲊、裹鲊,《食经》作蒲鲊、鱼鲊、长沙蒲鲊、夏月鱼鲊和干鱼鲊),还有1种猪肉鲊。方法都大同小异,就是将鱼肉、米饭、食茱萸、橘皮、盐、酒,有的还加姜,拌和密封于瓮内,少则数日,多则一月,便成熟了。此类方法都是利用淀粉的糖化作用,进行乳酸发酵的结果。到了唐代,鲊成了人们非常喜欢的食品,有种种美妙的名称,五代比丘尼梵正甚至用各种鲊和菜肴在盘中拼成王维《辋川图》的景致来,开了中国花色拼盘的先河。

到了宋代,酱腌菜的品种更多了,特别是南方竹笋的吃法更多了,著名品种如芥齑,或许就是今天的雪里蕻,还有笋鲊、糟姜、笋干等。

明清时,各种酱腌菜品种繁多,除盐和酱、酱油以外,酒糟、糖、醋、蜜、虾油、鱼露等等都作为腌渍的脱水剂。由于它们的口味各不相同,因此腌渍成品呈现各种不同的滋味。刘基的《多能鄙事》、邝璠的《便民图纂》、戴羲的《养余月令》等等都有许多不同品种酱腌菜的腌制方法,不过从科学原理的角度讲,都不再有什么新的突破。但将果肉或体积较小的果品用蜂蜜腌渍的方法,便是休闲食品蜜饯的生产方法。蜜饯至少在宋代已经出现,南宋宫廷的物资供应部门有专设的"蜜饯局"。元明以后,我国白砂糖已经发明,故蜜饯生产的脱水剂由蜂蜜改为白糖。而蜜饯生产中使用明矾和石灰,大概也起于宋代。在徐海荣主编的《中国饮食史》卷五第十二篇第一章中所引用的最早的史料是《调燮类编》:"用腊水同薄荷一握,明矾少许,入瓮中,投浸枇杷、林檎、杨梅于中,颜色不变,味凉可食。"这可是食品技术史上的重要发明,可惜那位伟大的发明家早已湮没在历史的长河中。这项至今仍在使用的果蔬加工保脆方法,是利用铝离子与蛋白质结合导致蛋白质形成疏松凝胶而凝固,从而使食品组织致密化,而且具有防腐作用。到了明代,除了明矾,有时也用石灰,例如朱权的《臞仙神隐书》中"蜜冬瓜"法,先将冬瓜块用沸水焯过,冷却后在石灰水中浸四天,然后去掉石灰水,再行蜜渍。这是因为钙离子跟蔬果组织中果胶酸作用生成果胶酸钙的凝胶,从而防止细胞的崩塌解体,使果蔬组织硬化而保脆。

蜜饯在宋代以前称"蜜煎",大概在明朝后期因为常被人们作为饯别馈赠的礼品,逐渐被改为"蜜饯",而沿用至今。

三、火腿

据说,火腿最早出现于南宋,抗金名将宗泽是浙江婺州(今金华)义乌人,出征时携带家乡的腌猪腿,被宋高宗发现,因其肉色鲜红似火,被宋高宗命名为"火腿",宗泽也因此成为火腿的祖师。此类有关传统工艺的传说,在我国是很普遍的,而且常有不同的版本。其实,有关火腿的发明还有许多不同的说法,这也不足为怪,因为此类腌腊制品的确起于先秦,江西安福也产火腿,不过其市场份额不大,他们就说火腿原是先秦时祭肉腌制的结果,原本叫作"火胙",也有些地方叫"火肉"。温州人说法更为离奇，说火腿是该地海水倒灌淹死了猪，人们发现这种死猪肉鲜红可爱，而被人们接受。这些说法都是市井传奇，不能当真。从科学技术的角度讲，火腿发明的核心事件是硝（硝酸盐）的应用。

硝即硝石，古代本草学家称“消石”，《神农本草》上品药有“朴消”“消石”两种，至陶弘景注《本草经》时，又有“芒消”之名，但陶弘景又指出“消石”有真伪之分。到了唐代，“消”变为“硝”，并识得硝石与芒硝不同，今日本正仓院尚藏有中国唐代的“芒硝”，经测定为 $MgSO_4 \cdot 7H_2O$，现代药学家称为泻盐。进一步研究发现，中国古代本草家和炼丹家没有分辨硫酸钠（包括失水硫酸钠和 $Na_2SO_4 \cdot 10H_2O$）和硝酸盐（包括 KNO_3、$NaNO_3$）的能力。所以《神农本草》中的朴消和消石大概都是硫酸钠，不过一为水合物，一为无水的粉末，但在“朴消”条说它“能化七十二种石”，这可不是硫酸钠的性质，因为硫酸钠不是氧化剂，“能化七十二种石”必为硝酸盐。陶弘景能辨真假消石，是他的一大贡献，他说的真硝石即硝酸盐，而假消石是硫酸钠，即唐代以后所说的玄（元）明粉。所以唐代以后，已能鉴别硫酸钠和硝酸盐，从而导出了火药的发明。陶弘景认识真硝石的根据是“烧之青紫烟起”，因此在唐代以前，因为人们不能区别硝酸盐和硫酸钠，故而不可能将“除寒热邪气，逐六腑积聚”或“主治五脏积热，……涤去畜结饮食”的朴消、消石甚至芒硝用于腌腊食品制造，因此火腿、腊肠之类红肉食品的发明不会早于宋代。所以说，中国火腿发明于宋代是可信的。除了金华、义乌一带的传统以外，苏轼在《格物粗谈·饮食》中说“藏火腿于谷内，数十年不油。一云谷糠”，也是一个旁证。至于为什么叫“火腿”，很可能与其肉色火红有关。民国时铢庵在《人物风俗制度丛谈》（上海一家社 1948 年版）中说：“吾国现存店肆之最年久而治之有法者，载籍中得二焉，曰孙春阳与戴春林。”戴春林为香粉铺，不论。而孙春阳，据《履园丛话》说，为宁波人，明万历中因“应童子试不售”，转而到苏州经商，在吴趋坊开南北货店，经营腌腊、海货、蜜饯等项，后在观前街设有火腿行，取名“生春阳”，该店垂 400 年，在苏州是地道的老字号。20 世纪初，如皋也产火腿，叫作“北腿”，而金华火腿则称“南腿”，生春阳因卖北腿，故苏州人有形容将女孩当作男孩教养的歇后语：生春阳火腿——充南（男）。可惜这家 400 多年的老店，不仅被挤出了观前街，而且已经日薄西山了。不过它的创办史说明，至迟在明代，我国火腿已经是重要的贸易物资了。

我国现代的火腿主要有来自三大产地的品种：浙江金华火腿（南腿）、云南宣威火腿（云腿）和江苏如皋火腿（北腿）。其中历史最久的当推金华火腿，有关其制法的最早记述，见于清人朱彝尊（1629—1709）的《食宪鸿秘》，现录如下：

> 用银簪透入内，取出，簪头有香气者真。
>
> 腌法：每腿一斤，用炒盐一两（或八钱），草鞋搥软，套手（恐热手着肉则易败），止擦皮上，凡三五次，软如绵，看里面精肉盐水透出如珠为度。

则用椒末揉之,入缸,加竹栅,压以石。旬日后,次第翻三五次,取出,用稻草灰层叠叠之。候干,挂厨(房)近烟处,松柴烟熏之,故佳。

这个腌法中,没有提到加硝(石),一定是作为技术诀窍隐去了,如果按所述去做,做成是咸腿,而不是火腿。另外,用银簪刺探,是古人常用的验毒方法,用于探香,恐不灵。

宣威火腿,也有300多年历史。四川人曾懿(女,生活于道光至光绪年间)所著《中馈录》录有其制法:

猪腿选皮薄肉嫩者,剜成九斤或十斤之谱。权之每十斤用炒盐六两,花椒二钱,白糖一两。或多或少,照此加减。先将盐碾细,加花椒炒热。用竹针多刺厚肉,上盐味即可渍入。先用硝水擦之,再用白糖擦之,再用炒热之花椒盐擦之。通身擦匀,尽力揉之,使肉软如绵。将肉放缸内,作盐撒在肉上。七日翻一次,十四日翻两次,即用石压紧,仍数日一翻。大约腌肉在"冬至"时,"立春"后始能起卤。出缸悬于有风日处,以阴干为度。

曾懿所述的方法是正确的,但有人将硝水释为芒硝 $Na_2SO_4 \cdot 10H_2O$ 水溶液,这就大错特错了。硝水一定是硝酸盐水溶液,现代厂家多用亚硝酸钠或亚硝酸钾,也可用硝酸钾(又称智利硝石)或硝酸钠;然而,不管使用何种硝酸盐或亚硝酸盐,最后起作用的均为氧化氮(NO),它和肉中的肌红蛋白结合成亚硝基肌红蛋白,呈现鲜艳的红色。由于硝酸或亚硝酸的盐类和蛋白质都有生成硝胺和亚硝胺的能力,它们都有诱发癌变的作用,所以在火腿、腊肠以及一切红肉制造过程中,硝的用量要严格控制。在肉类制品中,硝酸钠的最大用量为0.50克/千克,亚硝酸钠为0.15克/千克,硝酸钾也是0.50克/千克,亚硝酸钾我国一般不列入食品添加剂。它们的用途都是着色剂,在食品制成品中,其残留量在肉类罐头中不得超过0.05克/千克(以亚硝酸计),在肉类制品中不得超过0.03克/千克(以亚硝酸计)。另外,亚硝酸盐过量能引起身体组织缺氧、呼吸困难、循环衰竭、中枢神经系统损害等急性中毒症状,过去的食品中毒事件中每有报道。所以在古食方的介绍中,一定要有科学鉴别能力,不要以为书上写的就一定是可靠的。

如皋火腿诞生于19世纪末或20世纪初,其工艺主要仿金华火腿。

四、肉松

肉松制作的基本原理是肌肉纤维脱水的结果,大体上连体相水都基本脱光了,但仍留下一定量的结合水。关于肉松发明的传说，情节都大同小异，都是厨师做红烧肉不慎过了火，在锅中用锅铲胡乱搅动时意外发现，事后认真重复而成功的。目前国内三大产地的肉松是福州肉松、江苏太仓肉松和如皋肉松。福州肉松发明于1856年(清咸丰六年)，福州盐运使刘步溪的家厨林鼎鼎因烹制红烧肉失败而制得肉松，后来干脆以制肉松为业，创建了著名的“鼎鼎”牌肉松。太仓肉松发明于1874年(清同治十三年)，厨师倪水为一家名门望族治办酒宴，也因红烧肉的烹制失败而发明肉松，他后来也以制肉松而发家。如皋肉松起于1914年(民国3年)，是仿太仓肉松的工艺而制作的，所以如皋肉松和太仓肉松的形态特征非常相似，纤维长而蓬松，而福州肉松的纤维短而成颗粒状，另外，福州肉松的脂肪含量也高于江苏肉松。曾懿《中馈录》第三节有“制肉松法”：

> 法以豚肩上肉，瘦多肥少者，切成长方块。加好酱油、绍酒，红烧至烂。加白糖收卤，再将肥肉捡去。略加水，再用小火熬至极烂极化，卤汁全收入肉中。用箸扰融成丝，旋搅旋熬。迨收至极干至无卤时，再分成数锅，用文火以锅铲揉炒，泥散成丝。焙至干脆如皮丝烟形式，则得之矣。

这个工艺，显然是太仓肉松，因曾懿曾随父亲和丈夫在江浙一带生活多年，留心民间食品工艺，每有所得，故所述多可仿制。她还有“制鱼松法”，与此大同小异，因为科学原理是一样的。

五、制茶

从现有的文献考察，我国的茶原产云贵高原，据《华阳国志》记载，大概在西周初年，茶叶栽培扩大到巴蜀(今重庆、四川)。此外，扬雄《方言》及《太平御览》卷八六七引华佗《食论》(“苦茶久食益思”)等古籍中均有关于茶的记载，特别是西汉中期王褒《僮约》中有“武阳卖茶”的句子，说明西汉中期茶已经商品化了。由此推断：中国古代饮茶习俗的出现，不晚于西汉，当时茶叶主产地在西南地区，至东汉时期已渐次扩散到江南一带。不过根据《世说新语》《齐民要术》等古籍所载，在魏晋以前，茶叶好像都没有经过加工，而是用鲜叶制成“茗汁”，甚至用来煮成“茗粥”。隋唐以后，饮茶之风盛行，于是乃有茶叶加工技术。这期间“茶圣”陆羽功不可没，他写了中国历史上第一部茶学专著《茶经》。这本书虽然不过一万多字，却论及茶的起源、制茶工具、制茶方法、饮茶用具、煮茶方法、饮茶方法、饮茶典故、产茶地点、饮茶习俗和茶事图像等10个方面，可谓全面总结了前代茶学成果；但就其内容而言，主要属于文化艺术，特别是对后世茶道的形成有很大的影响。

陆羽《茶经》“三、茶之造”述制茶七事，为“采之、蒸之、捣之、拍之、焙之、穿之、封之,茶之干矣”。这是制茶饼的方法,其中有两次加热过程:第一是“蒸之”,这是将茶叶生物学组织破坏,使其变软,以便于后面的捣拍成形,这不是脱水过程;第二是“焙之”,即是今天所说的“炒茶”,这才是真正的脱水过程。由于茶的嫩叶既小又薄,为了保持咖啡碱等风味成分不被破坏或消失,所以焙的温度不能太高,在没有准确测温仪器的古代(现代也是如此),只有操作者根据自己手的温度感觉来调节,所以茶叶炒制和厨师做菜一样,原来全靠经验把握,因此也颇有神秘感。不过陆羽所说的“焙之”是制造茶饼,控温的方法更难,故古代茶学著作中对此都说得非常玄妙。

宋代制茶工艺没有太大的变化,只是以碾代臼,以使用畜力或水力代替人力的舂捣。不过宋代已有我们今天常见的散茶。制造散茶,已不需要蒸的步骤,直接烘焙至干即可。而且宋代也有了花茶,即是将鲜花拌和干茶叶窨制。

动植物组织脱水,常用日晒和加热两种方法,唯茶叶特别是绿茶,万不可日晒,所以茶书上所述的制茶方法均用加热法。清人陆廷灿《续茶经》卷上之三转引《随见录》云:“凡茶见日则味夺,惟武夷茶喜日晒。”可见古代早已有这方面的实践,但为什么不可以日晒,他们是说不清楚的。其实此乃因太阳光线中有高能量的紫外光量子,茶叶中某些成分吸收了这种光量子,便会发生化学变化,使人们习惯的茶叶风味改变,此即“味夺”的根本原因。

其实,茶品制作的关键是茶叶采摘以后的堆放状况和时间长短,即涉及茶叶自然发酵状况,我们现在所说的绿茶、红茶、乌龙茶,就是因为发酵状况不同所造成的。但我国数量众多的“茶经”类著作,对此并没有明确的认识,直到20世50年代以后,才有介绍现代制茶方法的著作问世,如刘仲云著《红茶初制法》(通俗出版社1951年版),浙江省人民政府农林特产局编《怎样做红茶和绿茶》(浙江人民出版社1953年版),中共祁门县委员会编《“祁门”品质是怎样提高的》(安徽人民出版社1958年版),俞寿康编《红茶工艺》(上海科技出版社1958年版),全国农具展览会编《茶叶初制机械》(农业出版社1958年版),中华全国供销合作总社茶叶局编《制茶先进经验汇编》(轻工业出版社1958年版),浙江省农业厅编《茶叶制造》(浙江人民出版社1958年版,轻工业出版社1959年再版),商业部茶叶局编《茶叶精制工艺和机械》(轻工业出版社1959年版),蒋庆编《红茶初制工艺》(轻工业出版社1959年版),林其瑞编《红茶精制工艺》(轻工业出版社1959年版),商业部茶叶局编《绿茶初制机械》(1及2,轻工业出版社1959年版),陈椽编《安徽茶经》(安徽科学技术出版社1960年版,1984年再版),俞寿康编《绿茶初制工艺》和《制茶工厂的设备与设计原理》(轻工业出版社1960年版),王钟音编《制茶工艺学》(轻工业出版社1960年版),俞寿康、齐民静合编《制茶基本知识》(轻工业出版社1960年版),安徽农学院编《茶叶检验学》(农业出版社1961年版),浙江农业大学编《茶叶生产机械化》(农业出版社1961年版),福建福安农业专科学校编《茶叶制造学》(农业出版社

1961年版)，安徽农学院编《茶叶生物化学及检验》(浙江人民出版社1961年版)，安徽农学院编《制茶学》(浙江人民出版社1961年版)，等等。我们在这里列出这份书单，仅从书名的变化就可以看出中国制茶技术从传统手工到现代化、科学化的演变经历，已经无须做更多说明了。

第三节　蛋白质凝固和变性技术的杰出应用

食品制造过程中，几乎都涉及蛋白质的凝固和变性反应，我们的先民，在长期的生产和生活实践中，创造性地利用这种反应，发明了世界上唯一的食品，这就是豆腐和变蛋。本节即专门叙述这两者。

一、豆腐和粉丝

我国从新石器时代起就进入了农耕文明，一直以植物性食物为主，人体生长所需要的优良蛋白质相对缺乏，特别是动物蛋白严重不足。《孟子·梁惠王》把“七十者可以食肉矣”当作“王道”政治成功的象征之一。幸亏我国先民早已成功地栽培大豆，大豆提供的优质植物蛋白是养育我们中华民族的重要物质基础之一，所以对大豆食品的开发，是我国人民对世界的一大贡献。菽(大豆)是“五谷”或“六谷”的重要品种之一，不仅籽粒被当作粮食，嫩叶原先也是作为蔬菜食用的，“藜藿之羹”的“藿”就是嫩豆叶。成书于汉代的《神农本草经》就已载有豆芽，名称为“大豆黄卷”。而更为杰出的是豆腐的发明。迄今为止，没有任何一个国家或地区来跟我们争这个发明权，这令我们后辈无比自豪。然而豆腐究竟是何时发明的，至今尚存在很大的争论。

大豆原产我国，其食用种子中，蛋白质含量达35%—45%，脂肪15%—20%，碳水化合物只有35%—40%；其他豆类(蚕豆、豌豆、绿豆、赤豆等)含蛋白质为20%—30%，脂肪在5%以下，碳水化合物达55%—70%。而作为粮食主要品种的谷类(稻麦等)，其碳水化合物(主要是淀粉)含量在70%以上，蛋白质仅为10%左右。所以，从大豆中提取优质的食用蛋白质是我们中华民族先民的历史责任，这是符合现代人类学关于人和食物关系的科学结论的，所以豆腐只能由中华民族所发明。

我们知道，豆腐的制作过程是：先将干大豆用水充分浸泡，然后用机械的方法和水研磨破坏其生物学组织，使其中可溶性蛋白质混溶于水中形成豆浆，再过滤除去其中不溶性的豆渣(其中主要成分还是蛋白质)，煮熟，使豆浆中可溶性蛋白质变性，调节熟豆浆的酸碱度或加Ca^{++}、Mg^{++}做沉淀剂，使变性蛋白质凝固沉淀重新形成凝胶，用压榨法除去多余水分轧压成型，做成各种各样的豆制品。简单地表述就是浸泡、磨碎、过滤、煮浆、凝固、成型六个步骤，其中最关键的一步，就是将大豆蛋白溶胶变成凝胶的凝固步骤，也是其发明时期先后争论的焦点。目前关于豆腐发明时间争论的意见，有汉代说和隋唐五代说两种。

主张豆腐发明于汉代的论据：

一是南宋朱熹的豆腐诗："种豆豆苗稀，力竭心已腐。早知淮南术，安坐获帛布。"诗末自注云："世传豆腐本乃淮南王术。"朱熹是个大学者，所以他的说法得到普遍赞同，而自注中的"世传"二字被人们完全忽略了，变成了可靠的结论。

二是明代李时珍在《本草纲目》中明确地说："豆腐之法，始于汉淮南王刘安。"

三是唐代高僧鉴真东渡日本，也带去了制豆腐的方法，以致至今日本豆腐作坊，乃有以"淮南堂"为店标者（扬州大明寺鉴真纪念堂陈列室展品中的日本豆腐包装袋）。

四是玄奘曾把豆腐带入今天巴基斯坦古城塔克西拉（伊斯兰堡西 40 公里），这个遗址至今仍有当年磨豆腐的石磨盘（陈一鸣：《环球时报》2005 年 8 月 31 日第 21 版）。

诸如此类的文字尚可以找到一些，但它们的共同特点是都是南宋以后的文献，而在汉唐之间前后八九百年，有关豆腐的制造和食用竟然没有留下只言片语。这种后人反证前人的说法过于离奇，所以化学家袁翰青、曹元宇和日本学者篠田统都明确表示反对豆腐发明于汉代的说法。

五是河南密县打虎亭一号汉墓于 1960 年被发掘，出土的墓室画像石庖厨图中的一些场景，被一些研究者认定为豆腐作坊图。最早提出此说的是《文物考古三十年》（文物出版社 1979 年版），而详细释读这种见解的是陈文华先生（《农业考古》1991 年第 1 期）。这幅发现于一号墓东耳室南壁的石刻图下方，陈先生的摹本将画面分成 5 个单元（一共有 7 个人），分别是浸豆、磨豆、过滤豆渣、点浆、压水成型。而到了 1993 年，打虎亭汉墓的正式发掘报告《密县打虎亭汉墓》（文物出版社）出版。孙机先生于 1996 年在《寻常的精致》（辽宁教育出版社）一书中以《豆腐问题》为题对陈文提出质疑，他将这幅图的整个画面命名为"酿酒备酒图"，第一排 6 个瓮和 1 个人是贮酒，第二排是灌酒入瓮，关键的第三排他分别释为"酘（投）"米、下曲、搅拌和压榨出酒，彻底否定了豆腐作坊图的解读。陈文原来的软肋是，此图没有煮浆这个工序，而这是做豆腐必不可少的；另外原图的第 2 单元，陈文释为圆盘石磨的磨石图，而孙文则否定其石磨说法，乃是一圆台上放一圆盆，盆里放的是粉碎了的曲粉；第 3 单元也不是滤浆图，而再度酘米；第 4 单元也是搅拌；当然第 5 单元便成了压酒图。这两种解读互不相让。2006 年 10 月 3 日，孙机还将此文再发表在《趣味考据》（见"中国经济史论坛"网站）上。现在看来，打虎亭汉墓的画像石改变不了豆腐起源于汉代说的命运。的确，见到过画像石的人都知道，从石刻本身摹出线条图，几乎是个再创作的过程，可能存在按自己的愿望而另加发挥的现象。不过笔者对孙机先生否定陈文第 2 单元为石磨图的解读不敢苟同，因为上面那个圆形物实在太像石磨了，而且是上下两片放置在一个大的圆盘上的，不过陈先生的摹本把中间那道圆弧画重了，这给孙先生留下了辩论空间。（图 3-3-1 至图 3-3-2）

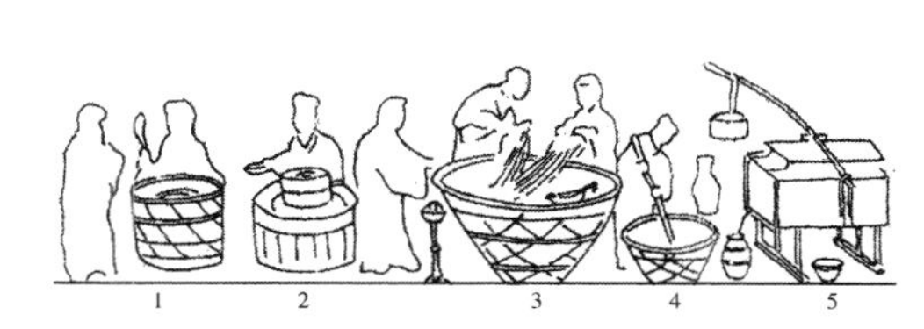

图 3-3-1　打虎亭一号汉墓东耳室南壁西幅下部的图像（陈摹本）

（原图刊于《农业考古》1991 年 3 月刊，临摹者陈文华）

图 3-3-2　打虎亭一号汉墓东耳室石刻画“酿酒备酒图”

（原图载于“中国经济史论坛”网站 2006 年 10 月 3 日，临摹者孙机）

尽管孙先生对陈文华先生的解读提出了不同意见，但在 20 世纪末期即改革开放的初期，我国学术界有着浓厚的国粹心态，特别是烹饪界，弘扬心态掩盖了严肃的求真精神。有些人嫌袁翰青、曹元宇这些老科学家多事，既然朱熹这样的大学问家、李时珍这样的大医学家都说豆腐是淮南王刘安发明的，我们子孙辈就理当摇旗呐喊。况且史籍上确有《淮南万毕术》这个书名，于是不深究中国炼丹术的历史真面貌，就断定豆腐一开始就是用盐卤点制的，武断地判定是刘安的炼丹实践。一些人对今天安徽寿县八公山的来龙去脉并不清楚，甚至至今还把“八公”当作一个人，就大搞“文化搭台，经济唱戏”，“淮南豆腐文化节”搞了一届又一届，容不得你不信，孙机先生意见的命运就可想而知了，几乎没有人响应他。当然因为弘扬者也拿不出证据来反驳他，所以就干耗着。

说老实话，民族主义情结几乎是人皆有之，既然我辈现在不如人家，能从祖宗那里获得余荫未尝不是体面的事，尽管对弘扬论者的非理性行为不愿意赞同，但内心深处却希望汉朝人获胜。笔者周围有一大批这样的人，笔者自己也是其中之一。因此想方设法为汉朝人寻找发明豆腐的证据，目前最主要的是豆腐（植物酪）发明受到“酪”的启发，即动物乳酪的仿制。

笔者首先以《王莽的科学实验和豆腐的发明》（见《中国烹饪研究》1994 年第 1 期）为题，提出了《汉书・王莽传》中的一则史料：“莽多遣大夫、谒者分教民煮草木为酪，酪不可食，重为烦费。”班固把这当作王莽的一大罪状来描述。后来笔者又以《乳酪和豆腐》（见台湾《中华饮食文化基金会会讯》2008 年第 1 期）为题，系统总结了古代有关“酪”的文献，特别是《史记》和《汉书》的《匈奴列传》和《西域传》，都明确记载了“酪”是北方少数民族的重要食品，而且《汉书·食货志》还提到制酪要用煮的方法。至如《礼记·礼运》有“醴酪”的制法，实际上就是麦仁粥，是淀粉和蛋白质的混合凝胶，动物的乳汁和粮食植物的种仁都可以做成“酪”(凝胶)的形态，因此在饥荒普遍来临时，王莽便异想天开，“煮草木为酪”来解决食的问题。由于他不可能有今天的生化知识，因此不区别草木的种类和组织构造煮出来的酪，当然“不可食”，只能“重为烦费”。但是由于王莽如此大规模地“教民煮草木为酪”，必将留下制植物酪的方法，豆腐也许就是在这种情况下被发明的。

作为大豆蛋白质凝胶的豆腐，在其制作过程中，煮浆和凝固是关键的两步。如前所述，煮浆使大豆蛋白由生变熟(实际即热变性)，从而有凝聚沉淀的可能，而胶体聚沉的方法，在当时的条件下，只能有等电点调节法和离子沉淀法两种，而且前者的可能性更大。大豆蛋白溶胶的等电点为 pH 4.0 或 4.2，因此，我们只要设法使熟豆浆的酸碱度达到 pH 4.0 或 4.2，大豆蛋白质便会聚沉下来。现代仍有用醋或各种各样酸浆点豆腐的方法，实际上都是老祖宗最早的创造。即豆浆煮熟以后，任其放置一段时间以后，也会自行产生豆腐脑，这是因为豆浆中必然有少量糖类物质存在，它们在空气中能够自行氧化而成葡萄糖酸之类，从而调节了豆浆的酸碱度而生成豆腐。笔者为此进行过多次模拟实验，可以说是屡试不爽，只不过生成的豆腐风味不佳而已。实际上我们现代从日本学来的内酯豆腐，正是这类方法的现代化，凝固剂葡萄糖酸-δ-内酯水解后生成葡萄糖酸，所起的就是等电点调节剂的作用。

使用离子沉淀剂做豆腐的确是一项重大的科技发明，当时是如何想到或偶然碰到将盐卤或石膏加到豆浆中去的，今天已经无法稽考，但要是把这个发明权加到刘安头上，那是缺乏可信度的。史载刘安的炼丹实践曾被刘向重复过，那是制造假金银的方法，结果没有成功而使刘向获罪。今天有人明确说，用石膏点豆腐是刘安的发明，恐怕是想到离寿县不远的湖北应城是石膏的主要产地，从而就地取材联想而来的，如果说成是盐卤就会舍近取远了。不过此类说法没有任何文献依据，也不符合西汉时期的炼丹水平，笔者以为不足采信。

现在回到打虎亭汉墓那幅图上来，笔者以为既不是豆腐作坊图，也不是酿酒作坊图，好像是制造豆类淀粉的粉坊图。

如前所述，豆类种子有富含蛋白质和油脂的大豆，富含淀粉的赤豆、绿豆、豌豆、蚕豆等的区别。不言而喻，前者用来做豆腐和榨油，后者主要用于制取淀粉。但不管做什么，第一步是先加以粉碎，以破坏其生物学组织构造，使其细胞崩解，否则蛋白质、油脂和淀粉等成分都无法分离出来。古代所能使用的方法是舂、磨或碾压，对于制粉而言，最常用的方法是磨。用磨的方法不能使干生大豆粉碎，只能使它变成薄片，如果一定要粉碎，就要用水浸泡，然后带水磨，这便是做豆腐的第一步。假如一定要得到干的大豆粉，那就只有炒熟或烘干再磨。然而对于富含淀粉的豆类则无须如此，目前制取赤豆、绿豆等的粉状物(或称豆沙)的主要方法有干磨和煮熟后捣碎两种：干磨的方法是连豆皮一起磨碎，无法将豆沙和豆皮分离，煮熟后捣碎时，豆皮不碎，可以制得纯豆沙，但要用大量的水将豆沙洗出来，滤去豆皮，将含豆沙的液体固体混合物静置，豆沙即沉淀析出，厨师们称为洗沙。需要指出，洗沙并不是纯淀粉，它除了除去以粗纤维为主要成分的豆衣以外，几乎含有原料豆的一切化学成分（包括特征性的色素），所以赤豆沙是红褐色的，绿豆沙是黄绿色的，蚕豆沙是淡粉红色的……况且豆沙已经煮熟，其主要成分（包括蛋白质和淀粉）都不能再溶于水。也就是说，它们不能形成凝胶，做粉丝、粉皮甚至凉粉都不可能了。豆沙在烹调中也不能用来勾芡。因此，如果要分离出赤豆、绿豆、蚕豆、豌豆等类种子中的淀粉，最好的方法是将生豆浸泡，然后带水磨碎，因豆皮以粗纤维为主要成分，在水中不易被磨碎，又因为豆类淀粉主要为结构相对简单、分子量较小的直链淀粉，在温水中有较大的溶解性，所以将磨碎的豆泥充分加水搅拌，可以使大部分淀粉转入水中，过滤去渣后静置，豆类淀粉便会沉降下来，滗去其上层清液，再加水搅匀，洗去附着在淀粉上的异味小分子，再沉淀除去水分，得到的是纯豆类淀粉。用这种方法制得的豆类淀粉，其蛋白质含量较少，大部分没有溶解的蛋白质遗留在豆渣中。少量溶解在水中的蛋白质，因其形成亲水的高分子溶液属于亲水溶胶，所以它们是不会和淀粉分子一起沉淀的。

羹，是我国先民早已食用的菜肴形式，勾芡是中国烹饪早已有的技能之一，因此对于淀粉糊化反应的利用早已有之，制造植物淀粉的技术也应该早已掌握，然而在古文献中却没有任何反映。直到南北朝时，《齐民要术》卷八《羹臛法第七十八》所述的烹羹方法，糊化剂均用“米”，并没有提到粉。我们现代叫作粉丝的食品，最早见于宋孟元老的《东京梦华录》和陆游的《老学庵笔记》，当时叫“索粉”，至今江苏的苏、锡、常地区还称粉丝为索粉，元代忽思慧的《饮膳正要》卷一《聚珍异馔》中有“搊（chōu，抽）粉”，元代杂剧中常有“粉汤”或“瓢漏粉”的说法，或许都是今天的“粉丝汤”，而明代沈榜的《宛署杂记》中已有称为“水粉”的食物。今天我们知道，这些食物都是豆类淀粉经糊化作用而成的淀粉凝胶，但这些史料出现的年代和豆腐一样，都嫌太晚了。

豆腐是大豆蛋白质凝胶，粉丝等是淀粉凝胶，笔者在这里把它们扯到一起，就是想解读打虎亭汉墓的那幅图。按陈文华先生的摹本，笔者以为第 1 单元是浸豆，第 2 单元是磨粉，第 3 单元是滤渣，第 4 单元是洗粉，第 5 单元是压平。但笔者的看法也有两个软肋：第一，有关豆类淀粉的制法，于史无据；第二就是第 5 单元，笔者并未见到过用压榨法制粉的情况，在笔者故乡苏北地区，制豆类淀粉的最后一步，是将经过洗涤的湿粉转移到一布兜中，悬空吊挂，任水淋干后倒出曝晒，其粉块呈一大砣形，所以俗称“砣粉”。有鉴于这两点，想来学术界也不能同意笔者的观法，那么那幅图究竟该如何解读呢，仍应继续探讨。

豆腐发明时间的第二种意见是五代说，所据为陶穀的《清异录》卷上谓青阳县丞“洁己勤民，肉味不给，日市豆腐数个，邑人呼豆腐为小宰羊”。白纸黑字，铁板钉钉，再也没有否定的意见了，只不过人们总觉得太迟了，难免遗憾。

二、变蛋(皮蛋)

1956年，毛泽东在北京对音乐工作者谈话时说：“中国的豆腐、豆芽菜、皮蛋、北京烤鸭，是有特殊性的，别国比不上，可以国际化……”(《新华日报》1979年9月9日)。的确，豆腐和皮蛋是中国人对食品制造业的伟大贡献，也的确已经走向世界。

皮蛋又称变蛋、变味蛋、松花蛋、花皮蛋、溏心蛋、彩蛋等，但其最早的名称，根据已发现的文献证据，应该是“牛皮鸭子”。鸭子即鸭蛋，有的地方也称鸭卵。皮蛋制作技术发明于何时？和众多生活名物一样，往往没有确切的历史记载，从而给一些好事者留下了相关传奇的创作空间。例如有一种说法，说明朝泰昌年间，江苏吴江县(现为吴江市)一家小茶馆的老板在接待客人时，常随手将茶叶渣倒在灰堆上，恰巧他家养的几只鸭子喜欢在灰堆上下蛋，有时候捡蛋会有遗漏。后来清理灰堆时，发现了不少鸭蛋，以为不能吃了，结果剥开一看，不仅色如琥珀，还有一股诱人的香气，而且口味也很好，皮蛋就这样发明了。仔细一想，这个传奇故事实在太玄了，因为泰昌是明光宗朱常洛的年号，可他即位一个月就呜呼哀哉了，后来史家以万历四十八年(1620年)为泰昌元年，皮蛋竟然偏偏在这时发明，如何可信？因此，只好作为茶余酒后的琐谈。但此事被一些著名的饮食史(如徐海荣《中国饮食史》)采录，所以笔者也录此存照。

客观地讲，皮蛋的发明得到腌蛋的启发，那是合乎情理的。早在贾思勰《齐民要术》卷六《养鹅、鸭法第六十》中就有腌咸鸭蛋的方法：取没有交配过的雌鸭所生不能孵化的鸭蛋，“取杭木皮，净洗细茎，剉煮取汁。率二斗，及热下盐一升和之。汁极冷，内瓮中，浸鸭子。一月任食。煮而食之，酒、食俱用。咸彻则卵浮。”这一段话，贾思勰原来加了几处注，笔者以为没有引的必要，但第一句关于“杭木皮”，贾用了60多字的详注，缪启愉在作《齐民要术校释》时做更详细的考述。对于这些，笔者认为也没有摘引的必要，只是指出，原来腌咸蛋时，除了盐以外，本来就要加一些植物组织，大概是用于染色或防腐的。

到了明朝末年，曾经做过崇祯时宫廷食官的戴羲，写了一本《养余月令》，其中有制牛皮鸭子(即皮蛋)的配方和制法：“牛皮鸭子每百个用盐十两(16两制)，栗炭灰五升，石灰一升，如常法腌之。入坛，三日一翻，共三翻。封藏一月即成。”这个方法，和腌咸蛋相比，便是腌渍液的碱性大大增加了。因为栗炭灰中含有碳酸钾，再加上石灰与水作用生成的氢氧化钙，它们的水溶液都显碱性，浓度越大，其pH值越高；而鲜蛋蛋白的pH为7.3—8.0，蛋黄的pH为6.2—6.6，在如此强的碱性条件下，必然产生变性凝固，时间久了以后，蛋白和蛋黄都会失去流动性，而咸蛋如不煮熟，则会始终保持蛋白和蛋黄的流动性，说明仅有食盐的作用只能防腐，而不会像皮蛋那样失去流动性。如果配方中碱液浓度适当，可以制得蛋白凝固而蛋黄中心仍有流动性的溏心皮蛋。

鸡蛋、鸭蛋、鹅蛋，甚至鹌鹑蛋，都可以用来制皮蛋，不过以鸭蛋最好，因为鸭蛋的外壳稍厚，不易破碎，而且大小适中。制皮蛋的方法大体上可分3种：一是浸渍法，即上述《养余月令》的方法；二是泥包法，即将食盐、口碱（碳酸钠）和石灰等混合在较厚的泥浆中，将这种泥浆包在鸭蛋上，外面滚粘一层稻壳，这是最常见的方法；三是将食盐、草木灰和消石灰混和均匀，然后将鸭蛋浸在冷的厚粥状态的混合物中，取出滚粘上一层盐灰混合物。不管用什么方法，其效果是一样的。

过去，皮蛋制作者常将盐碱配方作为技术诀窍，秘不示人，甚至有说以松枝灰代一般草木灰，可以使成品产生松花，故称松花蛋。实际上，传统配方中都加了密陀僧，即氧化铅，它在强碱性条件下转化成 $Pb(OH)_2$，Pb^{++} 是很强的蛋白质沉淀剂，接触到 Pb^{++} 的部分蛋白，首先凝固，形成松花。现在人们的科学水平普遍提高了，知道铅是对人体有害的元素，所以在皮蛋制作中早已禁用密陀僧。但也有人用无害的氧化锌代替。

第四节　甜味剂的制作

甜味是世界上所有人类的共同追求，我们中国古人在五行学说中将甜味定为土行。《尚书・周书・洪范》有云：“土爰稼穑，稼穑作甘。”土行在方位上处于中央，所以甘（甜）味是五味的中心。然而味觉上的甜味感却并不如酸、咸、苦、辛那些味易得，古人最早能够获得的甜味剂应该是野生的蜂蜜。我们目前从先秦古籍中确知的甜味剂是蜜、饴和蔗浆。

一、蜂蜜

蜜是常用的甜味剂，《礼记・内则》云：“枣、栗、饴、蜜以甘之。”野生的蜂蜜在当时一定很珍贵，所以才想到要人工养蜂取蜜。有人认为我国人工养蜂的历史不会早于汉代，但最可靠的记载见于西晋张华的《博物志》卷一〇《杂说下》：“以木为器，中开小孔，以蜂蜜涂器，内上令遍。春月蜂将生育时，捕取两三头著器中，蜂飞去，寻将伴来。经日渐益，遂持器归。”不过当时并不普遍，否则《齐民要术》不会不提及养蜂。但唐宋以后已经普及，特别是宋代发明的蜜饯，原名“蜜煎”，蜜的用量一定很大。北方的辽金也是如此，就连西夏也大量食蜜，现存西夏文书《文海》释“蜜”字：“蜜蜂作业，采诸花味混为蜜汁，甜也。”元代写养蜂取蜜的文献更多，官刻农书

《农桑辑要》有："人家多于山野古窑中收取，盖小房，或编荆囤，两头泥封，开一二小窍，使通出入。另开一小门，泥封，时时开却，扫除常净，不令他物所侵。秋花凋尽，留冬月可食蜜，(蜜)脾割取作蜜、腊。"蜜脾即巢脾，是由工蜂泌蜡造成的连片蜂房，为蜜蜂产卵、发育和贮蜜的场所。土法取蜂，一般是将巢脾割下用布包裹，绞取其中所贮蜜汁，绞蜜后已绞坏的巢脾可以熬制提炼成黄腊。王祯《农书》和鲁明善《农桑衣食撮要》亦有类似的记述。割蜜的时间各地不同，贾铭的《饮食须知》说："凡取蜜，夏、冬为上，秋次之，春则易发酸。"(以上均摘自徐海荣《中国饮食史》有关章节)。明清以后，养蜂规模又有所扩充，但将蜜蜂作为经济昆虫以及用现代方法炼制蜂蜜并制取副产品(如蜂胶等)，则是20世纪以后的事情了。

二、饴糖

"饴"，有人说就是麦芽糖，这话不确切。因为一般的"饴"都是淀粉水解的产物，其中除了麦芽糖外，还有比例相当大的分子量大小不等的糊精。麦芽糖纯品具有很好的结晶形态，但市售的麦芽糖，要么是黏糊糊的糖浆，要么是软乎乎的像橡皮，它们都是麦芽糖和糊精的混合物。稍有化学知识的人都知道，淀粉是一类分子形状各异和分子量大小不等的高分子碳水化合物，将它彻底水解，得到的唯一产物是葡萄糖。但在自然状况下，无论是我们人类口腔中的唾液淀粉酶，还是谷芽(中国古人叫"糵")中的糖化酶，都达不到这一点，它们都只能使淀粉水解到麦芽糖这一步，而每个麦芽糖分子都是两个葡萄糖分子脱去一个水分子形成的。对于这一点化学常识，在古代所有用咀嚼的方法给自己的婴儿喂食的母亲，和用麦芽制饴的人们，都不可能懂得。但他们都知道，经过咀嚼的饭食或用麦芽发酵过的粮食，都有甜味，而人们又追求甜味，所以饴就成了人们常用的甜味剂，也是人类历史上第一个经过原始加工的甜味剂。所以《诗经·大雅·绵》云："周原膴膴，堇荼如饴。"这句话意思就是说，岐周平原(周原)水土肥美，堇菜和荼(苦)菜都像饴糖一样甜，这说明至迟西周初期就有了饴，因此它的发明可以上溯到殷商时期。

东汉许慎的《说文》中已有"饴"字，"饴，米糵煎者也。"段玉裁注曰："者字今补。《米部》曰：'糵，芽米也。'《火部》曰：'煎，熬也。'以芽米熬之为饴，今俗用大麦。《释名》曰：'饧，洋也。'煮米消烂，洋洋然也。饴，小弱于饧，形怡怡也。《内则》曰：'饴蜜以甘之。'"而西汉时扬雄《方言》则说："凡饴谓之饧，自关而东陈蔡宋卫之通语也。""关"指函谷关，因而后世沿用把饴称为"关东糖"。近代更有人将《楚辞·招魂》"粔籹蜜饵，有餦餭些"中的"餦餭"，释为"饴糖块"。这原是东汉王逸的解释。而《方言》卷一三又有"饧谓之餹"。长沙马王堆汉墓遣策有"餹一笥"，江苏邗江胡场汉墓也有"饧一笥"的食盒。这样，饴、饧、餹都是指以"米糵煎者也"的麦芽糖浆。这个"餹"字就是"糖"的异体字。

真正记述饴糖制法的还是《齐民要术》，其卷九《饧餔第八十九》，共介绍了4种："煮白饧法"，主要是用"白芽"，其中又分别用稻米、粱米和稷米3种原料；"黑饧法"，用"青芽"；"琥珀饧法"，用"大麦蘖末"；还有"《食经》作饴法"，只讲用"蘖末"。这几种方法的工序实际上是一样的，就是将原料米淘洗极净，煮沸成饭，摊凉后均匀地和以蘖末，每石和蘖末的比例在五升到一斗之间，装入瓮中，覆盖保温，冬季一日，夏季半日，视米消融后淋入沸水，搅后静置，取上层液体入釜，以缓火煮之，注意勿令焦，并不时扬汤以防溢锅，煮至一定程度停止放冷，即得饧。

另有"煮餔法"，用黑饧蘖（即青芽）末一斗六升，"杀米一石"，如上法煮饭，拌蘖末，水解，取汁煎熬，煎熬时用匕匙搅动，最后即成"餔"。看来这种"餔"即橡皮样的饴糖块，因为搅动时空气泡进入饧中，形成气溶胶，便可以成形了。以前农村中收废品的小贩即以这种麦芽糖块，从孩子们手中换取他们从家中拿来的废铜烂铁，那是农村孩子最大的乐趣之一。

《齐民要术》卷八《黄衣、黄蒸及蘖第六十八》中有专门的"作蘖法"："八月中作，盆中浸小麦，即倾去水，日曝之。一日一度着水，即去之。脚生（即小麦开始生芽），布麦于席上，厚二寸许。一日一度以水浇之，芽生便止。即散收，令干，勿使饼；饼成则不复任用。此煮白饧蘖（即前述之'白芽'）。若煮黑饧，即待芽生青，成饼，然后以刀劙（lí，割）取，干之。欲令饧如琥珀色者，以大麦为其蘖。"

饧糖制造技术，魏晋时即已成熟，在《齐民要术》之后，并没有质的进步。

三、蔗糖

"糖"这个字由"餹"衍生而来，《齐民要术》卷九《饧餔第八十九》有"白茧糖"和"黄茧糖"的做法，虽然那是做馓子，但已有"糖"字。

我国用于制糖的原料是甘蔗，我国也是甘蔗的原产地之一。应该说，在"神农尝百草"的时代就知道它是甜的了。但真正利用甘蔗调味，目前最早的文献根据是《楚辞·招魂》："胹鳖炮羔，有柘浆些。"柘是甘蔗的古名，因此柘浆就是甘蔗汁。秦汉以后，出现了"石蜜"这种食品，应该是蔗糖了，但它并非产自本土，张衡《七辩》明确说："沙饴石蜜，远国贡储。"而魏文帝曹丕在《诏群臣》中明确指出，石蜜来自"西国"。这种境外来食，当属于高级奢侈食品，曹丕曾将五饼石蜜送给孙权（《太平御鉴》卷八五七引曹丕《与孙权书》）。不过在汉晋就有石蜜系来自西域和南方交趾的不同说法。《齐民要术》卷十"甘蔗"条引《异物志》曰："甘蔗，远近皆有。交趾所产甘蔗特醇好，本末无薄厚，其味至均。围数寸，长丈余，颇似竹。斩而食之，既甘；榨取汁为饴饧，名之曰'糖'，益复珍也。又煎而曝之，既凝，如冰，破如博棋。食之，入口消释。时人谓之'石蜜'者也。"这条资料不足以说明南北朝时我国已经制糖，因为贾思勰是把它当作境外异食来看待的。而且，在魏汉之前，也曾经将野生蜂蜜称石蜜。

唐太宗时，曾派人到摩伽陀国学习熬糖的方法，有敦煌文书为证，季羡林先生对此曾专门研究，认为这是印度制糖法传入中国的根据。《新唐书·西域传》和《唐会要》均有记载。

宋代王灼（宋高宗绍兴年间人）的《糖霜谱》，虽然不足4万字，却是我国历史上第一部糖学著作，他是四川遂宁人，故所记遂宁制糖事甚详。据他说，唐大历（766—779）年间，有一个称邹和尚的僧人，在小溪县（今遂宁市）涪江东20里的缴山，利用当地广种的甘蔗，教人制糖霜。按王灼的说法："糖霜，一名糖冰。福唐（今福建福清）、四明（今浙江宁波）、番禺（今广东广州）、广汉（今四川广汉）、遂宁有之，独遂宁为冠。四郡所产甚微而碎，色浅味薄，才比遂宁之最下者。"视此，宋代遂宁是蔗糖生产技术水平最高的地方。然而《糖霜谱》所载的制糖方法不过是压榨取汁、浓缩结晶而已，所谓糖霜，即是砂糖。而制糖的关键技术在于去杂，即糖水的脱色脱臭，否则，得不到白色的纯糖。

元代的《农桑辑要》也记述了制糖方法，但仍未提到脱色脱臭。而马可·波罗的《马可波罗行记》则提到：在福建省一个城市中，有阿拉伯人"授民以制糖术，用一种树灰制造"。这里所述的"树灰"，显然是未燃尽的木炭，它是一种很好的脱色、脱臭剂，具有很强的吸附能力。

对于制糖技术描述得最清楚的是明代宋应星的《天工开物》，其《甘嗜》篇比较详细地介绍了甘蔗种植和蔗糖制造方法，最可贵的是他绘制了榨汁和澄结糖霜的图（图3-4-1至图3-4-2），并且做了具体说明。宋应星介绍的炼糖方法分为三级，即蔗汁"经炼为赤糖，再炼燥而成霜为白糖"，将白糖再炼成冰糖，先将蔗汁加入0.5%的石灰（即"每汁一石下石灰五合"），这一步很容易理解，因为蔗汁乃甘蔗的自然汁，其中必杂有大量酸性杂质，加石灰可以使它们中和除去。"凡取汁煎糖，并列三锅如品字，先将稠汁聚入一锅，然后逐加稀汁。两锅之内若火力少束薪，其糖即成顽糖，起沫不中用。"这种"顽糖"，实际上是糖的过饱和溶液吸附了水蒸气引成泡沫，从而无法结晶，故而"不中用"。明代的制糖技工全凭经验，他们懂得如何看"水花"，煮沸后"以手捻试，黏手则信来矣"。转入桶中贮存冷凝后即成黑沙，这便是赤（红）糖。从赤糖制白糖的方法是取一陶质漏斗（"瓦溜"），置于大缸上，先用草塞住漏斗出口孔，再将黑沙倾入漏斗中，待黑沙结定后，取去塞孔的草，然后以配好的黄泥水淋下，黑沙中的杂质即随黄泥水一起流下，流入缸中，漏斗中的蔗糖即结晶析出，其"最上一层厚五寸许，洁白异常，名曰洋糖（宋自注：西洋糖绝白美，故名），下者稍黄褐"。想不到我们中国无名氏发明的蔗糖制造术中脱色、脱臭、去杂是靠石灰和黄泥水来实现的。研究印度古文字、古文化的大师季羡林先生对此大加赞赏，他主编的"东方文化集成"丛书的第一种，就是他自己撰写的《文化交流的轨迹——中华蔗糖史》（昆仑出版社2010年版），这是一部严谨的中国制糖史。的确，在工艺上以黑沙做固定相，用黄泥水做流动相，竟然能使红糖变白糖，这竟然和 20 世纪 30 年代才开发的色层分离法使用的是同一个原理；而这一原理最早是 1906 年由俄国植物学家茨维特（M. C. Uвет，1872—1919）发现的，他用这种方法分离了植物色素。这一技术也告诉我们，在文化史研究中，常常涉及科学技术问题，如果离开科学技术本身，去做纯文化的推断，或者一味抄摘古人的配方，常常没有太大的现实意义。

图 3-4-1　制糖之一榨甘蔗取汁

（宋应星《天工开物・甘嗜》）

凡造獸糖者每巨釜一口受糖五十斤其下發火慢煎火從一角燒灼則糖頭滚旋而起若釜心發火則盡盡沸溢于地每釜用雞子三个去黄取清入冷水五升化解逐匙滴下用火糖頭之上則浮漚黑滓盡起水面以笊籬撈去其糖清白之甚然後打入銅銚下用自風慢火温之看定火色然後入模凡獅象糖摸兩合如瓦爲之杓寫糖入餽手覆轉傾下模冷糖燒自有糖一膜靠模凝結名曰享糖華筵用之

图 3-4-2　制糖之二粗糖提炼

（宋应星《天工开物・甘嗜》）

至于用洋糖造冰糖，宋应星介绍的方法是将白糖置于巨釜中，加热使糖熔化，并逐渐加入鸡蛋清溶液，液面会生成黑的浮滓，以笊篱捞去，然后将糖液倒入事先备好的模具中，冷却即成各种形状的冰糖，古人常喜欢做成狮象等兽形糖块。

《天工开物》所述的已是我国传统制糖技术的顶峰，而西方近代制糖技术则是“西学东渐”以后的事情。至于制糖科学中的中文著作，我们今天所能见到的乃是发酵专家陈驹声在 1939 年所撰写的《精糖工业及糖品分析法》，也是上海商务印书馆“大学丛书”中的一种。至于用甜菜制糖，那是在北方地区普种甜菜之后发展起来的，不过甜菜糖汁的制取方法不同于甘蔗，是将甜菜粉碎后用水浸渍而得到的。由于甜菜糖的成本高于甘蔗糖，后来就萎缩了，但我国仍有相当数量的甜菜糖。全世界都是如此，即以 1998/1999 年度计，当时全球原糖产量为 1.265 亿吨，其中甘蔗糖为 8990 万吨，甜菜糖仅为 3660 万吨。

第五节　制　　盐

一、食盐和生命

盐是什么？在当代，至少有两层意思：一是化学科学中，盐是指酸或酸性氧化物与碱或碱性氧化物反应后的生成物，是一大类物质的总称；二是重要的咸味调味品，经过化学科学的确认，其唯一或主要成分是氯化钠，因其为人类饮食所不可或缺，所以又叫作食盐。我们在这里所讨论的就是这种食盐。近现代生理科学告诉我们，把食盐仅仅视为调味品，那实在是太小看了它。氯化钠是强电解质，所以在水中，都是以离子状态存在的，在人体内也是如此。正因为它的这种性质，所以它在生理活动中扮演重要角色，是人体正常代谢活动中绝对不可少的营养物质，钠和钾的平衡是一切生物必不可少的物质平衡系统之一，人更是如此。1 个体重 70 千克的人，其体内约含钠 100 克，钾 250 克。而且这些钾都存在于细胞之内，钠则几乎存在于所有体液之中（动物都是如此）。以血液来说，血球内的钾远比钠多，血浆内的钠远比钾多（人体血球内的钾含量比血浆内钾含量高 34 倍）。

现代生理化学早已经探明，钾、钠在代谢上的功能为：①调节细胞、体液之间渗透压和水平衡，因为这种平衡存在于细胞膜的内外两侧，所以是最重要的生理膜平衡；②钠和钾离子都是生理缓冲体系的重要组成部分，它们都参加体内酸碱平衡的调节机制，所以人体任何一种生理溶液（如血液、淋巴液等）都有恒定不变的 pH 值，即使外部有强酸或强碱侵入，这个缓冲调节体系也立刻将其消弭，以维持不变的 pH 值；③调节肌肉的正常敏感度，生理化学家已经可以用下列公式表示这种敏感度：肌肉敏感性$=(Na^{+}+K^{+}+OH^{-})/(Ca^{++}+Mg^{++}+H^{+})$，这里的每一种离子符号即代表它们在肌肉中的浓度。如果分母值大于分子值，即表示敏感性减退，所以 Ca^{++} 和 Mg^{++} 是敏感抑制剂。反之，分子值大于分母值，即表示敏感性增强，所以 Na^{+} 和 K^{+} 是肌肉敏感作用的增强剂；④钠、钾离子参加生物体内酶的作用机制。

生物体内钠、钾离子的生理作用都是和氯离子（Cl^{-}）结合进行的，此外，氯离子还能形成各种体液（包括血、尿、汗和各种消化液，甚至眼泪）的成分，特别是形成胃酸中的盐酸。此外，氯离子还是唾液淀粉酶的激活剂。

钠、钾和氯离子都是生物体代谢过程不可缺乏的物质，每日每时都有一定数量的钠、钾和氯以离子的形式排出体外，其排泄途径主要是尿，也有部分通过汗腺排出，排出的物质主要是氯化钠。一个正常人每 24 小时经尿排出的氯化钠约 15 克左右，但钾却只有 3.3 克。所以每天都必须以食盐的形式加以补充。我国人民的膳食结构以植物性食物为主，所以每天的食盐摄入量相对要大一些。郑集先生过去主张，一个正常成年人每天应摄入食盐10—15克。但是近年来，随着人民生活的改善，动物性食物的比例明显增加，其中原本就有相当数量的氯化钠，所以用于调味的食盐量应适当减少，否则会引起高血压和肾脏疾病。世界卫生组织建议的食盐平均摄入量为5克/日，中国营养学会建议为6克/日。一般而言，10克/日以下都应算是合适的。总而言之，我们每天都必须以食盐的形式摄入一定量的氯化钠，同时又要从蔬菜中摄入一定量的钾，以维持钠、钾和氯的平衡。

生理化学研究和医学临床实践告诉人们：当食物中缺少氯化钠时，就会使胃酸减少、食欲不振、软弱无力、生长迟缓、生殖能力下降，最后导致死亡。这是近代科学的结论。

传统中医学的头号经典是《黄帝内经》，《黄帝内经》的特色在于以阴阳五行说作为其理论框架，天地万物、体质食物乃至人的情志精神，都被纳入这个框架之中，这也许就是被反对者批判诟病的原因。但它讲平衡，而平衡就是和谐，也许这就是它的科学实质。正因为讲平衡，所以反对“太过不及”。《素问·天元纪大论》：“形有盛衰，谓五行之治，各有太过不及也。”《黄帝内经》以五行说归纳的范畴很多，五味便是其中之一。这个“味”有时指食物，如《素问·藏气法时论》的“五谷为养，五果为助，五畜为益，五菜为充”，其谷、果、畜、菜皆有五味之别；有时似乎指近代意义上的营养，如《素问·阴阳应象大论》中“酸生肝，肝生筋”（王冰注“肝之精气生养筋也”）、“苦主心，心生血”（王冰注“心之精气生养血也”）、“甘生脾，脾生肉”（王冰注“脾之精气生养肉也”）、“辛生肺，肺生皮毛”（王冰注“肺之精气生养皮毛”）、“咸生肾，肾生骨髓”（王冰注“肾之精气生养骨髓”）。然而，仔细揣摩这些概念，它们和近代生理科学压根对不上号，令人匪夷所思。但在更多场合，味就是指饮食，这也是最普遍的用法，有时还符合人们的生活经验，例如《灵枢·五味论》是以黄帝和少俞对话问答的形式讨论五味所走。现以咸味为例。“黄帝曰：咸走血，多食之，令人渴，何也？”少俞为此做一通玄之又玄的解释，很难理解，但多吃咸的食物导致口渴，这是大家普遍的感觉。假如我们不管这套烦琐哲学，只问“太过不及”的危害，仍以“咸味”为例。《素问·生气通天论》：“味过于咸，大骨气劳，肌短，心气抑。”王冰解释说：“咸多食之，令人肌肤缩短，又令心气抑滞不行，何者？咸走血也。大骨气劳，咸归肾也。”我们姑且不论这些说法正确与否，只问咸是否指食盐？非也！全本《黄帝内经》没有一个“盐”字，但在《素问·藏气法时论》中明确说：“大豆、豕肉、栗、藿，皆咸。”视之，《黄帝内经》所说的“五味”与人的味觉无关。至于“咸味”不及的危害，压根儿就没有提到。《黄帝内经》所讲的平衡，均归之于阴阳，有时就难免牵强了。

中医的另一部重要典籍是《神农本草经》，在其“下品”药中有：“卤咸，味苦咸寒。主治大热，消渴，狂烦，除邪，及吐下蛊毒，柔肌肤。大盐，令人吐。戎盐，明目，目痛，益气，坚肌肤，去蛊毒。生地泽。”曹元宇先生做过集注，指出卤咸、大盐、戎盐都生于河东盐池(今山西运城盐湖),大盐和戎盐都是氯化钠,卤咸成分复杂,是多种无机盐的混合物,这在陶弘景的时代就已经认识了,但对它们的生理功能,传统医学一直未关注,所以人们只有凭自己的味觉感受来认识它们,所以从"若作和羹,尔惟盐梅"起,一直就把盐做调味品,至于盐吃多了,口渴,盐吃少了无力,从来也没有做过认真的研究。

关于盐的调味功能,《汉书·食货志》说:"夫盐,食肴之将。"这句出自王莽之口的高论向来为食文化学者所重视。而陶弘景在《名医别录》中的认识则进了一步,他说:"五味之中,惟此不可缺。"陶弘景把食盐纳入咸味,并指出食用盐的数量多寡会对人体造成不同的损益。可惜在他之后的王冰在整理注释《黄帝内经》时却没有考虑这一点。但是唐宋八大家之一的柳宗元在《晋问》中说:"猗氏之盐,晋宝之大者也,人之赖之与谷同。"柳宗元自己就是河东解州人,所以对盐有深刻的认识,他所说的"猗氏之盐"出自《史记·货殖列传》的"猗顿用盬(gǔ)盐起"。据说这个猗顿原为鲁国穷士,他一边牧羊,一边经营盬盐,因而成了富豪,他可是中国历史上第一个盐商。"盬"是有苦味自然结晶的盐块,用现代化学知识很容易解释,自然结晶盐因杂有镁盐,故有苦味。山西一直有个猗氏县(西汉时就设立了),1954 年才和临晋县合并成今天的临猗县,可见这个"猗氏"的影响之大。

古人中对盐真正有科学认识的是明代的宋应星,在《天工开物·作咸》的开头写道:"宋子曰:天有五气,是生五味,润下作咸,王访箕子而首闻其义焉。口之于味也,辛酸甘苦,经年绝一无恙。独食盐,禁戒旬日,则缚鸡胜匹,倦怠恹然。岂非天一生水,而此味为生人生气之源哉。四海之中,五服而外,为蔬为谷,皆有寂灭之乡,而斥卤则巧生以待,孰知其所以然。"

《天工开物》首刊于明崇祯十年(1637),是时近代生理化学尚未建立,宋应星不知盐生理作用之"所以然",我辈后人,完全可以理解。但他对食盐的认识,在近代生理化学进入中国之前,似乎无人在他之上,"食圣"袁枚,乃至 20 世纪作家陆文夫写《美食家》,都还只是凭舌头的感觉来说话的。笔者的这个结论,当然要除去生理学、生物化学和近代医学的执业人士。但这些人士关心的是盐科学,而不是盐文化,所以,食盐仍跳不出调味品的圈子。

二、盐文化

20 世纪 90 年代初,季羡林、汤一介和孙长江三位先生主编了一套"神州文化集成"丛书,"其经济与科学类"中有一本由柴继光著的《中国盐文化》(新华出版社 1991 年版),虽然只有 11 万多字,但它却是一本难得一见的、把盐文化和盐科学结合在一起的、优秀的普及读物,特别是对池盐文化和华夏古文明的关系,做出了令人信服的概括。在该书的开头,原著者引用了美国学者 A. H. 恩斯明格等人在《食物和营养百科全书——营养素》一书中的一段话:“食盐在人类历史上占有独特的地位,为了盐曾发生过多次战争,有些王朝因为得盐而得以建立,另一些王朝因得不到盐而崩溃;甚至人类文化也是在产盐地周围发展起来的。”书中还收集了外国的盐文化史料,来证明这个结论的正确性,例如《摩西法典》和《圣经》里都有关于盐的叙述,在古希腊、古罗马时期,盐曾经是货币载体,奴隶买卖和黄金交易都曾以盐为媒介,买一个奴隶要有和体重相等数量的盐,罗马士兵的部分薪金就是盐,拉丁文食盐 salarium 在英文中演绎成多种词汇,诸如 salary(薪水)、sale(卖售)、salt(盐、咸味)、saline(咸的)等。盐也被用来表示尊敬,中世纪英国皇家宴会以“盐窖的上方”为尊位;苏联以敬献面包和盐为大礼……再如,我国有许多少数民族地区至今还流行多种以盐为载体的风俗礼仪。而真正成长为我国盐文化核心的还是河东地区的池盐文化。

我们常说黄河是中华民族的母亲河,而这位伟大母亲的乳房便是河东地区。黄河在经过内蒙古河套地区以后进入山西、陕西两省的边界,大约从内蒙古的螅蜊谷到山西芮城的风陵渡这一段,黄河的走向基本上呈南北方向,河东边是春秋时的晋国,河西边便是秦国。古河东实际上指的是黄河由南北走向再度折向东流的晋南运城地区,这里以解州盐池为中心,是华夏古文明最辉煌的发祥地。今天的运城,距西安 230 公里,距郑州 350 公里,距太原 380 公里。在以运城为中心的三角地带,几乎一直上演着中华民族悲壮的历史事件,而以解州盐池为中心的这一小块地方,自古就有“帝王所都”的说法。汉末刘熙载在《释名》中说:“帝王所都曰中,故曰中国。”以致有人说,最早叫作“中国”的地方便是河东。司马迁作《史记》,第一篇便是《五帝本纪》,而我国自古就有“三皇五帝”的说法,但是三皇五帝的具体称谓,自古就有不同的说法,如班固《白虎通德论 · 号》说:“三皇者何谓也? 谓伏羲、神农、燧人也。或谓伏羲、神农、祝融也。”“黄帝、颛顼、帝喾、帝尧、帝舜,五帝也。”可司马迁从五帝写起,不言“三皇”,是司马迁认为从黄帝起,我们华夏族才有国家制度,才有君臣之礼。中国历史传说中最早的两次战争,一是黄帝轩辕氏和炎帝神农氏之间的战争,司马迁说:“炎帝欲侵陵诸侯,诸侯咸归轩辕。轩辕……与炎帝战于阪泉之野,三战,然后得其志。”“蚩尤作乱,不用帝命。于是黄帝乃征师诸侯,与蚩尤战于涿鹿之野,遂禽杀蚩尤。而诸侯咸尊轩辕为天子,代神农氏,是为黄帝。”很明显,炎帝和蚩尤的命运是不同的,炎帝臣服了,所以未提杀他之事,而蚩尤被杀了。解州盐池的卤水是红色的,一直被称为“蚩尤血”。那么这两次战争的战场阪泉和涿鹿在什么地方呢? 涿鹿这个地名在今天的河北省,叫作“涿鹿县”(现称涿州),在县东南有个阪泉,可惜这个地方已靠近北京了,离运城似乎远了点。所以有了另一种说法,即涿鹿、阪泉都在解州盐池附近。宋沈括《梦溪笔谈》卷三《辩证一》说的就是解州盐池,说:“解州盐泽方百二十里。久雨,四山之水悉注其中,未尝溢;大旱未尝涸。卤色正赤,在版(阪)泉之下,俚俗谓之蚩尤血。”今盐池南有蚩尤城和蚩尤冢的存在。故而人们根据地上名胜和地下考古发掘推断，这两次大战的战场就在盐池附近，争夺的正是人们赖以生存的解州池盐，黄帝最终取得了胜利，并且建立了早期的政权雏形。这两次战争是中华民族第一次大融合，华族由此形成。所以司马迁称他为五帝之首。

据说，黄帝死后，葬于桥山，即今天的陕西黄陵，虽在河西，但也说明了黄帝时代中华民族的繁衍生息之地，河东盐池一带是首选地区。可是，我们至今还没有发现黄帝的都城，也许那时还没有都城的概念。不仅他没有，在他之后的颛顼高阳氏、帝喾高辛氏都没有都城。但是再后便有尧都平阳、舜都蒲坂、禹都安邑的说法。其中尧都平阳即今天的山西临汾，距盐池约 140 公里，该地早有名胜尧庙，更有力的证据是 2001—2003 年在临汾附近的襄汾陶寺，发现了早期的小城，出土了朱书在陶器上类似文字的符号。反过来可以确证《尚书 · 尧典》的可靠，诸如此类的证据还有很多。由于陶寺遗址距平阳仅 30 公里，所以考古界认为这便是尧的都城。舜都蒲坂距盐池约 60 公里，在今山西永济县境内，而舜帝陵即在盐池附近，陵前有 4000 年前的古柏，使得人们不得不放弃舜的居住地在冀州、兖州、会稽、汉中、零陵等多种不同的说法。而禹都安邑，即禹王城，此地离盐池仅 20 公里，20 世纪 70 年代在山西夏县发掘的东下冯村夏文化遗址，在盐池附近的黄河两岸先后发掘了夏文化遗址数十处。另外河南郑州、安阳一带的殷商遗址，陕西的姬周部落活动遗址，也都在解州附近及其周围地区。因此，人们有充分的理由相信，解州盐池是“中国”的肇始，是华夏文明的早期发祥地，而所有这一切，都和盐有密切的关系。

其实，中国西北部的内蒙古、宁夏、青海、甘肃、新疆等省区，天然盐池非常多，著名的青海湖是中国最大的内陆盐湖。有些盐湖属于固相盐湖，所产之盐为天然结晶，质量很好，捞出来便可以食用。但由于其他自然因素，即使有盐也不一定适合人的居住，所以它们无法与解州盐池相比；就是到了近代，也因为地处边远，运输困难，那些盐业资源也很难利用。除了池盐，中国还有 18000 公里的海岸线和 5000 多个大小海岛。早在神农氏时代，就有“夙沙氏煮海为盐”(《世本》)的古老传说，夙沙氏也称宿沙氏，是 5000 多年前的神话人物，在神农氏尝百草之时，这位夙沙氏就已经知道从海中制盐了，此事早于黄帝发明釜甑“烹谷为粥，蒸谷为饭”之前，人们就已经知道要吃盐了，这可不是“若作和羹，尔惟盐梅”，仅把盐做调味品了。今天沿海各地(特别是山东和环渤海地区)的石器时代遗址，以及稍晚的西南地区的井盐，都说明中华民族各分支在其生长繁衍过程中，都与盐结下不解之缘。“渔盐之利”是我们在古代文献上常见的表示部族强盛的赞美之辞，曾经成就一些人的君王抱负，也曾经使一些人身首异处。表面上看，食盐是“国之大宝”“战略物资”，实际上，它和水一样，是生命的源泉。食盐经常成为政治斗争的手段。回想第二次国内革命战争时期和抗日战争时期，蒋介石政权和日本侵略者都曾经以食盐禁运的手段，试图扼杀摧毁根据地人民的斗争意志，因此发生过许多惊天地泣鬼神的悲壮史诗。而我国的食文化研究者，至今仍仅从调味的角度来解读盐文化，绝对是舍本逐末。

三、盐和国家财政

“盐政”在中国，是一门大学问，从古到今，吸引了一大批优秀人才。而这门学问的鼻祖，当推春秋末期的管仲。管仲其人和《管子》其书，我们在第一章已经予以介绍，按《汉书·艺文志》列入道家。管仲和孔子可算是齐鲁文化的两大代表，真是姜尚和周公的嫡系传人。孔子理想主义地提倡“君子喻于义，小人喻于利”(《论语·里仁》)；而管仲则认为好利乃是人的本性，在《管子·禁藏》中说商人外出，辛苦异常，但仍乐此不疲，利所驱使；渔人入海，凶险万分，但仍乐此不疲，因“利在水也”。所以他主张“治国之道，必先富民”，而对百姓“牵之以利”，就可以强国富民。孔子是伟大的思想家，但他却是失败者；管仲是务实的政治家，是成功者，他使得齐桓公“九合诸侯，一匡天下”。管仲所制诸多为政措施中，盐政具有开创性的大贡献，他所确立的盐税和食盐专卖制度，至今仍在执行。有人说，《管子·海王》篇是中国盐政之祖。具体地讲，就是“官山海”和“正盐筴”两条。笔者领会的“官山海”，就是山林海洋均为国家所有，因为“煮海为盐”需要燃料(那时主要是山林中的木材)和海水，都置于国家的控制之下，连带开矿炼铁都已控制了。至于“正盐策”，就是对食盐征税，而且税款纳入盐的售价之中，这样只要吃盐，便需要纳税。有人说这是一种“人头税”，笔者以为这是无孔不入的消费税。

盐税和盐业专卖制度从诞生之日起至今已经近2700年，其间也曾废过，但废的时间都很短，不过围绕盐铁是官营还是私营的问题，在西汉时就有过一场激烈的争论。记述这场争论的《盐铁论》，我们在第一章也做了介绍，其时辩论双方，那些贤良方正所持论点颇类于孔子，而辩论的另一方御史大夫桑弘羊的论点则类于管仲，但最后是贤良方正们胜了，桑弘羊败了(他后来以谋反罪被杀了)。汉昭帝曾下令“罢盐铁榷酤”，不过后来还是恢复了，封建国家绝对舍不得盐铁这块肥肉。

到了唐代，出了一位理财专家刘晏(718—780；唐玄宗开元六年—唐德宗建中元年)，字士安，曹州南华(今山东菏泽市西北东明)人。他在储售、转运粮食、盐铁等重要物资的工作中，利用国家权力的调控手段，做到“天下无甚贵贱而物常平”“敛不及民而用度足”。他改革、整顿盐法，在远离盐产地的地方设常平盐，缺盐时出售存盐，“官收厚利而人不知贵”，真是一位调控物价的高手。宋代沈括对他推崇备至，甚至《三字经》也写了他的事迹；可惜他本事太大了，招惹人怨，唐德宗李适刚接位，他就被杨炎诬陷而被杀害。

自从有了盐政，就有了控制市场的盐商。盐商中的豪富代代都有。早在唐代，白居易就写了一首《盐商妇》：“盐商妇，多金帛，……婿作盐商十五年，不属州县属天子。每年盐利入官时，少入官家多入私。官家利薄私家厚……”（《全唐诗》卷四二七）宋元以后的盐钞、盐引制度，造就了一代又一代的大盐商，清代的扬州盐商，几乎控制了国家的财政命脉，所以把盐仅仅当作调味品来认识它的文化价值，实在是文不对题。

四、制盐方法

地球表面存在的食盐，只有少量是结晶状态的固体，大部分都是氯化钠和其他无机盐的混合溶液，从这些混合溶液中提取相对纯的氯化钠，便是制盐操作的基本内容。关于盐的种类，最早见于文献的是《周礼·天官·盐人》：“盐人，掌盐之政令，以共百事之盐。祭祀，共其苦盐、散盐；宾客，共其形盐、散盐；王之膳馐，共饴盐；后及世子，亦如之。凡齐事，鬻盬以待戒令。”这说明周朝时已有了 4 种盐：苦盐，产于河东盐池的颗盐，也称大盐；散盐，产于齐鲁海边的海盐；形盐，做成虎形的块盐；饴盐，产于西部的戎盐。其中苦盐是天然晒制的，散盐是煮海水而得的，形盐和饴盐都是产于西部山区的戎盐。秦汉以后，大体仍如此。直到后魏贾思勰作《齐民要术》时，在其卷八有《常满盐、花盐第六十九》一节有云：

> 造常满盐法：以不津瓮受十石者一口，置庭中石上，以白盐满之，以甘水沃之，令上恒有游水。须用时，挹取，煎即成盐。还以甘水添之；取一升，添一升。日曝之，热盛，还即成盐，永不穷尽。风尘阴雨则盖，天晴净，还仰。若用黄盐、咸水者，盐汁则苦，是以必须白盐、甘水。
>
> 造花盐、印盐法：五、六月中旱时，取水二斗，以盐一斗投水中，令消尽；又以盐投之，水咸极，则盐不复消融。易器淘治沙汰之，澄去垢土，泻清汁于净器中。盐滓甚白，不废常用。又一石还得八斗汁，亦无多损。
>
> 好日无风尘时，日中曝令成盐，浮即接取，便是花盐，厚薄光泽似钟乳。久不接取，即成印盐，大如豆，正四方，千百相似。成印辄沉，漉取之。花、印二盐，白如珂雪，其味又美。

对于这一段文字，无须多加解释，所述乃以粗盐提纯的方法，用现代化学术语讲，即重结晶。

一直到了宋代，盐的产量大增，沈括在《梦溪笔谈》卷十一“官政”中说：“盐之品至多，前史所载，夷狄间自有十余种，中国所出，亦不减数十种。今公私通行者四种：一者末盐，海盐也，河北、京东、淮南、两浙、江南东西、荆湖南北、福建、广南东西十一路食之；其次颗盐，解州盐泽及晋、绛、潞、泽所出，京畿、南京、京西、陕西、河东、褒、剑等处食之；又次井盐，凿井取之，益、梓、利、夔四路食之；又次崖盐，生于土崖之间，阶、成、凤等州食之。”这里的阶州指今甘肃陇南市武都区，成州指今甘肃成县，凤州指今陕西凤县。

明代宋应星作《天工开物·作咸》时指出：“凡盐产最不一，海、池、井、土、崖、砂石，略分六种。而东夷树叶、西戎光明不与焉。赤县之内，海卤居十之八，而其二为井、池、土碱，或假人力，或由天造。总之，一经舟车穷窘，则造物应付出焉。”这就是说，明代的海盐产量已达总产量的80%，其他一共只占20%，而“东夷树叶(盐)、西戎光明(盐)”大概就是砂盐，中国是没有的。至于他说到的“土盐”，在随后解释中说的是“末盐”，是刮削地上盐霜(这是盐碱地上常见的)煎炼的，主要产地并州即今太原一带。长芦(今河北)也有这样制盐的，但“带杂黑，色味不佳”。而崖盐，因“海井交穷，其岩穴自生盐，色如红土，恣人刮取，不假煎炼”，其产地仍在“西省阶、凤等州”。可见，中国盐的大宗是海盐，其次是池盐和井盐。

制盐方法无非是“天日晒盐”和“人工熬卤”两种，从科学角度讲，氯化钠是天生的。所谓制盐，只不过是将它和其他混杂物分离而已。这些混杂物主要涉及的阳离子有Na^{+}、K^{+}、Ca^{++}、Mg^{++}，阴离子有Cl^{-}和SO_4^{2-}，NO_3^{-}极少，故不加考虑。这两大类离子阴阳组合成盐时，当有$NaCl$、KCl、$CaCl_2$、$MgCl_2$、Na_2SO_4、K_2SO_4、$CaSO_4$、$MgSO_4$ 8种中性盐。当这些中性盐共处于一种混合溶液中时，它们何者占优势，一方面决定于它们在地壳中的实际含量，另一方面也与它们在水中的溶解度有关，其中的$CaSO_4$(即石膏)很难溶解，这将大大降低混合溶液中Ca^{2+}和SO_4^{2-}的浓度。另外，各种盐在水中的溶解度也与温度相关，将溶解度与温度变化关系绘成曲线，叫作溶解度曲线。不同的盐，其溶解度曲线的走向和形状是不同的，一般的规律是温度升高，溶解度也加大，但氯化钠在这一点上很不敏感，它的溶解度随温度高低的变化很小。我们从曲线图(图3-5-1)中可以看出，它几乎就是一条平坦的直线。它的这种性质是我们在制盐工艺中一定要加以利用的。如果不懂得这一点，就会对“天日晒盐”“人工熬卤”的那些技术措施产生高深莫测的神秘感。

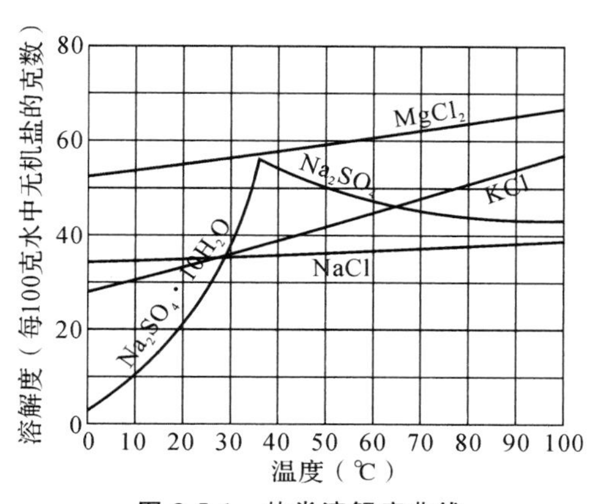

图3-5-1　盐类溶解度曲线

首先，讨论海盐的技术发展史。毫无疑问，最早的海盐生产就是煮海为盐，虽然海水的盐含量在3%左右；因此，用海水制盐就是耗费大量的燃料和人工蒸发除去大量水分，但在古代，也没有更聪明的办法。这种方法从传说中的夙沙氏起，一直延续了4000年，到了宋代（也有人认为是唐代）发明了用吸附的方法：先把海水制成盐浓度较高的卤水，然后煎炼卤水成盐。为了制得高浓度的卤水，通常有两种方法：其一叫"刮碱炼卤"，当海潮上来时，所携带的盐分为泥土所吸附，潮水退去时，经日光曝晒，含盐的泥土晒出盐霜；刮取这层泥土，再用海水淋浇，夏季两日、冬季四日即得可用之卤水。方勺的《泊宅编》、宋应星的《天工开物》和陆容的《菽园杂记》等都讲到这种制卤方法。其二称"淋晒炼卤"，就是用草木灰平铺在海滩上，当海潮经过时，即利用草木灰吸附盐分；曝晒后集灰淋卤。宋应星《天工开物》中也记述此法，他还述及另一种方法，即以芦苇席铺在海滩上，再铺上沙子，海潮过后，撤去沙席，取席下泥土用海水淋卤。

无论是煮海为盐，还是煮卤制盐，加热设备是很关键的。主要是熬盐的锅子，最早见于《史记·平准书》，叫作"牢盆"。但为什么叫"牢盆"，史学家争论不休，本书不予置评。经过史学家们的考察，"牢盆"一共有铁盘、竹编盘和镬子（即锅）三种形式。贵重的青铜器大概是不会用来煮海为盐的，因此在铁器大量使用之前，一定还应该有石板或石盘和陶器的时代，不过至今未见有什么考古报告。历史上记录最早因海致富的是齐国，稍后在南方的是吴王阖闾、楚国春申君和西汉时的吴王刘濞，其实还应有南越王赵佗之属，都已经是铁器时代了，所以汉代的牢盆应是铁器。笔者在20世纪70年代曾在南通市博物馆见过一个厚约5厘米的三角形状铸铁板，工作人员说是牢盆的一部分。但宋应星《天工开物》说："其盆周阔数丈，径亦丈许，用铁者以铁打成叶片，铁钉拴合，其底平如盂，其四周高尺二寸，其合缝处一经卤汁结塞，永无隙漏。其下列灶燃薪，多者十二三眼，少者七八眼，共煎此盘。"这样一个庞然大物，难怪说它"非官不能办"，一方面碍于法制，一方面贫苦灶民也无力置办。笔者故乡阜宁，清雍正九年（1731）才设县，原属盐城（汉置盐渎，东晋改盐城，抗日根据地时期又析置滨海和射阳县），在那一带的地名中有头灶、九灶等即古之盐灶所在地，最有意思的是三灶，现离海边已在百公里以外，很能说明冲积平原的形成历史。现代三灶乡的居民中有李、祁两个大姓，保不准他们就是灶民的后代。

竹编盘在《天工开物》中描述为："南海有编竹为者，将竹编成阔丈深尺，糊以蜃灰，附于釜背，火燃釜底，滚沸延及成盐，亦名盐盆。然不若铁叶镶成之便也。"至于镬子，当然就是小型煎锅。至今吴语地区，仍称锅子为镬子。清华大学白广美教授说，这种小型煎锅，"一家通夜可煎两镬，得盐六十斤"。视此，这锅并不小。笔者长期生活工作在扬州，瘦西湖公园内的徐园正门内，有两口圆形大铸铁锅，直径达1米左右，深约半米，很厚，现做荷花缸之用。此物铸于何时，一直没有说法，有人说是镇水用的避邪之物，也有好事者说是元代兵站煮饭的大锅，煮好一锅饭，长时间不会冷，过路士兵可以随时取食。对此类说法，姑妄言之，姑妄听之。笔者一直疑虑，它是否就是官灶煎盐的铁锅，并无根据，也是姑妄言之。

宋应星说："凡煎卤未即凝结，将皂角椎碎和粟米糠二味，卤沸之时投入其中搅和，盐即顷刻结成。盖皂角结盐，犹石膏之结腐也。"宋应星记录了这项技术，但他打的比方，却不是同一原理，石膏结腐乃蛋白质的凝固作用，而皂角结盐则因它是很好的亲液胶体，加入沸腾的卤水，立刻破坏其过饱和的介稳状态，故食盐立刻结出。

在今天看来，煮海为盐的确是个笨办法，但由笨变聪明是认识论的必然规律，河东池盐一开始就是"天日晒盐"，不过盐池卤水含盐量大大高于海水，所以古人过不了海水含盐太少这道坎。可是到了宋元以后，人们可以把涨潮上来的海水滞留在滩涂陆地，任凭太阳曝晒，最后也能成盐，这样就大大降低了制盐成本，而且提高了产量和质量。据《明史·食货四·盐法》记载："盐所产不同。解州之盐，风水所结。宁夏之盐，刮地得之。淮、浙之盐熬波。川、滇之盐，汲井。闽、粤之盐，积卤。淮南之盐，煎。淮北之盐，晒。山东之盐，有煎有晒。此其大较也。"根据盐史学者的考证，宋元之前，海盐生产几乎都是煎煮，叫作熟盐；宋元以后，煮、晒两法兼有，晒得的盐叫作生盐；明清以后，晒法规模日渐扩大；到了民国时代，官盐都是晒盐，盐粒粗大，私盐还是煎制而得，盐粒细小。笔者清楚记得儿童时代，走村串户者，卖的都是细盐，略带苦味，但价格低廉。新中国成立以后，私盐完全绝迹。随着沿海滩涂的开发，芦苇茅草身价倍增，煮盐的燃料完全没有了，煮海为盐已经完全没有可能了。

晒海水为盐最方便的方法是滩晒法，即在沿海滩涂掘地滞留海水，曝晒浓缩成卤水，再将卤水移入平坦的结晶池内曝晒成盐。其次是板晒法，是将卤水置在木框（板）中曝晒制盐，这种晒板的尺寸一般是 250×100×50 厘米，各地尺寸并不一样。此法方便灵活，很好保护，但规模较小，因晒板价格不菲。再次是小池法，各地用不同材料（如石板、砖块、瓦片等）构筑小池晒盐。无论用何种形式晒盐，其原理都是一样的，即前述的溶解度曲线。

海盐结晶有三条关键曲线，即 NaCl、KCl、和 $MgCl_2$，在 0℃—100℃，$MgCl_2$ 的溶解度都大于 NaCl 和 KCl，在 27℃以下，KCl 的溶解度低于 NaCl，过了 27℃，KCl 的溶解度则大于 NaCl。所以制盐的温度一定要高于 27℃，这时 $MgCl_2$ 和 KCl 都仍然留在卤水内，而 NaCl 则形成纯粹的结晶（图 3-5-2 至图 3-5-5）。

NaCl 结晶析出后，剩下的卤水中，除了 $MgCl_2$ 和 KCl 以外，还含约 8%的 NaCl。这种卤水就是点豆腐的盐卤（苦卤）。将苦卤继续蒸发去水，可以得到一种叫光卤石的复盐，其化学式可表示为 $KCl \cdot MgCl_2 \cdot 6H_2O$，它和那 8%的 NaCl 是混在一起的。在室温（20℃）时，$MgCl_2$ 的溶解度比 KCl 和 NaCl 都大，因此在 20℃

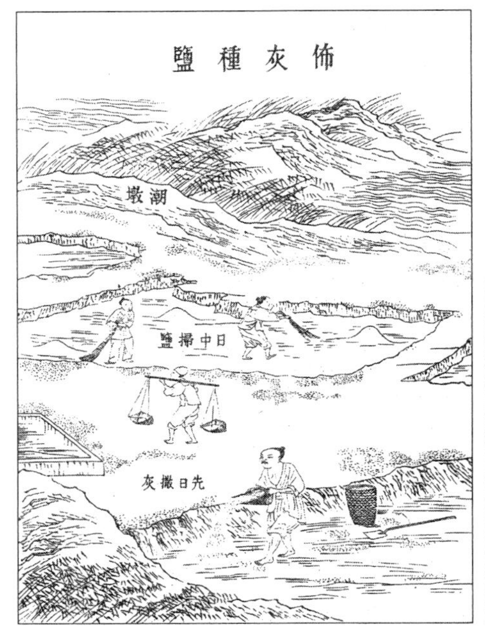

图 3-5-2　海盐生产之一布灰种盐

（宋应星《天工开物・作咸》）

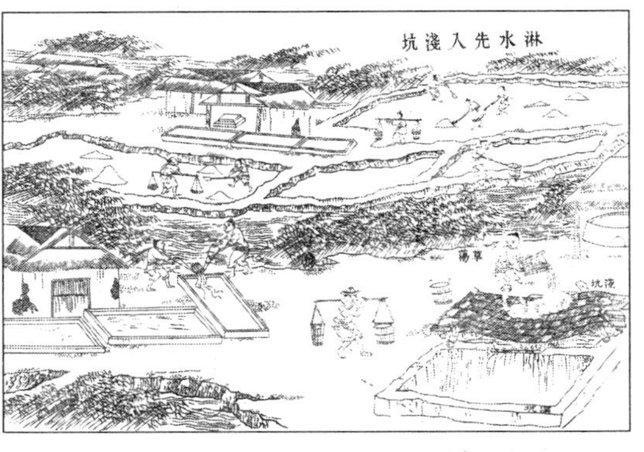

图 3-5-3　海盐生产之二海水制卤

（宋应星《天工开物・作咸》）

图 3-5-4　海盐生产之三熬卤成盐

（宋应星《天工开物・作咸》）

图 3-5-5　海盐生产之四收盐入仓

（宋应星《天工开物・作咸》）

时用水淋洗光卤石，便会将其中的 $MgCl_2$ 溶解除去，然后再用 27℃以下的水淋洗 KCl 和 NaCl 的混合物，因此时 NaCl 的溶解度大于 KCl，故而被水洗去，最后剩下的 KCl，是农业上很好的钾肥，这是近代化学在海水综合利用方面的重要成就。

其次，讨论池盐的技术发展史。根据盐史专家们的研究，在唐朝以前，我国著名的池盐产地即解州盐池，其所含食盐是“自然印成”的，只要“集工捞采”“坐收自然之利”。话虽如此说，但盐的生产也仍然需要一定的管理措施。而到了唐代以后，便有了“垦畦浇晒”的方法。这种“垦畦浇晒”的方法，实际上是人们对盐池卤水性质认识的深化。我国对解州盐池的科学研究，真正开始于 1934 年，当时服务于西北实业公司的曹焕文先生（我们千万不要忘了他）对解池卤水进行过成分分析，其结果为：

氯化钠（NaCl）27.978 克/100 毫升卤水

硫酸钙（$CaSO_4$）0.12 克/100 毫升卤水

硫酸镁（$MgSO_4$）5.548 克/100 毫升卤水

氯化镁（$MgCl_2$）4.173 克/100 毫升卤水

这个卤水的饱和浓度一般在 30 波美度左右，如果温度在 22—24.5℃之间，卤水所含盐类的阴阳离子之间便产生复置换反应，由于置换后各种盐的溶解度变化，导致一种固态的当地人称为“硝板”的矿物生成。它的颜色从白色到灰色都有，味苦涩咸都现，能溶于水，结晶形状并不规则。曹焕文对它也做了分析，结果如下表：

成分（%）	1 号	2 号	3 号	4 号	5 号
硫酸钠 Na_2SO_4（%）	41.89	43.21	69.77	42.20	40.30
硫酸镁 $MgSO_4$（%）	35.22	34.50	17.73	36.06	25.56
氯化钠 NaCl（%）	1.13	1.43	1.60	0.97	18.03

曹焕文根据这个分析结果，指出硝板实际上是硫酸钠（芒硝）和硫酸镁的复盐，其化学式应为 $Na_2SO_4 \cdot MgSO_4 \cdot H_2O$，学名为 Astrakanite，即白钠镁矾。解州盐池的卤水和海水最大的不同在于盐池卤水中含有大量的硫酸盐，因此我们结合溶解度曲线来考察：当氯化钠和硫酸镁进行复置换反应时，如果温度低于 30℃，生成的硫酸钠便是其水合物芒硝，同时还产生氯化镁；而当温度升高时，氯化镁又转化为硫酸镁和氯化钠。所以解州盐池中盐类成分是随季节变化而变化的，冬季生成芒硝，春夏季生成硫酸镁，到了秋季芒硝和硫酸镁组成复盐结晶形成硝板，因为夏季晒盐时不断从卤水中取走氯化钠，这样留下的芒硝和硫酸钠越来越多，硝板愈结愈厚，据说存量有 1600 多万吨。硝板面积大的十几亩，小的也有一两亩。从唐代开始的“垦畦晒盐”的结晶畦，便筑在这些硝板之上。

实际上，硝板形成于盐滩的表层，表面坚硬如石板，板下如同蜂窝，有许多空隙。这些空隙民间俗称肚子。肚子里灌留饱和卤水，这些卤水有时是已经取盐后留下的残卤，其中硫酸镁、砂等杂质含量较高，因此，每次晒盐前都要用新鲜的饱和卤水替代质量差的卤水，俗称换肚子。每年春季要在硝板表面构筑或修整成结晶畦，要求平整、光洁、坚实、便于流水。结晶畦修好后，要在其上打洞或四周做壕沟，以便在晒盐前将肚子里的饱和卤水移入结晶畦，盐形成后的残余卤水也容易回到肚子里去。解州盐池的晒盐季节是春夏秋三季，其中以夏季为最好。在此时，解州的昼夜温差在15℃以上，因此每到夜间气温下降到22—24.5℃时，结晶畦内的卤水就会析出硫酸钠、硫酸镁复盐，形成硝板，这样就提高了卤水中氯化钠的百分含量，便于成盐，而且也保证了盐的质量。另外，硝板下面的卤水在白天受热后，其所蓄热量于夜间放出，从而保证食盐的结晶温度不致过低，有利于晶核的成长。

解州盐池卤水的浓度相当大，直接用来曝晒制盐，很容易产生钠盐和镁盐，使食盐苦涩难吃，因此要使卤水中的水分含量有一个恰当的比例，从而保证镁盐能留在溶液中不致结出，所以在将卤水引入结晶畦时，还掺加淡水。这种淡水当然是愈纯愈好，所以盐民们说雨水最好。这种完全由溶解度曲线控制的溶解结晶现象，过去常用阴阳平衡来解释，说卤水是阴水，淡水（也称甘水）是阳水，长期以来，说得神乎其神。其实，只要认识了卤水的化学组成，掌握最佳的结晶密度（即用比重计测量其密度）即可。新中国成立前，此项技术均掌握在工头（俗称“老和尚”）手里，他们凭经验以自己的手指测试，因此显得高深莫测。新中国成立后用仪表测试，一点也不神秘，但几千年的神话，岂可一日破灭（图3-5-6至图3-5-7）。

解州池盐的形成还有一个神话，就是夏秋之际的南风。河东地区的地形特征造成夏秋之际的季候风是南风，本不足为怪，而且暖烈的南风吹走蒸发的水蒸气，便于食盐的结晶，也在情理之中。可是古人对许多自然现象，缺乏合理的科学解释，也是可以理解的。但他们为了寻求答案，往往给自然现象蒙上人文色彩，解池的南风即是。据《文选·琴赋注》引《尸子》说：“舜作五弦之琴，以歌南风：南风之薰兮，可以解吾民之愠兮。南风之时兮，可以阜吾民之财兮。是舜歌也。”这便是舜帝的《南风歌》。始建于唐开元年间的运城舜帝陵，就刻有“来南薰”“解愠”“阜财”的匾额。沈括在《梦溪笔谈》中，也专门讲到了解池的“盐南风”。就这样，许多盐学著作都把南风当作池盐生成的必要条件。然而，柴继光先生以他在盐池十几年的工作经历，却并不能肯定那些说法的准确性。不过，柴先生是位文化学者，往往不热衷于破灭那些美妙的文化传说。因此，他肯定了解州盐池地区夏秋之际确多南风，但不如沈括所说“发屋拔木，几欲动也”；南风有利于食盐的结晶，但绝无“一夕成盐”的可能。河东池盐，在夏季结晶，一般要五六天，最快也要三四天才行。

河东池盐得南风（实际上东风也行）之利，但不可得东北风和西南风。如果是东北风和西南风，便是盐池的灾年。对此，柴继光先生做了科学的解释，因东北风和

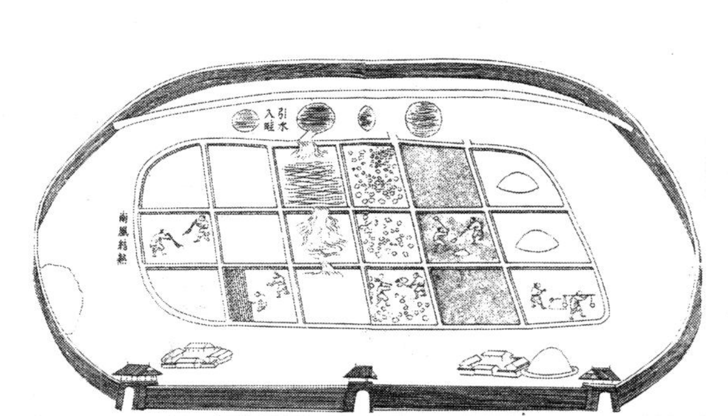

图 3-5-6　池盐生产示意图

（宋应星《天工开物·作咸》）

图 3-5-7　制盐图

（转引自徐海荣《中国饮食史》卷四）

西南风的吹拂方向，会严重地搅动结晶畦内的卤水，并且降低盐池的温度，如此时卤水质量再差一些，便会导致芒硝生成，使得结晶畦内卤水呈粥样变化，俗称“粥发”，使食盐中混入大量硫酸盐，从而苦涩得不能食用。这种现象从硫酸钠的溶解度曲线上可以得到合乎科学的解答。

最后，讨论一下井盐的技术发展史。井盐生产就是凿深井汲取地下之卤水，再用煎煮之法使盐结晶。我国井盐产地主要在四川、云南两省，而且可以肯定，云南是向四川学的。四川的盐井，是公元前 3 世纪李冰首先开凿的。这位李冰，就是都江堰水利枢纽工程的主持者，水利和井盐，造福西南人民 2300 年，功莫大焉！然而，也有人认为首凿盐井者是更早的某个四川人，但大家都习惯了，还是认可为李冰之功。

四川所凿的深井，一种是卤水井，一种是天然气井，还有一种是两者并出的井。对于有天然气产出的盐井来说，那是最方便的了，如果没有天然气，就和煮海为盐一样，使用其他燃料。

四川盐井科技含量最大的是凿井技术，很多盐史著作中都有详细的记载。有人甚至说它是中华第五大发明。由于这方面文献很多，所以这里就不详细介绍了。

有关制取食盐的技术史料，有时图画比文字说明更清楚，我们这里收集了汉代《盐场画像砖》(四川成都扬子山一号汉墓出土)、宋代《重修政和经史证类备用本草》卷四中的《制盐图》2 幅，和明代宋应星《天工开物·作咸》的插图 12 幅，特别是井盐部分，有了这些图，几乎不需要做文字说明了(图 3-5-8 至图 3-5-18)。

图 3-5-8　古代盐井汲卤图

（转引自徐海荣《中国饮食史》卷二）

图 3-5-9　制盐图

（转引自徐海荣《中国饮食史》卷四）

图 3-5-10　盐井井口

（宋应星《天工开物・作咸》）

图 3-5-11　盐井下井圈

（宋应星《天工开物・作咸》）

图 3-5-12 盐井凿井圈

（宋应星《天工开物·作咸》）

图 3-5-13 盐井钻杆(木竹)

（宋应星《天工开物·作咸》）

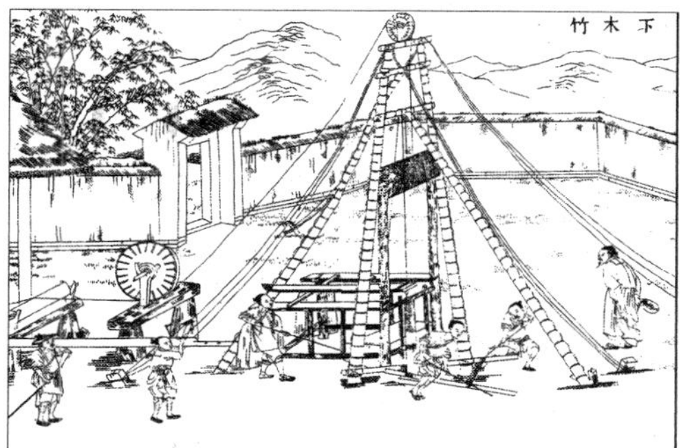

图 3-5-14 盐井下钻杆

（宋应星《天工开物·作咸》）

图 3-5-15 盐井汲卤图

（宋应星《天工开物·作咸》）

图 3-5-16 场灶煮盐

（宋应星《天工开物·作咸》）

图 3-5-17 井火(天然气井)煮盐

（宋应星《天工开物·作咸》）

图 3-5-18　四川云南一带运盐图

（宋应星《天工开物·作咸》）

古人对于盐的质量，缺乏科学的判断能力，往往以“味甘”“味苦”来加以界定，甚至有的正史都做类似的描述，如《元史·食货志》就说一般百姓的食用盐往往是“杂和沙土”的“不洁之盐”，只有经过再加工的“常白盐”，“此乃内府必备之物”，而且要专门的船只运输。贾铭在《饮食须知》卷五中说：“盐中多以矾、硝、灰石之类杂秽，须水澄复煎乃佳。河东天生成及晒成者无毒，其煎炼者，不洁，有毒。”以往食经类著作中常把食盐的纯化当作大学问予以记述，仅元代就有《居家必用事类全集》和倪瓒的《云林堂饮食制度集》等记此类方法，也都是“水澄复煎”而已。其实，食用盐中杂有少量其他物质，也并非都影响其食用价值，要害在所含杂质是什么。如食盐杂有 KCl、NaI 等，都有益无害，而含有镁盐、钙盐或者氟化物等，或使其显苦味，或者对人体有害，这些物质应设法除去。用近代化学方法，可以使粗盐净化成100％的 NaCl，即先将粗盐溶解过滤除去一切不溶性杂质，再将澄清的盐溶液加盐酸（不含对人体有害的物质）酸化，再以纯碱液中和至中性（pH＝7）。最后将纯化后的食盐溶液浓缩至过饱和状态，放冷后析出 NaCl 结晶，必要时在浓缩过程中加鸡蛋清和麸皮，并撇去浮沫。

食盐净化在 20 世纪前期，曾经是我国化学工业的重要门类，民族实业家范旭东先生在天津塘沽建久大精盐公司，名噪当时。新中国成立以后，我国的制盐工业都已进入了现代化，制卤晒盐、熬盐都使用科学仪表控制温度、浓度，取卤、运卤都实现了机械化、管道化，特别是井盐的凿井技术，完全放弃了传统的凿井方法，结晶程序也使用了真空罐法。中国人食用盐的安全卫生标准，已进入先进行列，而且品种多样，根据营养强化工程的需要，加碘盐、加锌盐、低钠盐等，配方生产，都可以满足各种特殊人群的生活和医疗需要，食盐成了“药食同源”思想的首批物质载体。

我国是食盐蕴藏量特别丰富的国家之一，20 世纪末期，在河南、江苏等地又发现了多处大型盐矿，仅江苏淮安市属范围的蕴藏量就达 1300 亿吨以上，而且盐矿的品位很好，现在已经在开发。

2009 年 9 月 5 日，由中国盐业总公司和中国盐业协会主办，有全世界 50 多个国家和 7 个相关的国际组织代表 1200 多人参加的第九届世界盐业大会在北京开幕，会议的主题是“盐——生命之本”，这说明全人类对盐的认识已达到生命必需品的高度，盐不再仅仅是一种调味品。

第四章 中国烹饪技术科学发展史略

第一节 烹饪的内涵和外延

20 世纪 80 年代初，中国人在经历了数十年清教徒式的饮食生活以后，一下子迎来了改革开放的春风，数千年的饮食文化积淀强烈泛起，不仅厨师有了施展身手的好机会，社会各界也得到了可以大饱口福的机遇，从而掀起了一股挖掘祖国烹饪遗产的热潮，至今也没有退潮的迹象。在这股“烹饪热”中，曾经出现过一些过去没有见过的新说法，其中最突出的有：“烹饪是文化，是科学，是艺术”；“人类文明始于饮食”；“中国烹饪以味为核心，以养为目的”；“厨师可以当宰相”；等等。这些曾经轰动一时的名言，随着饮食文化研究的深入，人们逐渐认识到了它们的局限性。时至今日，很少有人再去继续评价它们的科学价值，我们在这里也不打算去重复当时争论的情况，只是因为本书的主题，势必要涉及这些争论。仔细推敲引起争论的原因，主要是对相关概念的理解有很大的区别，这些概念主要指烹饪、饮食和食品，以及与此有关的文化和科学解读，所以我们在回顾中国历史上烹饪科学和技术的发展过程时，不得不对这些概念的定义做必要的讨论。

一、中国历史上“烹饪”一词的定义

一般的工具书，都认为“烹饪”就是做饭做菜的一门技术，例如第 6 版《辞海》就言简意赅地说：烹饪就是“烧煮食物”。而烹(古代本作亨)的一个字义就是“烧煮食物”，这里好像没有深奥的学问。但是在中国历史文献中，首先出现“烹饪”一词的古籍却非常深奥，即《周易·鼎卦》。我们不妨抄录阮元《十三经注疏》的相关文字，并且引录与炊具相关的插图(图 4-1-1 至图 4-1-3)：

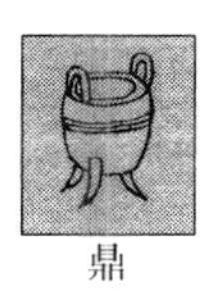

图 4-1-1　古代炊具图

（王祯《农书·鼎釜门》）

图 4-1-2　铸鼎图

（宋应星《天工开物·冶铸》）

“☲☴(巽下离上)鼎,元吉,亨。王弼注:革去故而鼎取新。取新而当其人,易故而法制齐明,吉然后乃亨。故先元吉而后亨也。鼎者,成变之卦也。革既变矣,则制器立法以成之焉。变而无制,乱可待也;法制应时,然后乃吉。贤愚有别,尊卑有序,然后乃亨,故先元吉,而后乃亨。孔颖达疏《正义》曰:鼎者,器之名也。自火化之后铸金而为此器,以供亨饪之用,谓之为鼎。亨饪成新,能成新法。然则鼎之为器,且有二义:一有亨饪之用;二有物象之法。故《彖》曰:鼎,象也。明其有法象也。《杂卦》曰:“革去故而鼎取新”,明其亨饪有成新之用。此卦明圣人革命,示物法象,惟新其制,有鼎之义。以木巽火,有鼎之象,故为鼎焉。变故成新,必须当理,故先元吉而后乃亨。故曰:鼎,元吉,亨也。

《彖》曰:鼎,象也。王弼注:法象也。孔颖达疏《正义》曰:明鼎有亨饪成新之法象也。**以木巽火,亨饪也。**王弼注:亨饪,鼎之用也。孔颖达疏《正义》曰:此明上下二卦有亨饪成新之用,此就用释卦名也。**圣人亨以享上帝,而大亨以养圣贤。**王弼注:亨者,鼎之所为也。革去故而鼎取新,故为亨饪调和之器也。去故取新,圣贤不可失也。饪,孰(熟)也。天下莫不用之。而圣人用之,乃上以亨上帝,而下以大亨养圣贤也。孔颖达疏《正义》曰:此明鼎用之美。亨饪所须,不出二种:一供祭祀,二当宾客。若祭祀则天神为大,宾客则圣贤为重。故举其重大,则轻小可知。享帝直言亨;养人直言大亨者。享帝尚质,特牲而已,故直言亨;圣贤既多,养须饱饫,故亨上加大字也。**巽而耳目聪明。**王弼注:圣贤获养,则已不为而成矣。故“巽而耳目聪明”也。孔颖达疏《正义》曰:此明鼎用之益。言圣人既能谦巽,大养圣贤,圣贤获养则忧其事,而助于己。明目达聪,不劳己之聪明,则“不为而成”矣。**柔进而上行,得中而应乎刚,是以元亨。**王弼注:谓五也,有斯二德,故能成新而获大亨也。孔颖达疏《正义》曰:此就六五释元吉亨。以柔进上行,体已获通,得中应刚。所通者大,故能制法成新,而获大亨也。

《象》曰:木上有火,鼎。君子以正位凝命。王弼注:凝者,严整之貌也。鼎者,取新成变者也。革去故而鼎取新。正位者,明尊卑之序也。凝命者,以成教命之严也。孔颖达疏《正义》曰:"木上有火",即是以木巽火,有亨饪之象,所以为鼎也。"君子以正位凝命"者,凝者,严整之貌也。鼎既成新,即须制法。制法之美,莫若上下有序,正尊卑之位,轻而难犯,布严凝之命,故君子象此以"正位凝命"也。

图 4-1-3 铸釜图

(宋应星《天工开物·冶铸》)

以下为《爻》辞,略去不录。

在《周易》六十四卦的排列顺序中,鼎卦在革卦之后,故前引之孔颖达《正义》中,引用了《周易·杂卦》的两句话"革,去故也。鼎,取新也。"这个意义是很清楚的,即革卦是讲清除陈旧的,而鼎卦则是讲制定新法制度的。这是《周易·鼎》在中国传统文化中真正的人文意义。说穿了,就是《周易》作者以鼎这个烹饪器具的用途作比讲革故求变的道理。这里的《卦》辞、《彖》辞、《象》辞以及没有录出的《爻》辞,和烹饪技术本身并没有十分密切的关系,只是说鼎的用途是烹饪食物。而烹饪过程的形象是木上有火,在八卦中,木为巽卦,火为离卦,"以巽木入离火,此言先民始有熟食。然必待鼎之发明,然后乃有烹饪之事。"这是王利器先生对烹饪发生所做的解释,他似乎告诉我们,原始熟食和烹饪不是一回事,如仅仅是"巽木入离火",那是没有炊具的烧烤之类,并不能称为烹饪,只有当最早的炊具鼎发明以后,才能叫作烹饪。王先生甚至说:"烹饪成新,此为揭开人类文明史之第一页。"前引之孔颖达对《卦》辞的疏《正义》说:"自火化之后,铸金而为此器,以供亨饪之用。"这显然说的是青铜器鼎的发明,这已经是奴隶制社会的事情。而最早的炊具应该是陶器,最早的陶器是陶罐,无论中外都是如此。恩格斯就曾经说过:"可以证明,在许多地方,也许是在一切地方,陶器的制造都是由于在编制的或木制的容器上涂上黏土使之能够耐火而产生的。在这样做时,人们不久便发现,成型的黏土不要内部的容器,同样可以使用。"(《家庭、私有制和国家的起源》,《马克思恩格斯文集》第4卷,人民出版社2009年版)恩格斯所说的这种情况,在我国的考古发掘中并不多见。关于我国古代陶器的起源和技术类型，在徐海荣主编的《中国饮食史》第二编第七章（执笔者为宋兆麟）中有详细的概述，其中一则提到了民族学资料，即四川越西、甘洛等地的耳苏人（普米族的一个支系）有一个传说，过去他们以竹篮盛水，很快就漏光了，但如果将竹篮在水中泡湿了，就能盛水，如果用泥巴将竹篮涂成泥盆，也能盛水；但泥盆不结实，如果在火塘边烧烤，变成陶器就更结实了。这个传说和恩格斯的论断有几分相似。而我国云南文山的彝族制陶器时利用葫芦为内模，制作碗、盆等等，不过并不将陶坯和葫芦一起烧制，而是待陶坯阴干后，取出葫芦再去烧制。总而言之，只要有了陶器，人类就从原始熟食走向文明烹饪的时代，而文明烹饪的器物标志是陶罐，而不是青铜鼎。因此，王弼和孔颖达所做的玄妙的解释，都是为奴隶制社会制度的合理性张目，跟烹饪技术本身并无密切关系。

从我国的历史年代上讲，中国的原始社会，从云南元谋人起，至夏王朝建国时止，即从170万年前到公元前2070年的夏王朝建国为止，共170万年。其中属于旧石器时代的原始人群，至今已经发现的有元谋人、蓝田人、北京人、大荔人、马坝人、长阳人、丁村人和许家窑人，相当于有巢氏、燧人氏和伏羲氏前期；属于新石器时代的母系氏族公社，至今已发现的有介于旧石器时代和新石器时代过渡的河套人、柳江人、麒麟山人、峙峪人和山顶洞人，相当于伏羲氏时期；以后便是典型新石器时代的裴李岗磁山文化、河姆渡文化、仰韶文化、马家窑文化、青莲岗文化和细石器文化，相当于神农氏和黄帝时期；而属于新石器时代的父系氏族公社则有大汶口文化、屈家岭文化、龙山文化、良渚文化和齐家文化，相当于尧、舜和禹的时代。在我国，最早的旧石器遗址（云南元谋，距今170万年）已有人工取火的证据，这该是原始熟食的开始。而距今1万年左右的神农氏时代农耕文明和陶器同步出现，便有了文明意义上的烹饪，这种陶器的典型器形是陶罐。宋兆麟说是中国北方诸文化的共同炊具，其形制是敛口、鼓腹、平底，皆为夹砂陶器，它是多功能的，可以贮水、炊煮。用陶罐烧煮，应该有两种方法：一是将陶罐吊在半空，在下面生火加热，但这个方法不可靠，因为如果火焰升得太高，会把吊陶罐的纤维制品烧断而无法继续加热；二是将陶罐支撑在石块或其他耐火的物体上，形成原始的灶，这样可以万无一失。随着炊煮经验的积累，人们发现只需三个距离适当的支撑物就可以很稳当地加热了。人们在生活实践中认识了近代平面几何中的一个重要公理，就是三点决定一个平面。所以当陶罐的器形改进为专门烧煮的陶釜时，支撑它的就是三个陶支子或石三脚，后来干脆把三只脚直接烧在陶釜底部合为一体，就出现了陶鼎。目前发现最早的陶鼎是1977年在河南新郑裴李岗文化遗址出土的，年代在公元前5600—公元前4900年，与1976年发现于河北武安的磁山文化相类似，具体年代是公元前5400—公元前5100年，在这里发现了三足钵，而盂和支架是其特有的陶器，它们都是仰韶文化的前驱。西安半坡仰韶文化遗址也出土过陶鼎。在长江下游的菘泽文化遗址中也有陶鼎。同样，在 1936 年发现于浙江余杭的良渚文化遗址中的陶鼎，约为公元前 3600—公元前 2200 年的古物；更为惊人的是 2007 年 11 月 20 日浙江省考古研究所宣布，在良渚发现了中国最早的古城，距今约为 5300—4000 年，相当新石器时代的晚期，即尧舜禹时代的早期。随着发掘和研究工作的深入，还可能有新的结论诞生。至于《考古学报》在 1987 年第 4 期发表的在安徽宿松县黄鳝嘴遗址出土的陶鼎，就相当于在陶釜、陶罐和陶壶下面安上三个足。我们在这里不厌其烦地列举这些古陶鼎出土的实例，就是要说明中国文明烹饪产生于新石器时代，距今已经有 7000 年的历史了。因此把“以木巽火，烹饪也”视为青铜时代的定义是不准确的，孔颖达的《正义》也是不正确的。事实上，当陶鼎变成青铜鼎以后，它就已经不是日常的炊具了，而成了上层社会的礼器。其间有一点值得我们注意，陶鼎产生的年代大体上相当于母系氏族公社向父系氏族公社过渡的时期，氏族的祖母逐渐失去了对部落的控制权，但她们曾经掌握着最高权力，而这种权力在当时主要表现在对食物的分配上，从鼎中把熟食分配给每个家庭成员是老祖母地位的象征，所以当父系氏族公社产生以后，鼎的这种权力象征便传承下来。上述的祖母分食权力，在我国西南某些仍是母系氏族的少数民族中，至今仍可以看到古人的影子。而与陶鼎相似的陶罐、陶釜、陶鬲、陶甑、陶甗等仍是一般人民的炊具。尤其是青铜器产生以后，它们的所有权和使用权，完全被奴隶主阶级所垄断，这时鼎就成了奴隶制国家权力的象征。《左传・宣公三年》曰：“楚子伐陆浑之戎，遂至于洛，观兵于周疆。(周)定王使(大夫)王孙满劳楚子，楚子问鼎之大小轻重焉。”这就暴露了一个诸侯国(楚国当时仅为子爵)对周王朝的觊觎之心。“问鼎中原”这个成语就是这样来的。这样，鼎的社会文化价值大为增加，因为鼎原本只是一种炊器，是厨师的常用工具，但是一旦成为礼器，调鼎就成了国家决策的代名词，于是有人说古代厨师可以当宰相，其实这和一般意义上的烹饪已经没有关系。鉴于本书的宗旨是讨论烹饪技术进步的脉络，对此不再讨论下去了。只是需要指出：鼎的确是中国历史上特有的炊具，在其他文明古国没有这种炊具，这大概是中国农耕文明的特有标志之一。

“革故鼎新”这句著名的成语，是将《周易》革卦和鼎卦联合生成的，革就是去旧，鼎就是取新，都蕴含着变的意思。就鼎的原始用途而言，是将生的食物煮成熟的食品，《周易》作者将这个简单的道理上升为一种哲学原理，“革故鼎新”就是去旧取新，至于革什么取什么，那是非常广泛的，自然界和社会人世间一切事物都可以纳入这个普适性的规律之中，这也是烹饪被无限高化、美化的原因所在。

《周易》是儒家“六经”之首，同样也是道家“三玄”之首，所以《老子》有“治大国若烹小鲜”之说，以比喻其无为而治的主张。其他各家也常用“烹饪”说事，特别是当“羹”成为人们的常食以后，烹饪技术中的调味技术就成了制作美食的重要工序。《尚书・说命》：“若作和羹，尔惟盐梅。”“调和五味”就成了“烹饪”的另一种表述方法。《韩非子·难二》:“晋平公问叔向曰,昔者齐桓公九合诸侯,一匡天下,不识臣之力也。叔向对曰:管仲善制割,宾胥无善削缝,隰朋善纯缘,衣成,君举而服之。亦臣之力也,君何力之有?师旷伏琴而笑之。公曰:太师奚笑也?师旷对曰:臣笑叔向之对君也。凡为人臣者,犹炮宰和五味而进之君;君弗食,孰敢强之也?臣请譬之:君者,壤地也;臣者,草木也。必壤地美然后草木硕大。亦君之力,臣何力之有?”韩非子接着评论说,君和臣如不同心协力,何来霸业。这个故事到了东汉时期,在刘向《新序·杂事》中,师旷的比喻变成了如下的叙述:“管仲善断割之,隰朋善煎熬之,宾胥无善齐和之。羹以熟矣,奉而进之,而君不食,谁能强之,亦君之力也。”这可以视为刘向读书笔记。类似的还有《晏子春秋·外篇》:“(齐)景公至自畋,晏子侍于遄台,梁丘据造焉。公曰:维据与我和夫?晏子对曰:据亦同也,焉得为和!公曰:和与同异乎?对曰:异。如和羹焉,水火醯醢盐梅,以烹鱼肉,焊之以薪,宰夫和之,齐之以味,济其不及,以泄其过。君子食之,以平其心。……故《诗》曰:亦有和羹,既戒且平……”综合以上对烹饪原理的论述可知,至迟在春秋时代,人们已经认识到烹饪技术有断割、煎熬和齐(剂)和三项要素,用现代厨行的语言来说,就是刀工、火候和调味三者;而用现行食品学术语言来讲,就是食品原料机械加工、热处理和调味技术。

《吕氏春秋·孝行览·本味》被学术界誉为中国第一篇烹饪论文,全文讲的是商汤宰相伊尹“割烹要汤”的故事,其中有关烹饪技术的一段话,在第一章杂家著作一节已经详细摘引,这里无须重复。这一段“烹饪理论”,实际上就是刀工(以取料为核心)、火候和调味的进一步具体化,并没有什么新的发现,只不过文字表述更动听,从而产生了几分神秘的感觉。就是这种神秘的感觉,在20世纪80年代的“烹饪热”中被人们当作中国烹饪“博大精深”的理论根据。

其实,《本味》的要害在于“割烹要汤”。对此,宋洪兵曾做过辨正,他说在战国末期就有三种不同的说法:其一即上引之《吕氏春秋》的说法,伊尹以烹饪的道理说服了商汤而得到了重用;其二是《韩非子·难言》,说伊尹曾以各种方式说服商汤接受自己的政见,但商汤无动于衷,于是伊尹只得亲自做厨师,进献各种美味而拍尽商汤的马屁,这才得到重用;其三是《孟子·万章上》,说“割烹要汤”乃无稽之谈,连伊尹做过厨师都一概否定,道理也很简单,像伊尹这样的大圣贤,怎样会做厨师这种下贱的职业呢,更不应该以拍马屁的行为去媚主。这三种说法,实际上代表了三种不同的仕进模式或价值观:《吕氏春秋》说的是凭本事仕进,《韩非子》是“忍辱负重”式的仕进,而孟子则是儒家一贯倡导的“从道不从君”式的仕进。历史上真正的伊尹究竟有没有拍过马屁,可能就是一个历史之谜。对于我们研究烹饪定义这个主题来说,一切本着《本味》的文字说话,与拍马屁之事没有关系;不过对于某些热衷于立伊尹为烹饪界鼻祖的做法,笔者认为的确算不上正确,也不必如此认真。(宋洪兵:《孟子、韩非的“伊尹之辨”》,《光明日报》2005年11月8日第8版)

自《吕氏春秋》以后的2000多年，尽管中国烹饪技术和工具都有很大的改进，烹调的美食也越来越精致，但对中国烹饪技术进行系统总结的人非常之少；直到清朝乾隆年代，才由袁枚在其《随园食单》的"须知单"中，再一次做了系统归纳。"须知单"共20条，其中"火候须知""迟速须知""多寡须知"是关于火候的技术；"作料须知""调剂须知""色臭须知""变换须知""用纤须知"和"疑似须知"是关于调味的技术；而"先天须知""洗刷须知""配搭须知""独用须知""器具须知""上菜须知""时节须知""洁净须知""选用须知""补救须知"和"本分须知"，是关于原料选择、加工和管理方面的技术。还有"戒单"14条对上述各项加以强调和补充。《随园食单》是中国烹饪传统技艺的集大成式著作，但是袁枚对厨师的刀工技术没有做任何要求，这也足以说明他是以一个美食家的角度来探讨烹饪技术规律的，所以他对厨师真正的手艺缺乏实际体验。他的议论都是以"好吃"这两个字为核心的，他对"烹饪"的定义也没有明确的解说，这是很可惜的。关于《随园食单》在烹饪技术方面的论述，本书将在以后各章分别解说，这里就不再讨论了。

二、近代食品科学关于"烹饪"一词的定义

在袁枚《随园食单》以后，我国也有过好多种饮食方面的著作问世，特别是1840年的鸦片战争以后，专门探讨烹饪技术的著作并不多，即便像徐珂《清稗类钞》那样的巨著，其"饮食类"多达884条，也只是在饮食的名目下，以消费者的视角探讨食品及其文化，并且吸收了一些刚刚从西洋传入的清洁卫生和营养概念，虽然在文字叙述中一再提及烹饪，但并没有明确表述烹饪的定义。进入民国以后，曾有直接以烹饪为书名的著作，如卢寿篯的《烹饪一斑》(中华书局1917年版，"女学丛书"之一)，眆园主人的《实用烹饪法》(1918年自印本)，李公耳的《西餐烹饪秘诀》(世界书局1925年版)，潘衍的《中西餐烹饪法大全》(厨郇会1934年版)，董坚志的《家庭烹饪指导》(大中华书局1935年版)，卢寿篯的《烹饪一斑》(中华书局1935年版，"初中学生文库")，陶小桃的《陶母烹饪法》(上海商务印书馆1936年版)，胡华封的《家庭卫生烹调指南》(台北商务印书馆1938年版)，龚兰真、周璇的《实用饮食学》(台北商务印书馆1969年版)，许敦和的《烹饪新术》(台北群学书店1946年版)，程冰心的《家庭菜肴烹调法》(中国文化出版社1947年版)，未注编者的《实用食经烹饪讲座》(香港东南书局1957年版)，郑美英的《烹调与膳食》(台湾省立师范大学教育学院1957年版)，香港入厨旧侣编的《烹饪讲座(实用食经)》(香港东南书局1957年版)，广州市饮食公司编的《广州名菜烹调法》(广东人民出版社1957年版)，长春市国营食堂编的《烹调技术常识》(吉林人民出版社1959年版)，上海饮食服务公司编的《公共食堂烹饪法》(上海科学技术卫生出版社1959年版)，甘肃省卫生厅编的《食物的烹调》(甘肃人民出版社1960年版)，赵坚冰的《中西烹饪新编》

(台北世界画刊社1961年版),上海饮食福利公司编的《烹饪技术》(中国财政经济出版社1962年版),黄艺芳的《高家烹饪学》(台北大学书局1965年版),赵中午的《实用中国烹饪术》(台北1966年版),罗俊的《烹饪学》(台湾众文出版1969年版),等等。其中有些书曾数次再版重印,但它们都没有对"烹饪"一词的定义做过明确的探讨。其间还有一个社会背景,那就是"文化大革命"期间,内地出版工作几乎完全停顿,我们现在所见到的这段时间内的烹饪技术书籍,几乎都是港台的出版物。台湾张起钧教授于1970年由台北新天地书局出版的《烹调原理》一书,被中国商业出版社引进内地以后,产生了极大的反响,至今仍被当作准经典式著作成为某些食文化学者立论的根据。而内地在"文革"之后出版的第一本专门讨论烹饪技术的书,是上海市饮食服务公司主编的《烹调技术》(中国财政经济出版社1979版),接着是北京市第一服务局主持编写的《烹饪基础知识》(北京出版社1981年版)。此后便是中国商业出版社出版了由原国家商业部教育司教材处组织编写的全国烹饪技工学校教材(一套6种),据曾在商业出版社任编辑的常勇同志提供的资料,截至1995年,这套教材中印数最大的品种如《烹调技术》《烹饪原料知识》等,其总印数当时已达150万之多,最少的也有70万册。可以毫不夸张地说,当代的中国厨师,完全没有读过这套书的人几乎没有。笔者历来认为:这套教材是中国烹饪走向现代化的起点,是继承传统、接受科学改造的标杆。这套教材是中国烹饪第一次接受近代科学的思维方法,建立自己学科体系的尝试,除了规范了"红案""白案"的技术内涵之外,还把近代营养科学和卫生科学作为厨师从业的必备知识,从而导致了后来国家主管部门将"红案"规范为"烹调","白案"规范为"面点",烹调师和面点师成为餐饮行业的两大主要工种的职业名称,这样做也就将原来一直混用的"烹饪"和"烹调"分别定格,烹饪包括了烹调和面点。遗憾的是,这套书对近代科学的吸收是不彻底的,主要表现在对烹饪、烹调、饮食之类的相关名词术语没有做出必要的界定;这点遗憾在中国商业出版社随后出版的大专层次的烹饪专业系列教材中同样存在。由于概念不清,所以近代科学对传统烹饪技艺的结合和介入,显得颇为生硬,不仅未能阐明烹饪技术的科学原理,反而令人有穿了西装还戴着瓜皮小帽的滑稽感觉。"烹饪学"这个书名最早在台湾出现(20世纪60年代台湾就有叫作《烹饪学》的书),但当时的学科论证工作做得不够,因此,我们在这里所列举的那些烹饪书籍,对"烹饪"词义的理解就是做菜做饭。至于数目庞大的"食谱"之类,那就更加不脱这个窠臼了,这些菜谱食单,即便是冠以"食经"的雅称,也还只是讲做饭做菜的手工技艺。

我国第一本探讨"烹饪"词义的书籍是已故萧帆先生动用饮食服务行业管理权力组织编写的《中国烹饪辞典》(中国商业出版社1992年版)。书中认为,所谓"烹饪",是指人类为满足生理需求和心理需求,把食物原料用适当的加工方法和加工程序制成餐桌食品的生产和消费行为,是人类饮食活动的基础之一。烹饪,对于一个家庭来说，属于家务劳动；对于饮食企业来说，是一个服务性的第三产业，即餐饮业；对于机关、学校、医院、部队、厂矿企业乃至于宗教寺院等集团伙食单位来说，是其后勤保障部门的重要服务内容。对于这个定义，当时仍有争论，所以在另一本工具书《中国烹饪百科全书》中，又做了一些修改，但基本精神是一样的。

我们的东邻日本把"烹饪"叫作"调理"，按照日本学人福场情保等编《食物学用语辞典》(东京学文社昭和1971年版)的解释，调理也是指对食物进行卫生处理、形式处理和风味处理，使经过处理后的食物易于消化、安全卫生，更为好吃。在第二次世界大战后，日本把烹饪技术的传承纳入现代学制的学校教育范畴，并且按近代科学方法对烹饪技术进行整理和提高。日本和我国一样，也有烹饪和烹调两个混用的术语，不过日文汉字的表现形式为调理和料理(韩国也有类似的现象)。其实这两个术语也是从中国引进的，我国在唐代就有料理的说法。改革开放以后，有些商家图新鲜，把它们又从日、韩转引回国，餐饮企业的店标上每见"日本料理""韩国料理"的字样，令人不知所云。在日本的当代文献中，甚至还保留了古代从我国引进的"割烹"的说法。

在西方文字中，烹饪与蒸煮、烘烤、熬炖等食物制熟方法混用，例如英语中Cook、Cooking、Cookery、Cuisine和Cuinary等都可以译成烹饪或烹调，甚至译成其他加热方法。所以他们对烹饪词义的解释便离不开食物的加热过程。在我国流传较广的由英国食品化学家福克斯(B. A. Fox)和卡梅伦(A. G. Cameron)合著的《食品科学的化学基础》(科学出版社1983年尚久方等的中译本)中，就将烹饪简单定义为对食物进行热处理，以使食物更可口、更易消化和更安全卫生。他们的这个定义和我国一般辞书上把烹饪释为做饭做菜是一样的，这种说法没有丝毫的文化意味和艺术内涵。对于一般人来说，诚然如此；但从饮食文化研究的角度来看，显然过于原始了。第6版《辞海》在"烹饪"词条下所引的例证中，除了《易・鼎》之外，还有唐朝孙逖在《唐济州刺史裴公德政颂》中的一句话："蔬食以同其烹饪，野次以同其燥湿。"就是说，以烹煮蔬菜为食，冷暖干湿和野外气候相同，是裴公德政的表现之一，这就把一个人的饮食行为和他的品格联系了起来。福克斯等作为食品化学家，以纯科学技术的视角来解释烹饪，当然不会顾及烹饪与人的生产行为和消费行为之间的心理感受，如此他们把复杂的问题简单化了，所以他们的烹饪定义不能为饮食文化研究的学者们所接受，也就是很自然的事情了。从这个意义上讲，我们在这里推荐《中国烹饪辞典》的定义，就是考虑到人们饮食行为中的"心理需求"，也正是有了心理需求，所以就使得食品的消费过程复杂化，并且由此产生了饮食习俗和饮食礼仪等一系列以饮食为原始目的(即充饥)的心理需求，而这些正是饮食文化学研究的重点。所以一句"以木巽火，烹饪也"，被历代注家解释得玄而又玄，甚至产生不同的学术流派，打了几千年的笔墨官司，这是古人不会想到的。

三、烹饪的文化学意义

无论古今中外，烹饪原来就是烧饭做菜的普通劳作，并没有什么深文大义，但是由于烹饪劳作的目的在于获得人类生命得以延续的食品，所以它的文化学意义就非同小可了。当人们将饮食作为一种文化现象来认识时，烹饪也就被赋予各种文化学色彩，这就是“烹饪”概念合理的延伸。然而，文化这个词，现在的意义太多了，简直成了个大口袋，什么都可以装进去，有时会使人无所适从。因此，有些人主张用“人文”这个词。何谓“人文”？第 6 版《辞海》上说：“①旧指诗书礼乐等。《易·贲》：‘文明以止，人文也。观乎天文，以察时变；观乎人文，以化成天下。’今指人类社会的各种文化现象。②指人情事理。《后汉书·公孙瓒传论》：‘舍诸天运，征乎人文。’”这两个解释都是讲天人关系的，我们中国古代并不常用这个概念，民间俗话直接讲天时、地利、人和。直到西方文化中的人道主义来华以后，人们也称其为“人文主义”。而源于拉丁文的 humanities 被引入中国，人们将它译成“人文科学”，即指人性教养。人文科学在 15—16 世纪的欧洲开始使用时，是与当时占统治地位的神学对着干的，是指与人类利益相关的学问。几经演变，现在一般指对社会现象和文化艺术的研究，包括哲学、经济学、政治学、史学、法学、文艺学、伦理学、语言学等，当然也包括社会学、人类学等。有人认为“人文科学”的提法不妥当，应当叫作人文学科，因为人文学科的研究对象不能用科学的方法去研究，当下所说的科学方法即指自然科学方法，这种方法日益侵蚀到各种社会科学之中，即用科学的思维方法研究社会，但人文学者的思考方式不能用这种方法，人类文明永远不是科学所能包办的，人类文明永远需要人文的滋养与丰润。因对人本身，对人间社会的理解与掌握，对真、善、美的品味和体认，对信仰和价值的承诺与执着，这些都不是科学、理性的知识所能担当的（金耀基：《人文教育在现代大学中的位序》，《书摘》2007 年第 12 期，第 4—7 页）。

我们在讨论了科学、文化以及人文这些概念的一般含义以后，就会发现要研究烹饪的人文价值是相当难的，因为烹饪的基本属性是一种技术，是科学的实际应用，以往一些同行硬是把它与文化结缘，以为烹饪文化可以把世间许多知识门类都囊括其中，从而拔高烹饪的学术地位。这样做既没有必要，也没有可能，还混淆了社会科学甚至艺术的基本概念。各种各样的《烹饪概论》或《烹饪学概论》之类的书籍，基本上都出于这个目的，这种思潮的要害在于以人文（即抽象的文化）覆盖科学，这和用科学去挤压人文的做法正好相反，其实这两者都失之偏颇。要研究烹饪的人文价值，唯一途径是通过饮食，因为烹饪的人文价值最终都体现在人的饮食活动之中，所以用饮食文化涵盖烹饪文化是完全正确的，我国古代就已经这样了，“饮食男女，人之大欲”是最简洁的表述方式。

饮食文化是"烹饪"一词在人文意义上的合理外延。早在《尚书·舜典》中就有了"黎民阻饥""播时百谷"这样的政令,《益稷》篇有"艰食鲜食""烝民乃粒"和"粉米"的说法等,都不仅仅是讲"食",而是带有人文意义的食事。即如被称为伪古文的《说命》(据传是殷高宗成汤与他的宰相傅说的对话)中的"若作和羹,尔惟盐梅"那一句话,也不是只讲调味的,如果我们把那一段话都引出了,就是:"尔惟训于朕志,若作酒醴,尔惟曲糵;若作和羹,尔惟盐梅。尔交修予,罔予弃,予惟克迈乃训。"若将这段话译成白话文,就是成汤要求傅说应当教训他,才能使他意志通达,就好像制作酒醴,傅说就是曲糵;制作汤羹,傅说就是调味的盐梅。他要求傅说教训他,不要抛弃他,他一定遵循傅说的教诲。可见这里的酒醴和羹都只是治国理政的比喻。至于著名的《洪范》篇,其中的"五行"与"五味"是类比的;"八政"之首为"食";"惟辟玉食"竟是君王的特权之一。这些都是"饮食"原义的异化,而异化以后的饮食才是我们常说的饮食文化。

我们在前面所引的"以木巽火,烹饪也",也是借鼎的用途说明"革故鼎新"这个人文规律。在王弼注的《周易》中,鼎卦是紧跟革卦的,所以有"革去故,鼎取新"的文化意义。但其他易学家,却不一定都是这样的,例如在《京房易传》中,"革"和"鼎"并不相连,但变化的道理仍然要说清楚,《京房易传·革》有:"上金下火,金积水而为器。火变生而为熟,生熟禀气于阴阳。革之于物,物亦化焉。"这好像就是讲鼎的用途。而在《京房易传·鼎》中,一开始就说:"鼎。木能巽火,故鼎之象,亨饪见新,供祭明矣。易曰:鼎取新。阴阳得应,居中履顺,三公之义,继于君也。阴穴见火,顺于上也。中虚见纳,受辛于内也。金玉之铉在乎阳,飨新亨饪在乎阴,与巽为飞伏。"这段话很不好懂,但从"亨(烹)饪见新,供祭明矣"这一句可知,祭祀的食品一定要烹生为熟。而"阴阳得应,居中履顺",则是将烹饪操作上升为普通哲学原则,所以才有"三公之义,继于君也"贤明的君臣关系。在今天看来,可以斥之为迷信,但并不尽然,因为古人所云,也都是有所指的,只不过他们认识世界远没有达到今天这个深度,难免有自圆其说的企图,但我们今天也不必为古人去圆谎,硬要说"烹饪"有多大的学问,那完全是自找麻烦。我们今天的人文研究,用不着利用古人的假想,完全可以从现实的人本身开始。就像我们每到月圆的时候,就有思乡、怀旧、想念亲人的感觉,而每年的阴历八月十五感觉尤甚,于是就有了吃月饼的习俗,甚至相信古代关于嫦娥、吴刚、玉兔、桂树之类神话,把月亮想象成"天上宫阙"。可到了今天,已经有人踏上了月球,证实了它只是荒凉的不毛之地,这样,有关月饼的人文价值就应该完全回归人类本身,应该从圆月的象征回归为人间的思念。

通过以上讨论,我们知道,烹饪本身并无人文意义,因为它只是做饭做菜的体力劳动,各人的烹饪技能可能有熟练和笨拙之分,但最终的目的是制作我们的饮食;而饮食的人文意义真是"博大精深",并且是无法用科学的方法来认识的。从历史上讲,饮食的人文意义有亘古渐变的传统特征,例如我们常说的"民以食为天",

既不是西汉初年郦食其的创造，也不是春秋战国时期先哲们的遗训，产生这个认识可以说是自人类诞生时就有了。《左传》上有关于古书《三坟》的记载，汉代孔安国认为伏羲、神农、黄帝之《书》（政令）谓之《三坟》，但此书早佚，现在传世的是北宋神宗元丰七年（1084）才出现的，因此人们向来认为是伪书。但近年来一些考古新发现，使我们对过去所谓的"伪"常有重新认识的必要，例如杭州发现的良渚古城，就需要我们重新审视自己的历史，因此伏羲、神农之类的传说很可能就是信史。即以收入《汉魏丛书》的《三坟》来说，其中的《连山易》《归藏易》和《乾坤易》，今日已成天书，人们很难解读，但有些"爻卦大象"因为与日常关系太密切了，还是可解释的。诸如《连山易》中的"民君食"一句，古人释为"民所尊崇以食为本务，故为君矣"，笔者以为是正确的。而《人皇神农氏政典》一开始就说："惟天生民，惟君奉天，惟食丧祭，衣服教化，一归于政。"虽然这个说法是后代人的口气，但事实确实如此。这实际上就是"民以食为天"的另一种表述形式。

《大戴礼记·礼三本》曰："尚玄尊，俎生鱼，先大羹，贵饮食之本也。"而所谓的"礼三本"的定义是："礼有三本：天地者，生之本也；先祖者，类之本也；君师者，治之本也。"当祭祀"三本"时，尊上玄酒（清水），俎上生鱼，豆上"先大羹"（不调味的肉汤），以示不忘本，因为这些曾是先民们崇尚的美味。又如《大戴礼记·诸侯衅庙》，说祭祖时，君主、宗人、雍人（厨师）都要穿"玄服"（黑色的礼服），宰羊杀鸡都有一定的程式。这些异于日常饮食活动的做法，就是饮食文化中的人文因素，是烹饪定义的合理延伸。秦汉以后如班固的《白虎通德论》、应劭的《风俗通义》、蔡邕的《独断》等，都是记述礼制的著名著作，其中不乏关于饮食礼仪的记述。例如蔡邕的《独断》便记载用于宗庙祭祀礼牲的别名："牛曰一元大武，豕曰刚鬣，豚曰循肥，羊曰柔毛，鸡曰翰音，犬曰羹献，雉曰疏趾，兔曰明视。"虽然是从《礼记·曲礼》中抄来的，但他在这里强化了。正由于诸如此类的变化，使得中国饮食文化研究每有扑朔迷离的感觉，农耕文明的中国古人，在祭祀活动中，饮食占有重要的地位。这种情况也影响到人们的日常生活，从而给做饭做菜的烹饪操作带来了浓厚的文化色彩。

饮食文化的奥妙往往由于食品本身被作为文化符号而产生，例如汉代荀悦在《申鉴·杂言上》中说："君子食和羹以平其气……夫酸咸甘苦不同，嘉味以济，谓之和羹。……孔子曰：君子和而不同。晏子亦云：以水济水，谁能食之。诗云：亦有和羹，既戒且平。"这样就把平常的调味技术人文化，达到了"君子食和羹以平其气"，引出了争论千古的和同之议。总而言之，在古今文人的议论中，把烹饪或饮食延伸到学科和哲学方面的著作非常之多，但由于本书的主旨在于相关的科学技术，所以对饮食的人文价值不再做更深入的讨论。近代食品科学诞生以后，有关食事的理论和技术与数、理、化、生等自然科学，和农、工、医等技术科学发生了更为密切的关系，手工技艺的烹饪和机械化生产的食品工程循着同时的理论基础和技术原理，这也应该算是烹饪概念的合理延伸。有关这方面的问题，我们将在相关的部分重点介绍，这里就不做说明了，以免前后重复。

第二节 烹饪原料的机械性加工和分档取料

被历史学界赞誉为“读书广博而重视融会贯通”的近代史学家吕思勉，在其所著《先秦史》第十三章“衣食住行”的第一节“饮食”中，一开头便说：“饮食之演进，一观其所食之物，一观其烹调之法。”（上海古籍出版社 1982 年重印，上海开明书局 1941 年版）这是非常正确的，是从饮食活动的物质基础着眼的客观描述。关于“所食之物”实为农业史、畜牧业史、渔业史乃至食品工业史的研究对象，而“烹调之法”的历史演进，乃是本章的主要内容；但“烹调”作为一种生活技艺，必有其一成不变的技术体系，即技术的形态可以变化，但技术的类型则不会改变。我们在第一章中已经就烹饪技术的类型体系做了说明，即厨行中所说的刀工、火候和调味三者，或可谓之烹饪技术三要素，每种要素的形态可以随着工具和食物原料的改变而随时演变，但技术要素是不会变化的。即如火候，从最早的一堆篝火到现代的电磁炉、微波炉等加热工具的变化，火候的技术内涵已经有了很大的变化，但火候作为食物原料由生变熟的基本理念永远不会改变。

《礼记·礼运》曰：“昔者先王未有火化，食草木之实、鸟兽之肉，饮其血，茹其毛。”这就是我国著名成语“茹毛饮血”的原始根据，“饮血”很好理解，可“茹毛”如何解释？历来有不同的说法。孔颖达疏《正义》曰：“虽有鸟兽之肉，若不能饱者，则茹食其毛，以助饱也。若汉时苏武，以雪杂羊毛而食之，是其类也。”那么“茹食”又是什么意思呢？吕思勉先生引《诗经·豳风·七月》“九月筑场圃”一句的郑玄注：“场、圃同地，自物生之时，耕治之以种菜茹，至物尽成熟，筑坚以为场。”孔颖达疏《正义》曰：“茹者咀嚼之名，以为菜之别称，故《书》传谓菜为茹。”这就是说，把鸟兽之毛当菜来咀嚼。这是黄鼠狼吃鸡、鼠时候的常见现象，那是典型的生食时代。同样，在《韩非子·五蠹》中，亦有“上古之世……民食果蓏蚌蛤，腥臊恶臭而伤害腹胃，民多疾病”，说的也是生食的状况。《礼记·王制》又说：“东方曰夷，被发文身，有不火食者矣。南方曰蛮，雕题（即文身）交趾，有不火食者矣。”说的是到了周代，“东夷”“南蛮”仍有生食的传统。

尚秉和在《历代风俗事物考》（上海商务印书馆 1938 年版，中国书店 2001 年重印）中，也搜集古史资料，分别说明上古时代的饮食生活。在传说的有巢氏时代，《三坟》曰：“有巢氏俾人居巢，积鸟兽之肉，聚草木之实。”在燧人氏时代，《三坟》曰：“燧人氏教人炮食，钻木取火。”谯周《古史考》曰：“太古之初，人吮露精，食草木实，山居则食鸟兽，衣其羽皮，近水则食鱼鳖蚌蛤，未有火化，腥臊多，害肠胃。于使（是）有圣人出，以火德王，造作钻燧出火，教人熟食，铸金作刃，民人大悦，号曰燧人。”伏羲氏时期，汉班固《白虎通义》曰："古之时……，民人但知其母，不知其父，……饥即求食，饱即弃余，茹毛饮血。"《周易》曰："伏羲作结绳而为网罟，以佃以渔，盖取诸离。"《汉书》："作网罟以佃渔，取牺牲，故天下号曰庖牺氏。"《尸子》："宓牺氏之世，天下多兽，故教民以猎。"也有"伏羲作瓮"的说法。到了神农氏时代，《白虎通义》曰："古之人民，皆食禽兽肉，至于神农，人民众多，禽兽不足，于是神农因天之时，分地之利，制耒耜，教民农作。"《周易·系辞》曰："伏羲氏没，神农氏作，斫木为耜，揉木为耒。"《白虎通义·号》云："谓之神农何？古之人民皆食禽兽肉；至于神农，人民众多，禽兽不足，于是神农因天之时，分地之利，制耒耜，教民农耕，神而化之，使民宜之，故谓之神农也。"《淮南子·修务训》云："古者民茹草饮水，采树木之实，食蠃蛖之肉，时多疾病毒伤之害。于是神农乃始教民播种五谷，相土地宜燥湿肥硗高下，尝百草之滋味，水泉之甘苦，令民知所辟就。当此之时，一日而遇七十毒。"

这里所说的有巢氏、燧人氏、伏羲氏和神农氏时代，相当于旧石器时代，其中的有巢氏和燧人氏时代，属于原始的群婚时期。在考古发现中，相当于云南元谋人、陕西蓝田人、北京猿人、陕西大荔人、广东曲江马坝人、湖北长阳人、山西襄汾丁村人、山西阳高许家窑人；而伏羲氏和神农氏时代，虽然仍属于旧石器时代，但已进入母系氏族社会，在考古发现中，相当于内蒙古伊克昭盟河套人、广西柳江人、广西来宾麒麟山人、山西朔县峙峪人、北京房山周口店山顶洞人（与北京猿人在同一地区发现，通常将第二次世界大战前发现的叫北京猿人，实物已下落不明，现在所说的山顶洞人是 1966 年发现的）。最早的元谋人距今 170 万年，最近的也在万年以上，这些旧石器时代的古人遗址，有明显的生食遗迹，即使到了秦汉以后，仍然不乏有些边境民族生食的记录，甚至在唐宋以后依然如此，例如沈括在《梦溪笔谈·杂志一》的"北狄山水"条中就记录了他本人出使漠北黑山、黑水一带时的所见所闻。"山西别是一族，尤为劲悍，唯啖生肉血，不火食，胡人谓之山西族。北与黑水胡、南与达靼接境。"直到今天，我们饮食生活中仍有多种生食品种、生食瓜果蔬菜；自不待言，生食动物性食品，也是常见的。例如贵州苗族喜食生肉，侗族的腌牛肉、腌鸡也是生吃的，布依等民族嗜生血，至于吃生鱼片、生虾等，则更是司空见惯，汉族地区也很常见。在远古时代，食人现象也是常见的，其对象甚至包括自己的亲属。

在旧石器时代，可能存在很长一段时间生食与熟食并存的现象，而到了新石器时代的黄帝、尧、舜、禹时期，我国各地先后发现了裴李岗与磁山文化（河南新郑的裴李岗文化，发现于 1977 年，为公元前 5600—公元前 4900 年。而磁山文化则是指 1976 年发现于河北武安磁山的文化，为公元前 5400—公元前 5100 年。两者的年代大体相当，文化类型也很接近）、河姆渡文化（1973 年发现于浙江余姚河姆渡，约为公元前 4800 年左右的长江流域重要文化遗址）、仰韶文化（1921 年首次发现于河南渑池仰韶村，文化类型包括公元前5000—公元前3000年整个中原地区，是母系氏族公社制的繁荣期）、马家窑文化（1923年首次发现于甘肃临洮马家窑，主要为早期农业文明，其年代约为公元前3000—公元前2000年之间）、青莲岗文化（1951年首次发现于江苏淮安青莲岗，以农业为主，但采集和渔猎仍有一定比例），还有分布极广、存在年代和文化内涵也各不相同的细石器文化，都完全进入了熟食时代，即便有少量的生食现象，也只能算是残余了。

到了父系氏族公社的尧舜时代，早期的烹饪文化已经相当丰富了，著名的如大汶口文化（1959年首先发现于山东宁阳堡头村，泰安大汶口也有同样类型的遗址，故称大汶口文化，约起公元前4500年或稍晚，随后过渡到公元前2500年的龙山文化，苏北的青莲岗文化也属于大汶口文化类型，可能已进入父权时代）、屈家岭文化（1954年发现于湖北京山屈家岭，相当于新石器时代晚期的公元前2750—公元前2650年以农业为主的文化类型）、龙山文化（1928年首先发现于山东章丘龙山镇的城子崖，约为公元前2800—公元前2300年的农业和畜牧并存的文化类型，属于父系氏族公社制社会）、良渚文化（1936年首次发现于浙江余杭的良渚镇，存在年代为公元前3300—公元前2200年，有相当发达的农业，2007年又发现了震惊中外的良渚古城，可能是目前已发现的在中国大陆上最早的国家）、齐家文化（1924年发现于甘肃和政齐家坪，约为公元前2000年，是铜石并存的文化形态，是原始公社解体时期的文化形态）。

从170万年前的元谋人起，到夏朝建国的公元前2070年止，共计约170万年的这段历史，是没有准确文字记载的神话传说时期。对于这些神话传说，地下考古文物是重要的印证资料，虽然不能十分准确，却也是有很大的可信度的。也正是在这个时期，人类的主要精力都放在食物的生产上，所以这段历史是饮食文化的重要源头，也是中国烹饪的诞生期，很值得我们重视。人类由生食走向熟食是烹饪技术诞生的主要契机，而对食物原料的机械性加工，从生食时代就已经开始了。

一、粮食的机械性加工

粮食加工技术的出现，必然在熟食以后，因为禾本科种子和豆类，在生食时代是不可能被选作食物资源的，只有在农业作为人类主要食物生产方式以后，粮食才会成为古人类食物的主要品种，相关的加工技术也就应运而生了。豆类在煮熟以后，可以直接进食，而谷类则不同，它们大多有粗硬的外壳，这种外壳如不去掉，是很难下咽的，所以早期的粮食机械加工技术，主要是为了脱壳。考古发掘中发现的脱壳工具主要有：

(一)从石磨盘、石磨棒到近代石磨和石碾

目前发现最早的石磨盘,是20世纪70年代在山西下川旧石器遗址中出土的,距今2万多年(王建等:《下川文化——山西下川遗址调查报告》,《考古学报》1978年第3期)。据吴家安的统计,新郑裴李岗新石器遗址出土了88件石磨盘、石磨棒,密县峨沟遗址出土了20件,河北武安磁山遗址出土了137件,其他新石器时代遗址中也多有发现(吴家安:《石器时代的石磨盘》,《史前研究》1986年第1期)。各地发现的石磨盘,形制并不相同,有卵圆形的、三角形的、马鞍形的,甚至许多是不规则的,实际上就是取一块片状石块,加工制磨平坦而已,有的还有四足。器形比较小的还有石磨饼,即两片都有平坦断面可以互相研磨的石块。至于石磨棒,大多为圆形的石棒,有的雕凿得相当精致,例如8000年前裴李岗文化遗址便是如此。

不论是粗糙还是精致的石磨盘、石磨棒,用来给谷物粮食脱壳时,利用的都是摩擦现象,其中以石磨饼最为原始;它的发明很可能就是源自人的两手搓揉可以使稻谷之类易裂外壳去除的现象。可以想象,当工具两个部分的运动速率不大,且接触面积又比较小的时候,这种工具的工作效率是很低的,劳动者会觉得很吃力。用近代力学原理来提高这类工具的工作效率,就是变单纯的滑动摩擦为滚动摩擦,所以从石磨饼到利用石磨棒在石磨盘上滚动,是古人的一大发明,不仅机械效率提高了,而且人也觉得省力了。

石磨盘和石磨棒的组合使用,形成了一动一静的配合关系,在杠杆原理没有得到应用之前,这种动静关系是很难得到改善的,所以到了6000年前的仰韶文化时期,石磨盘和石磨棒几乎消失;而由于农业技术的发展,此时的粮食产量大大提高,对脱壳工具的要求更为迫切,于是杵臼代替了石磨盘和石磨棒,一直到了西周以后,才出现了圆形的石磨。《尚书·周书·无逸》:“文王卑服,即康功田功。”这里的文王指周文王姬昌,所谓“康功”,历来注家都说是“安民之功”,而“田功”则为“养民之功”,唯姚伟钧指出,“康功”,“后世注者认为就是除去谷糠的工作”(徐海荣主编:《中国饮食史》第二卷,华夏出版社),可惜没有注明此解的出典。一般学者都认为:圆石盘的发明必然反映了人们从“粒食”到“粉食”的转变,且过去都认为,我国古代粉食的历史当在战国以后。《太平御览》卷七六二引《世本》曰“公输般作硙”,这个“硙”也有写作“磑”或“磄”的,即今天的石磨。考古发掘发现战国的石磨有3具:河北邯郸市区战国遗址1具;陕西临潼秦故都栎阳遗址1具,属战国晚期至秦;陕西临潼郑庄秦石料加工场遗址1具,也属战国晚期至秦的遗物。汉代以后石磨已非常普及了,考古发现也常见了。用石磨磨粉是我们的常识,但要用石磨对粟、稻之类脱壳,那是难以胜任的,其结果必然是壳和米一起被磨碎。对于一般黎民百姓来说,谷壳粉和米粉一起吃,本不足为奇,而对于社会上层来说,就达不到珍食或美食

的要求了。所以在秦汉以后，石磨的用途大概仅用于粉食，而粒食所需要的“米”，仍然靠杵臼舂制。

我国先民何时开始“粉食”，一直存在争论，特别是面条，国外历来不承认是中国人首先发明面条，但在2005年10月的英国《自然》杂志（*Nature*）上，承认了2002年在青海民和喇家遗址发掘到的一碗面条状遗物。在该遗址的F20房址地面上有一倒扣的红陶碗，当考古工作者揭开陶碗时发现面条状食物，但已经严重风化，只有像蝉翼一样的薄薄的表皮尚存，但面条卷曲缠绕的形状依然保持着。面条全部附着在后来渗进碗里的泥土之上，泥土起到了对陶碗的密封作用，而且陶碗是倒扣的，所以才能使这个珍贵的遗存保留下来。中国科学院地质与地理物理研究所吕厚远等研究人员用先进的仪器设备在实验室中鉴定了土壤中植物硅酸体和淀粉形态，并使用80多种植物进行对照试验，最终认定了这种面条是用谷子（粟）及糜子（黍）的粉加工而成的，其中粟占多数。同时进行的民俗学调查发现，使用脱壳的小米磨粉是可以加工成面条的，直到今天，当地还有食用小米磨粉制面条的情况。喇家遗址属齐家文化类型，F20房址的面条距今已有4000多年的历史。出土的面条很细，手工精巧，长度超过50厘米，呈黄色，断面呈近似的圆形，看上去很像拉面，有人认为是用双手搓揉成形的。根据研究，喇家遗址是地震或洪水的灾难遗址，在瞬间发生灾难的情况下，才偶然保存了这碗面条。此前意大利和阿拉伯人一直宣称他们在2000年前就发明了“面条”这种食品，现在喇家F20房址上面条的发现，使得《自然》杂志宣称：“现在有确凿的证据表明中国是世界上最早发明面条的国家。”古代面条发现了，但做面条的小米粉是如何制得的，还不可知。难道我国在4000年前的夏朝就有了石磨吗？如果没有磨粉的石磨，那又该用什么制粉工具？这些都值得我们继续进行研究。（王志俊、王颖娟：《中国史前箸和面条的出现及其意义》，第四届中国箸文化研讨会论文，2006年10月，大连）其实，即使没有喇家遗址面条的发现，中国粉食历史也肯定在3000年以前。《墨子·耕柱》：“见人之作饼，则还然窃之，曰：舍余食。”可见春秋战国时期，饼是很好的食物。但既然要做饼，一定要粉碎谷物，石磨的发明当然在情理之中。此外，睡虎地出土的秦简，明确提出了要用麦和豆制酱，而麦子一定要磨粉才可以做酱。秦朝的《仓律》中说：“麦十斗，为䵂三斗。”这个“䵂”（chì）字，《说文》释之曰：“䵂，麦核屑也，十斤为三斗。”说明秦朝肯定有磨粉工具，而秦朝建立于公元前220年，这也足以驳倒意大利人和阿拉伯人的说法。

从力学的角度认识圆形石磨的工作原理，其实非常简单：石磨是上下两个圆周相等的圆形石盘，下盘固定，上盘可以转动，其粉碎原理还是利用摩擦阻力，而摩擦阻力的大小和动静两盘的接触面积大小成正比；因此为了增大摩擦阻力，在两个接触面上要凿有深浅适度的规则沟槽，当上盘转动时，谷粒即在沟槽中受到拖拉，并在槽峰处受到挤压而粉碎，变成粒径大小不等的碎屑，再经过筛罗的选择分离，其精细部分即为粉面，粗疏部分即为麸皮。所以说，最早的粉食只是经过粉碎的谷粒，其烹饪成品即汉代所说的“麦饭”。要得到精细的粉面，还需要有能够分拣粒径大小不同的碎屑的筛罗。从现有的文献资料看，自从有了粉食，也就有了筛罗，不过在战国乃至秦汉时期，筛罗比较粗疏，用现代术语讲，筛目数比较小，粒径较粗大。到了魏晋南北朝，筛目数比较大的细罗的使用，使得精粹的面粉出现在人们的饮食生活之中。晋人束皙《饼赋》中说：“重罗之面，尘飞雪白。”有人说，这里的“重罗”，是指用细箩多次过筛。这显然解释错了。粒子粗细分离，完全决定于筛目(筛孔的大小)，筛目小的粗罗，即使过筛无数次，仍然不能将细的粗的分离出来，因此这里的“重罗”应该是指经筛目由小到大的筛罗多次分离，而不是用一种筛目的筛罗多次筛。对于细粉，南北朝吴均在《饼说》中的形容是“细如华山玉屑，白如梁甫银渥”。北魏贾思勰在《齐民要术》中，也多次提到了筛罗，明确指出了做筛的材料是丝质的绢。

到了汉代，石磨的使用扩大到了带水的粮食，特别是经过浸泡的大豆，这就使得豆浆进入了人们的食谱，也为豆腐的发明提供了条件。河南密县打虎亭一号汉墓的豆腐作坊图中即有这样的石磨，尽管有人认为这幅图是酿酒图，但石磨的存在是无可否认的。

最早石磨的动力肯定是人力，而且可能是体力不强的妇女，所以磨盘的直径不会太大，上下磨石之间除了浅形沟槽之外，在其中心部位有牝牡相配的铁质磨脐和凹穴，铁磨脐固定下片，凹穴开凿在上片，从而使转动时两片不会滑动。上片的顶面凿成浅凹形，可以堆放少量待磨的粮食或其他物品，在偏离中心不远处凿贯穿的一圆洞，引导粮粒由此进入两片之间。在上片的边缘处凿一不穿透的小孔，楔入木棒作为把手，人手拉着把手往复推拉转动上片，一种相对运动的粉碎设备就可以开始工作了。从此以后，石磨的改进主要就是如何省力的问题了。于是发明了在上片边缘凿两个侧穿的小孔，绑上一较长的带孔木板，与一原始的人工曲柄相联系，这样就从单人手推磨变成了拐磨，曲柄的一端把手悬挂在屋梁上，这样就可以把一人单独操作变成两人或三人合作操作，一个体力较小的人在石磨旁用一只手扶牢曲柄，另一只手可以侧身添加待磨的粮食，另外一人或二人则用双手扶着曲柄的横杆，做往复推拉的劳作。这样的磨盘直径可以放大数倍。这种拐磨大概出现在东汉末期(打虎亭一号汉墓即如此)。到了魏晋时期，畜力被用来代替人力，用驴或马拉动磨的上片做圆周运动，效率更加高了。随后，齿轮的组合原理得到了应用，出现了连磨。《魏书·崔亮传》：“在雍州读《杜预传》，见其为八磨，嘉其有济时之用。”按：杜预(222—284)，西晋京兆杜陵(今陕西西安市东南)人，字元凯，文武全才，今《十三经注疏》中的《左传》首先为杜预所注，其人多谋略，曾做畜力拉动的连机八磨。嵇含在《八磨赋》中有具体描述：“策一牛之任，转八磨之重。……方木矩跱，圆质规旋。下静以坤，上转以乾。巨轮内达，八部外连。”(转引自徐海荣：《中国饮食史》卷三,华夏出版社 1999 年版,第 70 页)在当时,这种连磨的效率是相当高的了。

除了畜力的连磨之外,在南北朝时还出现了用水力代替畜力的水磨。南朝祖冲之曾"于乐游苑造水碓磨"(《南史·祖冲之传》)。而北魏的崔亮也曾在洛阳、长安提倡使用水磨(《魏书·崔亮传》)。畜力磨和水力磨在魏晋南北朝时的历史文献中多有记载。到了隋唐时期,水磨已经相当普及,许多达官贵人也往往经营水磨作坊,与民争利,武则天之女太平公主、唐玄宗的宠宦高力士都是其中的佼佼者。由于大量使用水力,连用于灌溉的水都产生了困难。

在隋唐时期,原本用于脱粒加工的碾,也有了磨的功能,即用碾磨面,并且有大量的水碾代替水磨,有关碾的情况,我们在随后章节中做重点介绍。

宋辽金元时期,石磨的形制和动力几乎没有变化,只是规模大小不同而已,特别是元代,因有王祯《农书》传世,而且绘有精致的图,只要看了这些图,便可一目了然,无须做更多的说明。要说较前代有什么进步的话,就是王祯《农书》中出现了辊碾,即过去农村中常见的石碾,主要用于稻米的脱壳加工。在有些地方,主要用于大麦的去皮,即将大麦用水淋湿,立刻上碾碾压,因内部麦仁并未浸软,而大麦的种皮已经浸湿,所以比较容易被碾去。因为大麦种皮粗粝不可食,有时还带有麦芒,故而经过碾去皮后变成光滑的麦仁,晒干后再上磨磨碎,煮粥煮饭皆宜(图 4-2-1 至图 4-2-3)。

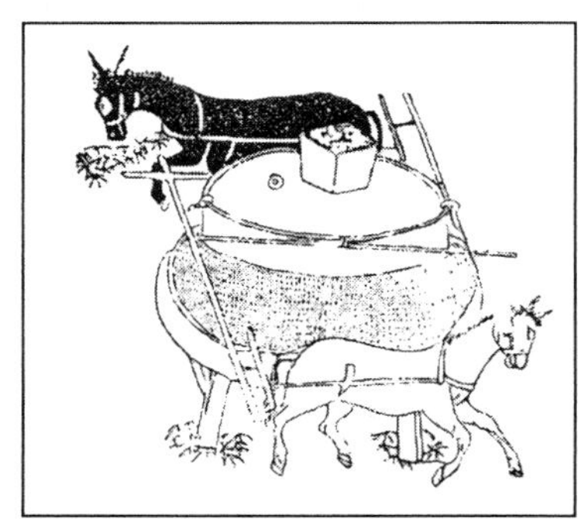

图 4-2-1 畜力磨(人力磨在秦汉时就广泛使用了)

(王祯《农书》)

图 4-2-2 水力磨

(王祯《农书》)

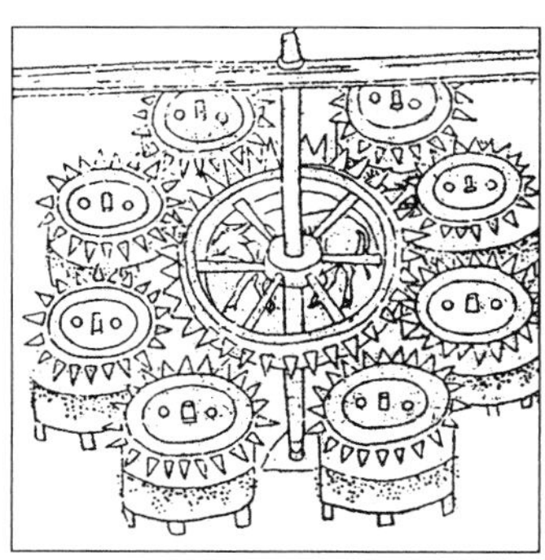

图 4-2-3 八连磨(可用畜力也可用水力)

(王祯《农书》)

明代王圻父子的《三才图会》,收录了许多粮食加工工具的图样,很是珍贵。而尤为重要的是宋应星的《天工开物》,其第四卷"粹精"篇,分"攻稻""攻麦""攻黍稷粟粱麻菽"等三节,除了脱粒、簸物等收获性操作外,还收录了多种粮食加工设备图,并有简略的说明,其中有石碾和水碾,还有筛罗人工机械化的撞机(有的地方称"罗柜"),是利用杠杆原理和连动曲柄组成的面粉筛罗,这种设施直到 20 世纪六七十年代有些地方还在使用(图 4-2-4 至图 4-2-7)。

图 4-2-4　砻(用于稻谷去壳成糙米)

(宋应星《天工开物·粹精》)

图 4-2-5　石碾(用于粮食加工)

(宋应星《天工开物·粹精》)

图 4-2-6　水碾(使用水力,也可组成连碾)

(宋应星《天工开物·粹精》)

图 4-2-7　用工撞击的面罗

(宋应星《天工开物·粹精》)

圆形石磨的使用，从磨制干粉到磨制湿浆或粉糊，丰富了人们的饮食生活，加工的粮食品种也从稻、麦、粟、黍等禾本科作物扩展到豆科作物，首先被粉碎的是浸泡过了的大豆磨制成豆浆，再经大豆蛋白胶体的凝聚变成豆腐，这是我们中国人的重大发明。这个时间现在学界大多同意是在西汉时期，淮南王刘安成了豆腐作坊的祖师爷；当然也有相当激烈的争论，但至迟在隋唐时代已经是无可争议的事实。大豆是富含蛋白质的豆类，还有许多豆类如绿豆、豌豆、赤小豆、蚕豆等，其主要成分是淀粉，也可以用湿磨或干磨制得具有各种风味特色的豆粉，其中尤以绿豆和豌豆甚至蚕豆制得的湿淀粉，经过加热熟化后再老化而得粉丝、粉皮等，都是我们中国人的常食。在其生产工艺中的一个机械性的重要工序，就是用过滤法将淀粉和豆皮残渣分开（俗称“吊浆”），这要求淀粉的颗粒极细，否则它们不能通过粗布的孔眼。豆类淀粉制品发明于何时，没有确切记录，但在宋代孟元老的《东京梦华录》中已有“旋索粉”，吴自牧《梦粱录》中有“撺粉”，周密《武林旧事》中有“科斗细粉”等食品名称，看来，唐宋已经出现了豆粉制品。刚开始可能就是今天的凉粉之类，最后做成粉丝；至于大宗出售，可能在宋元以后了。

（二）从杵臼到碓

杵臼和石磨盘、石磨棒几乎一样久远。《周易·系辞》：“断木为杵，掘地为臼，杵臼之利，万民以济，盖取诸‘小过（卦名）’。”《世本》：“雍父作舂杵臼。”桓谭《新论》：“宓（伏）牺制杵臼之利，万民以济。及后世加巧，延力借身重以践碓，而利十倍。”如果说伏羲氏时已有杵臼，当在距今万年之前。对于这方面的考古发现，宋兆麟做过概括，诸如南宁豹子头遗址出土一件石杵，桂林甑皮岩也出土过石杵，这两个遗址都在距今 1 万到 9000 年之间。到新石器时代晚期，杵臼已经相当普及，浙江余姚河姆渡曾出土木杵，距今 7000 年。又如江苏邳州区大墩子一处遗址有 3 个火烧过的土窝，旁边还放着石杵。湖北宜昌红花套遗址也出土过杵臼，不过杵已经变为灰烬，说明木杵不易保存到现代。而臼则不然。最简单、最原始的当为地臼，古籍上多有“折木为杵，掘地为臼”的说法。目前发现的地臼如河姆渡遗址，上述大墩子遗址的 3 个火烧过的土窝，河南成皋广武出土的 1 处地臼，以及湖北宜昌红花套遗址的 2 个地臼等，都是有力的物证。但是，土臼或地臼在杵的撞击下不仅会破裂，而且会有泥土混入，最后的脱壳效果是不够好的。当代民族学调查发现，云南苦聪人现代还用土臼，但在夯实的土坑内要垫上一层光板的皮革，然后用木杵舂制，再提起皮革倒出被舂的粮食簸扬除去皮壳，这也该是古人曾经有过的发明。第二类臼是陶臼，大墩子的火烧土窝，当是最原始的陶臼，而真正的陶臼，其实就是一种陶质盆形器，它们在河姆渡遗址、浙江舟山白泉遗址、吴兴钱山漾遗址等文化遗址中也多有发现。可以想象，陶臼的耐冲击力肯定不强，不过用于稻谷去壳还是可以的。第三类是木臼，即将粗的树段掏成一个凹坑。因为木臼不可能长久保存，所以没有发现过上古时代的木臼，但民族学调查中发现，云南的拉祜族、佤族、哈尼族基本上使用木杵、木臼。第四类臼是石臼，这是我们现在常见的臼。陕西西安半坡遗址、晋南西阴村仰韶文化遗址、辽宁凌源安杖子遗址和内蒙古龙山文化遗址都出现过石臼，好像石臼都出现在黄河流域及其以北地区，这也从侧面说明了北方的黍粟之类小粒子的禾本科谷物，在脱壳时需要较大的冲击力，不如南方水稻脱壳那样容易，所以要用石杵、石臼。山东北辛遗址、河北磁县下潘汪仰韶文化遗址、山西西王村仰韶文化遗址都出土过石杵（徐海荣：《中国饮食史》卷一，第 218 页）。

原始的杵臼都是下面一个固定的窠臼，上面一根手持的杵（木或石质），舂制时用人力将杵提高到适当高度，然后突然放下，将位能变成动能，产生足够大的冲量，用力学公式表达就是 m（杵的重量）×h（杵下落的高度）＝冲量 mv（杵落下时的速度），在同一台杵臼上，m 是不变的衡量，而 h 和 v 都是可变的量，但是也都是有限的。所以这种原始的杵臼，操作起来相当费力，用来脱壳，可以勉强对付，要是用来舂粉，其效率是很低的。对于粉食，它不能胜任；对于粒食，它恰到好处。如果遇到难以脱壳的谷物，则要首先烘干使其外壳变脆（图 4-2-8）。

图 4-2-8　杵臼

（王祯《农书》）

到了夏商时代以后，石臼的使用已经相当普遍了，河南郑州商城、安阳殷墟都出土过石杵、石臼，殷墟的妇好墓甚至还出土了玉杵、玉臼。另外在甲骨文中，也出现了舂谷的形象文字。大概到了西周以后，杵臼的数量反而减少了，这是因为石磨已广泛使用了，但脱壳技术主要还是靠杵臼来完成的，即使到了春秋战国时代依然如此。《诗经・大雅・生民》："或舂或揄，或簸或揉。"其中舂是重要的；揄是指从臼中把被舂脱了壳的粮食舀出，其实就是翻动；簸是用簸箕分去谷糠；揉则是指用手来回搓擦，以除米上残留的少量谷壳。当时对米的精细程度，有不同的描述语言，例如用"粝""糳""毇""粲"表示米从粗到精的等级标志。

秦汉时期，杵臼的形制有了很大的变化，从现有文献资料看，早已散佚的东汉哲学家桓谭的《新论》残文中，留下了"杵臼之利，……后世加巧，延力借身重以践碓，而利十倍"的描述，在本节开始就引用过了。这可是一条极其珍贵的技术史料，有力地说明了在东汉时已出现了"加巧"的碓臼。臼还是早已普及的石臼，但杵却变成了碓。最初的“践碓”是利用杠杆原理，在臼前做一木质支架，将石杵装在支架前端的杵杆上，这样石杵就变成了石碓，将石碓的位置和距离调整到与石臼相对，再用脚反复践踏杵杆的另一端，这样石碓起落就可以舂米了。很明显，碓臼的效率大大地高于杵臼，而且由于手持变成足踏，劳动强度也大大地降低了，所以才有“而利十倍”的评价。到了魏晋南北朝时期，这种碓臼完全普及了，北魏时甚至有“令一家之中自立一碓”的政令(《魏书》卷五七《高祐传》)。同时受到畜力磨和水磨的启发，也有了畜力碓和水碓，许多达官富贾都利用畜力磨、碓或水力磨、碓聚富敛财。隋唐五代时期，水碓仍然很普遍，《全唐诗》收录了岑参关于水碓的诗：

《晚过盘石寺礼郑和尚》：“岸花藏水碓，溪水映风炉。”

《题山寺僧房》：“野炉风自爇，山碓水能舂。”

图 4-2-9　碓臼

(王祯《农书》)

直到宋、辽、金、西夏乃至元代，碓臼的形制几乎没有变化，即碓嘴仍然是石制的。王祯《农书》中的碓臼图，就清楚地说明了这一点。而宋应星在《天工开物·粹精》中明确指出：“碓嘴冶铁为之，用醋滓合上。”既然“碓嘴冶铁为之”，杵杆部分也就全用木头制成了。这就是我们今天在农村中仍可以见到的碓臼，但数量已经不多，特别是木制的碓杆和铁碓嘴，差不多已经是文物了(图 4-2-9)。

当碓嘴用铁时，如果铁片与石臼相碰，粮食粒子便会受到不均匀的撞击，碎米和米粉便不可避免地产生，粮食受到过分不均匀的撞击力，使得出米率降低。所以到了明代，一种专门脱去稻壳的工具——砻便出现了。据《天工开物》记载：“凡稻去壳，用砻；去膜，用舂用碾。然水碓主舂，则兼并砻功。燥干之谷入碾，亦省砻也。凡砻有二种：一用木为之，截木尺许(质多用松)，斫合成大磨形两扇，皆凿纵斜齿，下合植笋，穿贯上合，空中受谷。木砻攻米二千余石，其身乃尽。凡木砻，谷不甚燥者，入砻亦不碎，故入贡军国漕储千万，皆出此中也。一土砻，析竹匡围成圈，实洁净黄土于内，上下两面各嵌竹齿，上合篘空受谷，其量倍于木砻。谷稍滋湿者，入其中即碎断。土砻攻米二百石，其身乃朽。凡木砻必用健夫，土砻即孱妇弱子可胜其任。庶民饔飧皆出其中也。凡既砻，则风扇以去糠秕，倾入筛中团转，谷未剖破者浮出筛面，重复入砻。……既筛之后，入臼而舂。”

砻和碓臼，主要用于水稻舂米，而在北方，主要农作物的黍、粟(统称小米)，因其粒子较细，用砻碓并不适宜，故又有一种叫“小碾”的工具。宋应星说：“凡攻治小米，扬得其实，舂得其精，磨得其粹。风扬、车扇之外，簸法生焉。其法篾织为圆盘，铺米其中，挤匀扬播。轻者居前，簸弃地下；重者在后，嘉实存焉。凡小米，舂磨扬播制器，已详见稻麦之中，唯小碾一制，在稻麦之外。北方攻小米者，家置石墩，中高边下，边沿不开槽。铺米墩上，妇子两人相向，接手而碾之。其碾石圆长如牛赶石（即打谷的石滚），而两头插木柄。米堕边时，随手以小篲（帚）扫上。家有此具，杵臼竟悬也。”（图 4-2-10）

图 4-2-10 小碾图（用于加小米）

（宋就星《天工开物・粹精》）

（三）从研磨器到擂钵

宋兆麟曾归纳一类器物的考古发现，他称之为研磨器（也曾经定名为擂钵），其质地均为灰色泥质陶器，在不同的发掘地，有直筒状、盆形和钵状等三种式样（如图 4-2-11），器形较小，容量有限（徐海荣：《中国饮食史》卷一，第 225 页）。有人认为是过滤器，但无根据，所以宋兆麟认为该是研磨器，是古人用来加工芋薯类食物的工具。他引用了许多民族学资料，如在今天华南、西南一带的少数民族，依然使用类似的工具研磨芋薯类使成淀粉，用以制成粉皮或粉条。甚至有些地方用它们研碎辣椒、蒜、姜或干鱼。在福建、广东一带还流行一种擂茶，所用的工具是擂钵和擂棒，都是陶质的。擂钵呈盆形，擂棒如小杵（很像化学实验室用的研钵），擂钵内壁有沟槽。饮茶时，将茶叶、生米、姜、盐、芝麻等都放在擂钵内，以擂棒研碎后加水，转入锅中煮沸过滤后饮用。视此，这类研磨器很可能就是今天擂钵的祖宗。

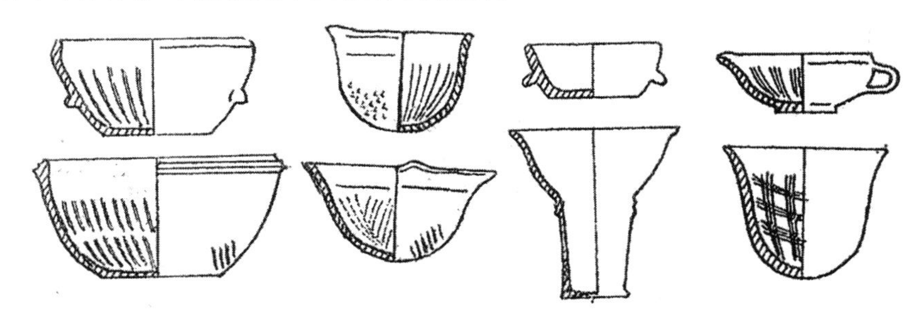

图 4-2-11 陶擂钵

（徐海荣《中国饮食史》卷一）

(四)油料作物的加工

中国烹饪对油脂的应用非常广泛,但在古代并没有植物油的生产,特别是先秦时期,烹调所用的都是动物油脂。古籍中常见的“脂膏”即指动物脂肪,包括动物腹腔内大块的脂肪组织(即俗称的板油),在胃、肠、心包等内脏结缔组织中的脂肪(俗称网油或花油)和皮下组织的肥膘肉,都是非常珍贵的美食原料。屈原在《楚辞·天问》中有一段关于古代神射手后羿的故事,其中有一节文字是:“冯珧利决,封豨是射,何献蒸肉之膏,而后帝不若?”如果译成现代白话文,就是后羿用“坚硬弓箭和结实的扳指,射杀了野猪(封豨),并且献上了蒸肉所得油脂(膏),可是天帝为什么反而不欢喜呢”?说明这种“蒸肉之膏”是非常珍贵的。宋代的李昉等人在编写《太平御览》时,在其“饮食部”列有“脂膏”条,共有9条文献。最早的文献是《周礼·天官·庖人》,列举了春夏秋冬四季最好的食用动物油脂,按王仁湘的解释,即春天用牛油(“膏香”)烹调小羊肉和猪肉的肴馔,夏季用犬膏(“膏臊”)烹调干野雉和干鱼,秋天用“膏腥”(指猪油,也有说为鸡油)来烹调小羊和小鹿,冬天用羊脂(膏膻)来烹调生鱼和大雁,这些都是帝王食用的美食。(王仁湘注释:《太平御览·饮食部》,中国商业出版社1993年版)此外在《冬官·梓人》中说,牛羊的脂肪称“脂”,猪的脂肪称“膏”。而《礼记·内则》则称肥凝者为“脂”,稀释者为“膏”;汉代许慎在《说文》中称牛肠周围的脂肪为“膫”;《通俗文》则说“脂在脊曰肪,在骨曰姗,兽脂聚曰腘”;《史记·货殖列传》说有人因贩卖“脂”成为巨富;《后汉书·孔奋列传》说的是姑臧县令清廉不揩油;而《淮南子·坠形训》也说到了脂和膏的区别。只有《尔雅·释器》把冰比作脂,和油脂本身无关。总而言之,这几条引文都说明在秦汉以前,动物脂肪的主要用途是食用,而它们的制法则是蒸煮或熬炼,没有什么机械加工程序。

同样,在《太平御览·饮食部》也列有“油”条,收录了13条文献,最早的是《魏志》,油的主要用途是“火攻”的烧夷剂,即纵火之用(共7条);用于制烛或点灯的3条;用作刑具的有1条;其他3条,或说明油的供给,或说明油与水受热的性质,或介绍油的品种。在这13条中,先后提到了麻油(最多)或麻膏,还有一条介绍“柰油”(沙果油)和“杏油”(当为杏仁油),其他均泛指油。《太平御览》收录的文献从上古到隋唐,但在“油”这一条目下,没有一条是提及食用的。不过对“油”是植物性脂肪这点是肯定的,但没有说明“油”的制法,唯一介绍制法的柰油和杏油是用“捣”的方法,而且油和渣粕并不分离。

最早提及食用油脂的古籍还是北魏贾思勰的《齐民要术》,植物油的食用大体上也始于这个时期,现将《齐民要术》中有关植物油脂的文字辑录如下:

卷二《胡麻第十三》解题:“今世有白胡麻,八棱胡麻,白者油多。”

卷五《种红蓝花栀子第五十二》“合香泽法……用胡麻油两分……”

卷六《养鸡第五十九》“炒鸡子法”注文:“下盐米、浑豉,麻油炒之。”

卷八《作酱等法七十》"作卒成肉酱法……临食细切葱白，著麻油炒葱令熟。"

卷九《素食第八十七》中所列各种烹调时，都要用"油"（这应该都是植物油），尤其是"缹瓜瓠法"特指用"苏油"，"缹汉瓜法"用麻油或苏油。

卷九《作菹、藏生菜法第八十八》："熬胡麻油。"

卷三《荏、蓼第二十六》，荏指白苏子"（荏）收子压取油，可以煮饼"，小字注："荏油色绿可爱，其气香美，煮饼亚胡麻油，而胜麻子脂膏。麻子脂膏并有腥气。然荏油不可为泽，焦人发。研为羹臛，美于麻子远矣。又可以为烛。良地十石，多种博谷，则倍收，于诸田不同。为帛煎油弥佳。荏油性淳，涂帛胜麻油"，这是制作防水布，如油布伞。

又卷三《蔓菁第十八》：蔓菁子"一顷收子二百石，输与压油家"。

这里所录的最后两条非常重要，说明至迟在南北朝时期，人们已经知道用压榨法制取植物油，甚至还有专营榨油的作坊（"输与压油家"）。总述《齐民要术》中的油料作物，应该有荏（白苏子）、胡麻（芝麻）、红蓝花、大麻和蔓菁子（今菜籽）等品种，但种得最多的是胡麻和红蓝花，其实还应该有桐油和蓖麻油（王仁湘在注《太平御览・饮食部》时，把"麻油"直认为"蓖麻油"，恐不恰当）。但食用植物油主要是胡麻油，一部分是荏油，而红蓝花油气味不佳，主要用于制蜡烛。这也说明了魏晋南北朝时期，人们食用的油脂主要还是动物脂肪，这在《齐民要术》也有准确的反映。

《齐民要术》所载关于植物油脂的生产和应用，到隋唐时代有了很大的发展，形成食用植物油的市肆行为，这在唐代的《酉阳杂俎》、五代的《北梦琐言》和宋代的《太平广记》中都有反映，在北京地区保存的石刻中也有明确的"油市"记载。（曾毅公：《北京石刻中所保存的重要史料》、《文物》1959 年第 9 期）

到了宋代，食用植物油已经成了平常百姓不可或缺的生活物资。吴自牧在《梦粱录》卷一六《鲞铺》载："盖人家每日不可缺者，柴米油盐酱醋茶。"油是"开门七件事"的重要内容之一。无论是北宋还是南宋，都有许多官营油坊，食用油的主要品种有麻油、菜油和豆油。庄绰在《鸡肋篇》中收录了 12 种植物油，除了胡麻油以外，作为食用油的还有大麻油、杏仁油、红花子油、蓝花子油、蔓菁子油。而《永乐大典》中收录的松子油、豆油、菜油也是重要的食用油，还有将荏子油用于雨衣防水、苍耳子油用作医药、桐油用作防水涂料、乌桕子油和柏油用于照明等等，甚至已经认识到石油（沈括《梦溪笔谈》卷二四《石油》）。《鸡肋编》卷上："油，通四方可食与然（燃）者，惟胡麻为上，俗呼脂麻，言其性有八拗（用手折断之义），谓雨旸时则薄收，大旱方大熟，开花向下，结子向上，炒焦压榨才得生油。"这就说明了油料作物在榨油时都要先行加热，以破坏其细胞膜，使脂肪渗出。宋人寇宗奭在《本草衍义》中说："脂麻……炒熟乘热压出油，而谓之生油，但只点照。须再煎炼，方谓之熟油，始可食，复不中点照。"沈括在《梦溪笔谈》卷二四"北人饮食"中说："如今之北方人喜用麻油煎物，不问何物，皆用油煎。"结果有人用麻油煎蛤蜊，"煎之已焦黑，而尚未烂”。这些资料都说明，北宋时食用油主要是麻油，到南宋时豆油和菜油才普遍食用，但豆油的制作当始于北宋。苏轼《物类相感志》说，“豆油煎豆腐有味”“豆油可和桐油，作舱船灰，妙”。视此，北宋已知豆油是半干性油。而菜油在北宋时的主要产地为陕西，也是陕西人的主要食用油。而与宋朝同时的北方政权辽、金和西夏，他们的食用油脂仍有相当一部分是动物脂肪，但麻油也已经普遍食用了。

到了元代，由于蒙古人统一了中国，其游牧民族的生活习惯和汉族的农耕文化互相融合，动植物油脂在人们日常生活中都很普遍。据忽思慧《饮膳正要》、鲁明善《农桑衣食撮要》、佚名《居家必用事类全集》等元代古籍所载，猪脂、羊脂是北方游牧民族主食油脂，还有奶油，又叫马思哥油（白酥油），是宫廷中常用油脂。至于植物油，有麻油（芝麻油）、豆油、菜油、杏子油、松子油等。特别是《饮膳正要》卷二“诸般汤煎”中说到的松子油，“松子不以多少，去皮，捣研为泥”，“水绞取汁熬成，取净清油，绵滤净，再熬澄清”；又杏子油，“杏子不以多少，连皮捣碎”，“水煮熬，取浮油，绵滤净，再熬成油”。这两种油的数量不会太大，却是一种制取植物油的新方法，即水浸法，也就是今天仍能见到的民间小磨麻油的制法。这种方法的主要特点是不用榨，而且用机械粉碎的方法破坏食物种子的细胞组织，使其中油脂分离出来。杏子油和松子油都是先粉碎后加热（煮、熬）的方法；而小磨麻油则是先炒熟再粉碎，后加水和成浆状，用一圆形带柄木球在浆中晃动，脂肪粒子逐渐凝聚在浆的表面。这种麻油特别香，因为保留了大量挥发性的香气成分。此外，还有一种叫“回回油”的植物油，陈高华推测是用“回回豆”榨的油（徐海荣：《中国饮食史》卷四，华夏出版社 1999 年版，第 691 页）。这种见之于王祯《农书》的植物油，今天很难说明其原料性状，但《农书》所附的榨油图，却弥足珍贵，是我们今天所能见到的最早的油榨（图 4-2-12）。

到了明代，榨取植物油的技术已经相当成熟，在明人王圻、王思义父子编的《三才图会》中有了清晰的榨油图。而明朝末年时宋应星著的《天工开物》则更为杰出，其《膏液》篇所附的“南方榨”（图 4-2-13）和“推柏子黑粒去壳取仁”及炒籽图，都非常珍贵。并且附有详细文字说明：“凡取油，榨法而外，有两镬煮取法，以治蓖麻与苏麻。北京有磨法，朝鲜有舂法，以治胡麻。其余皆从榨出也。”制油榨的木材，按宋应星的介绍，“樟为上，檀与杞次之”，但据笔者观察，多为桑木。总而言之，都是木质坚硬、木纹“循环结长”的树材，取整树独木凿空，或四根合并以铁箍裹定。“诸麻菜子入釜文火慢炒（凡柏、桐之类树木生者，皆不炒而碾蒸），透出香气，然后碾碎受蒸。”蒸后熟料“以稻秸与麦秸包裹如饼形，其饼外圈箍，或用铁打成，或破篾绞刺而成，与榨中则寸相稳合”。这个后来叫“包饼”的操作要趁热迅速完成，否则会油气走失而降低出油率。油饼包好后迅速装在榨中，《天工开物》所示为卧榨，可以直接加木块挤轧出油，到了清代已有了立榨，即可用螺旋的工作原理进行挤轧。有些原料如“胡麻、莱菔、芸苔（菜籽）诸饼，皆重新碾碎，筛去秸芒，再蒸再裹而再榨之”。食用油脂主要用这种压榨法制取。

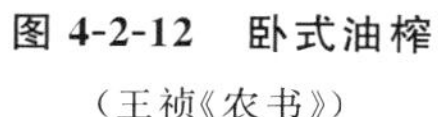

图 4-2-12　卧式油榨

（王祯《农书》）

图 4-2-13　立式油榨

（宋应星《天工开物・膏液》）

根据宋应星的记述，明代时的食用植物油原料以胡麻、莱菔子、黄豆、菘菜（白菜）子为上，苏麻（形似紫苏，粒大于胡麻）、芸苔子（江南名菜籽）次之，茶子次之，苋菜子又次之，大麻仁为下。其他植物油则用于点灯、造烛。宋应星还详细记载了各种油料的出油率。在食用油方面，胡麻得油率为 40 斤/石；莱菔子为 27 斤/石；芸苔子为 30 斤/石（优质者达 40 斤/石）；茶子 15 斤/石……这些数字非常珍贵，说明中国人到了明代，已有明确的科学数字概念，近代学者丁文江在校阅《天工开物》时做了特别肯定的评价。

到了清代以后，食用油加工技术基本上停滞不前，直到鸦片战争以后，西方近代技术进入中国，现代的粮食加工技术才有了新的变化，但在广大农村，甚至小城镇，仍和宋应星的时代一样，没有任何变化。

（五）鸦片战争以后的粮油加工技术

鸦片战争以后，西方的近代机械技术传入中国，在沿海大城市上海、广州等地，近代化的稻谷碾制工厂、面粉加工厂、食用油压榨工厂先后出现，不仅帝国主义列强来华创办粮食加工厂，赚取丰厚的利润，许多民族资本家在创业初期，也大都选择粮食加工业和纺织业，在洋务运动中兴起的官办或官商合办企业也都是如此。这给中国的民族工业带来了新的变化。

如果仔细分析一下前述的传统磨、碾、杵臼、碓臼、油榨等粮食加工工具，在设计思想上的阴阳动静关系一直没有变化，始终坚守着阳动阴静的原则，工作机械的两个关键部件，总是一静一动，即便是非常巧妙的水力碓，一系列旋转的碓嘴同时舂向一系列固定不动的石臼，变动的只是碓和臼的轮换关系，却始终维持着一碓一臼的匹配原则，这样就无法提高机械的运作效率。另外，尽管我国很早就有了钢铁冶炼技术，但粮食加工的工具材料却依然是石头和木材。因此机械的工作效率一直无法提高。直到 20 世纪 70 年代，我们依然使用着杵臼和磨碾。当然也有了现代化的粮油加工机械，但上下五千年的粮食加工工具仍在同时使用，这真是一个很有趣的现象。直到今天，在少数地区仍然如此。

阴阳动静的工作原理，首先见于我们中华民族的伟大经典《周易》，这本管得了天地人三才关系的大典，在其《系辞传》一开始便说了“天尊地卑，乾坤定矣，卑高以陈，贵贱位矣。动静有常，刚柔断矣”“刚柔相摩”“一阴一阳之谓道”等。中国古人的工具设计思想，大体上都离不开这些哲学原理，所以很难有什么突破；特别是明代以后，中国的生产技术几乎完全停滞。原住在山海关外的满洲贵族，在历史上也有被称为贤明的君王，特别是评价很高的康熙皇帝，他的汉族传统文化造诣很深，同时在他身边也有一批来华的西方传教士；可是在中西文化的碰撞过程中，他并未能“择其善者而从之”，最后还是选择了闭关锁国的错误政策。西方人士带来的许多灵巧的设备，被他当作玩物而锁在深宫，实在令人惋惜不已。

《周易》的阴阳观念，的确有它的伟大之处，但任何一种哲学法则，如果不视具体情况的需要而僵化地固守，最终必然要阻碍事物的发展。即以粮食加工机械而言，今天我们常见的“夹辊”和“电磨”，其工作的两个部件都在运动，阴阳关系根本对不上号。因为原始的哲学观念在现代社会不合时宜，它就必然会被修正甚至抛弃。所以在改革开放以后，在中国东部甚至一部分中西部地区，按阴阳动静原理工作的那些石磨、杵臼等都进了博物馆。我们是丢掉了过时的工具呢，还是连设计思想都丢掉了呢？笔者以为两者都有。关于现代化的粮油加工工具，因其涉及一系列机械科学原理，不是本书所能包括的，所以不做深入讨论。

二、果蔬的初加工

张亮采在《中国风俗史》(上海文艺出版社 1988 年影印版，原上海商务印书馆 1917 年第 6 版)一开头就说，上古人民的饮食“由果食时代进而为鲜食时代，再进而为艰食”。这个果食时代显然如《礼记・礼运》所言是“食草木之实”的时代，也就是自然采集的时代，而鲜食为“茹毛饮血”的生食时代，后来进入农耕时代，则进入了艰食时代。本小节所要讨论的果蔬类食物，当是果食时代人类的主要食物。对于这类食物的初加工，首先是选择，即选择健康壮实的植株和饱满无损的果实。其次是洗涤，以除去其表面的污泥，这种讲卫生的习惯，可能在猿人时代即已有这种意识。日本有个猴岛，那里的猴子在吃红薯的时候，都要先在海水里洗一洗，这可能是出于摄取盐分的需要，也可能是它们已经有了清洁卫生的意识。再次便是截取果蔬的可食部位，即如除根、去杂、敲碎干果的硬壳等简单的加工程度。这些原始的初加工技术，随着人类社会的进步，百万年来几乎没有什么变化，直到近代科学技术诞生以后，有许多手工技术才被机器所代替。

果蔬初加工技术的发展，是适应社会阶级分化、出于身份尊卑的需要而日益讲究的。《礼记·曲礼上》有一段很生动的文字可以说明这一点，原文是："为天子削瓜者副之，巾以絺。为国君者华之，巾以绤。为大夫累之，士疐之，庶人龁之。"这段话如译为白话文就是：在生吃瓜的时候，为天子削皮，切成四瓣，再横切一刀，用细葛巾盖上。为国君削瓜，要去皮，切成两瓣，再横切一刀，用粗布盖上。为大夫削瓜，只要去皮，不再剖开，也不要盖上葛巾。士只需要去瓜蒂。庶民只能直接咬着吃。（徐海荣：《中国饮食史》卷二，第 24 页）这是周代的饮食礼仪制度，因为人的社会地位不同，一只瓜初加工便有这么多的名堂，实非饮食活动本身的需要。当然，也有些初加工程序是饮食活动本身的需要，如《礼记·内则》："肉曰脱之，鱼曰作之，枣曰新之，栗曰撰之，桃曰胆之，楂梨曰攒之。"注家释为：肉要剔去其筋骨，鱼要去鳞和内脏，枣要拭去外皮上的灰尘，栗子要拣去虫蛀的败粒，桃子要擦去外皮上的绒毛，山楂和梨子要剜去其虫眼。这些做法，至今如此。

早期的果蔬加工还应该有果浆的榨取。首先加工的当为甘蔗，《楚辞·招魂》"有柘浆些"中的"柘浆"即甘蔗汁。《汉书·礼乐志》收录的《郊祀歌》第十二章云："泰尊柘浆析朝酲。"应劭注"言柘浆可以解朝酲也"，也就是说甘蔗汁可以醒酒。由此可见，汉代以前的果汁饮料主要是甘蔗汁。按彭卫的见解，还应该有椰子汁。（徐海荣：《中国饮食史》卷二，华夏出版社 1999 年版，第 470 页）

到了魏晋南北朝时期，由于烹饪技术的提高，有许多蔬菜制菜肴，这些菜肴在制作前都要对原料进行整治，《齐民要术》即收录了许多种此类食品，但其整治方法不外乎前述的那几项，故不再列举。

果蔬的手工整治，逐渐做到越来越精的地步，有些小窍门，成了个别厨师的绝技。例如某些干果仁（如杏仁、白果等）的去皮，有些厨师片刻可办到，而那些全凭手工硬剥者，肯定费时费工。而对于食客来说，往往精益求精，甚至暴殄天物。袁枚在《随园食单·须知单》的"洗刷须知"中说"韭删叶而白存，菜弃边而心出"，就是这个意思。但也有些"恶厨"，为做一盘炒笋尖，竟要用鲜笋数十根，这显然是故弄玄虚。在一般的厨艺训练中，果蔬的初加工往往不被认为是技术，所以古代食谱上并不重视；但自宋元以后，菜肴的精细程度明显提高，对原料初加工日见重视，明清以后，逐渐成为厨师的技艺内容之一，刚开始从师学艺，往往都是从这些"粗活"开始。直到近代教育模式用于厨艺传承时所编写的烹饪教材中，才将原料（包括荤素原料）的初加工单独开讲，写出了专门的教材。

20 世纪后半期，中国的机械工业有了长足的发展，从而制造了许多小型厨房机械，其中有相当数量的果蔬初加工机械，在厨房中得到了广泛的应用。加之近代食品工业的发展，设计了一些新颖有效的加工机械，一只小马达就可以代替数十甚至上百人的手工作业，像瓜子、松子剥壳，芡实、莲子去皮之类工作，再也不需要厨房去干了，厨房内果蔬原料的初加工，进入了一个新的时代。

三、肉类原料的初加工

旧石器时代的人类，以猎取野生动物为主要的食物来源，所以野味品种繁多，如北京猿人的食谱里有相当多的野鹿、野马、野羊、野猪、熊、狼、虎、豹等。到了新石器时代，除了猎物以外，家畜、家禽便成了人们肉食的主要来源，其中猪是农业部落主要家畜，约起于公元前 4500 年的大汶口文化遗址便清楚地证明了这一点，人们生前吃猪肉，死后以猪头陪葬（济南市博物馆等：《大汶口》，文物出版社 1974 年版，第 26 页）。

畜禽加工的第一步是宰杀。在石器时代，基于力学机械的尖劈原理的刀具还不可能有效地应用，石刀、蚌刀甚至骨刀都不可能用来宰杀动物，很可能就是用木棒打死，并以火烧的方法除去羽或毛。民族学研究也证明了这一点，民国《安顺府志・民俗》："牲畜不宰，多掊杀，以火去毛，带血而食之。"至今海南岛黎族地区还可以看到，他们捉到野猪后，将它打死，放在篝火上反复烧烤，烧去猪毛，刮去焦毛洗净后，再开膛取出内脏。黎族祭祖时宰猪、宰鸡也是如此。

石刀不能宰杀动物，但可以用来分割煮熟了的畜肉、禽肉，这在考古发掘中有所发现。在山西陶寺龙山文化遗址中发现的木俎上，就放着一把 V 形石刀及猪的排骨和猪蹄。有些石刀制作精致美观、磨制锋利。例如 2013 年在重庆永川区朱沱镇汉东城遗址出土的石刀和石斧，是 18000 万年前新石器时代的遗物，但至今还能切割肉类（张天彦等：《光明日报》2014 年 4 月 13 日第 4 版）。

进入夏商以后，青铜器刀具多次发现，畜禽宰杀工具已经广泛使用了，甚至还有许多小型的刀具被用作进食工具。《孟子・万章上》还对当时流传的"伊尹以割烹要汤"的说法进行批判，我们对于伊尹是否真的"割烹要汤"并不在意，而在于夏商时代，"割"的确是一项烹饪操作。到了周代，"割、烹、煎、和之事"是与礼仪相关的，《周礼・天官・饔人》有"内饔"和"外饔"的分工，其中"内饔，……王举，则陈其鼎俎，以牲体实之，……凡宗庙之祭祀，掌割烹之事；凡燕饮食，亦如之"。"外饔"的职掌大体相似，只不过内饔是掌管王、后和世子的内廷饮食，而外饔掌管的是祭祀、宴宾和奖励性的饮食活动。

《礼记・内则》的"肉曰脱之"，说的是肉类要剔去筋骨。为了便于咬嚼，切肉时要注意肌肉纤维的纹理。《内则》云:“取牛肉必新杀者,薄切之,必绝其理。”这就是说,切牛肉时,切的方向要垂直于肌肉纤维的纹理,才能把它切断。同样在宰杀动物时,要有必要的解剖学知识,《庄子·养生主》说庖丁为魏惠王解牛,技艺纯熟,刀之所至,如奏音乐。魏惠王甚为诧异,庖丁回答说:“臣之所好者道也,进乎技矣。始臣之解牛之时,所见无非牛者;三年之后,未尝见全牛也。方今之时,臣以神遇而不以目视,官知止而神欲行。依乎天理,批大郤(间隙),导大窾(空),因其固然,技经肯綮之未尝,而况大軱(骨头)乎。良庖岁更刀,割也;族庖月更刀,折也。今臣之刀十九年矣,所解数千牛矣,而刀刃若新发于硎。彼节者有间,而刀刃者无厚,以无厚入有间,恢恢乎其于游刃必有余地矣。”这便是“游刃有余”和“庖丁解牛”这两个成语的来源。与这个故事类似的还见于《管子·制分》:“屠牛坦朝解九牛,而刀可以莫铁(“莫”通“劘”,削铁),则刃游间也。”这说明到了春秋战国时期,由于金属刀具的广泛使用,有一批巧屠已经很熟练地掌握了畜禽的宰杀和牲体分割技术。汉代前有了专业屠户,大将樊哙即出身狗屠。

到了秦汉时期,肉类食品的初加工技术更为精细,也很珍惜肉类食品,连骨头缝中的肉都要剔出来。东汉许慎在《说文解字》的“肉部”说:“掇,挑取骨间肉也。”东汉时还流传下来一类重要的文物,那就是画像石或画像砖,其中不乏庖厨图,特别是在山东发现的一块东汉时的庖厨画像石,有家禽、猪、野猪、羊、牛、犬的宰杀场面。对于大牲畜,都是先用钝器击晕后宰杀的,而且都有接承血液的盆,说明动物血液已是重要的烹饪原料。这种宰杀方法,到魏晋时仍然如此,嘉峪关出土的魏晋墓的壁画显示的杀牛、杀猪和杀羊的图,与东汉画像石非常一致。二者对于大牲畜的脱毛、剥皮过程没有显示,但在《齐民要术》中有了说明:

《齐民要术》卷八:“缹猪肉法:净焊猪讫,更以热汤遍洗之,毛孔中即有垢出,以草痛揩,如此三遍,梳洗令净。”焊,即以热水烫洗,今天去猪毛法仍如此。

《齐民要术》卷八:“白瀹(煮)肫法:用乳下肥肫。作鱼眼汤,下冷水和之,挲肫令净,罢。若有粗毛,镊子拔却,柔毛则剔之。茅蒿叶揩洗,刀刮削令极净。”

《齐民要术》卷八:“酸豚法:用乳下肫,焊治讫,并骨斩脔之。”

《齐民要术》卷九:“作奥肉法:先养宿猪令肥,腊月中杀之,挦(拔,扯)讫,以烧之令黄,用暖水梳洗之,削刮令净,刳去五脏。”

以上四条都是猪宰杀及加工程序,大体都是重力击昏,刺杀心脏放血,去毛,开膛取出五脏,然后分割,唯去毛有水烫刮削和火烧两种方法。这套程序和我们今天所见到的杀猪方法大体相同,只是在去毛之前,现代方法是在猪脚趾间用刀割一小口,用长铁钎捅透猪的皮下,形成空气通道,然后用嘴吹空气使猪胴体紧绷滚圆(现在都用打气筒或空气压缩机),并且立刻用绳子扎紧防止漏气。这样做使胴体褶皱处的毛处于较为平滑的皮面,容易被刮去。对于牛、羊等牲畜,《齐民要术》中没有明确,因制革的需要,故应该用剥皮的方法。

到了宋代，有了专门的屠户，而且屠牛、屠猪、屠羊和屠狗各有分工，南宋洪迈在《夷坚志》乙卷之九“江中屠”条中，还记载了一乌头毒死他人耕牛，然后收购死牛剥卖的黑心屠户的故事。洪迈特别关注屠户，他在书中记述了近10个屠户的事迹。此时北方的辽、金、西夏等游牧民族，肉食占他们食物的重要部分，但留下的资料很少，根据现藏于俄罗斯圣彼得堡东方学研究所的西夏文《三才杂字》所载的肉食加工方法，有剥皮、割剐、分食肉等（徐海荣《中国饮食史》第十编第三章）。

到了元朝，蒙古民族也是以食肉为主的游牧民族，但他们吃的主要是羊肉，其次是猪肉，牛肉和马肉相对较少。元朝皇帝曾发布过多道关于屠宰牲畜的禁令，保护母羊、羔羊、牛和马，甚至还有宰杀时间的限制。其中最有意思的是元世祖忽必烈在至元十六年（1279）十二月下过一道圣旨：“木速鲁蛮回回每，术忽回回每，不拣是何人杀来的肉交吃者，休抹杀羊者。”这里的木速鲁蛮回回指伊斯兰教徒，术忽回回指犹太教徒，他们都只吃自己宗教信徒屠宰的牲畜，即是只吃用断喉法屠宰的牛羊肉，即所谓“抹杀羊”；而蒙古人盛行的是剖腹杀法。忽必烈要求他们，不管什么杀法的羊肉都得吃，否则就要受到惩罚，告密者可以获得许多犯事者“妻子、儿女、房屋和财产”的奖励。这是忽必烈干涉宗教习俗的粗暴行为，使得许多伊斯兰教徒离开他的统治区，结果造成税收下降，后来被迫取消了禁止“抹杀羊”的命令（转引自徐海荣《中国饮食史》卷四第十一编第一章）。

如果说宋、元以后，由于“肉行”的大量出现，大牲畜的屠宰已成为专门职业，那么牛、羊、猪等的宰杀便不再是厨师分内的事了；这使得畜肉的初加工更加精细，屠宰技术也得到了提高，但鸡鸭等家禽的宰杀整治仍然是厨师的基本功。到了明清以后，家禽的初加工也有长足的进步。特别是清代中期以后，上层的奢靡刺激了烹饪技术的发展，例如在长江下游地区，出现整鸡出骨、整鱼出骨等难度极大的初加工技术，有了像“三套鸭”“三套鸡”那样的名菜，以手工见长的初加工技术也可以说是走到了它的顶峰。

20世纪80年代以后，畜禽初加工技术进一步细化，特别是洋快餐冲击中国的餐饮市场以后，家禽的初加工也有了专门的工厂，厨师只是根据自己的需要，从加工厂或超市直接购买到他所需要的肉类品种和部位，中国烹饪的初加工技术反而变得简单了。

四、鱼类和水产品的初加工

《韩非子・五蠹》：“上古之世……民食果蓏蚌蛤，腥臊恶臭而伤害腹胃，民多疾病。有圣人作，钻燧取火，以化腥臊，而民悦之，使王天下，号之曰燧人氏。”这说明，在传说中的燧人氏之前的有巢氏时代，人们生食蚌蛤，那么燧人氏发明火以后，也就很自然地进入熟食蚌蛤的时期。浙江余姚河姆渡遗址，就有古人类以捕鱼、虾、蚌、螺为食的遗迹，有大量的鱼骨存在。此外，在我国沿海和湖泊岸边，发现有许多贝丘遗址，螺蛳壳成堆，并且被凿掉尾尖，很像被吸食了螺肉以后的遗存。民族学和民俗学研究还可以推断，我国古人还捕食青蛙、蛇、龟、鳖等水生和两栖动物，这些动物，至今还是人们的美味，特别是南方地区。西南地区吃昆虫的习惯也很普遍，古籍中常提到的昆虫种类有野蜂、蝉、蚁卵、蝗虫等。我们在本节所要讨论的是鱼类和其他水产品。

鱼类一直是人类重要的蛋白质食物资源，也曾经做祭祀的牺牲之一，所以对鱼类的初加工技术，人们早已掌握。《礼记・内则》就有"鱼曰作之"的说法，孔颖达疏《正义》总结前人的解释，认为"作"是动摇的意思，即吃鱼必须新鲜，头尾要动摇，并刮鳞去肠。这也是至今未变的加工方法。

与鱼类相似的还有龟、鳖类，古代一直视为美味。《周礼・天官》还专门设有"鳖人"一职。不过龟、鳖的宰杀一直是厨师的技术内容，而且直到现代还颇有些技术难度，因为要引出龟、鳖的头进行断头放血，往往颇费周折；杀死以后必须要用热水烫搓去其硬壳上的膜，还要去除四腿骨上的像白脂肪样的组织，否则会有很重的腥气。古人即已知道，死了的甲鱼是有毒的，不能吃。至于螃蟹，鲁迅先生曾说过第一个吃它的人必定是个勇士。蟹的名称见于《周易・说卦》："离……为蟹。"又见《国语・越语下》：当越灭吴的前夜，吴国使臣对越国范蠡说"今吴稻蟹不遗种"，说的是吴国的螃蟹成灾，吃得连稻种都没有留下。这是公元前 474 或 473 年的事情，是否与今天太湖和常熟阳澄湖大闸蟹（中华绒毛蟹）有关，没有人做过更多的研究。不过汉朝人食蟹主要是做蟹酱或蟹齑，在东汉刘熙所著《释名》卷四"释饮食"中说："蟹胥，取蟹藏之，使骨肉解"，这就是蟹酱；又"蟹齑，去其匡，齑，熟捣之，令如齑也"。看来我们今天清蒸的吃法还要在此之后。

到了魏晋南北朝时，鱼和水产品的初加工更视烹饪的实际需要而有所变化，而且有了除骨取肉的整治要求。隋唐时，京城和其他城市都有了买卖鱼虾水产的鱼市、鱼行。到了宋代，有了《东京梦华录》《梦粱录》《武林旧事》等笔记以及浦江吴氏《中馈录》等食谱，鱼类和水产品的初加工技术有了很大的发展，不仅能对鱼类刮鳞去腮去骨，而且还可剔除鱼肉中的细刺；生虾类可以脱壳为虾仁；蟹类则能够在煮熟后剥出蟹肉、蟹黄，历史名菜"蟹酿橙"就是这样做的。

元朝至顺年间修撰的《镇江志》卷四"土产・鱼"部，已记载了河豚的食用，古籍中有多种名称，如鯆、鲀、鯙、鯸、鯸。"出扬子江中，初春时甚贵，……烹炮失所辄能害人，岁有被害而死者，然人嗜之不已。"其实唐宋时即已广泛食用，苏轼《惠崇春江晚景》诗："蒌蒿满地芦芽短，正是河豚欲上时。"在秦汉时即已知道河豚有剧毒，然而到宋时已成为美食，因为其初加工去毒技术已经被人们掌握了。从今天情况来看，食用河豚的地区主要在长江下游，多属于东方鲀科，有多个不同的品种，毒性也各有不同，有毒的部位是生殖腺和血液，肌肉无毒，现代化学已经证实，河豚毒素的主体分子结构酷似碳原子的正四面体构型，所以化学性质非常稳定，在碱性和中性条件下可以耐高温，在酸性条件下稳定性稍差，属于神经性毒素，极小的剂量即可致人死亡。所以现在卫生和公安部门都反对食用，但仍阻挠不了人们猎奇的饮食心态，每年仍然都有人吃，也偶有死亡事件发生。

近代中国餐饮市场昂贵的菜肴原料如海参、鲍鱼、鱼翅、燕窝等，可能在宋元时代并不十分看重。周密在《武林旧事》的结尾抄录宋高宗巡幸张俊府第的一张大宴菜单，可算是极尽奢华之能事，但并没有这些被袁枚称之为“海鲜”的原料。元明时期菜单食谱的著作也很多，但这些“海鲜”原料也不见用。到了清代，在高档宴席中，这些原料是常用的。《随园食单》的“海鲜单”就是专讲这些名贵原料的烹饪菜肴。在赵荣光先生考察的孔府菜、宫廷菜乃至“满汉全席”中，这些原料几乎是必用的。这说明在清代中叶以后，中国烹饪技术有了很大的发展，这些很难加工的珍稀原料成了显示人们身份的符号，它们自然就成为豪华盛宴上的珍品。这些原料都有各自的初加工技术，因为它们多为干品，因此泡发和去杂都有特殊的方法，从而也就成为厨师技能高低的主要标志，直到今天仍然如此。

五、蛋、奶的初加工

蛋在生物学上叫作卵或卵子，食品学上的蛋指爬行动物和鸟类的雌性生殖细胞，用得最多的是鸟类的蛋，故本小节所述的蛋特指家禽类的雌性生殖细胞，主要有鸡蛋、鸭蛋、鹅蛋、鸽蛋和鹌鹑蛋，消费量最大的是鸡蛋，其次是鸭蛋。人类何时开始食用鸟蛋，已经无法稽考，应该是进化的开端时代。蛋类的初加工非常简单，主要是磕开蛋壳，取出其内部的蛋液，开始时肯定取全液，叫作全蛋液，后来由于烹饪技术的发展，需要将蛋白和蛋黄分开使用，就只能先取蛋白。这就要注意先在蛋壳上凿一小孔，让水分含量较多的蛋清先流出来，然后敲碎蛋壳倒出蛋黄。蛋的初加工就是如此简单，而且也不会有什么变化。

奶类自古就是人类蛋白质类食物的重要来源，人们为此培育了专门产奶的牛或羊。《太平御览》卷八五八“饮食部十六”专门汇集了“酥酪附餬”的文献资料24条，汉代服虔《通俗文》曰：“温羊乳曰酪，酥曰餬。”餬也写作“醍醐”。东汉刘熙《释名》曰：“酪，泽也，乳汁所作，使人肥泽也。”由此可见，酥、酥酪都是奶制品，是北方游牧民族的贵重食品。《史记·匈奴列传》记汉文帝时燕人中行说因不服汉室令他作为和亲公主陪臣，被强令前往，后竟降匈奴与汉室作对，其中就有劝匈奴不食汉人以农耕文化为特征的食物，“以示不如湩酪之美也”。《汉书·匈奴传》有同样的记载。不过汉时的酪乃泛指奶油状的食物，如植物性的杏酪等，《汉书·王莽传》和《食货志》都有王莽“教民煮草木为酪”的事情，这和豆腐发明于汉代有很大的关系。《齐民要术》对乳的加工有详细说明。

奶的初加工主要是消毒，古代用蒸煮法。如果要进一步制酪和酥，用现代机械术语讲，是用离心分离法，因为乳类都是胶体溶液，用离心机可以使其中比重轻的奶油和部分蛋白质与水分开，浮到上面来。古代没有离心机，就只能用人力搅拌的方法实现这一点，故酥和酪都是非常贵重的食品。自从法国人巴斯德发明杀菌消毒法以后，很快传播到全世界，大概从清末民初起，我国也广泛使用巴氏消毒法。

奶类食品主要是我国北方少数民族的常食，过去长城以内的汉族人，奶和奶制品的消费量很低，唯云南是个例外，这可能和云南回族人比较多有关。改革开放以后，中国的乳业有了很大的发展，吃奶制品的人越来越多。总的说来，牛乳的加工过程，可以用佛家语解释，即从牛出乳出酪，从生酥出熟酥，从熟酥出醍醐（徐海荣：《中国饮食史》卷三，华夏出版社 1999 年版，第 163 页）。

六、水和调辅材料

水是一切生命的源泉，所以一切古代人类遗址都在河流的两岸台地上，既可以方便汲水，又可以防止洪水的侵袭。无论中外，都有古代洪水的传说。自从定居以后，便有了人工掘井的发明，现在发现的古文化遗址，几乎都同时发现古井的遗迹。例如 6000 年前的河姆渡文化遗址就已经有了人工水井，这是一口浅坑水井，用尖木桩围成井圈；上海汤庙和吴县澄湖的崧泽文化遗址发现过圆形竖穴井；在浙江嘉善良渚文化遗址发现用木板围筑的水筒浅井；山西陶寺龙山文化遗址出土过深 15 米左右的圆形木构深井；邯郸涧沟、洛阳锉李和临汝煤山的龙山文化遗址都出土过圆形深井，不过没有陶寺的深；在汤阴白营的龙山文化遗址还出土过木构的方形井（徐海荣：《中国饮食史》卷一，第 192—193 页）。古籍记载，凿井的时间当在黄帝时期，《世本》有“伯益作井”的说法。从井中汲水的容器最初为陶瓶（颈有穿绳耳环的夹底陶罐）。《周易・井卦》：“羸其瓶，凶。”《左传・襄公十七年》：“卫孙蒯田于曹燧，饮马于重兵，毁其瓶。重丘人闭门而诟之。”《世说新语・尤悔》记魏文帝曹丕用毒枣暗害其弟任城王曹彰，曹彰中毒后，其母卞太后索水救之，但汲水的陶罐已被曹丕先派人砸了，结果曹彰中毒身亡。这个故事一方面说明封建帝王为争夺权位，即使亲兄弟也不相容；另一方面说明了自周至汉魏，汲水都是用陶罐。江苏武进淹城遗址经考古鉴别为西周时遗址，城中有一口井，井中有陶罐。这一类陶罐上重下轻，入水后即自行倾倒，便于水的进入，但当进水以后，在井绳的提携下，又能保持罐口向上的姿态，说明设计者对重心已有清楚的认识。

根据唐代段成式《剑侠传》的记述，到唐朝已有木桶汲水的情况，即日后所说的吊桶，但提水时用桔槔（辘轱）在春秋时已经有确凿记载。《庄子》中就不止一次提到它，甚至在《天地篇》还叙述了一个抱残守旧的汉阴丈人，宁用抱瓮，也不用桔槔的故事。用水车车水则见于宋代，苏轼有咏《无锡道中赋水车》诗："翻翻联联衔尾鸦，荦荦确确蜕骨蛇。"这种水车是用于提水灌溉的，而饮水主要还是汲取井水，至于用唧筒和水泵抽水，都是民国以后的事情了，自来水厂的建设还要迟。

在秦汉以前，一般平民的主要饮料是水，而且是凉水，开水便称为汤。《孟子·告子上》："冬日则饮汤，夏日则饮水。"酒类和其他饮料，则是上层社会的享受。至于茶，当时仅在西南部分地区（巴蜀）流行，顾炎武在《日知录》中指出，中国饮茶习俗是在秦人取蜀以后才逐渐流行起来的。

到了汉代，对饮水安全的重视程度有所提高，河水、泉水等自然水源能否饮用，是要经过实践考验的，居室内的水井是每家每户重要的生活设施。大概到了东汉以后，饮用热水已成为人们普遍的习惯，上层社会还要掺蜜饮用，至于《史记·货殖列传》中的"浆"，则可能是经过发酵的米汁。而酒的种类已经明显增加，还有西汉中期王褒的《僮约》中"武阳买茶"一句，至今已被茶史研究者认为是饮茶史的起点。

这里需要指出，中国自古就有评价水质优劣的说法，《吕氏春秋·本味》即有"水之美者：三危之露；昆仑之井；沮江之丘，名曰摇水；曰山之水；高泉之山，其上有涌泉焉；冀州之原。"《淮南子·道应训》有一段白公与孔子的对话："白公曰：若以石投水中，何如？（孔子）曰：吴越之善没者能取之矣。（白公）曰：若以水投水，何如？孔子曰：淄渑之水合，易牙尝而知之。"这是说，易牙能分辨淄水和渑水的味道。隋唐以后，饮茶成为风尚，有多种茶学著作评价水之优劣。至于明代，李时珍在《本草纲目》中，对各种水进行评价，其中除了评价受其他物质污染的水以外，别的关于水的种种说法基本上都是无稽之谈。我们现在仍能看到"天下第×泉"的碑刻，几乎都是文人的遐想，那是绝无科学根据的。在没有近代化学分析手段之前，用舌尖品出水的品级，那是靠不住的。

关于调辅材料，最有影响的是调味料。自从《尚书·周书·洪范》有五味配五行的说法以后，酸、甘、苦、辛、咸一直是中国烹饪关注的基本味，对于这些，我们将在本章第五节做详细讨论，这里不赘述。此外，还有许多调香材料，主要取自天然植物，如花椒在夏商时代即已使用。《诗经·周颂·载芟》："有椒其馨。"《荀子·礼论》："椒兰芬苾，所以养鼻也。"考古发掘中，最早的花椒实物发现于河南固始葛藤山晚商六号墓，墓主头旁发现有花椒数十粒，而同一地区的春秋墓中，曾出土一件盛有花椒的铜盒，其他如河南光山的黄国夫人孟姬墓葬、湖北随州的曾侯乙墓葬、河南信阳战国中期的楚墓、湖北荆门包山战国晚期的楚墓等，都发现过花椒；包山楚墓还同时发现姜、梅等，并且有"遣策"，记有姜、葱等，这就印证了《楚辞·招魂》"大苦咸酸，辛甘行些"中的辛味，实际上包括了香气成分，也是中国烹饪早已使用姜、葱等的证据（徐海荣：《中国饮食史》卷一，第445—446页）。《吕氏春秋·本味》则说："和之美者：阳朴之姜；招摇之桂；越骆之菌（汉高诱注，这里的菌指竹笋）；鳣鲔之醢（指鱼酱）；大夏之盐；宰揭之露，其色如玉；长泽之卵。"《礼记·内则》也有：

“脍，春用葱，秋用芥；豚，春用韭，秋用蓼；脂用葱，膏用薤，三牲用藙……”这里的“藙”指吴茱萸，籽实辛辣。以上这些，足以说明今日中国烹饪广泛使用的葱、姜、蒜、薤、花椒、桂等，在秦汉以前就广泛使用了，难怪《齐民要术》卷三详细记述了这些植物的种作方法。

中国烹饪操作中有“勾芡”这一工艺过程。现代的勾芡原料均为淀粉，而且是分离了蛋白质的直链淀粉，因其在热水中易糊化，厨房中常用的为菱粉或由野生植物提炼的“生粉”。但古代，用作勾芡的原料为野生植物本身，当时是为了使食物制熟后有滑润的感觉。《周礼·天官·食医》：“凡和，春多酸，夏多苦，秋多辛，冬多咸，调以滑甘。”这段话现在经常被人们引用，作为四季饮食口味调和的规律；其实，从现代营养学和食品学观点看，可以说是毫无道理，在实践中也不再被人们所遵循。这些“多”完全是儒家《尚书·周书·洪范》中的“五行”观点的例证，郑玄早就解释过，这是“各尚其时味，而甘以成之，犹水火金木之载于土”。贾公彦作《疏》更明确指出：“此五味之言，出《洪范》及《月令》。”所谓“多”，就是偏多的意思。“春多酸”，因春相当于东方，“木味酸”。依此类推，夏相当于南方“火味苦”，物体火烧后焦苦。秋对应于西方，“金味辛”，这方面的解释一直很牵强。冬对应于北方，“水味咸”，是因盐溶于水显咸味。“调以滑甘”者，是“中央土味甘，属季夏（又叫长夏，是指夏秋之间的 18 天时间），金木水火非土不载，于五行土为尊，于五味甘为上，故甘总调四味。滑者，通利往来，亦所谓调和四味，故之调以滑甘”。郑玄和贾公彦都注意到与此相关的另一本儒家经典，即《礼记·内则》中的一句“枣、栗、饴、蜜，以甘之；堇、荁、枌、榆、免、薨、滫、瀡，以滑之；脂、膏，以膏之”。郑玄注曰：“谓用调和饮食也。荁，堇类也，冬用堇，夏用荁。榆白曰枌。免，新生者。薨，干也。秦人溲曰滫，齐人滑曰瀡也。”孔颖达疏《正义》指出，这一节是“子事父母，妇事舅姑（公婆）”饮食时要遵守的规则。因为老人吞咽不顺畅，所以要“调以滑甘”，甚至还要加点脂肪“以膏之”。这里的“堇”，仅字形就有“堇”“菫”“堇”三种，读音有三种，解释也多样，如果参考《诗经·大雅·绵》“堇荼如饴”，在朱骏声《说文通训定声·屯部》指出：“按此草野生，非人所种，作紫花，味苦，瀹之则甘滑。”现代有人干脆说它就是“藜，灰菜”（赵所生等：《袖珍字海》，江苏教育出版社 1994 年版），总之是一种野菜，开水烫了以后有滑润的口感。“荁”与堇同类。而“枌”是“榆白”，认识榆树的人都知道，榆树每年都要脱皮，其表皮纤维素含量很少，极易碾成粉，在旧社会大饥荒的年代，榆树皮是人们度命的食物。如果将榆树皮内层发白的部分取出，或许就是“枌”，则枌是榆树皮的初加工产物。这样看来，“滑甘”“滫瀡”好像是勾芡，但尚秉和有不同的解释，他认为《内则》的这一段话是类似于今天糖果的制法，在没有冰糖的古代，只能用枌榆等的汁浇到枣或栗上去，取得“滑甘”的效果（尚秉和：《历代风俗事物考》，中国书店重印，商务印书馆 1938 年版）。本书在这里把它当一项初加工技术，是为了指出古代早已使用天然植物以增加食物在吞咽时的滑润感，但和我们当代所说的勾芡是有天壤之别的，所以秦汉以后，除了文人解读以外，再也没有见到过有人使用这些原料，因为无论是堇荁还是枌榆，那种苦涩的味道实在算不上是什么美味。

七、分档取料

分档取料在烹饪操作中是个重要原则，仅从字面上讲，有两个方面的内容：一是对原料品种的选择，即同一种原料，其品种和年龄不同，质量也有很大的差别，如山羊肉和绵羊肉、水牛肉与黄牛肉等；二是同一种原料，不同的食用部位，在成菜时其质量有很大差别，例如笋根和笋尖，价格相差很大，因其粗细老嫩有别，为了物尽其用，笋尖用于炒菜，笋根用于制汤，这就是一种合理的选择。又如鸡脯肉和鸡腿肉，因肌肉纤维在空间结构上的差异，其受热以后的质构有很大的变化，用鸡脯肉制汤菜将老韧得难以咀嚼，而鸡腿肉则不然；相反，用鸡脯肉制炒菜，因其高温快速，仍然可以保持其嫩度。诸如此类的分档取料原则，古人就已有了这方面的实践经验。

分档取料起于何时，已经很难有确凿的记述，如承认《吕氏春秋·本味》真是伊尹的见解，那就开始于夏商时代，第一章引《本味》时说得非常清楚，这里不再重复。那一段颇具神话色彩的文字，其中确有真正的美食原料。

同样，在《周礼·天官·内饔》也有“辨体名肉物，辨百品味之物”，“辨腥、臊、膻、香之不可食者，牛夜鸣则庮（朽木之气味）；羊泠毛而毳，膻；犬赤股而躁，臊；乌皫色而沙鸣，狸；豕盲视而交睫，腥；马黑脊而般（斑）臂，蝼（臭味）”。这些选料要求显然都是出于烹调的实际需要而剔除那些生理状态不正常的病体。同样，在《周礼·天官》和《仪礼》中，也多次提到牲体的分割，即是对可食部位的选择。

秦汉以后，分档取料越发精细，变成了暴殄天物，是奢靡浪费的一种手段。《世说新语·汰侈》载有王恺“以人乳饮豘（猪）”，射杀号称“八百里驳”的名贵牛，却只食一脔“牛心炙”，当时的牛心炙是贵重的名肴。唐宋以后，此风尤甚，宋代陈世崇在《随隐漫录》卷二中说：“如羊头签，止取两翼；土步鱼，止取两腮；以蝤蛑（梭子蟹）为签，为馄饨，为枨瓮（食品名），止取两螯，余悉弃之地。”北宋皇帝和他们的权臣都极尽奢靡之能事。《水浒传》中被人唾骂的奸臣蔡京，家中配备了大批名厨高手，但分工极细。他倒台以后，这些厨师流落市井，有人得一女厨，云乃专做包子的，结果连包子也不会做，因为她只是做包子这个工种中一个专缕葱丝的，简直荒唐已极。（罗大经：《鹤林玉露》中的“缕葱丝妾”条）北宋灭亡后，南宋君臣却仍然错把杭州当汴州，奢靡之风更盛。

直到清朝乾隆年间，袁枚作《随园食单》，其“选用须知”单云：“选用之法：小炒肉用后臀，做肉圆用前夹心，煨肉用硬短肋。炒鱼片用青鱼、季鱼，做鱼松用鲱鱼、鲤鱼。蒸鸡用雏鸡，煨鸡用骟鸡，取鸡汁用老鸡；鸡用雌才嫩，鸭用雄才肥。药菜用头，芹、韭用根，皆一定之理。余可类推。”至此，中国烹饪的分档取料，算是走上了正道。袁枚的见解，至今仍为广大厨师所遵奉。

第三节　刀工工具和切割技术

刀工是烹饪工艺中的重要技艺，在烹饪原料的初加工阶段就离不了刀工，在成菜阶段更加需要有刀工配合。精细的刀工不仅可以使成菜的造型美观，而且可以使加热和调味过程更容易达到预定的要求，甚至还便于咀嚼和吞咽，所以当代厨师把成菜阶段的工艺过程叫作精加工，而精加工的核心技术便是刀工，在我国古代叫“断割”。

一、中国烹饪刀工工具的发展史

刀工工具主要有刀具和案具两类。

远古的原始刀具主要是石刀，那是多功能的，从收割、屠宰直到厨事操作，用的都是一把刀。目前发现的远古石刀是辽宁小河沿遗址、上海马桥遗址等出土的有柄石刀，与后世的菜刀相类似。而上海松江杨庙出土的小型靴形石刀和骨柄石刀，考古学者认为也是切菜的刀具。

现代人切菜都要使用砧板，古代无法像今天这样考究，使用的砧板应该就是比较平整的石板，或者垫上兽皮。这在今天的民族学资料中屡见不鲜。例如东北鄂伦春猎人在兽皮口袋上和面，并将做成的饼埋在热的火灰中烘烤制熟；藏族马帮则在皮衣襟上和糌粑。但是在定居的条件下，古人逐渐发明了木砧板。在常州戚墅堰区圩墩马家浜文化遗址中曾出土过一件38×18×5厘米的木砧板，一侧有槽，这与当代鄂伦春人的切菜板相似。而在山西襄汾陶寺的龙山文化遗址中则出土了不少木俎，其尺寸为长50—70厘米，宽30—40厘米，高15—25厘米，其中有一件还放着V形石刀，还有猪排、猪蹄。此外，该遗址还发现了一些长90—120厘米，宽25—40厘米，高10—18厘米的木案，有四足，案面、支脚皆施彩绘，这已经是相当先进的案具了。由这些考古发掘资料可以想象，在古代，竹席、畚箕等都有被当作砧板来使用的可能，在原始宗教祭司或部落首领的主持下，使用相当精巧的石刀，进行宰牲、献食等原始的宗教祭祀活动。后来逐渐进步，木案越来越考究，便从最早的木板转化为木俎，而俎在中国古代，已经是祭祀礼仪所用的祭器了。至于像陶寺出土的那些有彩绘的木案，显然是属于氏族显贵的用具，在当时应是权力的象征。

近年来，在山西陶寺遗址的进一步发掘中，竟发现了古代观察天象的祭坛，从而引起考古学家的联想。根据《尚书·尧典》“乃命羲和，钦若昊天，历象日月星辰，敬授人时”推测，陶寺遗址很可能是唐尧的帝都，那么这些木俎、木案该是4000年前的实物，是中国烹饪具有刀工技术的有力证据。

和石刀同时使用的还有骨刀和蚌刀，特别是蚌刀，各地的石器时代遗址几乎都有出土，其中最典型的是1964年发现、1972年发掘的河南郑州6500年前的遗址，第二期相当于庙底文化，距今6500—5000年，第三期相当于秦王寨文化，距今5000—4700年，第四期相当于由仰韶文化向龙山文化过渡的大汶口文化，距今4700—4500年，还有河南龙山文化过渡到夏商时代的文化遗存，由于其文化类型的复杂型，故特称为大河村文化，它出土了大量的骨、蚌器，其中就包括了骨刀和蚌刀，或用于收割庄稼，或用于断割牲体和鱼。还有黑龙江省哈尔滨阎家岗旧石器遗址，距今22000年，出土了相当数量的骨器，其他如齐齐哈尔的昂昂溪遗址、宁安市的莺歌岭遗址、肇源县的白金堡遗址等，都有骨刀或蚌刀出土。河南禹城市邢寨汪龙山文化遗址也出土了蚌刀，相关的发掘报告还有山东日照、广西和内蒙古等地的石器时代遗址。所有这些都说明，石刀、骨刀和蚌刀是同时存在的，古人就地取材，制造适合自己使用的工具，当然这些工具的专用性不强，但厨刀肯定是它们的功能之一。

夏商以后，由于青铜刀具的出现，烹饪刀具变得锋利起来。《史记·殷本纪》谓殷商开国功臣伊尹“负鼎俎，以滋味说汤，致于王道”。这里的“鼎”指炊具，而“俎”则是切菜砧板。有了俎，必然有厨刀，在青铜器盛行的时代，锋利的青铜刀是少不了的。在现有考古资料中，夏商时代的铜刀、铜削、石刀、蚌刀甚至玉刀往往在同一遗址出现，由于形制较小，可能是作为餐刀使用，但即便是餐刀，也是分割食物用的。在1949年前发掘的河南安阳小屯村殷墟的186号墓，出土了多件铜刀，其中有一件置于一张木俎上，可见是做厨刀用的。甲骨文中也有关于食物刀工解剖切割的记录。1980年河南偃师二里头遗址二区发掘的M2号墓中，其随葬品中有两把单面刃铜刀，短柄的一把长18.4厘米，有环首柄的一把长26.2厘米，尖部上挑，这种尺寸大概适合于做切割肉食的餐刀（徐海荣:《中国饮食史》卷一，第486页）。

周代对切割食物的刀具更为讲究，《周礼·冬官》散失以后，后人作《考工记》代之，其文字虽非周代原样，但其内容仍有很大的可靠性，尤其是对青铜的冶炼和加工的记载，在科学技术史上有特殊的价值。在《周礼·冬官（考工记）·冶氏》中，有“金有六齐”一段，非常珍贵，原文是:“六分其金而锡居一，谓之钟鼎之齐；五分其金而锡居一，谓之斧斤之齐；四分其金而锡居一，谓之戈戟之齐；三分其金而锡居一，谓之大刃之齐，五分其金而锡居二，谓之削杀矢之齐；金锡半，谓之鉴燧之齐。”我们知道，所谓青铜，就是铜锡合金，因此“金有六齐”中的“金”实指铜。在中国古代，青铜叫作美金；而铁则称为恶金。《管子·小匡》:“美金以铸戈剑矛戟，试诸狗马；恶金以铸斤斧鉏夷锯钃，试诸木土。”是以铁器主要用作土木工具。《孟子·滕文公上》：“许子以釜甑爨，以铁耕乎？”足见当时铁的用途不广。但是还需要指出：中国古代铅和锡是不加区别的，因此古青铜器可以是铜锡合金，也可是铜铅锡合金，甚至可能是铜铅合金，这在青铜古器的金属组成分析中都发现过。此外对上述这段有关青铜配方的解释中，古人仅指出各种配方青铜的用途，例如郑玄注：“鉴燧取水火于日月之器也。鉴亦镜也，凡金多锡，则忍白且明也。”就是说“鉴燧”可以取火于日，就是今天的凹面镜，可以对着太阳聚焦发火，是古代取火的一个重要方法；另外，“鉴燧”因其表面平滑，在夜晚可以使水蒸气凝结而得露水。古人认为这种水取之于月的精华，有特殊的滋补作用，所以有些皇帝及贵族，喜欢饮用这种水，故而这种集水装置又称“承露盘”。当然这种做法在现代科学看来是非常荒谬的。再有就是镜子，是单独的“鉴”，不能叫作“鉴燧”。无论是“取日月之水火”的“鉴燧”，还是照脸的镜子，这种青铜的强度不会太大，因为它们都要求磨得很光滑，却具有较大的脆度，容易破碎。而“斧斤之齐”当指木工工具；“戈戟之齐”“大刃之齐”“削杀矢之齐”均指用于制造兵器；而一开始说的“钟鼎之齐”，显然是指用于制造青铜礼器的。至于制造厨刀的青铜，显然与木工工具及兵器属于同一个类型。我们以前曾讨论过，科技史界对这六种青铜配方的实际组分有两种不同的意见，其焦点就是配方文字表述中的“金”是指青铜还是纯铜，也就是分母大小问题，例如“钟鼎之齐”是“六分金而锡居一”，如果这里的“金”指青铜，那么“钟鼎之齐”的青铜中该有 5/6 的纯铜和 1/6 的锡；如果这里的“金”指纯铜(红铜)，那么“钟鼎之齐”的青铜中该有 6/6＋1 即 6/7 的纯铜和 1/7 的锡。其他配方亦如此。考古界对已出土的青铜文物成分分析结果说明，青铜器中的铜锡配比并不是很严格，存在着各种不同的比例。依笔者对“鉴燧之齐金锡半”这一配方的理解，这里的“金”应该指纯铜，倘若是青铜更不好计量，因为青铜本身就有不同的配方。至于出土青铜器的组分分析和“金有六齐”的配方有差异，很可能是古代的纯铜冶炼，不可能像现代这样先进，得到的红铜本身并不一定是 100％的纯铜，只能得到纯度不高的红铜。

《周礼·冬官(考工记)·栗氏》：“栗氏为量，改煎金锡则不耗，不耗然后权之，权之然后准之，准之然后量之。”这是指如何权量金锡比例的计量方法，说明古代的冶炼工匠们，已经掌握青铜冶炼过程中损耗和火候的关系。他们的经验是：“凡铸金之状，金与锡，黑浊之气竭，黄白次之；黄白之气竭，青白次之；青白之气竭，青气次之，然后可铸也。”这大概是因为古代冶炼所用的燃料和还原剂都是木炭，所以一开始加热时，起初冒出的是含碳粒的黑烟，继而有“黄白之气”，当是 SO_2 之类，再就是“青白之气”，当为比较纯粹的 CO_2 气，最后的青气，实际上没有气体生成。

如上所述，中国古代青铜器，铅和锡混用。在今天看来，青铜器未必是卫生无毒的餐具，但在秦汉以前，仍然是相当贵重的奢侈品，只能由少数贵族所专用。至于铁器的使用，最早用的是陨铁，因为陨铁是从天上落下来的，所以有神圣的权威，不会被用于生产生活的工具制造，而且数量很少，故用于贵族权杖之类的制造。例如 1972 年出土于河北藁城北台西村的商代铁刃铜钺，距今已经 3600 多年，其刃部即是用陨铁加工锻造后嵌到青铜上去的。在此之前的 1931 年出土于河南浚县商末周初的铁援铜戈，还有 1977 年出土于北京平谷县(今为平谷区)刘家河村的商代铁刃铜钺都是如此。人工冶炼的铁器在我国始于春秋时代，《左传·昭公二十九年》:“冬，晋赵鞅、荀寅帅师城汝滨，遂赋晋国一鼓铁，以铸刑鼎。”杜预注曰:“令晋国各出功力，共鼓石为铁，计令一鼓而足。因军役为之，故言遂。”这应该是铁矿石炼铁的可靠史料，这是公元前 513 或 514 年的事情，把刑法铸上铁鼎，是中国历史上著名事件。再结合《孟子·滕文公上》的那句引文，文中许子指中国古农学家许行，他如果得到铁，将首先用于耕作。所以说早期的铁并不首先用于厨具的制造。再如《吴越春秋·阖闾内传》讲干将莫邪铸剑的故事，其中有“采五山之铁精，六合之金英，候天伺地，阴阳同光，百神临观，天气下降，而金铁之精不销沦流”一段，说明将铁冶炼成钢是很难的。在考古发掘方面，目前已发现的春秋战国时期“铁工厂”并不多，已发掘的如河南西平县棠溪、新郑市仓城、登封市告城等。而入汉以后的炼铁遗址相当多，仅河南省就有 20 多处，巩县(今巩义市)铁生沟汉代冶铁遗址总面积达 21600 平方米，已发现的炼铁炉 20 座，铁器近 200 件，并且发现了鼓风陶管和煤饼，说明汉代已经用煤炼铁。除了河南，在河北、山东等地也发现了汉代的炼铁遗址。所有这一切说明，到了汉代，我国的炼铁技术已经相当成熟了，难怪《史记·货殖列传》载:“邯郸郭纵，以铁冶成业，与王者埒富。”桓宽《盐铁论·水旱》:“铁器，民之大用也。器用便利，则用力少而得作多。”《盐铁论》是汉昭帝时一次关于盐铁是否要官营的政策辩论会的记录，可见那时候冶铁规模相当大，“一家聚众到几千人”，所以当官的主张官营，而当时的知识分子(叫“贤良”“方正”)主张放开，这件事对汉朝的政治有很大的影响，这也从一个侧面说明了铁器(包括炊具厨具)在汉朝已经非常普及了。

古代炼铁，主要有两种方法:一种叫“块炼铁”，就是将铁矿石和木炭一层夹一层地堆在炼铁炉中，在 650—1000℃的条件下，利用木炭不完全燃烧产生 CO，作为还原剂，使氧化铁矿石还原成铁。由于温度不高，所生成的铁不能以液体的状态流出炉外，只能沉在炉底，需要等炉温降至室温，再设法从炉底取出铁块。这种铁块呈海绵状，非常粗糙，还不如青铜坚韧。另一种炼铁工艺类似现代的高炉炼铁，首先是变地坑为竖直的炉，配有强有力的鼓风装置，制得的铁质量较好，是含碳量达 2%以上的生铁。加之以煤做燃料和还原剂，炉温较高，可以以铁水的形式流出炉外。这种炼铁技术在汉代已经相当成熟了。优质的生铁再经过长时间加热去碳柔化或炒钢等工艺，得到比较坚韧的中碳钢，便可以锻造各种刀具了。

秦汉以后，刀、俎是厨房的常用工具，而且都是铁质的，考古发掘中曾出土过不少汉代的陶灶，灶面上模刻了刀、俎、钩、铲、瓢、帚、簇、勺、釜、耳杯、盘等器皿，这和汉代文献记载相当吻合。江苏仪征胥浦101号西汉墓出土过木俎。河南洛阳烧沟新莽遗址中也曾出土过铁质厨刀实物(因铁易于锈蚀,所以铁刀很难保存到现代)。另外,在各地汉画像砖、画像石上存在的庖厨图,都有使用厨刀的画面。可以肯定地说,从汉代以后,铁质的切割工具和木砧板,都是厨房必备的工具,基本上已经定型,即铁质刀与木质砧板的配合使用。尽管做砧板的木材各种各样,刀具有各种不同的形制,但都没有什么实质性的变化。厨刀大的像切草的铡刀,就如我们在电影《秋菊打官司》中见到的那种硕大的切面刀;重的如砍骨刀,重达数公斤;还有各种小巧玲珑的剔骨刀……直到近代,由于食品雕刻成了高档筵席必不可少的点缀,各种各样异形的雕刻刀,使得厨师的刀具变得丰富多彩。

厨师切割工具的机械化只是近几十年的事情,最普通的就是绞肉机的使用,继之而起的是切刀机的使用。现在,专用的切割工具日益增多,大大提高了厨师的劳动效率。

二、烹饪原料的切割技术

可以想象,原始社会石器时代的切割技术一定非常简单,再锋利的石刀也不可能镂丝切片,主要就是牲体的分割,前面述及的山西陶寺龙山文化遗址的木俎上,V形石刀和猪排、猪蹄放在一起就是最好的证明。至于各地与石刀同时存在的骨刀、蚌刀,也只能起辅助的作用,尤其是蚌刀,对刮除鱼鳞而言,是一种有效的工具,所以在渔猎文化比较发达的地区出土的蚌刀比较多,这是先民就地取材制造工具的证据。

夏商以后,青铜器刀具开始使用,切丝切片应该都不成问题,但青铜器却是贵族所有,一般人是无法享用的,所以对大块肉,仍用捶击的方法使成薄片。《甲骨文合集》5613说"令多尹腶",说的是商王武丁亲自指导他的臣子制"腶",其甲骨文字形像一手持棒捶打肉块的样子,"腶"是一种精细肉类食品的保藏方法。《淮南子·泰族训》:"汤之初作囿也,以奉宗庙鲜犒之具。"这里的"鲜"指新宰杀的鲜肉;犒指干肉,即古文献中常见的脯。《礼记·内则》称生肉干为"腶脩",也称"腶脯"。郑玄注曰:"腶脩,捶脯施姜桂也。"这种生脯的制法就是取牛、羊、鹿等牲肉之精者,搦去血水,加调料,浥时用木棒轻敲,令其坚实,制成条形肉干,据说可以长期保存(徐海荣:《中国饮食史》卷一,第441页)。

屈原在《天问》中写了一句"彭铿斟雉,帝何飨",过去都解释为彭祖(即彭铿,也作籛铿)为帝尧做一碗野鸡肉的羹汤,这里面隐藏了必要的刀工技术。而商汤重臣伊尹"负鼎俎,以滋味说汤,致于王道"(《史记·殷本记》),则必然有更精巧的刀工技术,只不过在《吕氏春秋·孝行览·本味》篇中没有提到切割技术而已。

到了周代，相关古籍上明确记述了烹饪操作中对切割技术的要求，《周礼·天官》："内饔，掌王及后、世子膳羞之割、烹、煎、和之事。……凡宗庙之祭祀，掌割烹之事。凡燕饮食，亦如之。凡掌共羞、脩、刑、朊、胖、骨、鱐，以待共膳。""内饔""外饔"和"烹人"所要提供的食物计有：

羞，即庶羞，指一百二十品食物的常膳。

脩，即腶脯，加姜桂锻冶之脯，如不加姜桂便称脯。

刑，即铏羹。

朊，"膘肉，大脔所以祭者"。

刑朊，有人释为夹脊肉，或膺肉。有人认为刑、朊本是两种食物，不应当混在一起。

胖，"如脯而腥者"，干则为脯，不干而腥则谓之胖。

骨鱐，骨有肉者。有人认为二者不应混在一起。

骨，"牲体也"。

鱐，干鱼。

上面的这段解释是综合了汉大中大夫郑兴、大司农郑众（二郑，亦称前郑）父子，郑玄（字康成，亦称后郑）和贾公彦诸人的疏注。可以看出，早在汉代，对这一段文字的断句就有不同的看法，我们这里将其完全列出，希望读者不必过分拘泥于它们的解读，只是知道周代起对牲体就有不同分法和理解。

图 4-3-1 牲体名称

《仪礼·乡饮酒礼》："荐脯五挺，横祭于其上，出自左房。俎自东壁，自西阶升。宾俎，脊、胁、肩、肺；主人俎，脊、胁、臂、肺；介俎，脊、胁、肫、胳、肺。肺皆离。皆右体，进腠。"如果译成白话文，便是：乡饮酒礼上进的脯是五条干肉，另有一条供祭礼用的干肉横放在这五条干肉之上，脯是从东边房间里取来的。载牲肉的俎是由东墙壁取来，从西边台阶进上的。宾客的俎上载有狗牲的脊、胁、肩、肺；主人的俎上载有脊、胁、臂、肺；介（副宾）的俎上有脊、胁、肫、胳、肺。所载的肺都是离肺，即是割取的肺。《礼记·少仪》："牛羊之肺，离而不提心。"用的狗牲是右半爿，牲肉在俎上摆放时都是骨的根部朝前。这里的脊、胁之类的牲体名称，都有明确的部位，具体如图 4-3-1。

《仪礼·乡射礼》："荐，脯用笾，五朐，祭半朐，横于上。"朐，郑玄注"朐犹脡也"。脡即前引《乡饮酒礼》的"挺"，也是干肉的一种名称。

《仪礼·聘礼》有腊、肠、胃、肤、鲜鱼、鲜腊、膷、臐、膮、腥、饩等名称。综合诸家的注释，腊即干肉；肤即猪肉皮；鲜腊指已割解成块而未干的兽肉。膷，牛肉羹；臐，羊肉羹；膮(xiāo)，猪肉羹：这三者都是经过调味而不加菜的羹。腥，未煮熟的生肉。饩，未杀的活牲畜。其他的肠、胃、鲜鱼意义明确，无须说明。

《仪礼·公食大夫礼》又有臡、炙、胾、鮨、脍等。这里的臡(音 ní)指有骨的肉酱(醢)，即带骨为臡，无骨为醢；炙，烤肉；胾，大块肉；鮨(zhī)，鱼肉做成的菹；脍，切细的肉。

《仪礼·特牲馈食礼》中出现了骼，即前述的胳，后胫骨。同样，在《仪礼·少牢馈食礼》及《有司》中也出现了与上述同类的名称，而且还有各种不同的别名，计有：

肫——音 chún，又称膞，后胫骨，股骨的最上端。

胁——又称代胁，又称胉、榦。胁骨为三段，中骨称正胁，前骨称代胁，后骨称短胁。

脊——从前向后也分为正脊、脡脊和横脊三段。

《仪礼》对牲体切割部位的规定是相当严格的，我们由此想到孔子在《论语·乡党》中说到的“割不正不食”，确实是相当庄重的礼节。

除了《周礼》和《仪礼》之外，《礼记》也有这方面的内容，诸如：

《礼记·曲礼》云：“凡进食之礼，左殽右胾。食居人之左，羹居人之右。脍炙处外，醯酱处内。葱渫(蒸葱也)处末，酒浆处右。以脯脩置者，左朐右末。”这里的“殽”和“胾”都是大块肉，有骨的叫“殽”，无骨的叫“胾”。脍、炙、脯、脩都和《仪礼》的解释相同，即便是有脯脩上席，如果干肉块是弯曲的，则弯曲的部位要左置，肉干的末端要向右，以便取食，这叫作“左朐右末”。

《礼记·檀弓》记：“孔子哭子路于中庭。有人吊者，而夫子拜之。既哭，进使者而问故。使者曰：‘醢之矣！’遂命覆醢。”是说子路被别人剁成肉酱(醢)，于是孔子命人倒掉他所食的肉酱。从醢的制作可知肉要剁成很小的块状。

《礼记·内则》是讲述家庭礼仪的专篇，其中的八个菜谱，号称“八珍”，是中国古代最早的菜谱，其中的“渍”是凉拌生肉片，“取牛肉必新杀者，薄切之必绝其理”。这个“切”字是一切刀工技术的基础，东汉许慎在《说文解字》中，把它与“刌”放在一起，段玉裁作注说：“切，刌也。二字双声同义，古文《礼》刌肺，今文刌为切，引申为迫切，又为一切。俗读七计切。(颜)师古曰：一切者，权时之事，如以刀切物，苟取整齐。不顾长短纵横，故言一切。从刀，七声。”刌，切也(《玉藻》瓜祭上环注曰：上环，头刌也。《元帝纪》分刌节度)。从刀，寸声(凡断物必合法度，故从寸)，《周礼》昌本切之四寸为菹。陆续之母断葱，以寸为度是也。云寸声，包剑意，《诗》：‘他人有心，予寸度之。’俗作忖。其实作寸、作刌皆得如切物之度其长短也。仓本切。”

“八珍”之一的“糁”“取牛、羊、豕之肉，三如一，小切之”，当是切丁的表述方法。

又在“捣珍”中有“必脄”“去其饵”和“去其皽”的说法，这里的“脄”指“脊侧肉”，“饵”指“筋腱”，“皽”亦为筋之类，因为饵和皽都不便咀嚼，所以要“捶反侧之”，才能“柔其肉”。在“为熬”中，如果用干肉，亦当“捶而食之”。

我们今天从“八珍”中所能了解的切割技术，主要是用于肌肉纤维的，如果遇到筋腱之类结缔组织，便用捶的方法使组织疏松(柔)。由于战国时期，金属刀具已经相当普及了，所以用刀的方法也已经相当进步了。但是这方面的文献离散性很大，我们今天已经很难说清楚有多少刀法，幸好许慎在《说文》中做了归结，因此我们可以从中看到在东汉时期烹饪的刀法。大概有：

削，《史记》和《汉书》的《货殖列传》称洒削，扬雄《方言》“称剑削，自(黄)河而北燕赵之间谓之室；自(潼)关而东谓之廓，或谓之削；自关而西谓之鞞”。这些解释把“削”训为刀鞘，而“从刀”有“削”，与“析”相同，训为“破木”，后来逐渐流变，乃有削皮之类的说法。

劈，破也。

剖，判也。

剥，《大戴礼记·夏小正》：“二月剥鳝，以为鼓也；八月剥瓜，畜瓜之时也。剥枣，剥也者，取也。”

割，残破之义，古时与剥互训。

刖，挑取也，段玉裁注：“抉而取之也，挑，抉也。许书无剜字。”

刲，刺也。《周易·归妹》：“士刲羊。”

秦汉至魏晋，在画像石、画像砖和墓室壁画中，切肉的场面是经常见到的，甘肃嘉峪关出土的魏晋时期的画像砖上，厨师割肉惟妙惟肖，更可贵的是北魏贾思勰的《齐民要术》，详细介绍了刀工及其用途，诸如：

卷八之《八和齑》：“生姜：削去皮，细切以冷水和之。”

卷八之《作鱼鲊》中的“作鱼鲊法”：“去鳞讫，则脔。脔形长二寸，广一寸，厚五分，皆使脔别有皮。”又“作干鱼鲊法”：“数日肉起，漉出，方四寸斩。”又“作猪肉鲊法”：“用肥猪肉，净烂治讫，剔去骨，作条，广五寸。三易水煮之，令熟为佳，勿令大烂。熟，出，待干，切如鲊脔，片之，皆令带皮。”

卷八之《脯腊》中的“作五味脯法”：“用牛、羊、獐、鹿、野猪、家猪肉。或作条，或作片罢(凡欲肉皆须顺理，不用斜断)，……细切葱白……”又“作甜肥脯法”要獐鹿肉片原薄台手掌。

卷八之《羹臛法》中的“作鸡羹法”：“鸡一头，解骨肉相离，切肉琢骨。”又《肺馔法》：“羊肺一具，煮令熟，细切……。”又“作羊盘肠法”提到：“细切羊胳肪二升，切生姜一斤。”又“羌煮法”：“好鹿头纯煮令熟，著水中洗，治作脔，如两指大，猪肉琢作臛，下葱白，长二寸一虎口。”本节以下各条几乎都有切料尺寸大小的说明。而同卷的《蒸缹法》《脏、腤、煎、消法》和《菹绿》各条所用原料和姜、橘皮等调料均要“细切”

成一定尺寸大小，有的肴品对料块的尺寸要求相当严格，如《蒸缹法》中的“缹猪肉法”要求“破为四方寸脔”，就是今天的东坡肉之类，而在《菹绿》中的“菹绿法”中，要求“菹叶细如小虫丝，长至五寸”，真是惟妙惟肖。

卷九之《炙法》中的“腩炙”：“牛、羊、獐、鹿肉，皆得方寸脔”，和当代的烤肉串没有区别。而“灌肠法”中的“细剉羊肉，令如笼肉，细切葱白……”即今天的灌肠（香肠）制法，其他各条的刀工要求都很明确。同卷中《作脖、奥、糟、苞》也是如此。

卷九的《素食》和《作菹、藏生菜法》中对果蔬类原料的刀工，有时亦有明确要求，但是在《饼法》中，还看不出有切削面片面条的技术。如“水引饽饦法”：“水引挼如箸大，一尺一断”和“饽饦挼如大指许，二寸一断”，都不是刀切的，而“切面粥”中的面团，“刚溲面，揉令熟，大作剂，挼饼粗细如小指大，重萦于干面中，更挼如粗箸大，截断，切作方綦”，这里虽用刀切，但条粗如箸，不能视为今天的面条。当时的面条实际上都是用手拉伸的。也就是说，在魏晋时，刀切面技术尚未出现。至于《饼法》中的“粉饼法”实际是今天做粉丝或粉条的方法，是用牛角或铜钵钻孔，再将物料引漏到沸汤中成形的。

从上引《齐民要术》中的这些片段，可以清楚地看出，由于铁质刀具的使用，魏晋南北朝时期的刀工技术比之秦汉时期的确有了很大的提高，不过并没有进行过系统的总结。但是到了隋唐时期，有了专门的刀工著作——《砍脍书》，可惜这本书已经散佚，我们已经无法知道当时刀工的真实水平，只能从唐宋笔记中收录的那些食单菜谱掇取的零星资料，来认识当时的刀工水平。其中最有价值的当数五代至宋初陶穀的《清异录》，从其《馔羞门》的“缕子脍”“赤明香”，以及所列《韦巨源食单》中的“羊皮花丝”，谢讽《食经》中的“飞鸾脍”“剔缕鸡”等肴馔名称中，可见切细丝要细，切片要薄，而“酒骨糟”（糟肉）一条明确指出要“切如纸薄”。特别是现代的花式冷盘已经出现，“玲珑牡丹鲊”，是将鱼切成薄片，加酒、盐和香料腌制后，或与蒸熟的米饭隔层装缸发酵而成；也有不发酵的，然后用各色鱼片摆成牡丹状，因鱼片发酵或显微红色，如同初开的牡丹。而“辋川小样”则更为精致，说的是五代时尼姑梵正，“庖制精巧，用鲊、鲈脍、脯、盐酱瓜蔬、黄赤杂色，斗成景物”。这些景物就是唐代诗人王维在蓝田辋川别墅的 20 处景物，如果有 20 人共宴，可以按每人一景组成辋川别墅的全图，这该是中国花色冷盘的滥觞之作，没有精巧的刀工是做不出来的。《清异录》中的“同阿饼”，是“用碎肉与面溲和如臂，刀截，每只三寸原，蒸之”。这是面点刀工的记载，但还没有关于切面的记录。

除了《清异录》以外，还有《杜阳杂编》《岭表录异》《云仙杂记》《酉阳杂俎》《明皇杂录》《卢氏杂说》《食医心鉴》《膳夫经手录》《吴馔》《大业拾遗记》《四时纂要》等唐人笔记，都或多或少有烹饪刀工的记述。至于唐代的许多诗作，常有颂厨师刀工的名句，诸如孟浩然《岘潭作》“美人骋金错，纤手脍红鲜”；杜甫《阌乡七少府设鲙戏赠长歌》“无声细下飞碎雪，有骨已剁觜春葱”；又《观打渔歌》“饔子左右挥霜刀，鲙飞金盘白雪高。”

正是由于在隋唐五代的发展，中国烹饪的刀工技术在两宋时期基本上实现了系统化。被收入大型丛书《说郛》七三的《旸谷漫录》，是南宋人洪巽的著作，其中有一篇是作者记述厨事的纪实文章，相关段落是：

> 余以宝祐丁巳（1257）年参闱，寓江陵。尝闻时官中有举其族人置厨娘事，首末甚悉，谩书之以发一笑。其族人名某者，奋身寒素，已历二倅一守，然受用淡泊，不改儒家之风。偶奉祠居里，便嬖不足使令，饮馔且大粗率。守念昔留某官处晚膳，出京都厨娘，调羹极可口，适有便介如京，谩作承受人书，嘱以物色，价不屑较。未几，承受人复书曰："得之矣，其人年可二十余，近自府地，有容艺，能算能书，旦夕遣以谐直。"不旬月，果至。
>
> 初憩五里头时，遣脚夫先申状来，乃其亲笔也。字画端楷，历叙庆贺新禧，以即日伏事左右，为幸，末乃乞以回轿接取，庶成体面。词甚委曲，殆非庸碌女子所可及。守一见为之破颜。及入门，容止循雅，红衫翠裙，参侍左右，乃退。守大过所望。小选，亲朋辈议举杯为贺，厨娘亦遽致使厨之请，守曰："未可展会，明日且具常食五簋五分。"厨娘请食品菜品质次，守书以示之。食品第一为羊头签，菜品第一为葱齑，余皆易办者。厨娘谨奉旨，数举笔砚具物料，内羊头签五分，合用羊头十个。葱齑五分，合用葱五斤，它物称是。守因疑其妄，然未欲遽示以俭鄙，姑从之，而密觇其所用。
>
> 翌日，厨役告物料齐，厨娘发行奁，取锅铫盂勺汤鼎之属，令小婢先捧而行，璀灿耀目，皆白金所为，大约计该五七十两。至如刀砧杂器，亦一一精致，旁观啧啧。厨娘更团袄围裙，银索攀膊，掉臂而入。据坐胡床，徐起切抹批脔，惯熟条理，真有运斤成风之势。其治羊头也，漉置几上，剔留脸肉，余悉掷之地。众问其故，厨娘曰："此皆非贵人所食矣。"众为拾置他所，厨娘笑曰："若辈真狗子也。"众怒，无言以答。其治葱齑也，取葱辄微过汤沸，悉去须叶，视碟之大小分寸而裁截之，又除其外数重，取条心之似韭黄者，以淡酒醯浸渍，余弃置，了无所惜。凡所供备，馨香脆美，济楚细腻，难以尽其形容。食者举箸无赢余，相顾称好。
>
> 既撤席，厨娘整襟再拜曰："此日试厨，幸中台意，乞照例支犒。"守方迟难，厨娘曰："岂非待检例耶？"探囊取数幅纸以呈曰："是昨在某官处所得支赐判单也。"守视之，其例每展会支赐，或至千券数匹，嫁娶或至二三百千，双疋，无虚拘者。守破悭勉强，私窃喟叹曰："吾辈事力单薄，此等筵席，不宜常举；此等厨娘，不宜常用。"不两月，托以他事善遣以还。其可笑如此。

此等厨娘充分反映了两宋社会的奢靡之风，其选料的过分精细挑剔，至今仍为少数恶厨老饕津津乐道，实为封建时代劣等文化的流弊。但也反映出厨行分工日益精细。孟元老的《东京梦华录》和耐得翁的《都城纪胜》等史料笔记中有“四司六局”之说。所谓“四司”指帐设司、厨司、茶酒司和台盘司；所谓“六局”指果子局、蜜煎局、菜蔬局、油烛局、香药局和排办局，是当时餐饮服务行业的分工情况。其中“厨司”的任务是：“专掌打料、批切、烹炮、下食、调和节次。”也就是说，在“四司六局”之下，还有更细的分工。北宋佞臣蔡京倒台以后，他家厨中的人员流落市井，曾“有士大夫于京卖一妾，自言是蔡太师府包子厨中人。一日，令其作包子，辞以不能。诘之曰：‘既是包子厨中人，为何不能作包子？’对曰：‘妾乃包子厨缕葱丝者也。’”因此她只会“缕葱丝”，并不会做包子。蔡京奢侈，由此可见一斑。此事见记于罗大经《鹤林玉露》中的“缕葱丝妾”条。

宋人何薳在《春渚纪闻》卷四曾云：“吴兴溪鱼之美，冠于他郡。而郡人会集，必以斫鲙为勤，其操刀者名之鲙匠。”是说有专门切鱼片的工匠。

由于刀工技术越来越高超，厨师不仅可以将食物原料加工成块、片、条、丝、丁、粒、末等形状和尺寸大小不同的料块，并且由此做成各种各样的造型工艺菜，既有整鸡、整鱼等自然造型菜，也有食品雕刻类的造型菜，这些在《东京梦华录》等笔记中有确凿的证据。并且有充分的证据说明宋代的刀工面条已经相当普及，王禹偁《甘菊冷淘》诗中有“俸面新且细，溲牢如玉墩。随刀落银缕，煮投寒泉盆”的句子。在《东京梦华录》等书中所说的“姜泼刀”“棋子”“拨刀鸡鹅面”“家常三刀面”以及多种多样的“冷淘”，都是刀切面条或面片的证据。林洪《山家清供》中记一道名菜叫“拨霞供”，就是将兔肉薄批成片，蘸调料在开水中涮食。有人认为这是后世“涮羊肉”的滥觞。总而言之，我国烹饪的刀工技术，到宋代已经相当成熟了。与两宋差不多同时代的北方少数民族政权，如辽、金、西夏以及后来统一全国的元蒙政权管辖下的各地，也讲究食物原料的割切技术，但不如汉族地区精细，主要是切丝、切片。在山西平定县出土的元代墓室壁画中，有一幅厨师操作图，其所用刀具窄片，这和我们今天所见的切菜刀略有不同，这大概因为他们切的原料多为肉类，是拉切法，所以刀刃要相对长些。

中国烹饪的风味流派正式形成的时间也在两宋时期，不仅有“南食”“北食”之分，还有“川味”的说法，以后逐渐细化。有人说，到了明代，就有了“四大菜系”的说法（徐海荣：《中国饮食史》卷五，第98—103页），即鲁菜、川菜、维扬菜和粤菜（这恐怕过于牵强了），其中的“维扬菜”（后来称淮扬菜）以刀工精细而著名。到了清代“康乾盛世”之时，由于康熙、乾隆的多次南巡，在京杭大运河的江苏段，两淮盐务和河工的经费充分，扬州盐商富甲天下，江宁织造和苏州织造的奢华消费，使得饮食消费的精细功夫越来越讲究，因此淮扬菜的刀工精细受到一致公认。清乾隆年间由文思和尚创制的淮扬名菜文思豆腐，要将豆腐切成丝，至今仍有很多厨师不会干这种精细活。而扬州名菜大煮干丝，要将 1.5 厘米左右厚的豆腐干，平片成厚薄均匀的 18 片，然后再切成细丝，在全国其他地方也很难做到，不得已用百叶丝代替，因为同样重量的百叶，其表面积大大超过豆腐干，所以大豆蛋白胶体的老化现象严重，成菜远不及豆腐干丝绵软。再如扬州名菜蟹粉狮子头，即斫肉圆，其他地方用排刀剁做肉茸为之，成菜不嫩，而扬州狮子头茸料则是以刀工切出来，且肥瘦肉搭配适宜，所以清鲜肥嫩。

在民国以前的食谱、食单之类中，对于厨师的刀工技法，几乎没有什么文字记录，大抵因为这是典型的厨工手艺，士大夫不屑为之，就连袁枚的《随园食单》也没有把刀式当作重要厨技。至于 20 世纪 80 年代被"烹饪热"发掘出来的《调鼎集》，尽管有各种料块形状的名称，但并没有对刀工做过什么总结。这种现象实际上反映了科学方法论对我国烹饪的历史发展过程的影响极为有限，几千年来的食事著作除了哲学思辨以外，就是菜谱食单，从未对烹饪工艺做过系统的总结，所以在"百菜百味"的思想指导下，拘泥于一菜一法，终于没有形成系统的工艺科学。迨至民国以后，长江三角洲地区的一些文化人，在上海开埠以后受西方饮食文化的影响，特别是在教会学校的家政系和女子中学的教材中，往往有关于中西餐制作方法的内容，启发了人们研究烹饪技法的热情。其间，著名人物如常熟人李公耳和时希圣，江苏宝应人卢寿籛，以及籍贯不明的陶小桃、王言纶、梁桂琴、佩兰和松江人程英等从 1917 年起，直到 1940 年前后，出版了多种烹饪著作，甚至还有人翻译了日本及西方的家政学著作，虽然较多地讨论了烹饪方法，但也没有详细讨论刀工技术。我国现代历史上，真正总结我国厨艺中的刀工技术是从 20 世纪 60 年代开始的，原商业部饮食服务司和教育司，组织编写了饮食服务类技工学校的教材，厨艺中的刀工技术才真正进行了系统的总结。

三、现代烹饪刀工方法概述

前面已经提及，唐代曾有一本已经散佚的烹饪刀工的专集，书名《斫脍书》，明人李日华在《紫桃轩杂缀》中曾有过简单的介绍。它的全貌已经无法知晓了，但厨艺中的刀工在一代又一代厨师的技术传承中，仍然被保留了下来；厨师切得细如发丝的姜丝，薄如蝉翼的肉片，神乎其技的切削速度，的确令人叹为观止。尤其是在张艺谋导演的电影《秋菊打官司》中，华北地区仍流行的用大铡刀切面条的镜头，操作者坐在刀把上一跳一跳有节奏地切出宽窄均匀的面条，的确有一种美的视觉享受。山西厨师的刀削面表现同样令人激奋，然而刀工技术的主要施展场合还在于菜肴的制作过程中。1980 年，《中国烹饪》杂志创刊以后，许多厨师朋友以自己的切身经验写了许多关于刀工的技术总结，在此前后出版的每种烹饪教材中，刀工都是重要篇章。直到 1988 年，北京市职业高中的烹饪教师李刚，写了一本叫作《烹饪刀工述要》的专书(高等教育出版社出版),篇幅虽然不长,但其中的200多幅图,更是起到了按图索骥的效果。该书没有什么高深的理论,但实用性极强。为此,笔者在这里对该书做扼要的介绍。

第一章:中国烹饪刀工的源流。此章介绍中国烹饪刀工技术的演变过程,但因篇幅太短,所述内容未能超过笔者在这里的总结。

第二章:烹饪刀工的使用工具。此章介绍了各种形制的刀、菜墩(砧板)、磨石(砺)和磨刀的方法与姿势,其中刀的形制共列有13种,显然没有收录完全。

第三章:烹饪刀工的基本要素。此章介绍基本的运刀方法和用刀姿势。

第四章:刀工的基本原理。此章对运刀的基本力学原理做了简要的说明,失之于过分简略。

第五章:烹饪刀工方法。烹饪刀工方法主要有直刀法、平刀法、斜刀法和剞刀法四大类,每类下面又分为切、剁、砍、批、片等具体手法,是该书的重点内容,并且提示了各种方法适宜的原料类型。

第六章:原料成形。共分丁、粒、米、末、茸、丝、条、段、块、球等十种基本料型和各种花刀工艺,形象生动。

李刚的书是当代第一本专门的刀工著作,至今仍未见有第二本,虽然全书把当代的刀工技术基本上都包括在内了,但内容的深度和广度最好能够再提高些。后来他人虽有新作,但也未能全面总结。

另外,烹饪行业向来关注食品雕刻,近年来这方面的书也比较多,所用的工具也比较特别。因为食品雕刻主要是为了美化菜肴点心的色彩和形态,食用的功能并不重视,有时只是为了烘托饮宴活动的气氛,所以并不是厨师做菜的基本刀法。不过食品雕刻的起源却很早,《管子·侈靡》:“雕卵然后瀹之,雕橑然后爨之。”有人据此说春秋时代即有了“雕卵”,但仔细推敲这两句话,便觉得这个“雕”不是雕刻,而是它的通假字“彫”,即在蛋上画画,然后下水煮,这使“雕橑然后爨之”正好得到合乎逻辑的解释,即是用来烧煮的木柴,先要画上画再烧,这和鸡蛋画了画再煮是一样的奢靡行为。现在看来,秦汉以后的“雕卵”“镂鸡子”大抵都不是雕刻。真正的食品雕像还是本书前面提到的五代尼姑梵正的“辋川小样”。

四、烹饪刀工的科学诠释

由于烹饪刀工是典型的手工技术,相关力的大小都在执刀者的体力极限之内,且刀具本身的重量一般都在500克左右,即使用来砍断大骨的砍刀也只有2000克左右,所以人们并没有深究它的力学原理。而烹饪刀工的基本方法如直刀法、平刀法、斜刀法等分类方法,实际上缘起于被加工原料的生物学组织的细胞构造。例如直刀切、推刀切和拉刀切之分,就是因被加工原料是否有细胞壁而造成的,通常直刀切用于处理脆性的植物性原料蔬菜水果之类，因为它们都具有富含木质素的细胞壁，当刀刃接触原料时，脆硬的细胞壁立刻以相等的反作用力予以回应，所以只要手腕稍微用力，细胞壁便崩坼而使原料组织断裂。但是对于没有细胞壁的动物性原料如肉类，用直刀切的方法便不能奏效，因刀刃接触原料时，相关组织没有等同的反作用回应，当手腕用力时，原料组织反而向刀刃的两侧退让，结果原料并不能被切断。厨师通常称那些无骨的肉类，甚至包括火腿、海蜇乃至海带等为韧性原料，就需要用推刀的方法，使刀刃在原料组织上移动，靠手腕用力时刀刃在移动过程中切入肌肉组织而使其被切断。对于那些更为柔软的韧性原料如里脊肉、鸡脯肉等纯肌纤维组织，则需要用移动幅度更大的拉刀法来切断。如果达不到目的，便要用推拉往复的推拉刀法。

直刀切是烹饪刀工的基本形态，对这种方法进行简单的力学分析，再结合对烹饪原料组织构造的综合认识，烹饪刀工原理的近代科学诠释就相当完整了。刀工需要锋利的刀具，这是人们的常识。厚的刀背和尖薄的刀刃的纵断面呈现等腰三角形的关系，当手腕施一力 F 于刀背时，原料表面必回应一相等的反作用 N_O，根据牛顿力学定律，$F=N_O$ 的大小相等，方向相反。当刀刃切入原料组织内部时会有 N_1 和 N_2 两个方向的阻力影响刀刃向原料深度进发。这样，N_O 正好是 N_1 和 N_2 的合力。对于一般比较均匀的料块而言，$N_1=N_2=N$，这样，根据力的合成的余弦定律：$F=N_O=(N_1+N_2+2N\ \mathrm{Cos}\theta)^{1/2}$。

设 $\alpha=\theta/2$，则 $F=2N\cdot\mathrm{Sin}\alpha$。

因为 $\theta<90°$ 故 $\alpha<45°$，在 $0°<\alpha<45°$ 的范围内，则 F 的数值应当单值上升，也就是说，刀身越厚，$\mathrm{Sin}\alpha$ 值越大，切割时就越费力；反之刀身越薄，就越省力。在这里，压力就是上述的 F，令压强为 P，则有 $P=F/S$ 的关系。这个 S 就是刀刃和原料的接触面积，如果刀刃很锋利，则 S 的数值会变小，F 被数值小的 S 去除，所得的 P 值会增大；于是压强愈大，原料愈易被切割。

在烹饪刀工中，杠杆原理也有作用，烹饪运刀过程实际是一种费力杠杆，因为杠杆支点就是人手握的刀柄，力臂和重臂处于同一方向，力矩和重矩几乎相等，所以如果用刀的前端来切割，那是很费力气的。故而对不易切割的原料，人们都使用刀的跟部作用于物料，就是为了省力。

直刀法在通常情况下，不考虑操作者的运刀速度，但对于那些质地坚硬的骨骼组织，显然需要使用力学中的冲量原理。所谓冲量，在动力学中指力和作用时间的乘积；如果力的大小没有变，但作用时间的长短不同，所发生的后果有很大的差别。例如我们将一不大的铁块缓慢地放在玻璃板上，玻璃板不会破碎，但如果将这个铁块运动起来砸向玻璃板，那它就必碎无疑。所以动力学中，又把冲量定义为动量的变化，这就和速度有了密切的关系。故而在处理骨骼组织时，用砍或劈的方法就是运用冲量原理，将刀先悬在空中，然后发力，砍向原料，从而完成切割任务。

我们多次说明，厨师的刀工技术纯属手工工艺，其作用力和速度都不会太大，因此，其切割量也不可能很大。加之每一次切割动作，绝不可能完全符合标准，所以料块的大小、粗细和形状也不可能绝对相同，即便是训练有素的老手、巧手，也有一个限度。所以对于烹饪刀工而言，要追求工作效率，只有实施机械化。事实上，现在已经有了许多有效的小型机械，我们不应该以抱残守缺的态度去排斥这些机器。

第四节　火候概念的形成、发展及其在烹饪实践中的应用

世界各地的古文明形态，都曾经把火当作一种实体物质。著名的古希腊哲学家认为世界万物都是由水、火、土（或称地）、气（或称风）四种元素构成的，所以叫作四元素说；古印度顺世论哲学中也有火。而我们中国的阴阳五行学说中也有火，最早的文献出典见于《尚书·周书·洪范》："一、五行。一曰水，二曰火，三曰木，四曰金，五曰土。水曰润下，火曰炎上，木曰曲直，金曰从革，土爰稼穑。润下作咸，炎上作苦，曲直作酸，从革作辛，稼穑作甘。"《尚书》又称《书经》，是孔子删定的"六经"之一，都是先秦各代政府的政事公文，曾受到秦始皇"焚书坑儒"政策的普遍封杀，所以在秦朝灭亡后的汉朝，重新整理先秦旧籍时，《尚书》的版本就成了重大的学术争论。所谓的今古文之争的核心就是《尚书》，现在收入"十三经"中的《尚书》，是唐代孔颖达根据汉朝孔安国的古文传本进行疏注的，其中的《洪范》一篇是周武王向商朝老臣箕子请教的治国方略，故常称为"洪范九畴"。按：洪范之洪释为大，范释为法，洪范即大法，而"五行"为第一畴。孔颖达疏《正义》曰："五行不言用者，五行万物之本，天地百物莫不用之，不嫌非用也。"这就是说，"五行"是古代国家立国的指导思想，是考察天地万物所必须遵循的基本规律，这也是中国一切古典学术以"五行"学说为基础理论的历史源头，至今仍是如此。例如中医，如果离开阴阳五行学说，其理论体系将变得支离破碎。关于这些，不是本书所要讨论的重点，所以我们还是回到五行说的本身。

孔颖达在作"五行"疏注时，把《洪范》和《周易·系辞》结合起来，所谓"天一、地二、天三、地四、天五、地六、天七、地八、天九、地十"就是五行生成之数，于是有云："天一生水，地二生火，天三生木，地四生金，天五生土，此其生数也。如此则阳无匹，阴无偶，故地六成水，天七成火，地八成木，天九成金，地十成土，于是阴阳各有匹偶，而物得成焉。"这是将阴阳与五行相配，从而来解释一切事物变化的基本理论框架。即天一生水与地六成水相对应，则天一之水是阳水，地六之水是阴水；地二生火与天七成火相对应，则地二之火为阴火，天七之火为阳火；……总之，奇数为阳，偶数为阴，五行变化必有一阴一阳。再加上道家"有生于无"（这个"无"实为微

小之微，不是有无之无），则可以将各种物象作为哲学命题来讨论，实在是越说越玄。笔者以为，此类说法或为真理，或为无稽，极易走向玄学境界。但在《洪范》本文中，完全是一种朴素唯物主义的描述，“水曰润下，火曰炎土”，皆其“自然之常性”，“木曰曲直，金曰从革”是指“木可以揉曲直，金可以改更”，也是它们的自然常性，而“土爰稼穑”，是指土可以种植。由此引申为五味：“润下作咸”是指水卤生成的盐是咸的；“从革作辛”，即辛是金属的气味；而“稼穑作甘”，即“甘味生于五谷”。从这里足见《洪范·五行》也是中国饮食调味理论的历史源头，我们在下面还要提到它，而对“火曰炎上”和“水曰润下”这两句，早在孔安国作传时就指出“水火者，百姓之求饮食也”，道出了水火与人类熟食之关系，再结合以前讨论过的《周易·鼎卦》“以木巽火，烹饪也”，说明了中国古人早已对烹饪的基本原理做过认真的思考。

对于中国烹饪来说，早已有生熟之辨，所以对于用火加热也必然予以关注，有各式各样的加热方法被发明，因此有关“火”的技术术语也有很多变化，其中以“火候”一词最具有科学意味，因此讨论“火候”的历史演变过程，是中国烹饪科学技术史的重要命题，也是外国烹饪文化所没有的内容。

一、中国科学技术史上的“火候”

国际科技史界把“火候”英译为 fire phase，如果再直译为汉语，则为“火相”或“火象”，这是最接近原义的译法。但是无论是“相”或“象”，在汉语中与“候”的概念总是有区别的。例如，气候或气象并不是指同一个概念，所以说“火候”问题是中国科学技术史上一个值得探讨的问题，而且直到今天，在中国的某些科学技术领域中，它并不是一个历史的陈迹，而是继续在发挥它的积极作用，这就更值得我们讨论一番。

从科学技术的角度来考察“火候”的演变过程，大体上分以下四个时期。

（一）“火齐”时期

在中国先秦古籍中，“火齐”的概念即相当于后来的“火候”。明确提到这个词汇的古籍有：

《周礼·天官·亨人》：“亨人掌共鼎镬，以给水火之齐。”东汉郑玄作注时明确指出：“齐，多少之量。”

《礼记·月令·仲冬之月》“乃命大酋”章：“火齐必得。”

这里所指的“火齐”，都是指烹调时对食物受热过程中的温度、热量和时间控制。至于“水火之齐”的调节，至今仍然是中国烹饪术的一大诀窍。其实早在战国时期，吕不韦及其门客就已经在《吕氏春秋》中做了精辟的概括。

“凡味之本，水最为始。五味三材，九沸九变，火为之纪。时疾时徐，灭腥去臊

除膻，必以其胜，无失其理。”（《吕氏春秋·本味》）

对火候的控制，不仅为中国古代厨师和酿酒师们注意，也为冶铸业和制陶业所重视。例如前引《周礼·冬官（考工记）·栗氏》云：“凡铸金之状，金与锡，黑浊之气竭，黄白次之；黄白之气竭，青白次之；青白之气竭，青气次之。然后可铸也。”显然，这是通过对铜锡原料加热时的表观变化来控制合金成熟过程的一种生动的描述。

“三礼”是历代儒家信奉的经典，虽然古文经派和今文经派为之聚讼千秋，也正由于此类争论已延续了近 2000 年，我们据此断定它们的存在反而更加有力。特别是从郑玄的注文中，我们清楚地看到，中国古代早已力图对五行之一的“火”进行“量”的描述。实际上已经产生类似西方的热素、火质之类的概念，在时间上要比西方早 2000 年左右，惜乎没有科学的温标体系，所以未能发展成近代科学。我们提出这种论点，并非出于孤证，一本常见的百家诸子著作《荀子》（上海古籍出版社“诸子百家丛书”本），在其“强国”篇中有“刑范正、金锡美，工冶巧，火齐得”这一段文字。唐人杨倞在注释时指出：“刑与形同。范，法也。刑范，铸剑规模之器也。”“火齐得，谓生孰齐和得宜。《考工记》云：金有六齐。齐，才细反。”很明显，这段说明冶金火候的文字，也是把“齐”当作量的概念来描述的。

进入两汉以后，“火齐”一词在概念上略有变化，见诸文献的场合不多，甚至成了一种玻璃和医药制剂的名称。例如在《史记·扁鹊仓公列传》中记载了西汉文帝时名医仓公（淳于意）把去火清热的药剂叫作“火齐”，他用“火齐汤”来通大小便、发汗和散膀胱疝气，如此等等。大概也就在这个时代，医生们普遍接受了“水火之齐”的观点，即在同一篇列传中，记述了仓公的一句话：“夫药石者，有阴阳水火之齐。”这几乎和厨师的说法没有两样。但是把“火”上升为中医的理论基础概念之一的工作，则不是淳于意做的，因为至少成书于战国时期的中医经典《黄帝内经·素问》的《阴阳应象大论》中，早已明确指出：“水为阴，火为阳；阳为气，阴为味。……壮火之气衰，少火之气壮，壮火食气，气食少火；壮火散气，少火生气。……阳胜则热，阴胜则寒。重寒则热，重热则寒。”在这里，“火”的概念显然已经跟体温的变化挂了钩。

唐以后，作为热处理过程描述术语的“火齐”，很少见诸中国古文献，但并未被人们所遗忘。如五代时梁朝的沈约在撰著《宋书》的《阮佃夫传》时仍说：“……就席，便命施设，一时珍馐，莫不毕备。凡诸火剂，并皆始熟，如此者数十种……”这乃是最原始意义上的“火齐”。

（二）由“火齐”向“火候”过渡时期

在秦汉以后，大概由于直接量“火”企图的失败（在没有科学化温标的条件下，这种失败是必然的），人们对“火”或“热”的描述，倾向于直率的描写。例如：用微火、猛火、温火、文火、武火、大火、小火等说法表示火力大小与加热过程的缓急；或用指定的燃料来控制火力的大小，诸如马通（粪）火、糠火、炭火、芦苇火、柳柴火等等，这些说法在炼丹家的著作中屡见不鲜。在陈国符先生考证确定的汉代炼丹古籍如《黄帝九鼎神丹经》《太清金液神丹经》《太清金液神气经》《三十六水法》《太清经天师口诀》《金碧五相类参同契》等中，都可以找到这些描述，但却没有找到“火齐”或“火候”之类的字样。在古文献中，似乎是出现了一个断层。

炼丹家不同于厨师、青铜匠和陶工，他们属于当时的知识阶层，有条件也有能力从当时当代的知识体系中吸取理论武器来自圆其说。我们知道，东汉时期纬候学说盛行，这就必然会影响到那些聪明的炼丹家，于是他们用占卜中常用的“候”的概念去说明炼丹过程中的火力变化。《周易参同契》很可能就是在这种条件下产生的专门性的理论著作，尽管今本《周易参同契》中没有“火候”这个词，直接说文火、武火之类的词句也极少。明人王应奎在《柳南随笔·续笔》（中华书局点校本）中把“始文使可修，终竞武乃陈”和《鼎器歌》中的“首尾武，中间文”这四句定为文、武火说法的鼻祖，看来是有道理的。《周易参同契》的大部分章节都是阐述加热时温度控制过程，以及要求达到的具体性状，具有强烈的时间概念。但是《周易参同契》的这种处理手法，不仅在当时未得推广，即使到了晋代，大炼丹家葛洪也没给它以特别的地位。《抱朴子·内篇·金丹》中虽然有“又当起火，尽夜数十日，伺候火力，不可令失其道”这么一句话，但却找不到有关“火候”的说明和解释。

隋唐以后，《周易参同契》被奉为“万古丹经王”，人们把它奉为炼丹术（包括内外丹）中火候学说的始祖，把本来是加热的现场描述硬要凑合到“符节”之数中去。在它各种有影响的注本中，五代后蜀彭晓的《周易参同契通真义》更具有权威性。彭晓在其“牝牡四卦”一章的注文中，明确说：“凡修金液还丹，鼎中有金母华池，亦谓之金胎神室，乃用乾坤坎离四卦为鼎器、药物。橐籥者，枢辖也。覆冒者，包裹也。则阴鼎阳炉，刚火柔符，皆依约六十四卦，周而复始，循环互用。又于其间运春夏秋冬，分二十四气，擘七十二候，以一年十二月气候蹙于一月之内，以一月气候攒于一昼夜十二辰中。定刻漏……盖喻修丹之士运火候也。”可见公元10世纪的彭晓在注公元2—3世纪出世的书时，是极难还它庐山真面目的。我们考察了《正统道藏》收录的《周易参同契》的各种注本、值得注意的是映字号托名阴长生的注本，映字号无名氏注本和容字号无名氏注本。据陈国符先生的考证，托名阴长生的注本出世最早不早于初唐；容氏号无名氏注本的出世年代至迟在盛唐；而对映字号无名氏注本，人们并未注意到它的存在，很少有人提及它。我们查对了这三种注本对火候的提法，映字号无名氏注本明确说：“火候之诀，最为精妙，非常情所能推测。”以此看来，其出世年代不会早于唐代。托名阴长生的注本并无“火候”字样，但其序中说：“余今所注，颇异诸家，合正经理归大道，论卦象即火候为先，释阴阳则药物为正。”而容字号无名氏注本则全无“火候”字样，唯有“火数”之说。以此看来，容字号无名氏注本很可能是现存最早的注本,也可能不是一人一朝之作,大体上发端于南北朝,而完成于初唐。至于托名阴长生的注本,很可能出世于隋或初唐,盖此时“火候”的说法已经产生,但尚未普及。

值得注意的是现存于《正统道藏》之字号的《许真君石函记》,在其“神室圆明论”一节中明确指出五日一候,并明确了六十四卦与火候的对应关系。如果该书果真是那位在东晋宁康二年(374)在江西南昌率全家四十二口“拔宅飞升”的许逊所作的话,那么该书便是真正解释《周易参同契》炼丹火候学说的最早著作。虽然该书并未把“火候”一词挑明,但已是水到渠成的事情了。

在秦汉魏晋南北朝约700年的光景中,从现存古籍中发现的讨论火候的著作主要是炼丹著作(包括内外丹,因内丹借用外丹的术语),少数的见于医药和其他类著作。例如南北朝雷敩著的中药炮炙专著《雷公炮炙论》,虽然原书久佚,但仍有不少条目见摘于其他古医书,其中也不乏火候问题的叙述,多次提到文火、武火、杂木火、柳木火等,但仍没有“火候”这个词。(注:该书有王法兴重新加以辑校的本子,由上海中医学院出版社于1986年出版)

(三)火候时期

隋唐时,炼丹术进入鼎盛时期,“火候”一词应运而生,不仅成为外丹家的要言妙道,同时反馈到它的历史源头——烹饪、食品加工、金属冶炼、陶瓷等工艺和技术部门,并且以更抽象的形式向内丹和其他领域渗透。

在外丹领域中,现在收录于明《正统道藏》中的多种唐代炼丹著作,往往有专门章节阐述火候。例如,仅在清字号中就有陈少微撰的《大洞炼真宝经九还金丹妙诀》《大洞炼真宝经修伏灵砂妙诀》等。同时在一些相信神仙服食的文人诗作中,“火候”成了常用词。例如:

白居易诗:“亦曾烧大药,消息乖火候。”

张宪诗:“山鬼俯阑窥火候,炉神伏地匄刀圭。”

在其他技术领域内,特别是烹饪中,“火候”成为厨师的厨艺一绝。段成式《酉阳杂俎·酒食》云:“贞元中,有一将军家出饭食,每说物无不堪吃,唯在火候,善调五味。”又如冯贽《云仙杂记》引《安成记》说:“黄升日享鹿肉三斤,自晨煮至日影下门西,则喜曰:‘火候足矣。’如是四十年。”

经五代入宋而达于元明清,一直到19世纪末,可以说“火候”已不是专业术语,成了市井俚语。在这个时期内辑录的大量炼丹著作,如著名的《诸家神品丹法》《庚道集》《丹房须知》《铅汞甲庚至宝集成》等,都有火候专节,这里无须一一备述。但是有一点需要指出,就是“火候”一词原由实际热处理过程的直接观察而来,中间虽经魏伯阳等人抽象化,但始终没有脱离实际加热这个基础。可是唐宋以后,“火候”的概念日益抽象,甚至脱离了中医的体温依托。在内丹家那里,“火候”成了意念和呼吸时气流进退强度的描述,乃至有“走火入魔”之类的境界,我们认为目前还难以确定它的真正科学含义。

唐宋以后,中国陶瓷制造业有了很大的发展,各地各个时期的名窑,在生产品类繁多的精陶名瓷时,积累了丰富的焙烧经验,火候的掌握也是这些能工巧匠们所孜孜以求的。清人唐英在《陶人心语续选》(清古柏堂刻本)中说:“物料火候,与五行丹汞同其功。”清人朱琰在《陶说》(美术丛书本)中,详细论述了青窑、龙缸窑、风火窑、色窑、熆熿窑和匣窑等“六窑”的火候控制方法。例如:“缸窑溜火七日夜,溜火如水滴溜续续然,徐徐不绝而已,使水气收,土气和,然后可以扬其华也。起紧火二日夜、视缸匣色变红、转而白,前后洞然矣,可止火封门。又十日开窑,每窑约薪百二十杠,遇阴雨加十分之一。”同样在紫砂、琉璃等其他硅酸盐制品的烧制中,亦有很精辟的火候控制经验。清人孙廷铨在《颜山杂记》(康熙刻本)中说:“琉璃者,石以为质,硝以和之,礁以锻之,铜铁丹铅以变之,……硝,柔火也,以和内;礁,猛火也,以攻外。其始也,石气浊,硝气未澄,必剥而争,故其火烟涨而黑。徐恶尽矣,性未和也,火得红。徐性和矣,精未融也,火得青。徐精融矣,合同而化矣,火得白。故相火齐者,以白为候。”这段文字在没有近代科学指导的情况下,应该说已经描写得相当生动了。然而,陶瓷、玻璃等工业生产部门,由于生产数量大,技术改革的要求迫切,所以当国际技术交流的风吹进来以后,工匠们很快就接受了近代科学的熏陶,而不致泥古是古。例如在景德镇,清末就在窑炉上安装了高温计以测量窑中的温度变化。刘锦堂在《清朝续文献通考》(万有文库本三百八十六卷)中说:“景德镇之大窑有百余座。全年生火者,约三十余座,余惟夏季生火。火表多购自德国,所用薪炭取给于余干、南康、东流、建德等县,近者二三十里,远者三四百里。”这就有力地说明了传统的火候控制已为科学的温度测定代替了。至此,可以说火候作为热处理的技术术语,已经用得相当广泛了。诸如陶瓷业中的生坯、熟料,炼铜业中的生铜、熟铜,炼铁业中的生铁、熟铁等,都是这个概念的延伸,也都是烹饪术的演化。

在烹饪这个领域内,入宋以后,不仅因有像苏轼这样一些大文人的赞颂提倡,加上北宋政权后期君主的骄奢淫逸,南渡杭州以后的南宋政权,可以丢掉恢复故国的宏图,但奢华的生活排场总不减当年,这就大大刺激了烹饪术的发展。这些情况在一些宋人笔记如孟元老的《东京梦华录》等著作中得到了淋漓尽致的描述。苏轼本人也写了许多诗词文章,例如他写的诗《食猪肉》,“富者不肯吃,贫者不解煮,慢着火,少着水,火候足时他自美”,说明他完全掌握了红烧肉烧制的三昧。加之印刷术的普及,大量的食单菜谱流传于世,这种情况绝非东汉魏晋南北朝所能比拟。然而在烹饪理论上并没有什么了不起的长进,专门论述火候的著作,直到清代才出现。一本至今尚不能确定撰著者、内容庞杂的烹饪巨著——《调鼎集》(中国商业出版社有注释本),其中有两处专门谈火。该书中说:“顾宁人《日知录》曰:‘人用火必取之木，而复有四时五行之变。'《素问》黄帝曰：'壮火散气，少火生气。'《周礼》：'季春出火贵其新者，少火之义也。'今人一切取之于石，其性猛烈而不宜人，病疾之多，年寿自减，有之来矣。"显然，作者的保守观点作祟，他不可能对中国烹饪术的火候做出什么归纳提高的结论。作者在该书的另一处谈火时，直言各种植物燃料燃烧后"火"的特点，几乎全是抄录《本草纲目》，学术价值甚低。

在清一代的众多美食家中，真正对中国烹饪术进行技术总结的恐怕只有袁枚一人。他是苏轼之后中国历史上又一大文人"食客"，其所著《随园食单》的学术价值远在那些食单、菜谱之上。该书有一"须知单"，可算是迄今为止已发现的继《吕氏春秋・本味》之后重要的烹饪著作，我们不妨抄录其"火候须知"如后：

> 熟物之法，最重火候。有须武火者，煎炒是也；火弱则物疲矣。有须文火者，煨煮是也；火猛则物枯矣。有先用武火而后用文火者，收汤之物是也；性急则皮焦而里不熟矣。有愈煮愈嫩者，腰子、鸡蛋之类是也；有略煮即不嫩者，鲜鱼、蚶蛤之类是也。肉起迟，则红色变黑。鱼起迟，则活肉变死。屡开锅盖，则多沫而少香；火熄再烧，则无油而味失矣。道人以丹成九转为仙，儒家以无过不及为中。司厨者能知火候而谨伺之，则几于道矣。鱼临食时，色白如玉，凝而不散者，活肉也；色白如粉，不相胶粘者，死肉也。明明鲜鱼，而使不鲜，可恨已极。

这一段烹饪火候哲学，至今仍为中国厨师所推崇。

中国古代，虽然没有科学温标，但中国的能工巧匠们很善于抓住加热过程中物料变化的特征，作为他们的参考温标。这在中国每一个涉及加热的手工行业里，无不如此。篾匠（竹工）用火熨的方法，使粗大的竹子变形，也可算是绝技。而且这些工匠们实事求是，不像炼丹术士那样故弄玄虚，硬去凑合卦符之候。即如以水煎茶这种服务业小事，也有他们的诀窍。苏轼在《试院煎茶》（见商务印书馆铅印本《苏东坡集》卷三）中云："蟹眼已过鱼眼生，飕飕欲作松风鸣。"宋人庞元英说得更清楚，他在其撰写的《谈薮》（说郛本）中说："俗以汤之未滚者为盲汤，初滚曰蟹眼，渐大曰鱼眼。其未滚者无眼，所以语盲也。"同样，陆羽的《茶经》上也有类似的描述。其实嗜茶如命的文人学士对此还不满足，认为煮茶用的壶或瓶实际上是不透明的，视之不便，乃以"声辨一沸二沸三沸之节"。宋人罗大经在《鹤林玉露》中就做了这方面的描述。

（四）近代时期

西方近代科学传入中国以后，在理论科学和许多产业部门都先后按近代科学技术观点进行了改造，"火候"在这些科学中成了过时的陈迹。唯独烹饪这个领域，好像是被近代科学遗忘了的角落，新技术革命在这个领域内起步很晚，而且至今收效甚微。中国厨师们的“明火亮灶”“急火上锅”等绝技表演，使人为之咋舌。他们承认温标是科学的，但在他们手上用不上。的确，中国烹饪术把烹煮和调味这两项操作交叉融合使用，有其独特的风格，有些菜肴在烹饪时，动态地运用火候，要用温度计去测定那是很难的。“拔丝水果”是大家熟悉的一道甜菜，在中国的适应面很广，它那独特的熬糖技术，使人叹为观止。糖的晶态与非晶态的转化温度是那样敏锐，过与不及全凭经验控制。你即使设计一只特制的熬糖锅，自动记录它的变化温度，其复演性也是很差的，因为原料糖的晶粒大小、水分含量多少等若干因素都有综合影响。所以，我们千万不要小看了中国厨师的传统技艺。

1988年，徐传骏设计了带有自动测温装置的炒锅，将它与自动笔录式X-Y函数记录仪联用，对江苏地区的若干位名厨在某些菜肴制作过程中的控温技艺进行了科学测定，发现他们在烹饪过程中，作为对“火候”强度因素的掌握，实际上是使用着一种“十成油温温标”制，即以室温（通常定为20℃）油温为零成油温，而以油的闪点作为十成油温，中间均分为十等分，厨师熟记每成油温的油面物象变化，据此判断油温的高低。所以，同一成油温温度，不但因油脂品种不同而异，而且还因厨师个体观察存在差异，使同成油温判断误差常在5—10℃之间。不过，这个测量精度对炒菜来说，已经足够了。厨师们能够靠手营目验控制不同菜品的成熟温度和加热时间，这个功夫不是一朝一夕练就的，有它合理的科学内涵，这些都是应该肯定的。但是烹饪要向现代化、向大生产方向过渡，除需要研究、研制、引进一批先进温度（即“火候”的强度因子）测控仪器外，目前需要测定大量的火候控制经验数据。

中国厨师是火候的传人，他们精湛的厨艺为越来越多的人所理解。我们既要重视和尊重中国传统烹饪技术中的精华，又要注意到其中确实存在的某些不科学而应扬弃的东西。中国烹饪作为世界食品科学园林中的一朵奇葩，必将逐渐为世界人民所理解，如果我们不从近代科学技术这个高度去认识它，那是不对的。看来在烹饪这个领域内，“火候”这个概念在用现代科学手段帮助它解决多少年来梦寐以求的强度因素和广度因素的测量以前，仍然有它的广阔天地，也许永远不需要取消这个概念。

在当代中国，还有另一批人热衷于“火候”，那就是中国的气功师及其追随者们，这实际上是中国内丹术的延续。外丹术发展成化学，而内丹术仍然在讲“火候”。鉴于这是与加热现象无关的“火候”，所以我们不打算去讨论它。

二、人们对火的本质的认识

火是什么？全球的古人类对此都曾进行过认真的探索，而在近代物理学的旧量子论诞生以前，对于诸如两个坚硬的物体撞击起火、尘炸、闪电起火乃至钻木取火之类的现象，都不可能有正确的解释。也就是说，对于任何一个没有“能量子”概念的人来说，都无法理解“星星之火，可以燎原”的真正原因。现在，国内饮食出版物中对火的历史认识过程概括得最全面的，当数徐海荣主编的《中国饮食史》卷二第二编《原始社会饮食》（执笔人宋兆麟）第四章《从生食到熟食》，其对史籍钩沉、考古发掘的归纳和民俗调查的田野功夫，做得都很到位；唯对于“火星”产生原因，先后做了六次说明，都是错误的，其典型的说法如：“……摩擦，由机械能变为热能，促使空气中的炭、氢和氧相遇，又因高温而发生火星，将杆端的火绒燃烧。”原作者不理解火星的产生乃物体相摩引起原子中的电子跃迁而出现“能量跃迁”所致。所以对于“火”，无论中外，在20世纪以前，都只是记录燃烧的现象。也正是由于对“火”的“口不能言”，所以世界各地的“火神崇拜”，究其本质，都是一样的。我们中国更是如此，从《尚书·周书·洪范》中“五行”的注释，以及后来的《淮南子·原道训》等，都是越说越玄乎，至今仍被持“味道论”的学者奉为圭臬。我们自然科学工作者，有揭穿事物本质的责任。例如像五代道士谭峭在《化书》中说的“动静相摩，所以生火也”，所记依然是一种现象，因为他所持的是阴阳概念的另一种说法，设若动动相摩，难道就不能生火吗？这乃属于我们的生活常识，无须做更多的解释。道教徒的“掌心雷”法，就是两手手掌相摩，就会闻到硫黄味，凡是懂得臭氧生成原理的人，不难做出合理的解释。

在众多描绘“火”的古代诗文中，笔者以为西晋潘尼的《火赋》最精彩，现转抄如下：

> 形生于未兆，声发于无象，寻之不得其根，听之不闻其响，来则莫见其迹，去则不知其往。似大道之未离，而元气之灏溔。故能博瞻群生，资育万类，盛而不暴，施而不费，其变无方，其用不匮。钻燧造火，陶冶群形，协和五味，革变膻腥，酒醴烹饪，于斯获成。及至焚野燎原，埏火赫戏，林木摺拉，砂粒煎糜，腾光绝览，云散霓披。遂乃冲风激扬，炎光奔逸，玄烟四合，云蒸雾萃。山陵为之崩阤，川泽为之涌沸。去若风驱，疾如电逝，萧条长空，野无孑遗，无隰不灰，无坰不毙，榛芜既除，九野谧清，荡枝瘁于凛秋，候来春而改生。其扬声发怒，则雷电之威也；明照远鉴，则日月之晖也；甄陶品物，则造化之制也；济育群生，则天地之惠也。是以上圣人拟火以制礼，郑侨据猛以立政。功用关乎古今，勋绩著乎百姓。

试看，这里说得多好啊！火来去无踪，有声有色，驯则造福人类，骜则酿成天灾。但火究竟是什么，只有天知道。现在我们知道，火是物体燃烧时发光发热的一种自然现象，故而在世界上任何一个地区的先民，都有崇拜火的原始文化。从科学的意义上讲，“火是使原始人能广泛进行化学反应的第一发现。火发现于远古时代，凡是能划为人类遗物的东西，大都与火有关”。因此，各个古代文明发祥地，在其自然哲学体系中，火都是被当作一种元素来认识的。中国的五行说（金木水火土），古希腊的亚里士多德学派的四元素说（水火土气），古印度顺世论学派及其各种流派的五元学说（地水火风和空）等都是如此。正因为如此，人们对火的本质研究就成了古代科学的重要课题，其中最突出、最有成效的研究工作是在文艺复兴以后的欧洲产生的，地处大不列颠群岛的英国和地处大陆沿海的法国是这些研究的早期中心。首先是以英国科学家波义耳（R. Boyle，1627—1691）为代表的一批人，他们认为火是一种具有重量的火微粒（或火质点），他们甚至试图用天平来称量火微粒的重量。当然这种称量的企图不可能获得成功，特别是不能解释物体燃烧以后，残渣的重量何以减轻。比波义耳年轻三十多岁的普鲁士国王御医斯塔尔（G. E. Stahl，1660—1734）则首先提倡燃素学说（Phlogiston theory），他说凡是可燃的物体，都含有一种有重量的物质“燃素”，当物体燃烧时，燃素便逸入空气，所以残渣的重量减轻。于是许多化学家群起效尤，用燃素学说解释各种各样的化学反应，燃素学说成了包治百病的万金油。但是它有两点悖谬：①世界上谁也没有见过燃素，因此无法肯定其存在；②有些物质如金属在燃烧后，残渣重量反而增加。有人力图对它进行修补，但科学家不是墨守成规的懒汉，越是不明白的事情，他们越是喜欢去钻研，对燃烧现象也不例外。由于实验研究工作加强了，人们发现了好多种过去没有认识的化学元素，特别是那些难以捉摸的气体元素。例如，瑞典药剂师舍勒（K. W. Scheele）于 1777 年发表了《论空气与水》一文，报道了氧气的发现，并且证明了氧气的存在是物体燃烧时必不可少的条件。与此同时，英国科学家普里斯特利（J. Priestley）于 1774 年用凸透镜聚热使氧化汞分解而制得了氧气，以后又论证了氧与燃烧现象的关系。

本来，舍勒和普里斯特里的工作已经说明燃烧现象（即“火”）的科学本质，但是很可惜，他们都是燃素论的拥护者，以致当一个更伟大的科学发现已经触及他们的鼻尖，他们也未能捕捉住。科学史上的这一事件告诫我们：科学家在理论上的匮乏，会抑制自己的科学灵感。

真正认识火的本质，给燃烧现象以科学解释的伟大功绩应归功于法国化学家拉瓦锡（A. L. Lovoisier 1743—1794），他精确地使用天平，几乎是重复斯塔尔、舍勒和普里斯特里等人的实验，结果获得了与其他学者完全不同的结论。他在 1777 年总结了他的科学燃烧理论：

第一，燃烧的过程都要发出热和光；

第二，物体仅能在氧气中燃烧；

第三，可燃性物体在燃烧过程中所得到的重量即等于空气所失去的重量；

第四，燃烧过程中，可燃性物质转变成酸类，而金属则变成矿灰（金属氧化物）。

拉瓦锡的燃烧理论，打破了人们对燃素学说的迷信，揭示了火的科学本质，彻底否定了火是组成世界万物基本元素的传统观点，使化学成为一门近代科学，在促进社会生产力和改善人类物质生活方面起了积极的推动作用。从哲学上讲，拉瓦锡是继波义耳之后，给亚里士多德的四元素说以毁灭性打击的一位杰出科学斗士。

三、热是什么？

火的科学本质认识以后，人们进而探索热的本质。

18 世纪的欧洲，占统治地位的自然哲学思想是机械论，由拉瓦锡创立的科学燃烧理论，按机械论的观点加以发挥，结果热被看成是一种没有重量的热质（热素），固体的融化和液体的蒸发都被看成是热质和固体物质或液体物质之间的一种化学反应。按照这种观点，两种物体互相摩擦时所产生的热量和参与摩擦物体的数量成正比，例如在金属切削工艺中，锋锐的刀具能切削数量较大的金属，在相同时间内，钝的刀具只能切削数量相对少的金属。这是人们的常识。但按照热质说，前者应放出较多的热，后者则相对较少。可是进行科学测定的结果则刚好与热质说的推断相反，钝的刀具在切削时产生更多的热量。这是 1798 年，由美国移民欧洲的科学家伦福德（Rumford）伯爵在慕尼黑指挥研制大炮炮筒时发现的现象。伦福德根据自己的实验结果，做出了热本是机械运动的一种形式的结论。以后其他人又设计了更多的实验装置，进一步证实了他的结论。可惜在热质说的掩盖下，直到 1850 年，国际科学界才完全接受了他的科学论断。

大家知道，早在 18 世纪的英国，以纽康门（T. Newcomen，1663—1729）和瓦特（James Watt，1736—1819）为代表的一批能工巧匠，前仆后继，在 1765 年左右使蒸汽机定型成为震撼世界历史的动力机械。但他们在理论上却难以有什么建树，他们未能深入探索控制热机把热能变成机械能的各种因素。而探索这种理论问题正是认识热的本质的关键之一。这个任务历史性地落到了经过“科班”训练从法国巴黎综合工艺学院毕业的那些法国工程师们身上。首先是 1824 年，年仅 28 岁的法国陆军工程师索迪·卡诺（Sadi Carnot）提出了热机必须工作于两个热源之间，热从高温热源转移到低温热源时才能做功，热机做功的数值与什么样的工作物质无关，仅仅决定于两个热源间的温度差，这实际上是著名的热力学第二定律的萌芽。可惜卡诺相信热质说，他把热机的工作原理等同于高处流向低处的水流推动水车做功的情况，因为水的总量没有变化，所以类比之下，热量（即热素的量）也不会减少。这显然是错误的。他看不到热能和机械能之间的转化以及两者总和的守恒关系，从而得不到热功当量。他的错误观点后来在 1834 年，由另一位法国工程师克拉贝龙（Clapeyron）所纠正，这就是热力学上著名的卡诺循环图。

19 世纪 30 和 40 年代，许多著名科学家如迈尔（J. R. Mayer）、李比希（J. V.

Liebig)、焦耳(J. Joule)、赫尔姆霍茨(H. L. F. Helmholtz)等人，通过不同的途径，从不同的侧面进行了研究，分别提出了能量守恒和转化定律，也称为热力学第一定律。当今世界各种动力机械和能量装置，小到电子表里的纽扣电池，大到各种形式的电站、原子弹、氢弹，乃至航天飞机和人造卫星的发射与回收，或者我们人体的膳食平衡原理，都必须遵循这个伟大的定律。知道了这个定律，就可以理解一堆野火、旧式农家的薪柴炉灶、煤炉、煤气灶、电灶、电磁炉乃至现代化的微波炉，都可以使生米变成熟饭，它们所依据的都是同一个原理。只不过它们的工作效率一个比一个高，清洁卫生条件一个比一个先进，对食物营养成分的破坏程度一个比一个低，人们在烹饪实践中对能源的控制，一个比一个容易而已。联系到上一节我们对火的描述，可知在食物制熟的过程中，有无火焰或火焰的大小，并非烹饪操作的基本要素，习惯所说的火力大小，实际上是功率大小的同义语。

认识了各种形式能量之间可以互相转化的道理以后，也就认识了热的本质。但是还有一个问题需要回答，那就是我们如何来比较物体的冷和热。最初人们只能根据自己的感觉(生理学上叫作温觉)，但是光凭感觉，是无法制定冷热的相对标准的，何况人体的温觉阈值是很狭窄的，例如在0℃以下、40℃以上的环境中，人体就感到受不了。因此就需要借助于专门的仪器，这样，科学家们就根据物体热胀冷缩的原理制造了各种测量冷暖变化的仪器——温度计。任何一种温度计，都要选择特定的冷暖环境作为比较的相对标准，这个标准就叫作温标。例如在摄氏温标中，过去的规定是指在一个标准大气压(760毫米汞柱或101325帕斯卡)下，把液态水凝固成固态的冰或冰融化成水时的温度叫作0℃；再在同样的压力条件下，把水沸腾变成蒸汽时的温度定为100℃。然后在0℃和100℃之间分隔成100等分，每1等分便表征1℃。而华氏温度的规定就不同，它把水结冰时定为32 ℉，而水汽化则定为212 ℉。目前科学家又制定了更科学的热力学温标(K)。

温度实际上是热的强度因素，是物体分子群体运动平均动能大小的表现，也就是说分子运动得越厉害，其群体的温度便越高，反之亦然。如果分子运动绝对停止，即分子处于绝对静止的状态，这时的温度叫绝对零度，用这种温度做起点制定的温标叫热力学温标，用K(开尔文)表示，相当于水的三相点的1/273·16。因此0℃=273·15K。从热力学原理讲，这个绝对零度是永远也达不到的，这就是热力学第三定律。

温度仅仅是分子运动程度的度量，即100℃比0℃更热。因此，仅有温度还不能表征热能数量的大小或多少。热能的量不仅与分子运动平均动能的大小有关，而且还和运动分子的数量有关。例如100毫升100℃的开水所含的热量不会大于100升50℃的温水，如把这些开水倒在1公升重的冰块上，则冰块不会完全融化，而把同样重的冰块投入温水中，则冰块肯定完全融化。正由于此，物理学家们又引出了一个热容量的概念。

人们早在热的本质没有弄清楚之前就有测定热的数量的企图，“火齐”一词可能就包含了这个企图。近代科学诞生前后，科学家们也有这个企图，甚至到了拉瓦锡建立了科学的燃烧理论以后，人们还想保留燃素学说中若干要点。拉瓦锡本人也有这个愿望，他也曾接受过燃素和火质的说法，但他在1786年做的密封燃烧实验证明了“火质”是没有重量的。1787年居东·德·莫尔渥(Guyton de Morveau)把这种没有重量的东西叫作热质(法文calorique、英文calorie，就是热或火质的意思)，热质多少即表征热量多少，一时为许多人所接受。直到1850年焦耳用实验最后论证了热和能的关系，才知道热量的多少就是能量的多少，它们可以共用同一个单位。但在此以前，人们已经用惯了以热质论为基础的热量单位卡(卡路里，caloric)，后来被沿用，但已不是它的原始含义了。不过，在能量守恒和转化定律被发现以后，焦耳(Joule)则是能量的普遍单位。1960年，第十一届国际计量大会(CGPM)正式通过了世界通用的国际单位制(SI制)。在我国，国务院于1977年5月明令推行国际单位制。根据这个规定，热、力(机械能)、声、光、电等一切形式的能量，其单位都定为焦[耳](符号J)，它和原来热量单位卡的互换关系是：1焦=0.23855卡；1卡=4.1868焦。

鉴于各种物质的热效应并不相同，而且在不同的温度范围内，各种物质本身的热效应也不相同，所以我们在确定热量的基本单位时，必须选定一种基准物质。经过选择，大家一致公认液态的纯水是最理想的基准物质，因为它在0—100℃之间，温度每变化1℃，其热效应的变化几乎是相等的。早些年，国际科学家曾经认可，将1克纯水，由14.5℃升高到15.5℃时，其所需的热量叫作1卡。这个热量可以用特制的仪器进行精确的测定。烹饪营养学中所说的卡路里，就是根据这个单位制度来测定的。由于卡的数值太小，通常以它的1000倍叫作千卡或大卡，即1大卡=1000卡。

既然不同的物体或物质热效应并不都是相同的，那么以等量的热量作用于不同物体或物质所引起的温度效应也必然是不同的。大量的实验结果表明：一定量的热量作用于某一物体，经过一定时间后产生温度效应，系由该物体所含物质的量和它的各个部分的各种特异的因素所决定的。这些特异因素包括生物、物理、化学乃至其他方面的因素，物理学家把由这些因素决定的温度效应叫作比热容。同样，比热容大小的测定亦需要指定一个相对标准，这个标准也就是比热容的定义，一物质的比热容就是指1克该物质在一定的压力条件下，将其体温升高1℃时所需要的热量，根据这个定义可知，液态的纯水，其比热容等于1卡/克·℃或4.1868焦/克·℃。

对于一个任意的物体，其总体的热效应就是各个部分物质的量和比热容乘积之和，可以用公式$S=m_1s_1+m_2s_2+m_3s_3+\cdots\cdots$式中$m_1$，$m_2$，$m_3$……分别代表各个物质的量，$s_1$，$s_2$，$s_3$……则是各部分物质的比热容，而大S则称为热容量，其单位也是卡和大卡或焦和千焦。

我们在这里不厌其烦地讲授热力学上的一些基本常识，说穿了，每个厨师都是按照这些原理办事的。厨师们把不同的原料同烧在一只锅里时，如果热的传导是完全均匀的话，肯定是将不易熟的原料先烧，易熟的后下；大块的先烧，碎块的后下。前者是因为它们的比热容不同；后者是因为它们所含物质的量不同。而它们总的热容量从理论上讲是相等的。

至此，我们可以对“火候”一词做一个比较准确的现代科学解释。我国已故著名道教文献学家陈国符先生对“火候”有明确定义，他说火候就是“温度曲线”，这当然是指炼丹术中的“外丹黄白术”，就是化学的原始形态，不过许多人对“温度曲线”未必理解。所谓“温度曲线”，是指热量和温度随着加热时间延伸的变化关系。对于任何一个热变化系统，在直角坐标图上，如以时间为纵坐标，温度为横坐标，二者之间一定有一个曲线关系（反之亦然，只不过曲线形状有变化而已），而从曲线上每一点的温度值，乘以此热变化系统的总质量，再乘以系统组分的平均比热容，就会得到该系统在整个热变化过程的总热量。就烹饪火候而言，这个总热量并不太重要，因为它不是食物熟化与否的决定因素，食物成熟的决定性参数是温度，但因热量在料块上的传递有明显的滞后效应：表面易于成熟，内部难以成熟；小块的能够迅速成熟，大块的需要有足够的加热时间；食物原料的生物组织结构、生长期长短以及工具的导热性能等都有明显的影响。而这些影响的特征参数是温度，从分子水平上来考察，只要温度高低适宜，分子的变化顷刻完成。如要求所有的受热分子要产生同样的变化，就需要有足够的热量，即表现为维持足够温度的时间。人们都有这样的常识，将一只鸡蛋放在40℃的温泉中，即使水量再大，时间再长，这个鸡蛋也不会煮熟；但如将鸡蛋放在能够维持100℃的水杯中，几分钟就可以完全成熟。由此可见，烹饪火候的要诀在于温度，而加热时间的长短则决定于料块的大小和物料的数量。至于总热量，只有在计算所需的能源数量和加热效率时才需要考虑。习惯说法中的大火、中火、小火、温火、旺火、文火、武火等，实际上都是温度概念的表征方法，与热量或加热时间没有必然的关系。

最后，需要再次指出，“火候”一词在当代的中医和气功（内丹）中仍然使用，不过在这些领域内讲的“火候”，与实际的加热过程毫不相干，这里也没有讨论的必要。

四、能源类型和加热设备

从古到今，不同的能源材料各有与之匹配的加热设施。远古时代，植物枝叶和树木枝干是人们很容易得到的能源材料，原始人类从天火中得到启发，于是认识到保留火种的重要性，并因此知道点燃篝火的方法。但风雨干扰使得野外的篝火很容易熄灭,所以在人类知道“构木为巢”,有了躲避风雨的住处以后,便将篝火移入室内,这便是至今在许多少数民族地区仍然能够见到的火塘。从篝火到火塘,古人知道光和热并不一定同时在燃烧过程中出现。一堆篝火,火光冲天,既可以照明,也可以取暖熟食。但是移入室内的火塘,在一阵火光发射以后,红色的余烬不仅可以熟食,而且有炎热或温暖的感觉。就原始的熟食过程而言,篝火和火塘都可以借助于烧烤使动物和某些植物块根、块茎甚至较大的果实变熟。在陶器发明以后,只要能解决悬挂和支撑的困难,原始的熟食就演变成早期的烹饪,这就是“以木巽火,烹饪也”。

在我们中国,最早的篝火遗迹当数170万年前云南元谋人的用火遗迹,最典型的是约五六十万年前北京周口店的北京猿人遗迹和陕西蓝田人遗迹。在这些用火遗迹中,有的灰烬堆积达6米厚。开始是取天然火种加以保存,后来发展到人工取火,所用的能源材料就是植物的枝叶和树干,燃烧时产生的火焰,兼有熟食、照明、取暖和作为生产活动的一种手段(例如放火围猎、火耕火种)等多种功能。人类最初对火的理解就是对火焰的认识,虽然他们并不知道在植物组织燃烧的过程中,灼热的碳粒是火焰发出光亮的根本原因,但在实践中,他们应能知道火焰温度最高的部分不在其内部,而在其外部边缘,这里的氧化作用最完全,释放的热量也最多。而在火焰的中部则是其亮度最大的地方,因为这里的碳粒已受到外焰的灼热而发光,至于火焰的内部,温度并不高,其主要成分是植物组织,受热分解而产生汽化了的可燃物质。内焰的温度不高,主要是因为这里缺乏燃烧所需要的第二条件,即氧气供给不足。所以,古人在实践中知道要使食物很快成熟,首先要将食物原料架空在火焰上端或外层,最方便的架空方法就是在篝火上方搭一个木质三脚架,再用绳索把食物原料或炊具吊在火焰上方。可以想象,绳索很容易被烧断,所以在陶器发明以前,动物的胃脏、青竹筒都曾被用作炊具煮熟食物,这是人类从原始烧烤向原始煮食的进化;这些方法至今在某些地方仍被保留着,例如我国西南少数民族地区流行的竹筒饭。再如,美洲的印第安人和欧洲先民,他们曾用兽皮缝成桶,将食物原料和水放在桶内,然后将石块烧烫,趁热投入皮桶中,同样可以烫熟食物,这种方法在我国北方的先民中也有过。在西北和西南地区,还有直接在热砂或热鹅卵石上烘烤的加热方法,至今在西藏和云南地区,某些少数民族还在使用石锅。这类被统称为石烹的方法,在人类熟食的历史上占有重要的地位,但是其局限性是显而易见的,所以陶器的发明,依然是烹饪史上划时代的事件。

原始陶器比较笨重,要用绳索将它们吊起来不容易,但在考古发掘中的确发现过,例如江西省博物馆就收藏了一只春秋时代的内耳陶罐(据说日本这类古物更多)。这显然是吊起来烧煮的原始炊具,因为绳索系在陶罐内壁,不容易被火焰烧断。而东北的鄂伦春人,至今仍在使用的吊锅子(铁质),该是这种内耳陶罐的改进形态。

农耕时代到来以后的定居生活中，篝火变成了室内的火塘，西安半坡遗址、临潼姜寨遗址等都有充分的考古发掘证据。还有大量的民族学资料：我国西南地区的壮族、藏族、傣族、哈尼族、拉祜族、佤族、彝族、普米族、傈僳族、纳西族（摩梭人）和东北地区的鄂伦春族、鄂温克族等都有这种火塘，尽管形制各有不同，但都用石质的三脚或陶支子，将炊具固定放置，可以很方便地进行炊煮。

火塘的燃烧效果不太理想，热能利用率低，乃是意料中的事情，而且不可移动，于是就有了灶的发明。浙江余姚河姆渡遗址、陕西临潼姜寨遗址、陕西陕县庙底沟遗址和洛阳王湾遗址等仰韶文化遗址，就出土了一些形制不同的可移动的陶灶。

用三脚石、陶支子支撑陶器炊煮是仰韶文化典型的饮食文化场景，进一步演化便是陶鼎、陶鬲、陶甑、陶甗等的发明。这些具有三足的煮或蒸的炊具，显然是三脚石或陶支子与陶罐、陶釜的固定组合，它们更便于移动，是中国古人的独特发明。因为中国自古就有“食为八政之首”“民以食为天”的圣训，作为饮食器具的鼎就成了文化符号，到了青铜时代，青铜鼎成了礼器，终于演变成国家的象征。当阶级社会产生以后，鼎的大小和组合数量就成了表示一个人社会地位高低的标志。

当人们普遍使用陶器的时候，社会的等级制度还不是很严格，但到了青铜时代，情况有了很大的变化，昂贵的青铜器，只能是贵族的专用品，社会的中下层，用的依然是陶器、陶罐、陶釜与陶灶的结合，仍然是秦汉以前普遍使用的烹饪加热方法。

黎民百姓普遍使用金属炊具，当是在铁器广泛使用的汉代。这一变化也带来了灶的变化。从汉代画像石、画像砖以及古文献的考证中，我们可以确定，汉代普遍有了厨房，也产生了灶神崇拜；特别是发明了烟突灶，燃烧过程中所产生的烟通过烟囱排到户外，不仅改善了人们的生活环境，也大大提高了能源的利用效率。有了烟囱，木材干馏技术也就应运而生。天然的树干经过干馏，使其中易挥发的可燃成分逸出，留下结构粗疏的木炭，不仅容易引燃，而且即便是“劳薪”（被润滑油污染的木材），也可炼成没有烟的好炭，所以到了东汉时代，上层人家的厨房便广泛使用这种木炭了。《后汉书・皇后纪上》中说，东汉皇宫的离宫别墅中，日常储备有大量的“米糒薪炭”。烧炭成了专门的社会职业，隋唐以后城市中普遍使用木炭，白居易那首脍炙人口的名诗《卖炭翁》，就充分证明了这一点。

现在看来，两汉是我国传统烹饪能源和加热设备的定型时期。植物性燃料及其加工制品木炭一直沿用至今，中国农村的烹饪加热设备，2000 多年来几乎没有变化。在长江以南城市中的燃料品种，直到 20 世纪 50 年代，主要还是木柴加木炭，只是因为近几十年来已经没有森林可伐，城市生活能源才改为煤。至于以石油、天然气为生活能源，只是最近 20 年的事情。而加热设备，改革开放以前，传统的烟突灶、可移动的陶灶（长江下游称为“锅腔”）、木炭炉、各式各样的煤球炉，以及北京、上海等大城市才会见到的煤油炉，液化石油气、天然气和水煤气灶，甚至还有电炉、微波炉和电磁灶，上下五千年的能源利用发展史，在中国各地的家庭厨房中都可以见到。

我们中国人用煤的历史很悠久，但早期主要用于金属冶炼，被称为石炭。河南巩县(今巩义市)铁生沟汉代煤铁遗址曾出土煤炭，但还不能肯定已用于炼铁。严谨的用煤史料是，1078年在徐州利国监附近发现煤矿，用来炼铁，效果特佳，节省了大量的木炭，苏轼曾作《石炭行》以记其事。公元13世纪，马可·波罗来华，看到中国人广泛利用一种黑色石头做燃料，觉得非常惊奇。由此可见，中国广泛用煤的历史当开始于宋元时期。

我们中国也是最早发现和利用石油的国家之一，成书于公元1世纪的《汉书·地理志》有："高奴有洧水，可然(燃)。"汉末唐蒙在《博物记》中说："(延寿)县南有山石，出泉水，大如筥篆，注地为沟，其水有肥，如煮肉洎，羕羕永永，如不凝膏，然(燃)之极明。不可食，县人谓之'石漆'。"更著名的是，北宋沈括在1080年考察了今天的延长油田，在《梦溪笔谈》中写道："鄜延境内有石油，旧说'高奴县出洧水'，即此也。生于水际，沙石与泉水相杂，惘惘而出，土人以雉尾裛(yì)之，乃采入缶中，颇似淳漆。燃之如麻，但烟甚浓，所霑帷幕皆黑。余疑其烟可用，试扫其煤以为墨，黑光如漆，松墨不及也；逐大为之。其识文为'延川石液'者是也。此物后必大行于世，自余始为之。盖石油至多，生于地中无穷，不若松木有时而竭。今齐鲁间松林尽矣，渐至太行、京西、江南，松山大半皆童矣。造煤人盖知石烟之利也。石炭烟亦大，墨人衣。"沈括的某些观点在今天看来未必正确，但他命名的"石油"和预言"此物后必大行于世"，实在精辟。可惜他在当时只知道用它制墨，更不知即使到了今天，石油仍不是主要的烹饪能源。

天然气是当今世界普遍关注的清洁能源，我国使用的历史也很久远。据《华阳国志》所载，早在秦昭王时，蜀郡守李冰(就是开凿都江堰的那个李冰)在四川开凿盐井，同时开出"火井"，用来烧盐。视此，已经有2000多年的天然气使用历史了。不过天然气没有作为烹饪能源，烧天然气做饭炒菜，那是最近的事。

中国古人深知空气在燃烧过程中的作用，所以早已懂得鼓风助燃的重要性。《吴越春秋》中关于干将莫邪的故事，就提到了"橐籥"(即用革囊鼓风)的作用，但我们今天所见到的木风箱，据元代王祯《农书》所载，大概是宋元以后的事情了，李约瑟把它定为古代中国的一个重要发明。当今的烹饪能源，尚有电能、太阳能等，那都是从外国人那里学来的，兹不赘述。

五、传热学和炊具的演变

传热学是现代物理学的一个子学科，它在工程上有着广泛的应用，其学科定义应为研究热量传递的一门科学。也就是说，凡是有温度差的地方，就有热量自发地从高温物体传递到低温物体上去，最后达到热平衡状态。这个看似简单的物理现象，其前提条件是能量守恒定律，即在能量（总热量）不变的条件下，热量最终必定在高温物体和低温物体之间平衡分布；倘若整个体系不是封闭的，如果外部环境不断向高温物体提供热量，则这种热量传递过程将继续进行下去。这里所包含的科学概念和科学原理非常复杂。认识是逐步深入的：1807 年，英国人扬（Thomas Young，1773—1829）提出能量的概念；1824 年，法国人卡诺（Sadi Carnot，1796—1832）发现卡诺循环，一门重要的工程基础科学热力学初露端倪；1842 年，德国人迈尔（Robert Mayer，1814—1878）第一次发表了关于能量守恒定律的论文；1843 年，英国人焦耳（J. P. Joule，1818—1889）测定了热功当量；1847 年，德国人赫尔姆霍茨（Helmholtz，1821—1894）使能量守恒定律定型化，后来被定为热力学第一定律；1848 年，英国人开尔芬（Lord Kelrin，1824—1907）提出了绝对温度（热力学温标）；1850 年，德国人克劳修斯（Clausius，1822—1888）发现了热力学第二定律；1851 年，英国人开尔芬研究了热力学第二定律；1853 年，德国人维德曼（Wiedemann，1826—1899）和弗兰兹（Franz，1827—1902）发现了关于传热和导电的定律，人们才对传导、对流和辐射三种传热方式有了准确的认识；1854 年，焦耳、开尔芬进一步发现了气体内部能量交换定律，而热力学第二定律的统计基础直到 1877 年才由奥地利人波尔兹曼（Ludwig Boltzmann，1844—1906）确立。我们在这里列举的这些科学发现，都是近代科学中的重大事件，要想全部理解并能准确地应用它们，显然不是简单的事，但至少帮助我们认识了任何传热过程都不神秘，都可以进行定性乃至定量的运算和测定，问题是看是否有那个需要，像炒一盘菜或煮一小锅饭这样的热过程，似乎没有那个必要。但这并不是说可以不看场合地任意模糊下去，要是遇到食品工程的加热操作，定量地计算和测定就是必不可少的，我们不能因为其小而否定其科学价值，也不能因为其大而搞烦琐哲学。

至此，我们可以给“导热”下一个科学定义：导热是指物体各部分无相对位移，或不同物体直接接触时依靠物质分子、原子及自由电子等微观粒子的热运动而进行的热量传递现象。所以导热在固体、液体或气体中都可以进行，故而有传导、对流和辐射三种方式。严格地讲，单纯的传导只能在结构紧密的固体中发生；在物质结构相对疏散的液体或气体中，热量传递主要是对流方式。无论是传导还是对流，冷热物体都必须直接接触，即必须要有宏观物料作为传导媒介。但辐射则不同，它是依靠物体表面对外发射可见和不可见的射线（即电磁波）而传递热量的，所以热源和受热体之间无须直接接触。对于这三种传热方式，笔者在《烹饪学基本原理》（上海科学技术出版社 1993 年版）和《烹饪技术科学原理》（中国商业出版社 1993 年版）这两本小册子中曾做过探讨，但有关这方面的数学处理，阎喜霜先生的《烹调原理》（中国轻工业出版社 2000 年版）第四章有较详细的讨论，这里不再重复。

事实上，几乎每一个炉灶设备、每次烹饪操作，其传热过程都不是单一的。以常见的炒勺炒菜为例，炉灶主要以辐射的方式将热能传递到炒勺的外壁；再由外壁将热能以传导的方式传递到炒勺的内壁；然后再由炒勺内壁主要以对流换热（也有少量的传导换热）将热量传递到勺内液态的传热介质（水或油）中去，传热介质再将热量交换到烹饪原料上去，并且发生由其表面向内部的传热过程，从而达到制熟的目的。在如此繁复的导热过程中，烹饪加热的效率除了有热源的辐射强度、介质的导热效率和物料的结构特点等影响因素以外，与炊具的材质和结构也有密切的关系。对于古人来说，无论中外，对于近代热力学当然是一无所知，他们在烹饪实践中，除了认识到燃料的品种、炉灶的结构、传热介质的种类和烹饪原料的性质以外，炊具也是一个重要因素，因此作为烹饪加热操作重要工具的炊具，在历史上有着明显的发展脉络，其间不仅有其文化学意义，而且也体现了烹饪技术的科学价值。

在陶器发明以前，早期人类用火是直接烧烤法，开始时肯定没有任何炊具，难熟的食物架在明火上直接烘烤，易熟的食物埋在热的灰烬中焐熟。在发现小块的食物更容易烧熟以后，便有像今天烤羊肉串那样的烧烤，串烤肉块的细木棒当是人类最早的炊具；而焐熟的方法也发展成炮烧法，即以厚泥浆布于原料的外面，放在火中烧灼，这种叫作“炮”的烹饪方法至今仍在使用。当人们还不会熟练地制造工具的时候，受热烤灼的石头曾经是人类常用的传热介质。“石上燔谷”是农耕文明早期的石烹法，我国云南独龙族等少数民族使用的石锅是最先进的石烹炊具，他们在长期的实践中，选用受热不易爆裂的页岩作为石锅的制作材料，而在西北地区至今仍然常见的石子馍、热沙烤等烹饪方法则是另一种形态的石烹法，也是从“石上燔谷”进化来的。这些石烹法的特点是利用天然的石头烹制，显然都是干烧，尚不能煮出液态的食物来；而另一种类型的石烹法就是将烧热了的石头投到盛有水的容器中去，例如欧美的先民用皮革制的桶，我国东北鄂伦春族等用桦树皮制成的桦皮桶，这就有了简单但并不耐火的炊具。据民族学者的考察，这种煮肉仍是半生不熟的，但总算有了可口的肉汤了。至于用大型动物胃囊做炊具的胃煮法，用鲜竹筒做炊具的竹釜煮食法，也是史前人类的重要发明，当代在某些少数民族地区仍在使用。

我国各地考古发掘中，有许多从直接用火到间接用火的证据，其中以距宁夏首府银川 20 公里的灵武市水洞沟遗址最为著名。作为中国三大旧石器时代遗址之一的水洞沟遗址，自 1919 年被比利时传教士肯特发现以后，90 多年来已有世界上近 10 个国家的 40 多位著名学者和国内近百位知名专家，到那里进行了 5 次发掘，发现用于加热食物的烧石达 13200 多块；还有 1 万多年前带风口的灶坑。古人将烧得通红的石块，投入装有生肉或生水的各种天然容器中，从而获得他们的美味食品（庄电一：《水洞沟遗址：发现 90 年以来那些未解的谜团》，《光明日报》2013 年 6 月 25 日 5 版）。

真正意义上的烹饪炊具是陶器，陶罐、陶釜、陶鼎、陶鬲和陶甑是几种典型的器型。陶罐的使用可以说是世界性的，陶釜也并非中国所特有，但陶鼎和陶鬲就不同了，不过陶鼎和陶鬲都是从陶釜衍化来的。在距今7000年到10000年前，中国先民已经普遍使用陶釜。在江西万年仙人洞、广西桂林甑皮岩的古代人类遗址中都有陶釜出现，浙江余姚河姆渡遗址的陶釜内甚至还发现有锅巴。古人在使用这些陶釜时，或用石块摆放成三个脚，或用黏土烧制的陶支子来放稳搁空陶釜，然后再在釜下燃烧加热；时间久了，人们索性在制作陶釜时就固定了三只陶脚，这样就成了陶鼎。当南方的河姆渡文化发展成良渚文化时，人们便普遍使用陶鼎而不用陶釜了。在新石器时代黄河流域的裴李岗文化、长江下游的崧泽文化遗址中都有陶鼎出土，甚至在西安半坡遗址中也发现了陶鼎，而安徽宿松黄鳝嘴新石器时代遗址出土的陶鼎，就是在陶釜或陶罐或陶壶下面安了三个足。至于陶鬲本来就是陶鼎衍化的，即将鼎的三个实心足变成空心足。这种流行于龙山文化时期的陶鬲，由于足是空的，所以和火源热辐射的接受程度加大；因此热效率加大；但是空足不易搅拌，所以很容易将食物烧焦，为此，后来它被人们放弃了。

陶鼎是在炉灶发明以前，先民们最了不起的科学发明之一，它实际上是炊具和原始灶具的结合，所以携带和使用都比陶罐、陶釜来得方便，而且可以稳定竖立。“三足鼎立”是汉语中常用成语，而鼎损一足便是可怕的凶相，《周易·鼎卦》：“九四，鼎折足，覆公𫗧，其形渥。凶。象曰：覆公𫗧，信如何也。”孔颖达疏《正义》说：“𫗧，糁也。八珍之膳，鼎之实也。”又王弼注：“渥，沾濡之貌也。”由于鼎折了足，里面的食物倾覆了，沾染了贵人的衣服，所以是不好的征兆（凶相），因此后面的《象》辞教训人们，要相信早先的判断，要有“治未乱”的本领，不可自不量力，导致灾难发生。因为吃饭是人的大事，所以鼎所示的征兆，对古人来说，有很大的可信度，于是，随着奴隶社会的诞生，鼎成了国家重器、政权的象征，其技术含量没有变化，但文化价值却空前提高。在青铜时代，鼎成了奴隶主贵族的专用品，是中国传统文化的一个重要符号，这也是中国文化史的一大特点。

无论是陶罐、陶釜、陶鼎还是陶鬲都不可烧饭，也就是说，器皿中的水分不可烧干。因为陶器是热的不良导体，其传热效率很低，所以当它们的底部受热时，热量在器体内的传递速度很慢。如果热源温度过高，器皿内部又缺乏足够的吸热介质，那么就很容易导致陶器内外器壁的温差过大而产生爆裂，造成陶器的损坏，这便是陶质炊具只能煮粥，不能烧饭，只能做羹汤，不能烧固形菜肴的原因。大概在新石器时代中期的裴李岗文化、仰韶文化和大汶口文化以及南方良渚文化遗址中，出土了一些叫作“陶甑”的炊具，即现代的蒸锅。它们或者是在陶釜或陶鼎腰部设置环形支持装置，可以搁置竹木质的蒸箅，或者干脆做成上、下两层，在上层底部烧成7个小孔以代蒸箅。这样下层就是一个烧水的陶釜，产生的水蒸气使蒸箅或上层的食物蒸熟。陶甑可以蒸饭，也可以蒸菜或鱼肉等，这是中国烹饪技法的又一大特色。还有一种叫陶甗的炊具，是一种大型蒸煮器，出土实物有的是上下联成一体的，也有上下可以分开，但仍需组合使用的，两种器形的上层（部）都只有一个大孔，可以搁置蒸箅，这实际上是今天蒸笼的开始。

中国古代的蒸法，不仅有实物证据，而且有古文献记载。谯周《古史考》："黄帝时有釜甑，饮食之道始备"，"黄帝始蒸谷为饭，烹谷为粥"。《诗经·匪风》："谁能烹鱼，溉之釜鬵。"这里的烹鱼，实际上是蒸鱼。还有其他古文献记述，这里不再一一列举了。

陶器在人类文明史上占有重要地位，但考古学上并没有陶器时代，而我国在20世纪末期的"烹饪热"中，曾有人据炊具的材质将烹饪的历史分为火烹、石烹、陶烹、铜烹、铁烹等几个时期。不过这些说法，往往不加论证。例如"火烹"的说法显然站不住脚，因为以熟食为唯一目标的烹饪术，在任何形态的工艺中，都是离不开火的。至于陶烹，也是一直延续至今的，它实际上是石器时代（特别是新石器时代）的一种饮食文化特征。而铜烹、铁烹的分期方案也缺乏足够的科学论证。事实上，人类最早使用的金属是自然铜，是天然的纯铜。考古学将红铜和石器并用的时代叫红铜时代，也叫"铜石并用时代"或"金石并用时代"，是介于石器时代和青铜时代之间的过渡时期。美索不达米亚和埃及于公元前4000年进入红铜时代，但红铜质软，不适宜于制造工具，故红铜时代是仍以石器工具为主的时代。我国天然红铜产量很少，已发现的红铜时代的文化主要是公元前2000年的齐家文化，因1924年发现于甘肃政和齐家坪而得名，分布于甘肃洮河、大夏河、渭河上游和青海湟水流域，生产工具以石器为主，生活用具主要是细泥红陶和夹砂红陶。它的存在年代相当于原始氏族公社解体时期，即夏朝的初创时期，所以在《左传》《逸周书》《墨子》等古书籍中有关于夏禹收天下之金（即铜），铸成九鼎，以象征天下的禹贡九州，以为国家政权的象征的故事。成汤灭夏以后，这九个鼎迁到洛阳，据说其中有一个沉于泗水，其他八鼎均无下落。从这个历史传说看，似乎可以说夏代已经有了铜器，但事实上夏代的铜器出土很少，特别是青铜器，大多是殷周时代的器物。从科学技术角度讲，在金属矿物中，铜矿石的冶炼温度较低，故可以还原为纯铜，当然锡矿和铅矿也易还原成纯金属，而铜锡合金比较坚硬，易于铸造，这就使得青铜器成为人们最早较为广泛使用的金属工具。在我国的殷商和西周时期，青铜器被大量制造，其中的鼎、鬲和甗都是炊具，但价格昂贵的青铜器毕竟不是人人都可以用的。加之奴隶制的国家政权已经相当强大了，因此，青铜器（特别是青铜质的饮食器）就成了奴隶主贵族阶层的专用品，并且以法律的形式规定了严格的用鼎制度，这是我们在考古发掘中常见到的，也是古代典籍中详细记载了的。所以对于一般平民百姓来说，他们所使用的炊具依然还是陶器。

自从鼎用作礼器，烹饪所用的炊具实际上是镬。《周官·天官·亨人》："掌共鼎镬，以给水火之齐。"这里的鼎和镬都是煮物的器具。《淮南子·说山训》："尝一脔肉，知一镬之味。"高诱注曰："有足曰鼎，无足曰镬。"是以知，当火塘变成炉灶时，有足的鼎实际上已很少使用了，实际上用的炊具是无足的镬，即是后来的锅，至今我国南方仍把锅叫作镬子。置于灶口上的镬，又被称为釜，敛口、圜底，或有两耳，这正是我们今天常见的锅。考古发掘中的釜多为铁质的，也有陶釜或铜釜。铁釜多见于汉代，这正是铁质炊具普及的铁证。

中国在商代已使用陨铁打造兵器，因其来自天外，具有神秘性，这些兵器实际上是统治者的权杖，例如在前述的河北满城汉墓中发现的铁刃铜钺。我国人工炼铁始于春秋，大兴于汉代，出现了低硅灰口铁，导致了铸铁技术的快速发展。春秋战国时，铁除了做兵器以外，主要是做手工业和农业的工具。《孟子·滕文公上》："许子以釜甑爨，以铁耕乎？"说明铁质农具是农业生产中的新型工具。而到了汉代，由于冶铁技术的成熟和规模的扩大，铁质炊具迅速在民间普及，史游在《急就篇》中有"铁铁钻锥釜鍑（fù）鍪（móu）"一句。这里的"鍑"指大口的釜，而"鍪"则指小釜。先秦即已出现的"镬"，实际上也是釜，只不过是专门煮肉及鱼腊之类荤食品的。至于"鼎"，到了汉代都是形制很大的煮肉器具，它的礼器地位也日益淡化了。

到了魏晋南北朝时期，釜的名称仍然常见，不过有时叫铊或铛（chēng），多为铁制，也有铜制，弧底或平底，与高台火灶配合使用。现代通常认为铛是平底的，这在《齐民要术》中有一定的根据；还有与釜配合使用的甑，也是常用的炊具。至于锅这个名称，在刘熙的《方言》中，认为是车旁盛润滑油脂的器皿，相当于今天盛润滑油的罐子，当时在齐燕海岱之间叫"缸"，而关西（今潼关以西）则称为"锅"，这显然不是今天烹饪用的锅的本义。"锅"字的广泛流行可能始于唐宋时期，在华夫主编的《中国古代名物大典》（济南出版社）的"日用·饮食·炊具"部分明确指出："魏晋以前多称釜，唐以来多称锅。"其根据便是唐人颜师古对前述汉代蒙学读物《急就篇》的注："鍪似釜而反唇。一曰鍪者，小釜类，即今所谓锅。"唐代诗人陆龟蒙《奉和袭美茶具十咏·茶灶》："盈锅玉泉沸，满甑云芽熟。"从该《大典》所列相关词条看，唐代的金属炊具还有"铛"（汉代已有，釜无足而铛有足，土铛煎茶用，铜铛烹调用，银铛或铁铛用作酒器）、"鏊（ào）"（平底铛，烙饼用，铁质，也应起自汉代）等。

到了宋代，锅的使用已经非常普遍了，吴自牧在《梦粱录》卷十三"诸色杂货"中明确提到当时杭州有"修补锅铫"的专门职业，社会零售的杂物与炊具有关者即有：卖泥风灶、小缸灶儿、马杓、筅帚、铜铫、汤饼（恐为"汤瓶"之误）、铜罐、火锹、火筯、火夹、漏杓、铜沙锣、铜匙筯、铜瓶、木勺、研槌、食托、菜盆、油杆杖、竹笊篱、蒸笼、坍箕、瓯箪、瓷甏、炒锌、砂盆等，这和30年前中国厨房的陈设已经没有什么区别。其中值得提出的是"炒锌"，这个"锌"（zuì）字，赵所生在《袖珍字海》（江苏教育出版社1994年版）中释为"炼，炼铁"。这个解释和"炒锌"很难切合，笔者以为这个"炒锌"很可能就是今天厨师手中常用的炒勺（炒瓢），因为它们和一般的铸铁锅不同，不是用生铁铸造的，而是用熟铁锻造的，锻造的"锌"用于炒菜，所以叫作"炒锌"。需要指出：炒勺在厨行用语中正式出现时间大概在清代康乾时期。另外，在周密的《武林旧事》卷六“小经纪”中，也有“补锅子、泥灶”这些行当。这足以说明，如果唐代是釜、锅通用的年代，则宋代已经普遍叫“锅”了。

在中国古代文献中，日常生活用具的名称是复杂多变的，要弄清楚它们，那是一门不小的学问，所以历代字书、辞书中都注意搜罗。最早的如《说文》中罗列的金属炊具就有镂、鍑、锜、鐈、鑊、鏊、鐭、铿、锎、鏕、铫、鐎、铝、错、铚等等，它们往往有特定的形制和专门的用途，但都类属于釜类，就像我们今天有各种各样的锅子一样。它们用来加热食物的基本功能是一样的，所以这里无须去一一加以介绍。需要指出的是，即使到了宋代，铁鼎、铁甑仍然在使用，甚至连北方的辽国也是如此，在今天的北京地区，就发现过辽金时代的铁质炊具如六鋬锅、鏊、三足铛、鼎、罐、鐎等，当然也有陶质的同类炊具出土。至于历史文化濒于消失的西夏，近年来通过对流传在国内外的西夏古籍，包括西夏人自编的西夏文书《圣立义海》、西夏文与汉文双解的辞书《番汉合时掌中珠》、西夏文的《三才杂字》《文海》《西夏天盛律令》以及榆林窟壁画的研究，人们对西夏的饮食文化有了深刻的认识，说明党项民族对汉民族的文化认同程度是很高的，他们所用的炊具和宋人几乎没有任何的差别。

元蒙时期，铁锅是主要的炊具，但仍有从鼎衍化的三脚锅，并且有罗锅、荷叶锅、两耳锅等不同形制。明代以后，炊具的形制和材质都逐渐定型化，宋应星的《天工开物》便是明证，其《陶埏》篇说：“沙锅、沙罐不釉，利用透火性，以熟烹也。”《冶铸》篇列有专门的铸鼎、铸釜的具体方法，不过这种鼎已不是炊具，而釜就是我们今天常见的铁锅。入清以后，中餐炊具与前代相比无几变化，只不过器形更加美观而已。直到鸦片战争以后，西方近代科技产品陆续进入中国人的厨房，特别是民国初年，铝质炊具开始出现，这类被称为“洋锅子”的炊具，不仅质轻易于移动，而且导热性能好，和城市中的煤炉甚为匹配，很快得到普及。不过在以柴草为主要能源材料的农村，铁锅还是主要的炊具品种，直到20世纪后期才略有改变。因为农村能源沼气化和煤炭的广泛使用，用农作物秸秆和砍伐树木做燃料的比例日益缩小，广大农村也用起了铝锅(钢精锅)。

近二三十年的中国餐饮企业，因为能源结构的多元化，特别是城市环境保护和行业卫生安全工作的需要，炉灶的类型和结构变得多元化，最终使得烹饪炊具产生了很大的变化，不仅使受热炊具的材质种类更广，不锈钢广泛利用，搪瓷制品和古老的陶瓷制品也受到青睐。但是，由铁锅衍变的铁质炒勺依然是专业厨师的主要工具。

六、中国烹饪的加热技法

中国烹饪的技法多样，受到所有研究和实践中国饮食文化人士的公认，特别是在20世纪末期的“烹饪热”中，可以说是达到了极点。有人说中国烹饪的技法当在千种以上。如果把刀工、火候和调味三大技术类型以及勾芡、装饰成形、盛装等辅助技术都算上，肯定不止千数。但若说以火候为技术特征的烹饪技法在千种以上，显然是不分类型、不分层次的非科学说法。笔者认为，在火候的基础上讨论的烹饪技法只能是食物的制熟方法，是一种在传热学基础上讨论的烹饪技法，也是人类自用火熟食以来的基本技法。到目前为止，这些技法可分为经典加热技法和非经典加热技法两大类型：所谓的经典加热技法是指一切基于燃烧现象的经典热源和非经典热源（如电流、太阳辐射能等）从炊具外部传热，使炊具内部食物制熟的方法；而非经典的加热技法至今只有微波炉加热一种方法。

（一）经典加热技法

中国的厨师和家庭炊事都没有温度的概念，他们所说的几成热和几成熟（注意：这两者不是同一概念）都和温度有密切的关系。这一点和西方发达国家显著不同。绝大多数中国人都把烧饭做菜要测量温度当作笑话来调侃，至今仍是如此，跟着感觉走是我们中国人处理日常生活事务的行为准则。如果厨师烧菜还要测量温度，那是他技术不过硬的表现，人家会说他“基本功”不扎实，是很丢面子的事情。因此，有关烹饪加热技法的争论，实际上是国人“模糊哲学”和近代科学方法论的争论，谁是谁非，毋庸多说。

从历史上看，我国先秦文献中，有燔、炙、炮、烙、蒸、煮、爆、脍、烧、炖、熬、熘、煏、煨、渍、脯、鼓、醢、菹、腊、醢、齑、羹等一系列有关烹饪的技术术语，其中不仅有加热方法的术语，也有刀工和调味方法的术语，有的如脍、脯、齑、羹等，可能就是不同形态食物的名称。在久远的石器时代，中国烹饪技术应有三次革命性的变化：第一次是火的应用带来由生食到熟食的革命性变化，使原始人类的生活质量产生了一次飞跃，这种熟食方法即是原始的烧烤法。《礼记·礼运》的“其燔黍捭豚，污尊而抔饮”是最生动的写照。郑玄作注时明确指出：“中古未有釜甑，释米捋肉，加于烧石之上而食之耳，今北狄犹然。”对此，孔颖达疏《正义》曰：“中古之时，饮食质略，虽有火化，其时未有釜甑也，其燔黍捭豚者，燔黍者以水洮释黍米，加于烧石之上以燔之，故云燔黍；或捭析豚肉，加于烧石之上而熟之，故云捭豚。”至于这个“中古”，孔颖达疏《正义》就说先人有不同说法：一说伏羲为上古，神农为中古，五帝为下古；一说伏羲为上古，（周）文王为中古，孔子为下古；另一说五帝以前为上古，文王为中古，孔子为下古。所以孔颖达讨论了半天，认为神农氏为中古，因其已修火利，但尚未有宫室，故不可能有死人以后“升屋而号”的礼仪。谯周在《古史考》中也说，虽然可能已有熟食，但和世界上一切先民一样，都是原始的烧烤；而在神农时代以后的农耕文明中，使谷物制成熟食，才是中国烹饪真正的开始。

在《礼记·礼运》的上述引文之后，接着说：“昔者先王，未有宫室，冬则居营窟，夏则居橧巢。未有火化，食草木之实、鸟兽之肉，饮其血，茹其毛。未有麻丝，衣其羽皮。后圣有作，然后修火之利，范金合土，以为台榭宫室牖户，以炮、以燔、以亨、以炙，以为醴酪。”这里的“先王”当指神农以前的传说人物，如伏羲等；而“后圣”当指神农以后（包括神农）的“三皇五帝”，这时的熟食方法有炮、燔、亨（烹）、炙四种。郑玄作注时指出：炮，“裹烧之也”，即以泥浆涂裹后放在火中烤；燔，“加于火上”，即直接烧烤，这里没有强调“烧石”的作用；亨（烹），“煮之镬也”，这个方法最重要，说明已有了陶质炊具；炙，“贯之火上”，即如今日之烤肉串。我们更要注意引文最后一句“以为醴酪”，郑玄注曰：“蒸酿之也。”据此，我们将《礼运》的这段引文综合起来考察，这是古人类饮食文明的第二次革命性变化，而这次变化的标志便是陶器的使用，在炮、燔、烹、炙这四种方法中，炮、燔、炙三者都是神农时代以前的老方法，都是烤的变态形式，其中或者借固体传热，或者借助于辐射，唯有“烹”即现代的煮法，这是在陶质炊具中以水为传热介质的熟物方法，距今约 1 万年。

古代中国烹饪的第三次革命性变化发生在陶甑发明以后，这时有了“蒸”的方法，即以水蒸气为传热介质，这个方法的发明距今约 7000 年。至于上述“蒸酿之也”的“蒸”，是否就是熟物的方法，我们还不能肯定。蒸的方法是古代中国烹饪的一大特色，是农耕文明谷物制熟的一大发明，在我国饮食文明流变中具有重要的地位。大概在青铜时代到来之前，对中国烹饪的加热技法，从科学技术的角度去总结，实际上就是烤、煮、蒸三大类。

考察三代时期的烹饪技法，最可信的古文献莫过于《礼记·内则》中所列的周代“八珍”，人们通常认为是西周贵族饮食的标本，实际是先秦时代中国烹饪技艺的精华。所谓“八珍”，即《内则》所列的八种肴品，这也是中国一切食谱的滥觞，它们分别是：

一是“淳熬：煎醢，加于陆稻上，沃之以膏，曰淳熬”。郑玄注：“淳，沃也。熬，亦煎也。沃煎成之以为名。”这里的膏指动物油脂，因此，淳熬实际上就是盖浇饭。

二是“淳母：煎醢，加于黍食上，沃之以膏，曰淳母”。与（一）类似，只不过（一）为稻米饭，这里是黍米饭。

三是“炮：取豚若将，刲之刳之，实枣于其腹中，编萑以苴之，涂之以谨涂。炮之，涂皆干。擘之，濯手以摩之。去其皽，为稻粉，糔溲之以为酏，以付豚。煎诸膏，膏必灭之。巨镬汤以小鼎芗脯于其中，使其汤，毋灭鼎，三日三夜毋绝火，而后调之以醯醢”。郑玄注：“炮者，涂烧之为名也。将当为牂。牂，壮羊也。刲刳，博异语也。谨当为墐，声之误也。墐涂，涂有穰草也。皽，皮肉上之魄莫也。糔溲亦博异语也。糔读与滫瀡之滫。鼎芗脯谓煮豚若羊于小鼎中，使之香美也。谓之脯者，既去皽则解析其肉使薄如为脯然，唯豚全耳。豚羊入鼎三日乃醯醢可食也。”孔颖达对此做了进一步的解释，但文义已相当清楚了，如果用现代汉语讲，就是将小猪（或羊）洗剥干净，腹中实枣，外用草泥包裹，置于火上烤干。剥去泥壳取出小猪（或羊），用手揉去粗皮，再以米粉糊涂其全身，用油炸透，切成片状，置于小鼎中。

再将小鼎置于大镬中隔水炖三天三夜，起锅后入酱醋中调味食用。这道古代名食先后用泥烤、油炸和隔水炖三种加热技法，开中国菜用多种加热技法的先河，这对后世的中国菜肴制作方法影响很大，可以看成是后世多种衍生方法的鼻祖，其文化意义更是不可小视。

四是"捣珍：取牛、羊、麋、鹿、麇之肉，必脄，每物与牛若一。捶，反侧之，去其饵。熟出之，去其皾，柔其肉"。郑玄注："脄，脊侧肉也。捶，梼之也。饵，筋腱也。柔之为汁，和也。汁和亦醯醢与。"孔颖达疏曰："去其皾，皾既为皮莫（膜），则饵非复是皮莫。"视此，捣珍是经过反复捶打且去了筋腱，再经熟制去了皮膜的里脊肉块，食时也以醯醢调味。捣珍的熟制方法很可能是古已有之的燔。

五是"渍：取牛肉，必新杀者，薄切之，必绝其理，湛诸美酒，期朝而食之，以醢若醯醷"。郑玄注："湛亦渍也。"按：这里的醷，系指调味用的梅浆。《礼记·内则》："黍酏浆水醷滥。"依此，渍就是生食的酒渍牛肉片，食时蘸以醋、酱和梅子酱。因系生食，所以特别强调新鲜。

六是"为熬：捶之，去其皾，编萑布牛肉焉。屑桂与姜，以洒诸上而盐之，干而食之。施羊亦如之。施麋、施鹿、施麇皆如牛羊。欲濡肉，则释而煎之以醢。欲干肉，则捶而食之"。郑玄注："熬，于火上为之也，今之火脯似矣。欲濡欲干，人自由也，醢或为醯。此七者，周礼八珍，其一肝膋是也。"据此，孔颖达疏《正义》指出：周礼八珍实为淳熬、淳母、炮豚、炮牂、捣珍、渍、熬和后述的肝膋。但今天人们普遍将炮豚和炮牂合并而视为一物，另将周礼糁食（见下）插入，列为八珍之一。视此，"熬"是洒了姜干、桂皮和盐腌制并捶软了的牛、羊、麋、鹿、麇肉的肉干，郑玄指出：这种肉干是在火上烤成的，可以湿食，也可干食。湿食时用醯醢煎了吃；干食则捶软了吃。按照这个定义，熬是在火上烤干的加热方法，故今日之熬油的熬，甚合古意，而有些文献中，将煎熬连用，实际上是混淆了煎和熬。

七是"糁：取牛、羊、豕之肉，三如一，小切之，与稻米，稻米二肉一，合以为饵煎之"。郑玄注："此周礼糁食也。"孔颖达疏《正义》曰："三如一者，谓取牛、羊、豕之肉等分如一。稻米二肉一者，谓二分稻米一分肉也。"视之糁即是用两份稻米，一份牛、羊或猪肉丁拌和煎成的肉饼。按照郑玄的见解，它并不属于周礼八珍。

八是"肝膋；取狗肝一，幪之以其膋，濡炙之，举燋，其膋不蓼。取稻米举糔溲之，小切狼臅膏，以与稻米为酏"。郑玄注："膋，肠间脂。举或为巨。"又注："狼臅膏，臆中膏也，以煎稻米则似今日膏酏矣，周礼酏食也。"孔颖达《正义》云："《周礼·醢人》云：羞豆之实，糁食酏食。"并说炙膋即燋。又说郑注："则似今天膏酏矣者，似汉时膏酏，以膏煎稻米，郑（玄）举时事以说之。"这个"膏酏"当为汉代的一种油煎食品，今已难考证。而正文中"其膋不蓼"一句，很少见到有人解释，笔者以为因"蓼"是一种植物，有苦辣味，则"举燋，其膋不蓼"，即是指炙烤之后"膋"不显苦味，也就是说不可以烤焦。而酏，郑玄在《周礼·天官·酒正》的注中明确指出："酏，今之粥。”这样，这个“肝膋”的烹制方法就是：将狗肝以其网油蒙上，放在火上炙烤，不可令焦。另取稻米淘洗干净，与板油丁合在一起煮粥。因此，这里实际上是两种食物，一是用网油蒙着烤熟了的狗肝，另一就是加板油丁煮的米粥，这大概就是周代的著名酏食。

通过对周代八珍的解读，我们可以看出周代的烹饪加热方法在前代的烤、煮和蒸的基础上，又加了煎、熬、炸和炖。煎和熬都是以油脂为传热介质的加热技法之先河，它们实际含义是非常相似的，所以东汉许慎在《说文解字》中解释说：“煎，熬也”，“熬，干煎也”。不过现代熬法尚保留汤汁，而炸则是油脂用量较大而已。至于炖，也作燉，即隔水长时间加热，这个字义至今也没有变化，如炖鸡蛋羹。炖有时会与蒸混淆，炖是以热水为传热媒介，而蒸则是以水蒸气为传热介质，例如用蒸汽流蒸饭便不可以叫炖饭。由于文字的演变和各地方言的影响，我们常常在古书上看到一些与加热相关的古字，这些古字不一定表示什么新的加热方法，例如在《左传·宣公二年》有：“晋灵公不君……宰夫胹熊蹯不熟，杀之，填诸畚，使妇人载以过朝。”说的是晋灵公无道，一个厨师因煮熊掌不熟，他便杀了这个厨师，并且装在畚箕里，叫女人抬着通过朝堂；这里的“胹”即煮的意思。由此可见，许多读音和字形不同的汉字，它们往往表示同一个意思，或者在做法上略有区别而已。例如“烤”字，在先秦即有炙、灼、焯、炕、烘、煏、烙、煻、爁等等不同的说法，而略有改变的煨，即爊，原是指在灰火中烤，有焐的意思。《说文解字》：“煨，盆中火。”但在江南方言中，现在的“煨”即文火慢煮。又如古已有之的炮，最早是裹泥烤，后来演变出“炰”，指在热油中急火炒熟的方法，这里“炰”已经完全没有烤的意思了。本书不注重文字考证，所以对先秦文献中出现的那些相似的加热方法，不再一一讨论了。

秦汉时期，铁质炊具广泛使用，烹饪加热技法理应更加丰富多彩，然而由于文献的缺失，像《礼记·内则》周代八珍那样的记述至今尚未发现。尽管有马王堆考古的重要佐证，但也只有“饮食遣策”之类食品名录，详细的烹调方法记载极为罕见。曾被人视为重要烹饪文献的如桓宽《盐铁论·散不足》和枚乘《七发》等，对于烹调方法也只是只言片语。如《散不足》中说到的“燔炙满案，臑鳖脍腥”之类，也只是语焉不详的泛指；而《七发》则是典型的文学作品，辞藻华丽，渲染有余而科技含量不足。南梁昭明太子萧统将其收入《文选》时，专门列出一种叫作“七”的文体，同时收入的还有曹植的《七启》和张协的《七命》，后两者有关饮食的描写和《七发》极为类似。利用诸如此类的文献和考古资料，当然可以窥察秦汉烹饪技法的一斑，但总不如周代八珍那样直接。彭卫在徐海荣主编的《中国饮食史》第六编第二章中就做了这项工作，他首先将主食和菜肴分别叙述，在主食部分分别归纳了饼饵类、麦饭、干饭、粥品和点心类食品的烹制方法，涉及的加热技法有蒸、煮、烤、烘、煎、炸和熬；而对菜肴类制法，彭卫归纳了炙、炮、煎、熬、羹、脍、腊、锻、脯、醢、酱、鲍（盐腌）

和菹等14种。其中羹、腊两法的加热方法就是煮；脍和锻是生食；脯、醢、酱、鲍和菹都是盐腌；真正属于加热方法的只有炙、炮、煎、熬、蒸和煮等6种。彭卫还断然肯定秦汉时没有炒法(关于炒，下一节专门讨论)。所有这些方法都没有超出前代的技术水准。然而我们知道，在《汉书》中明确记载了一个故事，即西汉末年，有个专门奔走于权贵之门的人叫娄护，他也因此获得这些权贵的小恩小惠，其中包括食物赏赐。汉成帝时，其母元帝后王氏(王莽姑母)专权，其弟王谭、王商、王立、王根和王逢时五人同日封侯，号称"五侯"。娄护游食于五侯之间，他曾将五侯赐给他的美食，放在同一只锅里一起加热，制成超级美味，时称"五侯鲭"，这实际是杂烩菜的代表作；烩这个烹调技法也因此著于史册，其特征是将多种原料(可生可熟或生熟并用)一锅煮的方法，算不得是什么独立的加热方法，但后代的高级杂烩菜却因此层出不穷，此乃娄护之功也。这个娄护，在《汉书·游侠列传》中有传，但本传中并没有提到"五侯鲭"。

到魏晋南北朝，北魏高阳(故治在今山东临淄附近)太守贾思勰的《齐民要术》传于后世，它不仅记述了当时的历史资料，而且摘了许多前朝的相关著作，有关烹饪的文献主要是其卷八和卷九。由于它在科技史上的地位，已经有很多人认真地研究过它，凡是研究饮食文化的人，没有读过《齐民要术》的人恐怕没有。就食品生产而言，植物油进入了人们的饮食生活，这样也就更加丰富了烹饪技法。因此，在《齐民要术》中，除了炙、烤、炮、煸、煎、熬、蒸、煮、煨、炖以外，又出现了缹(fǒu)法。其实这个"缹"有时即煮，通常指小火慢煮，如"缹豚""缹鹅"；有时与炖同，如"缹猪肉""缹鱼""缹瓜瓠""缹汉瓜""缹菌"；有时就是炒，如"缹茄子"。所以这个"缹"法大概在宋元以后就逐渐消失了。与"缹"类似的还有"腤"(ān)，通常是先煮去油，然后调味重新煨炖，如"腤白肉"("奥肉"也相似)、"腤鸡"("缹鸡")、"腤鱼"等。至于"瀹(yuè)"法，则是前代已有的方法。《仪礼·既夕礼》："其实皆瀹。"实际上也是煮，即以汤煮物，如"白瀹肉"，而"瀹鸡子"，即今天的卧鸡子(水蒸去壳蛋)。

隋唐以后，中国烹饪的经典加热方法已经相当成熟了，食事著作也比前代大为增加。到了宋代更加繁荣。我们从孟元老《东京梦华录》、吴自牧《梦粱录》等文人笔记所列的数百种食品名称中，发现有烧、焐、焙、燠、撺等几种前代不常用加热的表述方法，这说明我们今天广泛使用的烧法，大体上起自唐宋，明清以后更为广泛；而且因调料火候和传热介质的差异，演变成多种烧法，但其本质仍然是煮。至于焐，如《梦粱录》卷一三的"焐肠"，卷一六的"羊杂焐四软"等，就是在烧煮的基础上维持恒温多烧一会儿，使食物保温或熟透。"焙"如卷一六的"焙腰子"等，则是将食物炒后再烹煮，说明今天的走红、过油等初加工方法在宋代已广泛采用了。而"燠"就是"熬"，只是一种不同的说法。至于"撺"原本就是一种加热方法，可能和当代厨行所说的"川"或"氽"是一回事，例如《梦粱录》卷一六有"清撺鹿肉"，应该就是将鹿肉在热水中略烫一下。元、明、清时代就烹饪技法的基础而言，已经没有什么大的变化，主要的发展方向在于许多基础方法的重复应用，特别是配合刀工和调味技术，而采取两种以上加热方法烹制一道菜，制作程序变得越来越复杂。但是由于没有近代科学方法的指导，即如“食圣”袁枚那样的人，也未能对烹饪加热技法进行分类整理。行业中的习惯是一道菜就是一种方法，从来没有人把烹饪的技术要素抽提出来，使整个烹饪技术系统化，从而走上科学的道路。这个工作直到20世纪五六十年代才有人尝试，而真正出现雏形是在80年代，原商业部所属的商业技工学校统编的烹饪教材出版，才算有了一点眉目；而20世纪末期，中国轻工业出版社出版了一套高等专科层次的烹饪教材，这种科学化、系统化工作才算定型。现在虽然有不同的分类方法，但基于传热学原理进行的分类方法，取得多数人的赞同。经典的加热技法又可分为：

1. 以水为传热介质的烹制方法

烧：烧是以汤水为传热介质，将主料经过蒸、炒、炸、汆（焯水）等初步熟处理后，爆锅添加适量汤水调味，先用旺火快速烧沸，然后以小火或中火长时间加热，汤面保持微沸，成熟后旺火收汁成菜的烹调方法。根据其芡汁、成菜色泽和所加调味的不同，烧又分红烧（酱油为主调料）、干烧（成菜少汁）、白烧（不用深色调料）、酱烧、葱烧、辣烧等。

扒：扒实际就是烧，主要是用整料的烧，即原料经过初步热处理后，整料进行烧制，也有红扒、白扒、葱扒、奶油扒等区别。

焖：焖的方法起自唐宋，系由煮法演变而来，主要用于需要长时间加热的质地老韧的原料，也要进行初步熟处理，然后用中小火长时间加热，所以多用砂锅等陶质炊具，最后也要用旺火收汁。焖有锅焖、罐焖、干焖、黄焖、酒焖等的区别。

炖：炖也是由煮法演变来的，它和焖的区别在于炖的汤汁较多，主要有直接烧煮的清炖和另盛容器置于水锅中的隔水炖。

煨：煨实际上是时间更长的炖，宽汤和锅盖紧密是关键。煨菜的汤汁通常都是白色的，但也有糟煨、红煨等不同做法。

煮：煮是陶器发明后的老方法，也是主食和菜肴制熟的常用方法。

烩：烩就是速煮，宽汤中火快速加热成菜，原料多为熟料或易熟的食材。

汆：汆实际上就是烫，是将新鲜质嫩、料块较小、易成熟的原料投入沸水中迅速加热制熟的方法，多用于制汤菜。

涮：涮是用火锅将汤水烧沸后，边烫边吃的烹调方法，出现于明清以后。

焗：焗是近代广东菜的常用烹调方法，其原义是烤。焗是将原料（可以是整形的，也可以是经过改刀的）经过油处理，添加汤汁调料，用旺火烧沸，然后用小火加热入味增稠的烹调方法，多用于海鲜和禽类。

通过以上讨论，可知以水为传热介质的各种烹调方法，煮是最原始也最重要的方法。

2. 以油为传热介质的烹制方法

用油脂做烹饪传热介质的方法始于青铜时代，特别是周代，但那时所用的油脂都是动物油脂，叫作脂膏；魏晋南北朝以后才开始使用植物油脂，先是胡麻油和荏（苏子）油，唐宋以后才开始用菜籽油。明清以后，大豆油广泛使用，对中国烹饪的发展起了很大的促进作用。用油为传热介质，加热温度超过100℃，食物的成熟反应加快，食物中的化学成分严重降解，所以菜点的风味优良，这一类烹制方法也因此迅速发展。

煎：煎或煎熬是金属炊具发明以后即已发明的烹制法。周代八珍是其史料依据，在油脂尚未普遍使用的情况下，煎并不一定要用油脂，例如"淳熬"和"淳母"中的"煎醢"，就是在不加水的情况下把肉酱煎炒一下。以后发展到先在锅底放少量油脂，一方面提高了加热温度，另一方面防止原料变焦，所以烹制的食品风味独特，被人们普遍认为是美味。在秦汉以前煎熬制品是公认的奢侈食品，在《盐铁论·散不足》和《七发》中都是这样描述的。现代的煎即厨行中所说的"干煎"，用少量油配合小火加热，并两面翻动，如煎好以后再烹入调味汁，便叫作煎烹；如果与蒸法结合便叫作煎蒸；如果和烧的方法结合便叫作煎烧。

与煎法类似的还有熬。古代的熬，曾经是在釜中直接加热，不加任何其他物料的烹制方法，就像我们今天熬猪油那样，因此在很长的一段时间内，煎和熬几乎都是混淆使用，甚至和烧煮混用，如有的地方称煮粥为熬粥。正由于此，当代厨行已不把熬视为独立的烹调方法。

贴：贴和煎在加热技法上几乎是一样的，两者的区别在于贴只能一面加热，不可使原料在加热过程中翻身，而煎则是料的上下两面都要加热。人们喜欢吃的锅贴以及流行于浙沪一带的生煎馒头，其熟制方法是典型的贴。

炸：炸就是将原料置于大量热油中制熟的方法。周代八珍中已使用炸法，因那时没有植物油使用，所以在古代是一种奢侈的烹调方法。待植物油脂大量使用以后，炸法已经非常普遍了，所以厨行中又有清炸（原料调味后直接入锅，不用挂糊等方法保护）、干炸（也称焦炸，原料表面拍粉吸干水分再入油锅）、软炸（原料表面挂糊再入油锅）、酥炸（入锅前用起酥蛋黄糊或水粉糊处理）、包炸（或纸包炸，用无毒的玻璃纸或糯米纸代替浆或糊入热油中加热）、脆炸（原料用豆腐皮或网油包裹，蘸粉或挂糊后入油锅加热）、松炸（原料挂易于起泡的蛋泡糊后再炸）、浸炸（新鲜脆嫩的原料先用少量热油加工定型，再转用小火在较低温度下的热油中制熟）、淋炸（用热油直接浇淋到原料上去的制熟方法）、板炸（用面包渣调糊做保护材料故又称西式炸）等名堂。

熘：也有人写作溜，这是一种将熟料与调味卤汁迅速混合的烹调方法。通常用的熟制方法有油炸、蒸煮或油淋，再将熟料投入调味卤汁或将卤汁浇淋上去成菜，因熟制温度高低和卤汁控制不同，有焦熘（用炸法）、滑熘（用温油或沸水断生）、软熘（用蒸煮法）、糟熘（卤汁中加香糟）、醋熘（卤汁突出酸味）、糖溜（卤汁突出甜味）等名目。

烹：古代的烹即煮，并不是独立的加热技法，宋元以后，人们用“烹”字来命名一些菜品，因此发展成独立的烹饪技法，但究其实际，即是熘，也是先熟制然后泼入调味汁，它与熘的不同点在于熟制方法一定要用炸法，厨行有“逢烹必炸”的俗语，所用的调味汁为清汁。

爆：爆的方法宋代已有，明清以后鲁菜烹调擅长爆法。当代的爆法是将质地新鲜、软嫩、爽脆的动物性原料加工成型后，用沸水、沸汤、热油或温油进行加热使之断生，然后加入配料，烹入调味芡汁，用旺火迅速翻拌成菜，所以爆又分为油爆、汤爆和水爆。而油爆最为常用，又分为葱爆、芫爆、酱爆、糟爆、姜爆、盐爆等不同方法，从这些名称中不难发现其主要特点。

拔丝：拔丝法对原料的熟制主要是炸，然后浇上刚熬成的糖浆，当糖浆温度降低时，因蔗糖的结晶态在加热熬制时已经破坏，故而在冷却时转化成粘弹态，这便是拔丝产生的科学根据。拔丝方法在元代即已产生，但做烹调方法还是在清朝以后。拔丝法按熬糖时是否加水或油分为水拔（用糖加水）、油拔（用糖加少量油）、水油拔（先加油，再放糖，然后加少量水）三种，其实是一样的，只要温度控制得当，不加水或油也可以把糖熬好。

挂霜：挂霜方法始于宋代，也是炸法的延伸，即将原料用油炸熟后，直接洒上白糖，也可以将糖加水熬成过饱和糖溶液（即糖浆）投入炸熟的食品中，当温度降低时，糖即快速结晶成粉状黏附在食物上。

3. 以水蒸气为传热介质的烹制方法

蒸：蒸是以水蒸气为传热介质的古老方法，因为水的沸点为100℃，所以蒸法的恒定温度也是100℃，只是近代锅炉产生以后，才有了高压蒸汽，则加热温度可以超过100℃。20世纪六七十年代，以铝合金为主要材质的高压锅出现在中国家庭厨房中，这样炊事中蒸或煮的温度也超过了100℃。

蜜汁：严格地讲，蜜汁不是独立的烹调方法，它是将原料以白糖、冰糖或蜂蜜为主要调味料，以中小火加热，经过焖、煮或蒸熟制的方法，是典型的甜菜制作方法。

4. 以盐或砂为传热介质的烹制方法

以砂或卵石为传热介质的烹制方法在古代即已有之，至今西北地区的石鏊饼仍然是类似的古代方法；而用固体盐作传热介质的方法则是近代才有的，是广东菜最早使用的烹制方法，用此法制成的盐焗鸡是广东的一道名菜。

盐焗的方法是将经过预处理和调味后的原料，用薄纸包裹埋在热盐中缓慢加热的制熟方法。砂和盐等固体无机物，都是热的不良导体，使其升温的速度相当慢，但其散热的速度也相当慢。盐焗就是利用这个特点，使原料慢慢制熟，达到骨酥肉烂的效果。盐焗法在实施时，盐锅下面仍需加热，或者干脆置于烤箱中，以维持盐的温度，一般温度控制在150—180℃之间。

5. 在热空气中以辐射传热的烹制方法

辐射是经典的三大传热方式之一，它不需传热介质，即在真空中也能加热，但生活中的烹饪操作都在大气中进行，从而使有些人错以为是空气在传热，其实空气存在与否不是问题的本质。辐射传热是人类在旧石器时代即已掌握的方法，所以曾有燔、炙、灼等等不同的说法，在今天来说，这些都属于“烤”的方法。

在人类饮食文明发展的历史长河中，“烤”的方法不断改进，从最初的明火直烤，到今天使用专门的烤炉烤箱，烤的工具有了很大的变化。对于中国烹饪而言，明炉和暗炉是烤法的两大主要流派，前者是热辐射直射于受烤物料上，后者是热辐射经过反射再作用于受烤物料上，所以素有明火和暗火的说法，虽不准确，也无伤大雅。

以上这些（尚有炒法）都是用传统能源的烹制方法，无论是用秸秆柴草、煤炭、石油还是天然气、煤气作为燃料，它们的产能和加热的原理都是相同的，从形式上看就是明火亮灶，中国厨师和家庭主妇数千年的烹饪经验积累离不开明火亮灶，而且至今仍是如此。中国人知道电的历史，不过百余年，用电加热，更是只有几十年，用电炉烧饭做菜乃是近年来的事情，至于用电磁感应的原理使金属锅体发热的电磁灶，人们对它至今尚不很熟悉。电炉和电磁灶，因其没有明火，故而广大厨师不能发挥其经验特长，加之电力供应仍然紧张，所以它们的使用，至今仍未普及。需要指出的是，从传热学的角度讲，电炉、电磁炉和各种经典的加热方法没有本质的区别，故而统称为经典的加热技法。

（二）非经典加热技法

近代物理学研究认为，一切能量形态最终均可视为电磁波，一定振动频率的电磁辐射波和能量之间的关系是能量 $E=h\nu$，这里的 h 是个常数，叫普朗克常数，ν 是电磁波频率，$h\nu$ 即是每个能量子的能量。将 $E=h\nu$ 代入爱因斯坦的质（量）能（量）关系式 $E=mc^2$，于是有 $h\nu=mc^2$，这里的 m 是物质的质量，c 是光在真空中的速度，其数值为 30 万千米/秒。这样，能量、质量和电磁波频率之间都有了互变关系，使我们对从物质的燃烧反应到原子弹、氢弹爆炸的过程中所涉及的能量变化关系有了统一的认识。

从 $E=h\nu$ 这个公式中知道，一个能量子的数值大小，完全决定于电磁波的频率，频率愈高，则能量愈大，以可见光而言，紫色光的能量大于红色光，所以比紫色光频率更高的紫外线其能量更大，故而用它消毒效果显著；而比红色光频率更低的红外线，却有很好的热效应，因为红外线的能量子能导致分子内原子的振动。频率比红外线更小的叫微波，它的能量子可引起物质分子发生转动。微波的频率范围为300—300,000兆赫兹，其中频率为2450兆赫的微波就可以使水分子发生转动，转动状态的水分子与周围的其他分子发生摩擦而产生热能，从而使得受到微波照射的食品制熟。现在市面上的微波炉磁控管的设计大多使用这个频率。由于微波炉加热的原理基于分子的转动，和所有的经典加热方法都不同，将它分为蒸、煮、煎、炸等具体方法，都是说不通的，所以我们在这里把它列为非经典的加热方法，这也是迄今为止唯一的非经典加热方法。如果一定要给它一个名称，笔者在自己主编的《烹调工艺学》（高等教育出版社）中叫作"照"。频率较大的电磁波（如太阳光）照到食物上去能导致化学作用，产生食物变色等现象，频率略小的红外线照到食物上去，会导致水分蒸发等干燥作用，而频率更小的微波照到食物上去，导致的直接结果便是产生热量使食物变熟。

七、炒法和勺工

如果说在上古，中国烹饪的独特技法是蒸，那是一点也不为过的，因为在其他古文明发祥地，他们的祖先用的是从烤演变来的烘焙法，古埃及金字塔遗址曾出土很多用来烤面包的陶器，在我国的考古发掘中却从未发现过，因为我们祖国各地先用陶甑蒸熟食物，干湿两便。如果说中国烹饪还有什么独特的方法，那便是炒，这也是真正的国粹，所以在前面的叙述中，对炒法避而不谈，而特地放在这里做专门的讨论。

（一）炒法

什么叫炒？《辞海》第6版的解释是："把东西放在锅里翻拨使熟。"按照这个定义，炒则产生于"石上燔谷"的时代。尽管那时没有锅，那被烧热了的石板就是起了锅的功能。当谷物被放到热石板上去时，如果不翻动，就会因受热不匀而造成生熟不均，因此古人肯定要用树枝之类去翻动它们。而金属炊具发明以后，这种现象肯定依然存在。在古代有一种叫作"糗"的食物，它便是炒熟了的稻、麦等谷物，熟了以后，有的还要捣碎了再食用，也有不捣碎便食用的。这种糗的制法必定是炒法。可是这个"炒"字在古文献中至今没有发现，就连东汉许慎的《说文解字》中也没有收录。但在扬雄的《方言》中出现了"煼"字："煼，火干也。凡以火而干五谷之类，秦晋之间或谓之煼。"晋人郭璞对此作注时说："煼，即鬻（同'炒'）字也。"宋代的《广韵》"鬻"字同"炒"。稍后不久的《集韵》就正式出现了"炒"字。事实上"炒"的同音字"煼"，在《齐民要术》中就已经出现了，宋代即为炒意。陆游《老学庵笔记》卷二：

“故都李和熵栗，名闻四方。”由此可以推断，今天食品行业的“炒货”，肯定比“炒菜”要早得多，而且古已有之。

1923年，在河南新郑县（现为新郑市）春秋墓葬中出土了一件长盘形的青铜器，据考证其制作时间在公元前590—公元前570年之间，高11.3厘米，长45厘米，宽36.6厘米，上有铭文“王子婴次之庱卢”，是楚令尹子重的遗物。有学者认为：铭文中的“庱”即古“炒”，因此，这条铭文的现代解读为“王子婴次之炒炉”。看来炒法应产生于周代。姚伟钧先生在徐海荣主编的《中国饮食史》卷二第四编第二章就持这种观点，文物考古界也不乏此类见解。《中国饮食史》第五编的执笔者陈绍棣也对此做了肯定。但是第六编的执笔人彭卫则明确指出在秦汉时期，炒法尚未出现（《中国饮食史》卷三，第486页）。足见这是个尚有争论的问题。

其实在前引姚伟钧先生的论述中，他没有提及《齐民要术》，因为现在传世的《齐民要术》卷六的“作干酪法”和“作漉酪法”中，“炒”字出现了3次；同卷的“炒鸡子法”中提到了油炒；卷七的“造神曲并酒”中“炒”字出现5次，如“炒麦黄，莫令焦”；同卷“笨曲饼酒”中“炒”字出现3次；同卷“法酒”中“炒”字出现1次；卷八的“脏、腤、煎、消法”中“炒”字出现1次；同卷“菹绿”中“炒”字出现1次；卷九的“作脺、奥、糟苞”中，出现3个“熵”字，但其含义与“熬”同。这个统计所根据的是《四部丛刊》影印明抄本，或许尚有遗漏。总而言之，南北朝时期，炒法已经流行，但相当于现代以油为传热介质的炒菜法并不普及，更多的是“炒货”的炒。隋唐时代恐怕也是如此，因为我们在唐代的菜肴名称中，几乎没有发现用炒法制的菜。

炒法的盛行始于宋代，这是有根据的，在吴自牧《梦粱录》卷一六所列的数百种食品名称中，“炒鳝”“银鱼炒鳝”“假炒肺羊熬”“炒鸡面”“炒鳝面”都是用炒法烹制的，而炒货中的“炒栗子”也是明确其制法的。而在周密《武林旧事》卷九所列张俊宴请宋高宗的食单中，有“炒沙鱼衬肠”“鳝鱼炒鲎”“南炒鳝”“炒白腰子”等炒制菜，说明炒法在当时已经相当流行了，而且还有“南炒”或“北炒”的区别。元代以后，旺火速炒的方法越来越受到人们的青睐，“炒菜”成了厨师的代名词，炒法也成了中国烹饪的一大特征，不仅西方餐饮界对中国的炒法不易理解，就连曾经注意学习中国的日本，也不学习中国的炒菜。笔者退休前，曾经为外国烹饪教师和厨师讲课，他们对黑乎乎的中国铁锅，开始很不理解，以为不卫生；可是当他们真正接触中国的铁锅后，很快发现了它的魅力，以至于有人在回其祖国时，买上几只铁锅和炒勺带回去。铸铁的导热性能与一般烹饪操作的时间控制极为匹配，低浓度铁离子对人体无毒，铁锅弧形圆底的形状对菜肴料块的翻动极为便利，而这一切并非科学实验的结果，乃是数千年来烹饪实践的经验积累，是当之无愧的国粹。

（二）勺工

炒法的实施与工具的改良有很大的关系，像“王子婴次炒炉”那样的盘形炊具，可以肯定其炒制效果是不会好的。由于陶器不能承担炒制的任务，青铜器又是昂贵得只有贵族才能使用的工具，所以先秦时代炒法不会广泛流行。当铁质炊具大量使用之后，某些小型的炊具就可以被用于炒法。陈学智在《中国烹饪文化大典》中曾做过考察，列举了一些可能被用作炒法工具的文物，其中最有可能的当数“鐎”。“鐎”又称“鐎斗”或“刁斗”，陕西汉中铺镇曾出土过实物，是一种有柄的青铜炊具，因其容量为一斗故称鐎斗，恰好供一人一餐之需，故常视为军用品。宋人王黼在《博古图》即收录了汉代的鐎斗，有流与盖，战国鐎器也曾被发现，直到唐代仍在使用，甚至被用作夜间巡更敲击警戒的发声器具。《说文解字》中也收录了“鐎”字，段玉裁做注时指出：“即刁斗也。”鐎斗可以炒菜，但古籍上均未明确。《齐民要术》讲炒法时多数未讲使用何种炊具，有时（如炒鸡子法）则指明用铜铛，当然也可能是当代相当普遍的铁釜（特别制炒货时），唐宋时可能受到鐎斗和铜铛或小釜的启发，而发明了今天普遍使用的炒锅或炒勺，笔者在本章前文中提到的“炒锌”或许就是今天的炒勺。正是由于炒勺的发明，才导致炒法的普及，因为翻拌和估量调料用量的需要，人们又发明了手勺。笔者推测炒勺和手勺的配合使用，应在明清时代，特别是清代中期中国烹饪技艺完善的时期。厨师把炒勺作为展示绝技的工具，于是练成了令人叹为观止的勺工。由于勺工是临灶厨师的基本功，所以学徒工要用粗砂代替食物料块，反复练习这种技艺；最小的料块如米粒，最大的可以是几斤重的大鱼，勺工真是令人赞叹的厨艺功夫。这种做法被普遍编入当代的各种烹饪技术教材之中，陈学智在《中国烹饪文化大典》中曾有详细的描述。

（三）当代的炒法

当代的炒法一如古代，分为两大类。一类是食品行业的炒货制作，用于炒干果或瓜子之类，它们是在铁锅中直接炒制。最奇妙的是炒茶过程，熟练工人靠手技和手的测温敏感度来制作各种名茶。对于那些粒子较大的干果如栗子之类，炒锅中还添加食盐或砂粒甚至调味品，如糖炒栗子之类。另一类即是餐饮业中普遍使用的炒法，它们应该归入以油为传热介质的烹制方法。

当代烹饪书刊上对炒法的定义基本上都如下述：炒是将经过加工整理、切配成形的动植物原料，以油为主要导热体，采用旺火或中火在中小油量的锅中，以较短的时间快速翻炒至断生，加调味品入味的烹调方法。因为炒法是当代厨师做菜的重要技法，所以人们又将其细分为：

（1）生炒：也称煸炒、生煸，是将经过加工整理的质地软嫩、不易碎裂、无须上浆、无须挂糊、不必腌制的小型料块，在有少量底油的锅内爆锅后直接下料，短时间旺火翻拌断生，再放调料入味成菜的烹调方法，其特点是旺火操作，快速成菜。

（2）熟炒：将经过焯水等初步熟处理的5—8成熟状态的主料经刀工处理成小型料块，用适量底油爆锅投料后，以旺火或中火快速加热，调味成菜的烹调方法。

对于那些生料呈异味的原料，宜用熟炒法烹制。

(3)清炒：适用质地新鲜、柔嫩爽脆、无须配料的单一原料，经初加工或滑油、焯水等预熟处理后，投入底油锅中，用旺火或中火迅速翻拌成熟的烹调方法。典型菜品如清炒虾仁、清炒荷兰豆等。

(4)滑炒：滑炒是指在正式炒制前需要上浆保护的鲜嫩小料块，在经过温油处理约至断生后，再在底油锅中投料，以旺火或中火翻拌，添加配料和调料汤汁入味均匀后，勾芡成菜的一种烹调方法。滑炒从形式上看是料块两次入油，是当代餐饮业用得最多的方法。

(5)抓炒：常用于质地鲜嫩的鸡脯肉、里脊、虾仁等动物性原料，在经过初加工后，挂薄糊后入热油锅内炸至外焦里嫩的成型料块，再在底油锅内用旺火加调味芡汁迅速翻拌均匀成菜的方法，其实质就是先炸后炒。

(6)干炒：又称干煸、老炒，是加适量油，在中火锅中，将经过初加工的原料反复煸炒，使料块中的水分较快析出，形成干香酥脆的质感，再加调料入味成菜的烹制方法。川菜中常用此法，名菜如干煸牛肉丝。

(7)软炒：又称湿炒、推炒、泡炒，是将质地细嫩的主料先加工成茸泥状，再用适量的鸡蛋清液，加适量调料、汤汁和生粉调成粥糊状，需用净油锅加适量油，在中小火中加热，使料糊凝结成熟的方法。许多冠名芙蓉或雪花的名菜，以及三不粘等的烹制方法均属软炒法。

(8)爆炒：爆炒和前述的生炒类类似，也是旺火速成，但爆炒原料需先经过花刀成形和预熟处理，以确保炒制过程的快速。

中餐烹制方法复杂多变，因为它是将烹制和调味合在一起命名的，加之各地厨师标新立异，擅用方言俗语，所以许多名称看似新颖，而实际内容大体雷同。还有一些特殊方法如熏腊等，不是直接成菜的方法，所以算不上是烹饪加热技法，故此未加列举。对于这些情况，萧帆主编的《中国烹饪辞典》(中国商业出版社 1992 年版)和徐世阳编著的《烹饪实用辞典》(中国物资出版社 2005 年版)收罗得比较完全，可资参考。

第五节　烹饪调味技术的历史演进

饮食风味，究其根源，可以“传统堡垒”和“科学前沿”两语来概括，那是一点也不为过的。在我国历史上，五行学说的第一次实际应用就是“五味”(见《尚书·周书·洪范》)，本书已经多次引用过了，于是“至味”“五味调和”等便成了中国古今不变的饮食追求。等到孟子说“口之于味，有同嗜焉”，便揭示出一个共同的生理感觉，某种食物的味，不同人的嘴巴尝出来的感觉仅是略有不同而已。可是自从中医药以阴阳五行学说为核心建立起自己的理论体系以来，也将五味的概念借用过来了;可是《黄帝内经》中的“味”和日常饮食的味,往往混淆不清,在许多具体问题上各说各话,于是有人说,饮食的“五味”乃“适口之味”,而中医药的“五味”乃“适体之味”。既然已经觉察到口体的差异,何不换个概念呢?不行!研究中国古典思维方法的哲学家不让,少了阴阳五行,五千年文明就断了脊梁骨,所以万万不可!君不见,在当代有关中医存废问题的争论中,说话最有深度、态度最为激昂的乃是研究传统文化的哲学家,争论中的一大焦点就是以五行为框架的五味,足见它是“传统堡垒”之一。另外在现代科学领域内,有关人类的感觉生理以及更深层次的生理生化问题,有许多至今还没有解决。眼、耳、口、鼻、身五种感觉器官中,其生理生化功能的物理基础揭示得最为清楚的是眼,与其相关的光线是电磁波,视神经的感光机制与维生素A的关系,使人们对“五色”的认识几乎没有多少假设的空间,所以“五色”成不了传统堡垒;其次是“五音”(五声),因为声也是一类波动现象,对音色、音量都可作为科学的判断,所以“宫商角徵羽”很快被音符1234567所代替,这个堡垒也退出了五行之外;再次是身体的触觉,五行学说一开始便没有招惹它,因为从来没有出现过堡垒。唯独口所伺的五味和鼻所伺的五臭(包括五香),现代科学对它们的认识还相当肤浅,放映电影电视时完全无法表现的便是味道和气味。2004年10月4日,瑞典皇家卡罗琳医学院把2004年度诺贝尔生理学和医学奖授给了两位研究气味受体的美国科学家,表彰他们在嗅觉生理方面的基础性研究。至于味觉,现在在生理学方面还是空白,很多问题都还找不到准确的答案:例如我们中国人特别欣赏的鲜味,它的受体是什么,是味蕾还是末梢神经?口腔中鲜味的敏感区域在哪里?这使我们中国人得意扬扬,讥笑外国人没有鲜味的感觉。所有这些,都等待科学家去探索。如果有一天我们能从电视上闻到了饭菜的香味,恐怕古老的五行学说便难以施展它的魅力了。笔者在这里既不是危言耸听,也不是故意调侃,只是想说明味觉和嗅觉的科学本质,是当代生理科学的前沿课题,我们可不能因迷恋五行学说而放松了对它们的科学探索。科学的本质从来不顾及文化的情面,这种事例在科学发展史上,多得不可胜数。

我们中国人的文化传统中,还有一个异常混乱的概念,就是“道”。如果有人想做“一字之师”的话,“道”字应是首选。最近二三十年来,我国饮食文化界围绕食道、味道争论不休,各论其道,各行其道,后来发现,此道非彼道,结果还是“道不同不相为谋”。2000年底,老友陈耀昆先生从北京给笔者寄来一本《战略与管理》杂志(2000年第4期),该刊所论皆治国治世之大道,我辈群氓实在插不上话,但老陈要我仔细读该期第一篇文章,即李慎之先生的《中国文化传统与现代化》。据作者自述,这篇文章从构思到写成前后达十年之久,其间还受到庞朴先生《文化传统与传统文化》一文的启发和影响(庞文见于1993年的《中国社会科学季刊》)。李先生在文章开头部分就把结论告诉了我们,他说:“传统文化是丰富的、复杂的、可以变动不居的,而文化传统应该是稳定、恒定单一的。它应该是中国人几千年传承至今的最主要的心理习惯、思维定势。”“它是传统文化的核心，它的影响几乎贯穿于一切传统文化之中，它支配着中国人的行为、思想以至灵魂。”李先生对此是有明确结论的。他认为中国文化传统就是“专制主义”，中国人在意识形态上“接受专制主义真正是到了深入骨髓的地步”。李先生文章其他部分笔者未必赞同，但他这个结论倒是一句真话。在烹饪领域中，“满汉全席”之风越刮越大。我们的文化传统中天生缺乏民主和自由，因此也就缺乏科学精神。然而，中医处方有君臣佐使，中餐配料有主辅调配，致中和，大一统，都是我们的饮食文化传统，是传统饮食文化的核心，是中国人饮食活动的心理习惯和思维定式，是农耕文明结晶出来的恒久单一之态势，这几乎已没有什么可以争论的余地。但是，从古老的阴阳五行学说中脱胎成现代饮食科学，乃是传统饮食文化现代化的必由之路。其间，首先被冲击的便是这个“味”。从《礼记·月令》、《吕氏春秋》的“十二纪”、《淮南子·时则训》乃至《黄帝内经·素问》，都无法完全保护它，老庄诸子的高度抽象或许可以似是而非，而具体的实践却始终无法自圆其说。其实，有些麻烦是好事者自找的，例如，被人们普遍推崇的鲜味就不在“五行”中，却无法排斥于“三界”之外。菜系与文化圈之争未了，却又出了个“集聚区”的界定。“风味流派”没有补好的洞，岂能用“集聚区”加以覆盖？这都是“以味为核心”惹的祸。味是食物的自然属性，是人的生理感觉，人所能吸取的是它们的物质载体，而不是具体化合物的性质，因此说“味能养生”“味就是营养”之类，是匪夷所思的臆断。糖的营养价值是由于它氧化时生成 CO_2 和 H_2O 而释放的能量，而不是它的甜味；醋酸铅虽有甜味，但却是毒物。食盐分子中的 Na^+ 和 Cl^- 是人体生理功能所必需，绝对不喜欢咸味的人也必须摄入。这些都和文化传统无关，但是风味偏嗜又的确是文化现象，所以本节最难说清楚的就是文化和科学的关系。由于本书的宗旨，所以我们主要还是讨论味的科学问题。

一、从人文的风、生理的味到风味

在汉语中，“风味”这个词出现得并不早。“风”和“味”各有所指。《说文解字》释“风”为“八风”，即不同方向的风，按段玉裁的解释，开始是指音律。《礼记·乐记》：“八风从律而不奸。”郑玄注：“八风从律，应节至也。”《左传》：“夫舞所以节八音而行八风。”服虔注：“八卦之风也。”因为引入了八卦，这样便和立春、春分、立夏、夏至、立秋、秋分、立冬、冬至发生了关联，于是“风之用大矣。故凡无形而致者皆曰风。《诗序》曰：风，风也，教也。风以动之，教以化之”。这就是《诗经》“风、雅、颂”中的“风”的寓意。班固《白虎通德论》第六卷有“八风”一节，由自然之风讲到为政，而应劭在《风俗通义》的序言中则将自然之风和人文之俗联系在一起叫作风俗，于是有“百里不同风，千里不同俗”的论断。所有这些，都是在“天人合一”思想指导下产生的，其中以“凡无形而致者皆曰风”这句话最为精辟。

《说文解字》释“味”非常简单:“味,滋味也。”段玉裁注:“滋,言多也。”则此滋味就是丰富的味道。而“风味”就是将“无形而致”的风和丰富的滋味加在一起,于是味就变得复杂而且难以捉摸。我们今天关于菜系、食文化圈乃至集聚区的争论都是因它而起,风是无形的,味是可以体验的,虚虚实实弄得人们欲言难明。

“风味”这个词,大概在魏晋南北朝时出现,原指美好的口味。南朝梁刘峻(462—521)《送橘启》:“南中橙甘,青鸟所食,始霜之旦采之,风味照座。”以后引申为一般有趣的事物称为别有风味。但在饮食领域,风味的广泛应用大概始于唐代,我们从《佩文韵府》等工具书中可以找到许多含有“风味”一词的例句。但饮食风味的具体内涵大概在清末民初才逐渐明确起来,徐珂在《清稗类钞》“饮食类”中谈及中外饮食比较时强调色、香、味三者。真正考究饮食风味的时间大概始于20世纪末期的“烹饪热”,色、香、味、形为事厨者和论食者评价菜点的四大指标;后来因受食品科学关于texture(质构)的影响,于是加入了第五个指标,有人称“滋”,有人称“质”,甚至还有加“意”“器”“养”等等。不过笔者以为:饮食风味系指食品的内在特色,因此力主以“色香味形质”五者为饮食风味的基本内涵,并为此发表过多次论述,阐明这五者是中华民族风味内涵的完整描述,与西方学者主张flavor不完全相同;因为flavor所表征的仅味觉的味和嗅觉的香,中国烹饪的风味内涵比它们丰富得多,色、香、味、形、质是中国饮食审美的重要标准,在历史上几乎是唯一的标准。

有人会说,色、香、味之说源于先秦诸子,特别是《老子》传世本十二章有云:“五色令人目盲,五音令人耳聋,五味令人口爽,驰骋畋猎令人发狂。”显然这和饮食审美没有深刻的关系。墨子和孟子也讨论过美食,但他们的美食标准除了味就是多,即“食前方丈”。《吕氏春秋·本味》被人们誉为最早的烹饪论文,但也没有概括出明确的风味内涵,真正揭示饮食风味内涵的是孔子。

二、孔子是饮食风味内涵概念的鼻祖

孔子是儒家学说的鼻祖,儒家是鄙视“饮食之人”的,但是出于礼制的需要,他们并不轻视饮食礼仪。正统的儒家要求自己的一言一行都要合乎规矩,《论语·乡党》所述便是孔子的日常生活准则,其中的“不食”训条便是中国饮食风味内涵的肇始。试看:

色:“色恶不食。”

香:“食饐而餲,鱼馁而肉败,不食。”“臭恶不食。”

味:“不得其酱,不食。”“不撤姜食。”

形:“食不厌精,脍不厌细。”“割不正不食。”

质:“失饪不食。”

过去我们常说,《乡党》揭示的是孔子对饮食卫生的重视。其实这种理解过于表面化,笔者本人也不止一次如此说。现在看来,我们把孔子作为中华文化传统(不是传统文化)的正宗(他对中华文化任何一个分支的影响都是很深刻的),的确起到了"无形而致"的作用。2000多年来,调料有了很大的变化,品种日益增多,事厨者创造了无法计数的美味佳肴;但在没有营养理念的古代,色、香、味、形便是评价它们的主要指标,而这些指标的首创者正是孔子。即便是近代食品科学已进入中国逾百年之久,我们求得的是内涵和本质结合,并没有也永远不可能彻底去否定这些指标。

三、"致中和"是饮食风味概念的理论提升

"致中和"首见于《礼记·中庸》。据考,《中庸》为孔子之孙子思(即孔伋)所作,所谓"中庸",郑玄解释为"以其记中和之为用","庸者,用也"。南宋的朱熹,把该篇和《大学》篇从《礼记》抽出来,和《论语》《孟子》编在一起,叫作"四书";"四书"和"五经"(《周易》《尚书》《诗经》《礼经》和《春秋》)阐发的是中华文化传统的基本内容,也可以算是我们中华民族精神的脊梁,宣扬封建专制主义自不待言,但其中也不乏中华文化的优良传统,《中庸》所表述的中和思想便是其中之一。中和思想既是我们中国人信奉的治国、齐家、做人的根本之道,也是中国烹饪技术追求的最高境界,所以厨界向来都以"致中和"为座右铭,并以此互勉。《中庸》有一句饮食名言,叫"人莫不饮食,鲜能知味也"。孔颖达作疏曰:"饮食易也;知味难也。"他还举了三个实例,来说明难易之别,不过并不符合他祖先的本意。

"致中和"的原文在第一章已经引过了,这里再引一次也无妨。"喜怒哀乐之未发,谓之中;发而皆中节,谓之和。中也者,天下之大本也;和也者,天下之达道也。致中和,天地位焉,万物育焉。"对于这一段话,《十三经注疏》中有一大段疏注,现在举"和"的郑氏注:"'发而皆中节谓之和'者,不能寂静,而有喜怒哀乐之情,虽复动发,皆中节限,犹如盐梅相得,性行和谐,故云'谓之和'。"对于饮食而言,这个注很重要,因为《尚书·说命》有云:"若作和羹,尔惟盐梅。"但是"和羹"所用的盐梅也不是随意的,要调得"盐梅相得",才是"中节",这个"节"就是平衡点;"致中和"就是找平衡点,反对"过犹不及",这便是中国烹饪风味调配技术追求的终极目标。一篇《论语·乡党》,一篇《中庸》,是孔子祖孙为中国烹饪风味调配技术提供的最确切的哲学指导,我们如果能够深刻理解上述引文,则风味调配技术的实施便有了方向。

四、本味与基本味

赵荣光先生曾不止一次地阐述中国饮食文化的基础理论,他认为食医合一、饮

食养生、本味主张和孔孟食道便是这个基础理论的四个方面。我们在这里仅就"本味主张"的基本内涵做进一步阐述。有关味、口味、滋味、香臭、气味乃至味道这些词的产生和含义演变的过程,赵先生已经做了相当详尽的爬梳(赵荣光:《中国饮食文化史》第一章,上海人民出版社 2006 年版,第 12 页),本书在以前各章节也略有提及,不再重复。这里仅就从"本味"到"基本味"的演变略加讨论,意在说明"本味"和"基本味"是两个不同的概念。

众所周知,"本味"一词首现于《吕氏春秋·孝行览》第二节的篇名。《孝行览》全篇共 8 节,所论者都是君主南面之术。第一节解题时就说到"务本"。所谓务本就是得人,而这个"人"必须有孝行,"务本莫贵于孝"。而第二节即《本味》,一开始便说:"求之其本,经旬必得;求之其末,劳而无功。功名之立,由事之本也,得贤之化也。"这也就是说,求贤就是务本,所以《本味》是伊尹以至味说汤,得到汤的重用,这是汤的务本行为,目的在于取得天下,成为天子。故而《本味》篇最后的结论是:"天子成则至味具。"高诱作注曰:"天下贡珍,故至味具。"说白了,就是你做了天子,什么好吃的东西都会有的,可见在那个时代,人的欲望远不如后代强烈,难怪到了战国末期,孟子就不相信成汤是因为好吃而重用伊尹。然而《本味》的确描述了当时的天下至味和烹制至味的方法。也就是说,烹制至味的原料必须有"美"的本质,但仅有原料之美还是不够的,还必须烹制得当,否则也得不到至味,就如"功名之立,由事之本也,得贤之化也"。在至味制作过程中,烹饪技术犹如帮助君主理政的贤人,这才是《本味》篇的主旨。但《本味》篇也的确概括了当时最佳的烹饪方法。有关文字我们在第一章中已经全文引录了,在这时我们不妨结合高诱的注,以语体文转译如下:

动物可分为水生、肉食和草食三种,水生的有腥味,肉食的显臊气,草食的有膻味,尽管气臭味恶,但都是美味的原料。物料有味,是因其能溶于水,故水最重要。所谓的五味指咸苦酸辛甘,所谓三材指水、木和火。九沸九变,全靠火来节制,加热速度,时慢时快,要达到灭腥、去臊、去膻的目的,必须调节得当,无失其理。调味过程中,咸苦酸辛甘五种滋味,加入的先后多少,虽然分量不大,但都必须合乎规范。鼎中的变化,非常细致微妙,无法用语言表达,也想象不清楚。就好像射箭者视察标的如观毫毛,驾车者执辔手调马口一样,犹如春生夏长秋收冬藏四季的阴阳变化。故此久而不败,熟而不烂,甘而不浓,酸而不酷,咸而不减,辛而不烈,淡而不薄,肥而不腻口。

这一段文字,结合现代我们对烹调技术的认识来分析,着重在于火候和调味,可能当时对切割之类的刀工技艺,还不作要求。结合现代我们对风味内涵的界定,只谈到了味觉的味和触觉的质,对嗅觉的香臭还没有明确的说法,至于视觉的色和形,还不如《论语·乡党》具体。因此《本味》篇所说的"至味"和"本味"的概念并不明确,它所说的至味就是好吃的食物,而"本味"则指"臭恶犹美"的物质基础,通过烹可以将"本味"转变成至味。但即便是至味,也不等于人人都喜欢。《孝行览》的

第七节篇名《遇合》,其中就说道:“若人之于滋味,无不悦甘脆,而甘脆未必受也。文王嗜菖蒲菹,孔子闻而服之,缩頞(颈)而食之,三年然后胜之。”这说明了“味”与饮食习俗的关系。

《吕氏春秋·离俗览》的第四节为《用民》篇,其中有一比喻:“譬之若盐之于味。凡盐之用,有所托也。不适则败托而不可食。”“托”是承载的意思,说明用盐不仅是为了调咸味,这个认识在其他古籍中极为少见。

“本味”的概念,在长达2000年的历史进程中,一直和五味、美味甚至饮食之类的概念混淆使用。例如,唐朝段成式在《酉阳杂俎·酒食》中说:“物无不堪吃,惟在火候,善均五味。”宋元明清数代,食事文献数量剧增,但做理论阐述者并不多,直到袁枚作《随园食单》,才对烹饪技术的基本要素进行归纳,其“须知单”中的“作料须知”“调剂须知”“配搭须知”“独用须知”“色臭须知”“变换须知”“用纤须知”“疑似须知”和“补救须知”等九项主要是讲风味调配,而《须知单》一共只有20项,另外在《戒单》中也有关于调味方面的注意事项。所以在袁枚看来,在菜肴制作中,调味是第一要务,对《食单》中所列的各种食品的制作方法,他都做了具体的调味指导,可惜他未对“风味”内涵做更为系统的阐述。

清末民初,徐珂在《清稗类钞·饮食类》中讲到“我国、欧美、日本饮食之比较”时说:“欧美各国及日本各种饮食品,虽经制造,皆不失其本味。我国反是,配合离奇,千变万化,一肴登筵,别具一味,几使食者不能辨其原质之为何物,盖单纯与复杂之别也。”他所说的本味,实乃物料之原味,和《本味》篇的原意相近,但仍不是我们今天所理解的风味。这种现象,在《红楼梦》的描写中,以王熙凤说的那个“茄鲞”最为精辟。

人们对味的物质本质属性的认识,必须得有生理学和化学的参与,否则是说不到点子上去的。因此,历史文献资料所谈的味,都不可能达到这个高度。食物以其能入口为基本功能特征,因此,味或滋味乃是一切“味”概念的基础。而且人们在生活实践中,体会到用最简单的味去调配出各种变化的味,并且将简单的味定为基本味。在我国古代,《尚书·周书·洪范》就做了第一次归纳,由于归纳的自然哲学框架是五行学说,所以就定了五种基本味:东方木行象征酸味,是因为最早以梅子为酸味调料,而梅子是树上长的,树木是可以曲直成形的,故曰“曲直作酸”;南方火行象征苦味,因为食物烧焦了都显苦味,而火是向上燃烧的,故曰“炎上作苦”;西方金行象征辛味,因为金属可以煅打变化改革形状,故曰“从革作辛”;北方水行象征咸味,因为食盐显咸味,它又是从海水或卤水中炼出来的,而且水都是向下流的,故曰“润下作咸”;中央土行象征甘味,因为天下万物都是从土中得来,粮食等食物也是从土中生长的,所以有“土爰稼穑”之说,而粮食做成的粥饭等在口中咀嚼显甜(甘)味,故曰“稼穑作甘”。这就是我们中国古人对基本味的最早归纳。世界上其他古文明也各有其归纳的内容,古希腊人信奉他们的先哲亚里士多德、柏拉图的四元素说,即认为组成世界万物的基本元素是水、火、土、气四者,表现在味觉器官上的认识便是咸、苦、甜、酸四种基本味;在此之后,也有人提出其他不同的基本味。同样,在古印度的顺世论哲学中,“空”也作为一种元素,所以他们的基本味有淡味之说。不过虽然有这些不同的说法,但咸、苦、酸、甜四种味道是所有不同种族、不同民族的人类所共有的味觉感受。也正是基于这一原因,2008 年北京奥运会期间,北京烤鸭和扬州炒饭成了世界性的食品。因为咸、苦、甜、酸四种基本味在生理解剖学上有它们各自特有的感受器。1867 年发现了舌面上的乳头状突起物的内壁存在这种专一性的味觉感受器,人们将这类感受器称为味蕾。这些味蕾存在于舌面前部,按乳头形状分为蘑菇状乳头(Fungiform Papillae)和纤维状乳头(Filiform Papillae),在舌根部舌面上的称环状乳头(Circulate Papillae),在舌根部两侧的称叶状乳头(Foliate Papillae)。四种基本味在舌头上的敏感度也因接触部位不同而不同:舌端对甜味最为敏感,舌的两侧对酸味最为敏感,咸味的敏感区在舌的前端和两侧,而苦味的敏感区则在舌的根部。尽管如此,生理学家们还不能就此肯定某种乳头所接受的呈味物刺激的对应关系。对于人类来说,味蕾数量的个体差异性很大,大概有 20%的“超级美食家”可以达上千个,而有少数人却只有上百个。

基本味可以互相影响,相关的呈味物质也可以互相混合,但它们仍保持着各自的味觉效果,例如柠檬是酸的,蔗糖是甜的,而柠檬汁和蔗糖水混合就是酸甜的,这正和我们中餐厨师喜用的糖醋味相似。我们古文献上提到易牙有“淄渑之辨”的能力,说明古人对味的混合早已有所察觉,并且一直用于调味实践中,这对于我们中国烹饪来说,可以说是世界的顶峰。然而我们需要指出:调味和调色、调音的道理和效果是不一样的。视觉生理研究早在 1604 年就由德国人开普勒(Johannes Kepler,1571—1630)所突破,“三原色”早已为人们所熟知,对颜色而言,有红色、蓝色和黄色三者,对色光而言,有红色、蓝紫色和绿色三者。将三者任意混合,就可以得到任何一种颜色或色光。至于听觉理论,则是在 1863 年德国人赫尔姆霍茨(H. L. F. von Helmholtz,1821—1894)首创生理音响学基础之后,和声学才有了完整的科学理论指导。然而,视觉和听觉都是物理感觉,可味觉和嗅觉都是化学性感觉。举个通俗的例子来说,钢琴的中央 C 和小提琴的中央 C 振动频率是完全一样的;而蔗糖的甜味和蜂蜜的甜味则有明显的不同,这就是调味过程中出现“一菜一味”的根本原因。

味觉的效果总是和嗅觉捆绑在一起的,两者都是化学性器官,就是说,它们是通过感知溶解或挥发的物质分子而产生作用的。味觉感知的是溶解于液体(主要是水或唾液)中的分子,而嗅觉则是感知那些具挥发性的分子。这些物质分子与感觉器官发生关系并在器官的膜内发生化学反应,刺激神经传递物质,并将信息传到大脑,然后产生知觉。目前,对这类传递物质的认识还很不够,所以无论是味觉还是嗅觉,都不能像视觉和听觉那样进行随心所欲的设计。虽然 2004 年度诺贝尔生理和医学奖授给了研究嗅觉生理的科学家，但至今为止，我们还无法对分子的气味进行分类，笼统的香臭很难表述任何一种具体食品的准确气味。像 H_2S、NH_3、HCHO 等小分子化合物，在纯粹状态时，都具有很难闻的气味，而 CO、CH_4 等在一般情况下都是无臭无味的。但是当它们组合出现在新出锅的米饭上面时，便有一种诱人食欲的香气，而这种香气的组成略有变化（如霉变大米）时，它的气味便不会优雅。优秀的调香师可以调出各种令人愉快的气味，却完全是凭经验。总而言之，滋味和气味是物质分子固有的属性，但它们是否也和颜色、声音一样是电磁波或机械振动，抑或是与其他能量状态有对应关系？当这些分子刺激味觉或嗅觉的生理组织时，又是怎样通过传递物质到达大脑中枢神经系统的？这些问题至今尚不清楚，所以味觉和嗅觉的相关研究，仍然是现代科学的前沿。

在我国古代五行学说指导下，辛味被认为是一种基本味。早在《尚书·周书·洪范》中，对"木曰曲直，金曰从革"和"曲直作酸，从革作辛"的解释就嫌牵强，还是孔颖达作《正义》时，说得较为清楚："此亦言其性也，'揉曲直'者，为器有须曲直也。'可改更'者，可销铸以为器也。木可以揉令曲直，金可以从人改更，言其可为人用之意也。"这是"木曰曲直，金曰从革"的合理解释，而"曲直作酸"的解释是："木生子实，其味多酸。五果之味虽殊，其为酸一也。是木实之性然也。《月令》'春'云'其味酸，其臭膻'是也。"这个解释也还说得过去。《月令》"秋"曰"其味辛，其臭腥是也"，但"金之在火，别有腥气，非苦非酸，其味近辛，故辛为金之气味"。这个解释简直是强词夺理，金和辛怎么说也不搭界，至于把阴阳之数硬套上来，除了玄而又玄之外，在生活实践中找不到任何根据，远不如"炎上作苦""润下作咸"和"稼穑作甘"的解释合乎逻辑。近代生理学研究证明，辛（即后来的辣）根本不是一种味觉，而辛辣物质刺激舌根表皮和口腔内膜的灼痛感觉，是一种触觉，由此想到古人把辛味归成"金行"，可能正是基于金属物体对口腔有戳痛的感觉，而不是什么"从革作辛"。辛味总是和嗅觉的香结伴出现，晋代的常璩在《华阳国志》中就已经记述了巴蜀人"好滋味，尚辛香"的饮食习惯，其实孔子就已经"不撤姜食"了。

正因为辛味不是基本味，所以它的感觉谱带很宽，除了酸、甜、苦、咸、鲜、香之外的其他感觉都可以列入辛味，它的呈味物质分子存在溶解和挥发两种感知状态。正由于此，我们可以将它纳入化学性感官的范围之内。2004 年笔者再次修改《烹饪化学》教科书（轻工业出版社 2004 年版）时，特别强调将辣味分为热辣味（辣椒是典型代表）、麻辣味（花椒加辣椒）、辛辣味（胡椒、芥末、葱、蒜等）和香辣味（姜、肉豆蔻和丁香）四种类型，目的就在于说明辛味感觉谱带的复杂性。

五味和本味是中国传统饮食文化的重要范畴，五味还是中医药学的重要范畴，并且被广泛应用于人文领域。但在近代科学没有传入中国以前，它们不仅没有可靠的化学基础，而且也没有必要的生理学基础。因此，这里有关基本味的讨论，都属于古典概念的现代解释。烹饪界常有人引《吕氏春秋·本味》说"鼎中之变，精妙微纤”，其实“口中之变”更为复杂。欧洲食学泰斗布里亚-萨瓦兰对此的描述是：

> 一旦可食用的东西被放进嘴里，它就会被牢牢咬住，就会发出气味，就会变得湿润等等，而不可能有别的退路。嘴唇可以让任何东西无处可逃；牙齿可以将食物咬碎嚼烂；唾液可以使其变得湿润；舌头用于捣碎和搅动食物；呼吸般的吮吸用于把食物送进食道；舌头把食物卷起并使其向里滑动；当食物经过鼻孔通道的时候，嗅觉器官能闻到它的气味，然后被送到胃里，在里面接受各种各样的消化。在整个变形过程中，味觉器官的鉴赏力连一丁点儿的原子都不会漏过。因此，正是由于这一近乎完美的过程，吃的享受变成了人的一种特权。（转引自卡罗琳·考斯梅尔《味觉》（中译本），中国友谊出版公司 2001 年版，第 123—124 页）

人所具有的视觉、听觉、触角、味觉和嗅觉之中，视觉和听觉的缺失是可以矫正的，触觉可以借助于机械做一定程度的改善，唯独味觉和嗅觉没有任何可以帮助的技术措施，这或许就是化学性感官的基本特征。

五、鲜味的困扰

《说文解字》说“鲜”原是一种鱼的名字，后来字形改为“鱻”，原义消失，乃泛指鱼、水产、美味、新鲜、纯净、善好诸义（读 xiān），也有稀罕（形容词义）、少、孤寡等义（读 xiǎn）。但鲜味一词在明清之前鲜用，据笔者所见，最早给“鲜味”下定义的是李渔（1611—1680），他在《闲情偶寄·饮馔部》“笋”开始时说：“论蔬食之美者，曰清、曰洁、曰芳馥、曰松脆而已矣。不知其至美所在，能居肉食之上者，只在一字之鲜。《记》曰：‘甘受和，白受采。’鲜即甘之所从出也。”文中《记》指《礼记》，在其《礼器》篇有：“君子曰：甘受和，白受采。忠信之人，可以学礼。苟无忠信之人，则礼不虚道，是以得其人之为贵也。”可见这里的“甘受和，白受采”是两个比喻。孔颖达疏《正义》曰：“甘为众味之本，不偏主一味，故得受五味之和。白是五色之本，不偏主一色，故得受五色之采。以其素质，故能包受众味及众采也。”我们姑且不论古人混淆了味觉和视觉的不同本质，他们直觉地意识到以粮食为主要来源的甘味，能够接受众味之调。李渔认为鲜味即是从甘味中调出来的，因此，他认为肉食不是鲜味，这显然还没有形成准确的鲜味概念。另外，他在“虾”中说：“善治荤食者，以焯虾之汤，和入诸品，则物物皆鲜，亦犹笋汤之利于群蔬。”而在“蟹”中说：“蟹之鲜而肥，甘而腻，白似玉而黄似金，已造色香味三者之至极，更无一物可以上之。”是以李渔所说的“鲜”指鲜美和新鲜两义，不过他在这里明确指出“色香味”三者是美味终极指标，这可以说是中国饮食风味创造性的见解。

晚于李渔百年之久的袁枚(1716—1798),很欣赏竹笋的"甘鲜",在《随园食单·须知单》的"疑似须知"中,他说:"味要清鲜,……清鲜者,真味出而俗尘无之谓也。"《戒单》"戒停顿"说:"物味取鲜,全在起锅时极锋而试。"又在"戒暴殄"中说:"蒸鲥鱼者,专取其肚而不知鲜在背上。"我们从这些有关"鲜"的引文中,可见无论是李渔,还是袁枚,他们所说的鲜味,实际上都是美好滋味的代名词,是饮食味觉的综合效应,远没有达到"基本味"的境界。大概又过了 100 多年,徐珂作《清稗类钞》,其饮食部收资料 1300 条左右,但对鲜味鲜有提及。鲜味真正成为人们关注的重要口味,当和味精的发明有关。1912 年,日本学者池田菊苗(Kikunae Ikeda)从海带水解液中提取分离了谷氨酸,并发现其钠盐有很强的增鲜作用,他还为此创造了一个日文新字"ウマヾ"(umami)作为"鲜味"的专用名称。日本在此基础上开发一种叫"味の素"的调味剂,并且迅速对外出口,这反而促进了中国民族实业家吴蕴初先生(1891—1953)的努力。他于 1923 年在上海创办了天厨味精厂,将面筋用食品级盐酸水解生成谷氨酸钠,并以"味精"的商品名称进行销售。因面筋水解需用盐酸催化,水解反应完成后又需要氢氧化钠中和,在那时候的中国,这些都是舶来品,因此,生产受到别人的控制。吴先生为此又创办电解食盐的天源化工厂,生产盐酸和含 30%NaOH 的液态烧碱,但电解产生的氢气未能利用,于是开办了以利用氢气合成氨,并氧化成硝酸的天利淡气厂,以及生产包装器皿的天盛陶器厂等天字号企业。从此味精产量大大增加。特别是新中国成立以后,味精成了每一个中国家庭必备的调味品,味精溶于水就是人们普遍心仪的鲜汤。从此,人们对鲜味才有了明确的感觉,而在此以前的鲜味概念是模糊的,海鲜、河鲜、水鲜、清鲜等等,并没有像食盐是咸的、糖是甜的那样单一的感觉。我们中国的许多文化人(包括著名的费孝通先生)都认为西方人不懂得或不讲求鲜味;特别是 20 世纪 80 年代在我国厨行流行的一本畅销书——《烹调原理》的作者台湾张起钧先生,强烈地批评欧美人不懂得鲜味。因此,把"鲜味"英译成 delicious 是不确切的。因为在英语中,delicious 的原义是指味觉、嗅觉并带有幽默感的味道,所以欧美人不承认鲜味是一种基本味,味精的生理感觉也只是一种味觉增效作用。时至今日,外国人拒食味精的现象还是相当普遍的,甚至还有什么"中国餐馆就餐综合征"的怪病。然而,世界卫生组织已经数次明确宣布,味精是唯一可以不限量使用的食品添加剂。其实,这个道理很简单,因为谷氨酸是一切蛋白质食品的正常组分,在饮食中添加谷氨酸只不过是一种味觉强化而已,怎么会产生什么毒害!因此,对味精的拒食心理(我国北方也有这种人),主要还是饮食习俗问题,而习俗是一种"无形而致"的风气,谈不上有什么科学道理。

坦率地讲,鲜味的欣赏习惯源于中国,但当代对鲜味研究得比较深刻的还是日本。他们不仅有一批生理学家和食品生化学家在做有关味觉的基础性研究,并且力主将鲜味作为人类饮食的基本味。他们在饮食文化学方面也有惊人的研究结论。著名的日本食文化学者石毛直道先生(他的研究成果经过赵荣光先生的推荐,已为大家所熟知)的研究成果就很值得我们重视。笔者以为他的研究工作有两个特点:第一是他的研究工作结论从不排斥近现代科学,而是认真利用近现代科学的成果,去探索饮食文化现象产生的原因;第二是他的研究结论是建立在广泛的田野调查基础之上,从不做没有根据的推测。所以他的研究结论就显得客观而且真实,而这两点正是我国当代饮食文化研究的致命伤。如果自然科学(主要是食品学)和人文科学各说各事,烹饪学的研究就会始终局限在锅台上。

石毛先生认为,从全世界的角度看,对调味料和香辛料的使用,存在欧洲调味品圈、阿拉伯香辛料圈、印度咖喱圈、非洲油料植物圈、太平洋椰子油圈、南美辣椒圈、东南亚鱼酱圈和东亚谷酱圈。他大量采集鱼酱产品,经过分析证明,东南亚的鱼酱和东亚的谷酱一样,"都含有大量的美味之源的谷氨酸"。因此他认为:"科学研究证明,人们除了酸、甜、苦、咸 4 种基本味觉之外,还存在着第 5 种味觉,就是从口舌传递到大脑的味觉中,有一种美味(即鲜味),在氨基酸系和核酸系中,发现有 30 种以上的美味物质存在。"为此,石毛先生认为东亚和东南亚都属于鲜味文化圈。此外,他还论证了油脂不是美味物质,但油脂却具有美味物质的功能。(冯新泉主编:《酱缸流淌出的文化——2007 中国首届酱文化(绍兴)国际高峰论坛文集》,中国社会科学出版社 2008 年版)

石毛先生的研究结论帮助我们解决了一个难题,即满足了我们关于鲜味王国的虚荣心,原来我们祖宗创造的肉醢、谷酱都是鲜味的根源,而且我国南方从古到今都在生产和食用鱼酱、虾油还有蚝油,全国各地有各种风味特异的谷酱,它们都是味精的祖先,中国酱和鲜味就是一对同义词,而且无论是日本还是韩国,都承认它们的酱文化是从中国传去的。正如我们在第三章第一节中所述,我们把酱当作咸味调料,实际上未得真传。中国的鲜味文化,实际上是从酱开始的,至于味精之类的鲜味剂,只不过是中国酱的外孙。然而,我们面前的任务还很艰巨,就是如何从生理解剖学和生物化学的角度去证明,确实存在鲜味这样一种基本味,尽管一些食品生化学家已经指出:甜味是糖类物质在人体神经系统中的信号;酸味是氢离子的信号;咸味是无机盐(主要是盐分子中的阴离子 Cl^-)的信号;苦味是危险物质的信号;而鲜味则是氨基酸、肽和蛋白质的信号。但是鲜味的接收器在哪里?是什么样的形态?这些问题目前虽然有些苗头,但离阐述其本质还有很大的距离。

鲜味文化几无争论,但鲜味科学任重而道远,中外学者都有相关的假说或理论问世,但所有这些假说和理论,都没有通过自然科学研究的第一关,即证伪过程,所以我们不做介绍。

六、迎接风味科学的新时代

笔者一向主张以“风味调配”取代语焉不详的“调味”，既然我们已经认定了饮食风味有色、香、味、形、质五个方面，为什么还要使用容易与口味混淆的“味”呢？至于文化学意思的“味”，那是属于“无形而致”的范畴，不在本书详论的范围之内，而且“无形而致”，也不是调出来的。

经过数千年的酝酿和数十年的争论，尽管对味觉和嗅觉，生理科学、风味化学及食品物性学并未取得完全突破，但饮食风味科学的内容体系已经形成，这就是色、香、味、形、质五个方面。南京青年厨师徐世扬在其编著的《汉英对照烹饪实用辞典》(中国物资出版社 2005 年版)中有一个“饮食风味”的条目：“饮食风味概括了一个特定范围里(如地域、生产消费主体或对象等)，包括菜肴、面点、小吃在内的食品制作的总的风格特点。‘风’有沿袭、流行之义；‘味’是中国传统对饮食品的指代性称呼(包括其制作特点)。”这个定义可以说是差强人意，可总是觉得意犹未尽，笔者在《烹饪学基本原理》中曾引用过日本味之素株式会社学者们的一张系统表，现在看来也不尽理想，故而略加修改如下：

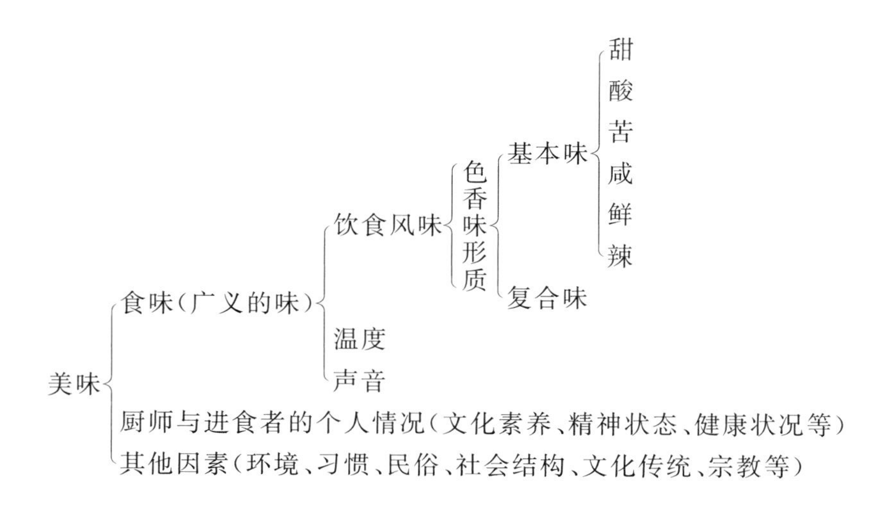

笔者还要申明：这个表未必是准确的，但列出了问题的方方面面，例如辣味不是单纯的味觉，也是嗅觉的一部分。特别需要指出的是，复合味并不等于基本味的叠加，而且复合味也是味觉和嗅觉的综合效应，厨师们所说的味型是不区分味觉和嗅觉的。为了更好地说明问题，现在从技术层面对色、香、味、形、质五者再做说明。

色：烹饪和食品制作中的调色技术，主要分两个方面：一是利用食物原料的本色或经过加工以后形成的颜色，做机械性的堆砌，因而整个制品的颜色是五颜六色的，不过要求配得和谐而已；二是将各种食物原料粉碎后均匀混合，整个制品的色泽是近似单一的。这两者都可以满足人们在饮食活动中视觉审美的欲望。

香：如前所述，香是化学性的感觉，调香技术也有两个方面：一是配方技术，就是将各种不同气味的物料，经过反复重配，获得一种为人们普遍接受的食用香料，印度的咖喱，中国的五香粉、十三香等都是成功的范例；二是加热技术，就是通过加热的方法使物料中的小分子挥发性成分以一个人们认为和谐的气味混合物进入人们的鼻腔，中国各地的臭豆腐和绍兴的霉干菜都是成功的范例。

数十年来，科学界普遍认为：人类能够辨别数百万种颜色和大约三四万种声音，但只能辨别大约1万种气味，因而鼻子的能力远低于眼睛和耳朵。然而在2014年3月20日出刊的美国《科学》周刊，报道了美国洛克菲勒大学神经遗传学实验室的最新研究结果表明，人类至少能够辨别1万亿种气味，这是惊人的能力。

味：味在技术上和香具有类似的特点，即既有配方技术，也有加热技术，而且是味觉和嗅觉的综合效应，是 delicious 的原义。

形：形有生料加工和熟制两个方面，在厨艺和食品制造工艺中，都有相当的技术难度。在饮食风味中，具有从有形到“无形而致”的效果。形兼有形状和形态两个方面，前者指食品的几何形状；后者指食品成分的聚集状态。

质：在饮食风味中，质构既涉及物料的化学感觉，也涉及物料的物理感觉（即触觉），例如，糯米制品和粳米制品有不同的质构触觉效应，即是由原料中支链淀粉和直链淀粉的含量多少而造成的。此外，由于烹饪技法的不同，也会使同一种原料有不同的口感，我国古人早已把“甘脆”当作美食的品尝指标。最著名的莫如宋初陶穀在《清异录》中所说的“建康七妙”。建康指今日南京，又称金陵。“建康七妙”在不同古文献中，文字略有不同，但不影响其解释。原文是：“金陵士大夫渊薮，家家事鼎铛，有七妙（或‘种种臻妙’）：齑可照面，馄饨汤可注砚，饼可映字，饭可打擦擦台，（湿）面可以结带，醋可作劝盏，寒具嚼著惊动十里人。”过去已有多少人对此加以解释，其中除“齑可照面”表示刀工精细，是“形”的问题，“醋可作劝盏”指醋可代酒敬客，是香和味的问题外，其他五“妙”均为“质构”问题，其中最难理解的是“饭可打擦擦台”。这“擦擦台”是什么玩意儿？最初是由陈耀昆先生根据明代陈邦瞻《宋元史纪事本末・佛教之崇》将“擦擦”解释为宝塔（浮屠）。陈先生当时还很谦虚，说此乃孤证（见《中国烹饪》1996年第6期）。其实并非孤证，笔者就曾在中央电视台的民族民俗类节目中，收看到今日青藏一带藏民，家家都要供奉“擦擦”。

以“风味”一词表征地域饮食文化特性，只是近几十年来的事情，但饮食风味地域差异的存在可以说是亘古有之，在考古学的各种文化类型中，饮食是其重要组成部分。这种差异的产生，不外乎自然条件和特定人群的人文因素两个方面。中华民族的主体是汉族，汉族聚居地饮食风尚差异的最明显分界线是长江和淮河。江淮以南的渔稻文化和江淮以北的菽粟文化（以及后来转化的粟麦文化）已有几千年的历史，直到宋代，才有正式的关于南食、北食和川食的文字记述，这说明社会餐饮行业的发展，使得职业厨师成为城市生活中一支重要的劳动者群体，从而结成了相关的行帮。这种组织开头很可能就是因底层劳动者互助性的需要而产生的，厨师的籍贯和饮食习尚、烹调风格、师承关系应是维系行帮的主要纽带。徐珂在《清稗类钞》中曾经述及："肴馔之有特色者，为京师（北京）、山东、四川、广东、福建、江宁（今南京）、苏州、镇江、扬州、淮安。"这种特色，他又归结于各地食性的不同："食品之有专嗜者，食性不同，由于习尚也。兹举其尤，则北人嗜葱蒜，滇、黔、湘、蜀人嗜辛辣品，粤人嗜淡食，苏人嗜糖。即以浙江而言之，宁波嗜腥味，皆海鲜。绍兴嗜有恶臭之物，必俟其霉烂发酵而后食也。"现在看来，徐珂的这些说法不一定准确，但行帮、食性之间的确有一定的因果关系。当中国烹饪未纳入政府的行业管理之前，这些也只是美食家们寻找美食的方向，一般人士茶余酒后的谈资而已。可是新中国成立以后，特别是城乡社会主义改造完成以后，我国实行计划经济，政府对各行各业实行事无巨细的实质管理，行帮组织实际上已经消失了。但"食性"仍在。改革开放以后，中国大陆掀起了"烹饪热"，一些人为了提高从业人员的社会地位，提出了"菜系理论"，但何谓菜系，一直没有明确的界定。我们中国的文化传统决定了学术问题的解决方法，往往是请主管官员拍板定案。据某位先生回忆，时任商业部部长的姚依林曾说：在北方，黄河上下长城内外，属京鲁菜系；在西南，川、滇、湘、黔属川湘菜系；在东南，两淮、三江、五湖、长江中下游，属淮扬菜系；在岭南，珠江、两粤及闽台部分地区属粤闽菜系。笔者在这里对这段话不加引号，是因为在此之前还有一句，叫"我国菜肴风味流派有四大菜系"。笔者依稀记得，"风味流派"的说法出现在"菜系"之后，是"菜系"说受到质疑之后的补救措施。姚依林于 1994 年逝世，当时对菜系的争论已经相当激烈，已经身为中共中央政治局常委的他，却始终没有发出新的指示。因此，关于四大菜系的说法，很可能就是一次应景的即席谈话。此类谈话，如果作为重要的施政纲领，则必须有相关的政策法规、正式文件（"红头文件"）作为根本的依据；如果涉及学术问题，则应该允许有讨论的余地。现在看来，这个"四大菜系"论显然属于后者，所以当时就议论纷纷，不仅有根本否定的意见，而且在赞成菜系说者的内部，就如何划分和存在多少菜系的问题，也闹得不可开交，具有某种地方风味特色的地方菜和地方菜系混淆不清。某个主张四大菜系的理论旗手忽然灵机一动，说全世界有三大菜系（菜系与烹饪同义）；后来他在安徽的一个县接受招待，又说该县有几个菜系；到海南去了一次，竟然撰文推出了海南菜系。然而这个神奇的"系"是指体系、系统、系列还是派系，始终没有人说清楚，所以后来用"风味流派"的说法来堵塞漏洞。

为了消除菜系说的迷雾，赵荣光提出了大家熟知的食文化圈说（人们简称它为圈论），也曾遭受到某些先生的质疑：有人说他不了解中国烹饪，有人说他乱"圈"一气，更多的人以为"食文化圈"和"菜系"是同范畴的不同称谓。其实，我们从赵荣光关于饮食文化的相关论著中可以看出，“圈论”的出台至少受到两方面的启发：在国外，日本食文化学者石毛直道一直使用“文化圈”的概念来研究讨论多种不同的饮食学术范畴，如前面提到的“鲜味文化圈”；在国内，著名历史学家李学勤先生对中国古代地域文化类型有七大“文化圈”之分，饮食当然是一种社会文化现象，所以很容易纳入文化圈之中。因此，把表征地域饮食文化特征的“饮食文化圈”和表征地方菜肴风格的“菜系”混为一谈，显然是误解了“圈论”的宗旨，“圈论”所圈的是某一地域一切食事的总和，而不仅仅是某次宴会上的几道菜点。对于后者，赵荣光多次指出，应直名××菜，如北京菜、上海菜等等，而不要加上“系”这个后缀。其实，一定要加，叫菜式（Style）比菜系（System 或 Series）更确切。因为“风味”只有形态，没有体系，它除了具有物质基础外，还有“无形而致”的“风”。

2008 年底，中华人民共和国商务部公布的《全国餐饮业发展规划纲要（2009—2013）》，是一个很好的规划文件，总结了过去的成绩，看到了存在的问题，提出了今后五年的奋斗目标。然而，不知出于何种考虑，提出了全国有五大“餐饮集聚区”的新说法，笔者感到有些困惑。因为在改革开放的今天，餐饮文化的交流是个大趋势，任何一种地域风格都可能扩散，而且应该鼓励这种扩散，“集聚”之说从何说起？至于“集聚”成“区”，更是画地为牢。

其实，饮食风味不是纯科学问题，而是复杂的文化现象。对于文化现象，用“圈”说明的学者大有人在，例如著名的张光直先生就用“中国相互作用圈”的“多元一体”模式研究中国新石器时代的文化类型。由此看来，“菜系”和“饮食文化圈”还有研讨下去的必要，因为这不只是几道菜的问题（李新伟：《中国相互作用圈和“最初的中国”》，《光明日报》2014 年 2 月 19 日第 14 版）。

最后，需要说明的是：调味的主要技术就是原料色彩的利用和调料的用量控制，在操作上没有什么特殊的手法。

第六节　主食和面点发展史略

中国人的饮食生活是以农业生产为物质基础的，其中又以粮食为主要农产品，五谷、六谷都是这个意思；因为自然条件不同，某些粮食品种在特定地区是主产品，从而被称为主粮，例如南方的水稻，北方的黍、粟。不过主粮也会因时代而变化，例如小麦和玉米现在就成了北方的主粮。主粮在食物结构中一直占有主要地位，本书前面多次提到的“五谷为养，五果为助，五畜为益，五菜为充”的食物结构，就充分地说明了这一点，所以在中医理论中，一直视“水谷精气”为人体的基本营养要素。但是明确把粮食制品叫作主食的时间并不长。1989 年版《辞海》中还没有收入“主食”这个词，而与之对应的“副食”，只是在解释“副”字字义的次要含义时，列举了

“副食品、副产品”作为词例。国人普遍接受主食、副食的说法，大概始于20世纪50年代中期取消城乡私营经济以后，商业部门到处开设“副食品商店”的时候。在此以前，没有什么严格的主食和副食的说法，但是人们心目中一直把赖以活命的粮食类食物视为“主食”，而把果菜肉蛋之类视为锦上添花的副食。然而，社会餐饮业所销售的粮食制品即所谓面点也同样叫作副食，真正有“主食”的说法还是因为现代餐饮行业把美酒佳肴之外的粮食制品叫作“主食”。对于我们中国人的传统筵席而言，这些“主食”是名副其实的副食，因此主食实际上就是我们平常居家一日三餐的粥饭、面条、馒头之类。

张亮采在《中国风俗史》(商务印书馆1917年第6版)一开头就说：“盖巢穴为初民之居处，而其饮食，则由果食时代，进而为鲜食时代，再进而为艰食，则神农氏时也。”这显然是指由采集到渔猎，再到农耕文明的产生。对于“艰食”，他是做了解释的，他说：“游牧之世，民随水草迁徙，土著绝少。至神农氏时，民始知播植五谷，则行国变为居国。且畜牧必择善地，而农耕则随地皆宜。肉食有时生病；谷食不惟不生病，并能养人而却病，非多经考验不克知此。畜牧成效易睹，农耕之收获，必历三时，非民智大开，不能确信而耐久。中国以农立国，而风气早开于是时，由是安土重迁，井里酿成仁让之俗。五谷之食，利赖至今，非偶然也。”关于张亮采的生平，介绍的文字几不见于世，但大家都知道他是革命先烈张太雷的父亲。只是在该书“序例”后自署“宣统二年九月既望萍乡张亮采识于皖江之寄傲轩”。说明此书撰于1910年，至于皖江恐指今安徽省安庆市或芜湖市，笔者不敢肯定。此书是中国民俗研究的开山著作之一，其中的若干观点，不仅为现代考古发掘工作所证实，对于中国传统文化的价值，也很有见地；例如，这里的“行国变为居国”的结论，实为中华文明延续5000年的重要原因；就饮食而言，重视“五谷”的历史地位和作用，也是当代饮食文化研究的一大核心课题。然而当代的中国烹饪研究，完全为商业逐利行为所左右，对于主食(甚至包括面点)之轻视，实为一大弊端。

一、粒食

粒食之说前已述及，于史有据。《礼记·王制》：“衣羽毛穴居，有不粒食者矣。”是以粒食即以谷物为食，谷物的颗粒小而细，不像肉食或果食，可以抓在手上进食，故而粒食促成了陶器的发明。《周礼·考工记》云：“有虞氏上陶。”制陶技术是人类最早发明的工艺技术，是为了满足人们饮食生活的需要。《世本》：“昆吾作陶。”这个昆吾当是舜以前的人，因始封于昆吾而得名，各家注释昆吾国即春秋时卫国地。《考工记》又云：“盖自器不苦窳以来，瓦甒泰尊，名详礼器；啜型饭熘，用达宫廷。”这里的“苦窳(yǔ)”，是粗劣的意思，说明最早的陶器是粗劣的，应当做得精细，最庄重的礼仪场所和最高贵的宫廷，都是要使用它们的。

粒食的最早形态，当为“石上燔谷”，明人王三聘《古今事物考》卷七“谷食”条引“贾谊《杂说》曰：神农尝百草之实，教民食谷。《艺文类聚》曰：神农时，民始食谷，加于烧石之上而食”。这就是常说的“石烹”时代，直到陶器发明以后，才将谷物和水放在一起烹煮。《汲冢周书》曰：“黄帝烹谷为粥，蒸谷为饭。”这种说法是可信的，因为无论是煮粥，还是蒸饭，现代化学告诉我们，都不过以淀粉的糊化为主要的化学变化，最终形成凝胶或凝胶溶液的混合体系。这里的烹和蒸的措辞是准确的，烹即煮，需要较多的水，用于煮粥，不致使陶器因过热而爆裂，而用于煮饭，则因水分过少而使陶器爆裂。所以说黄帝时有釜甑，釜用于煮，甑用于蒸，原本各有各的用处。等到金属炊具发明并广泛使用之后，饭也就可以用煮的方法制作了，这个时间最早可以上溯到夏商的青铜时代；但是大量普及应在汉代铁镬广泛使用以后，而且一直延续到了现代。

粒食以粥饭为主要食物品种，可资食用的粮食，在长江流域以南，主要是稻米，在黄河流域及其以北地区，黍、粟、稷和粱都是常食的粮食。但是在农史上，这几个名称往往混淆不清，特别是黍和稷，如果两字连用，常泛指一切粮食。第6版《辞海》把黍按其穗形分为三种，一种是穗的分枝向一侧倾斜，叫作黍型，即俗称的黍子；一种是穗的分枝密集直立，叫作黍稷型，即俗称的糜子；还有一种主穗直立，分枝四散，叫作稷型，即稷。但稷是我国古老的食用作物，古代主管农事的官就称“稷”，五谷之神也称稷，国家政权称社稷，足见其重要。也有人说稷就是粟，也有人说即今天的高粱。而《尔雅・释草》称稷即粢，即粟米。然而粟应该是狗尾草驯化而成的，现在北方通称谷子，脱壳后称为“小米”，据说古代有一种特别好的粟，称为“粱”，可多数学者认为粱即高粱。稻粱合称即指饮食，而“粱肉”一词则泛指美食。这种混乱的称呼，致使现代南方人根本分不清它们，大体上把粟去壳后叫小米，黍去壳后叫黄米，稷即黍，这些也统称为小米。至于粱当指高粱。总而言之，在古代文献中，这四种粮食作物的名称是很难辨别的，不过它们都是粒食的主要品种，和稻米一样，都是以淀粉为主要化学成分，并含一定比例的蛋白质。而且都有粘和不粘的具体品种，缪启愉在注《齐民要术》时就指出粘黍叫秫，不粘者叫穄。同样，粱也有类似的情况。总而言之，很难说清楚。

粒食的另一个重要的粮食品种是麦。我国何时栽培麦，史学界一直有争论，主要有本土论和西来论两种见解。本土论者说我国不乏野生小麦品种，而且甲骨文、金文中“麦”字有80多个大同小异的写法，西来论者则说我国小麦是中亚经新疆地区传入的（甘肃民乐四坝文化类型的东、西灰山发现4000多年前的炭化小麦标本）。而中原地区考古发掘的炭化小麦粒实物是1955年在安徽省亳县钓鱼台西周遗址中发掘出土的。《吕氏春秋・士容论》第六《任地》篇中已有“大麦”的记载，说明战国时期已知大麦和小麦的区别。长沙马王堆汉墓出土了栽培小麦的实物，说明至迟在西汉时期，小麦种植已经遍及全国。不过麦子的食用方法主要还是粒食，西汉史游《急就篇》有“饼饵、麦饭、甘豆羹”之说，这里的麦饭即以麦粒煮饭。带皮的麦粒煮饭显然不如稻米或小米精美，所以麦饭当属粗粝之食，因而当小麦加工成面粉以后，麦饭便退出历史舞台。但大麦去种皮后破碎或裸大麦（元麦）破碎后粒食的习惯，在我国许多地区至今还存在，江苏南通和泰州地区的麦屑饭至今仍然用于待客，而盐城地区的大麦“碴子”已经是稀罕之物了。广大苏北农村的老年人，仍然喜欢把麦屑或“麦碴子”和大米混合煮粥做饭，这很符合当代提倡吃些杂粮多摄入一些膳食纤维的营养主张。

粒食还应当包括五谷之一的菽。这个“菽”，在先秦古籍中，有时是豆类的统称，有时专指大豆，在以前各章中，几乎都已经涉及。在秦汉以前，菽的叶子称为藿，“藜藿之羹”是平民百姓常食的蔬菜品种，“藿食者”和“肉食者”甚至是区分平民百姓和封建贵族的标志。嫩豆荚也是常食的蔬菜品种，至今仍是如此。从现有史料（包括古籍和地下发掘文物）看，汉代甚至魏晋以后，菽一直是中国古人的主食粮种之一。大豆转向油脂作物的时间，当在唐宋以后，而将豆叶（即藿）做蔬菜的食法，在菘（白菜）类大量栽培以后，也从人们的蔬菜食谱中消失了，《齐民要术》就不再提藿了。至于豆芽，在汉代即已食用了，但无论是大豆还是小豆，最常见的吃法，还是和其他粮食混合制作豆粥、豆饭，完全如孔子所说的“啜菽饮水”（《礼记·檀弓》）的食法，在秦汉以后日趋减少，魏晋以后，菽类基本上退出了主食品种。顾名思义，粒食就是将粮食加工成不规则的颗粒状成品饭食的意思，或者干脆整粒食用（主要是豆类）。但是，还有两种变态，其一是粮米煮或蒸成饭以后，用捶打的方法做成糕饼样，即如现代做年糕之类的方法，这在先秦时代即已出现；其二就是粽子，用苇叶、竹叶等将米粒包裹成形，烹煮成熟。这两种方法实际上都是介于粒食和粉食之间的过渡形态。

我国从陶器发明以来的粒食方法，至少已有 5000 年的历史，粮食的加工方法和机械设备几乎没变，相反，在“食不厌精”的思想指导下，粮粒和种皮部分在加工过程中，被弃去的越来越多；就是在 20 世纪 30 年代以后，近代机碾设备逐步推广以后仍然如此，这很不符合保留膳食纤维的营养指导原则。80 年代以后，现代营养科学观点日益为人们所接受，粮食加工设备也日益更新，轧片技术在粮食精加工过程中大量使用，我们今天从超市中很容易购到的片状粮食制品，诸如各种麦片、玉米片、高粱米片等等，既容易煮熟，又保留了更多的膳食纤维，实为数千年来粮食加工技术的一大进步。再就是随着滚筒形球磨技术在粮食加工中的应用，原来难以除去的高粱米、荞麦等粮食的粗糙种皮，也很容易脱去。其实这种方法我国古人早已用过，曾经在历史上作为高级粮食的茭白籽，史称菰米或雕胡米，在春秋战国时期就已经食用了。宋玉《讽赋》：“为臣炊雕胡之饭，烹露葵之羹。”但成熟的雕胡米外皮显黑色，古人为使其露出米色，颇费周折。《齐民要术》“飧、饭第八十六”就有用碎瓷片与其一起在革囊中搓揉刮擦，用以除去其黑皮，然后再将雕胡米分离出来。这显然是很费工夫的事情，却是近代球磨技术的先驱。知道茭白生长规律的人都知道，茭白结籽的时间早迟不一，而且成熟的茭白籽很容易脱落，很难收集，所以在唐宋以后，茭白完全从人们的食谱中消失，只是它的病态植株一直被作为水生蔬菜，至今广泛种植。

煮粥做饭本不是什么难事，关键是水和米的比例，特别是煮粥，不宜中间添水；其次，便是加热温度的控制，传统食谱中的经验都是明火亮灶的经验，无论是煮粥还是做饭，都是先大火加热，然后改用小火保持微沸状态，直至米粒均匀糊化，防止外熟里生的夹生饭，也可以防止底部生成焦巴。粥和饭都宜于趁热食用，因米粒受热后会分解成易挥发小分子成分的混合物，有一种诱人食欲的香味，放冷后便不会再生成。另外，陈化和霉变的米，也不会有这种香气，甚至有令人难以忍受的怪味。用混合原料做的粥饭，也需要进行调味，但通常只有咸味和甜味两种，如果加了菜或肉，也要调鲜味，但不宜过于浓烈。从科学的角度讲，所有这些技术参数，都可以用科学实验的方法获得，而且也没有深奥得难以理解的科学原理。可是在传统食谱中，囿于古人的科学认识水平，文人们往往进行耸人听闻的描写。再如水是阴、火是阳、燮理阴阳之类的废话，不仅毫无科技含量，有些甚至是反科学的，本书宗旨是总结烹饪科学技术，故而对于这些一概从略。

2008 年北京奥运会期间，北京烤鸭和扬州炒饭是最受欢迎的两款食品。可是这两者不处于同一档次，合格的北京烤鸭，从孵化鸭雏、挑选鸭的品种和饲养到初加工再到烹制，是一个周密的系统工程，具有较高的科技含量。坦率地讲，扬州炒饭便显得简单。蛋炒饭是一款世界性的食品。以我们中国来说，高承在《事物纪原》卷九“食卵”条云：“《瑞应图》曰：有虞氏驯百禽，夏后之世，民始食卵，凤凰乃去，此盖食卵之始也。”这就是说，我们中国人知道吃蛋，至少已有 4000 年的历史。因此，只要有了炒法，这个蛋炒饭就一定已出现了，可惜时至今日，它的一切(从原料到工艺)却始终没有规范，在这一点上，扬州炒饭应向北京烤鸭学习。

二、粉食

顾名思义，所谓“粉食”，就是把粮食脱壳后再加工成细粉，烹饪熟制后食用。“粉食”这个词在古文献中出现的时间略晚于粒食，大体在秦汉以后，但并不等于用粮食制粉的起始时间也在秦汉以后。从工具的角度讲，严格意义上的粉食必须具备两项设备。其一为粉碎工具，其二为粉麸分离工具，即筛或罗。对于粉碎工具，第二节中已经讨论过了，这里只是要着重说明，距今六七千至三千年前的石碾(磨)盘，石碾棒，石、木杵臼，在多处考古遗址中出土，它们是可以用来粉碎谷物和粮食的，否则我们就无法回答青海喇家遗址的面条从何而来。但也可以想象，这些工具的粉碎效率是很低的，只能用来粉碎那些植物组织相对疏松的粮食，如稻米和小米之类，甚至可能是湿法粉碎的。至于后来粉食的主要品种——麦粉（面粉）是很难用这些工具制得的，所以粉食的大量普遍出现是在旋转的石磨发明以后，那是合乎情理的；而这种石磨最早的出土文物是西汉时代的实物，因此说小麦面粉的普遍食用在秦汉以后是确当的。而粉麸分离工具，却不能从考古发掘中得到印证，因为制作筛罗之类工具的质料都不可能在地下保存数千年而不朽烂。而先秦文献中，罗即网义，如《诗经·王风·兔爰》"雉离于罗"，《诗经·小雅·鸳鸯》"鸳鸯于飞，毕之罗之"。好网是用来捕鱼的，罗则是用来捕鸟的，故而有"门可罗雀"的成语。网早在伏羲氏的时代就发明了，那是用纤维类材料织成的多孔状工具，人们当然会追求把网孔织得越来越小，所用纤维越来越细，从而制成了筛子。《汉书·贾山传》为我们提供了一个旁证，即西汉初汉文帝广开言路，引得许多人呈献治国之策，颍川人贾山"以秦为喻"，写了一篇叫《至言》的文章呈给汉文帝，其中有一句批评秦始皇的话"筛土筑阿房之宫"。这个"筛"字使我们确信在战国以前，"罗"除了可以捕鸟之外，还可以把大小粗细不同的物料加以分离，留下大的、粗的，漏下小的、细的。因此，谷物被粉碎以后，也可以用罗将粉和麸皮分离开来，因为早已有了可以制作此种罗的细纤维，这就是织绢的蚕丝或马尾毛，绢罗和马尾罗在后世文献中屡见不鲜，而晋人束皙在《饼赋》中所说的"重罗之面"，是嫌面还不够细，粗筛之后还要细筛。到了《齐民要术》时代罗已经广泛使用了。

需要指出，粉食也经过若干种过渡形态，一种是前面提到的将粒食之饭捶打成糕；另一种是将谷粒蒸煮成熟并经干燥后再粉碎，或将谷粒用焙炒等方法熟化后再粉碎。这两种过渡形态都是将谷粒或米粒先用粒食的方法制熟，然后粉碎食用，虽收到粉食的效果，却是粒食的烹制方法，所以算不上严格意义上的粉食。真正的粉食是将生谷或生米粉碎，然后用筛罗除去粗粒和麸皮，取细粉加水或其他液体调成面团，再将面团加入肉、果菜等馅料成形，用蒸、煮、煎、炸等方法加热制熟后食用。至此，我们可以对粉食下一个一般性定义，即粉食食品的制作过程，应有制粉、调制面团、具体食品品种成形和熟化 4 个步骤。其中的制粉工艺可以干制也可以湿制。在当代，制粉通常是食品工程的任务。

严格意义上的粉食就是小麦面粉的广泛食用，应该在西汉以后，但不等于先秦时代就没有粉食，只不过粉食的粮食不是小麦而是稻米或小米。

三、面点

面点这个词，就是面食点心的意思，是个现代名词，流行不过数十年。据笔者的查考，在公开的正式出版物中，把面食和点心合称的第一本书是中国台北书铭出版事业公司 1968 年出版的《家庭面食点心大全》，1979 年再次印刷。大陆的第一本叫"面点"的出版物是 1981 年由吉林省饮食服务公司编写的《吉林面点谱》（吉林人民出版社)，1982年再次印刷。1982年，原中华人民共和国商务部教育司组织编写了商业技工学校烹饪专业系列教材，交由中国商业出版社出版，其中就包括了商业部教材编辑委员会编的《面点制作技术》，它和《烹饪原料知识》(编写组)、《饮食营养与卫生》(李家祥编)、《烹调技术》(编写组)、《烹饪原料加工技术》(编写组)和《饮食业成本核算》(向家方编)等共同构成系列教材。这套教材，从学术层次讲，可以说是不高的，而且也不是烹饪教材的开山之作，因为早在20世纪二三十年代，就有人突破师徒相授的传统，用近代教育方法进行过烹饪技艺的传承尝试，也编写过烹饪技艺方面的教材，但那是很不系统的，尤其缺乏近代科学的指导，对营养卫生知识更没有提出要求。在20世纪五六十年代，有的地方也编过培训厨师的烹饪教材，但都不正规，也很少有正式出版物，唯独商业出版社的这一套烹饪教材，系由中央政府主管机构组织人力编写、正式出版，并作为烹饪职业教育的指定教材在全国范围内采用。据笔者向有关人员了解，该套教材曾三次修订，印数最少的《饮食业成本核算》也印了300万册。没有接触过这套教材的中国厨师，那是非常少的。

从当代的认识水平看，这套教材的学术质量并不是很高，甚至还有不少错误，但它却是中国烹饪职业教育标志性的出版物，对当代中国餐饮行业的发展做出过卓越的贡献。然而，我国当代的饮食文化研究专家和餐饮行业杰出人士，在热衷于赞颂《随园食单》《调鼎集》之类古“食经”时，却很少有人对这套教材做过必要的评价。据笔者了解，当时主其事的是原商业部教育司教材处的一位处长，大概也只是作为一种职司而从未出来争过什么名分。在中国烹饪协会成立以后，舆论中心转移，行业本身热衷于菜谱的开发和整理，理论界全力搜寻吃的感觉，对数千年来中国烹饪技艺的总结和提高却不到位。而层出不穷的“创新菜”“仿古菜”，令人眼花缭乱，但其制作技术和工具设备从未超越古人，北京烤鸭可能是仅有的少数例外。中国人从古到今都热衷于发技达艺，追求生理极限的手上功夫，不注意工具改革，从而导致手工技艺的科学含量无法提高。笔者是个自然科学工作者，也曾研究过科学技术史，深知重技艺轻工具对科学发展的危害：如果我们不从国外引进精密的物质测量手段，不掌握近代化学分析方法，则中国化学很可能还在晋唐炼丹术的水平上。这样的结果，就是物质变化的基本规律不能被发现，也不能建立新的理论模型。当理论不够用的时候，就用神话来凑。

当代的中国烹饪，就处在传统化、复古化、科学化、现代化的十字路口上，上述这套教材就是十字路口的产物。为了行业科技水平的提高，笔者不遗余力地高度评价这套教材的历史地位，而且笔者以为，这套教材的缺点和错误，正是那些古代“食经”的缺点和错误。例如据笔者所知，《烹饪原料知识》第一版编写时，主要参考资料竟然是《本草纲目》。须知《本草纲目》在明代是伟大的科学前沿成果，但在现代，它是无法与现代的生药学、动植物学、微生物学等相比的。这套教材的重大成就在于它的科学化、现代化趋向，是它规范了中国厨行的技术体系，是它将中国厨行传统的“红案”规范成烹调学科,“白案”规范成面点学科,所以在随后的职业技能分类中有烹调师和面点师的职业分类,这是亘古未有的事情。我们不能一味“信而好古”,却对眼前的成就视而不见,难道要我们的后代,也像我们对待祖先那样,去估摸他们的思想和成就,并且还要因此争论不休吗?

上述由中国商业出版社出版的这套教材,总的冠名是“饮食服务技工学校试用教材”,其中的《面点制作技术》系由当时北京市服务学校的巫德华编写,并有多家同行参与,定稿于 1981 年 8 月,1982 年 3 月印出第 1 版。该书是这套教材中编写得最成功的一种。它不仅总结了中式面点制作的工序流程和相关技术,并且主动融入了相关的必要近代食品科学原理,吸收了食品科学知识,体现了中国传统面点技术的科学化、现代化发展方向;虽然在近代科学原理方面阐述得还不够深透,但却符合教材本身的层次要求,因此这不是它的缺点,而是由教育科学的原则所决定的。教材的使用对象只有初中文化程度,能做出这样程度的解释已经非常尽力了。也正由于如此,该书曾经在 20 世纪 80 年代被许多高等烹饪教育机构所采用,它所确立的包括选料、工具、技艺、面团、馅心、成形和熟制的面点制作技术体系,完全符合中国传统面点(在一定程度上也包括了食品行业的糕点)的制作技术特点,并且也指出了今后的发展改进方向。由该书所确立的面点技术框架为所有在它之后的同类教材和专著所接受,使“白案”这个厨行工种发展成了一门科学,我们应该给予它应有的学术地位,它是所有面点类食谱的灵魂,不管面点花样如何翻新,这个灵魂永远变不了。

在《面点制作技术》之后,《北京晚报》家专刊编辑组编的“生活小丛书”中有一本《家常面点》(辽宁科学出版社 1983 年版),张廉明、刘广伟也编写了《面点制作技术》(山东科学技术出版社 1984 年版),中国人民解放军空军后勤部军需部编写了《风味面点糕团》(金盾出版社 1987 年版),东北三省职业培训教材编写组编写了《面点制作工艺》(辽宁科学技术出版社 1985 年版),辽宁省饮食服务公司编写了《面点制作技术》(辽宁科学技术出版社 1985 年版)等等,都没有超过《面点制作技术》的学术框架和水平。而这一段时间出版的面点食谱仍然冠以“点心”“面食”“小吃”的称谓,甚至还有属于食品行业的“糕点”。至今为止,还没有见到一本收录完整的中国面点谱。

20 世纪 80 年代初,中国大陆地区的烹饪高等教育重新启动(以前曾有过不成功的尝试),相关的教材建设一马当先,江苏商业专科学校中国烹饪系(现扬州大学旅游烹饪学院)、黑龙江商学院(现哈尔滨商业大学)和四川烹饪专科学校(现四川旅游学院)等都曾因自己的教学需要而自编教材。中国商业出版社也曾应商业部的指示而组织编写过相关教材,但因组织研究和交流缺乏,这些教材的质量参差不齐,故而大家普遍希望有一套能够体现高等职业教育层次的烹饪系列教材。为此,从 1995 年起,全国烹饪高等院校相关教师举行了五次全国性的研讨会,中国轻工业出版社也大力支持,于 20 世纪之末,出版了一套由 20 种教材组成的烹饪高等职业教育系列教材，包括了烹饪教育各方面的知识需求。21世纪初，高等教育出版社又在“新世纪高职高专教改项目成果教材”的名义下，组织人力编写出版了10种烹饪高等教育主要课程的系列教材，教材建设日臻完备。但随后各出版社以为教材出版有利可图，专业教师也因为职称晋升的需要，纷纷主动编写教材，以致烹饪教材的编写出版进入无序竞争的状态。除了在新教材中引入多媒体教学技巧以外，就学术水平而言，基本上都处于低水平重复状态，即便冠以“全国重点”这类头衔，在内容上也几乎没有新的突破。

对烹饪高等教育的面点工艺课程的教材建设，原黑龙江商学院烹饪系李文卿先生是做了贡献的。他于1992年首先在黑龙江科学技术出版社出版了该校自用的《面点工艺学》，该书在学术水平上大大高于中国商业出版社的《面点制作技术》，他因此被邀请主持了中国轻工业出版社的《面点工艺学》的编写(1999年出版)，以后又参加了高等教育出版社的《面点工艺学》的主编工作，基本上完善了中国面点工艺的科学技术体系。另外，由青岛出版社收入“中华饮食文库”的邱庞同著的《中国面点史》于1995年出版，这也为“面点”的学科成型起到了促进作用，特别是该书搜罗的大量历史资料，为人们认识中国传统面点的历史面貌提供了全方位的视角。

与“面点”这个新生婴儿相关的历史概念有“面食”“点心”“小吃”和“糕点”。“面食”一词，最早见于宋代，《梦粱录》等宋人笔记中即有“面食店”的记载，那肯定是小麦磨粉后做坯制成的食品。简化字“面”的繁体原形是麵或麪，后者已见于《说文解字》，所以说面食即粉食的另一种说法。“点心”二字最早见于唐代，赵荣光在其所著的《中国饮食文化史》第六章“中华民族麦文化”中有详细考证，大概在唐到北宋这一段时间，“点心”是一种在正餐之外略进“小食”的饮食行为，例如“可以点心”中的“点心”二字是动宾结构，还不具有典型的名词特征。但到南宋时，吴曾在《能改斋漫录》卷二“点心”条直言：“世俗例以早晨小食为点心。”这里点心已经是名词了。点心之名始于唐宋，但此类食品实际上源于先秦。至于“小吃”“小食”乃至“零食”，都是指正餐以外的应急食品、休闲食品甚至包括滋补食品，不过小吃不限于粉食，像莲子羹、藕粉、鸭血汤之类都可以作为小吃，但它们不属于面点食品。而糕点则是食品行业的一个门类，也称茶食，是面食点心中某些小吃品种走出厨房进行作坊化生产以后才出现的，因此，糕点这个词，肯定产生于宋代以后。

面点就是粉食，我们在这里采用的是由近及远的叙述方法，因为从科学技术的角度看，古代的技术资料都是通过一个一个产品来体现的，但每种产品所承载的技术并非这门技术的全貌，它是零碎不成系统的，因此，我们有可能被成千上万种产品模糊了自己的视线，反而把原本简单的问题复杂化了。一般说来，科学技术史和文化史在特定的领域内往往有共同的研究对象，但由于考察的视野和角度不同，所用的方法和所得的结论却未必相同。即以面点史而言，文化史学家总是罗列历朝历代的面点品种变化，觉得越来越丰富多彩，崇敬之情油然而生，而科技史家却着眼于面点制作技术的进步,发现因为生产工具和手段的滞后,技术进步异常缓慢,反而觉得忧心忡忡。另外,文化史家可以因某一个例而大肆渲染,而科技史家却要求泽被万方,覆盖全民饮食。这种差异导致文化界赞誉中国烹饪"博大精深",而科技界则认为还没有入流,这种现象我们不应回避。

笔者这里透过对面点制作技术的历史和现状的讨论,揭示当代饮食文化研究中的人文与科学的不协调现象,其实这是胎里带来的毛病,双方都有错,现代需要急起直追的是饮食科学,我们迫切需要进行工具改革和技术创新,让传统的精品面点和菜肴从御膳房走进千家万户。

(一)主食面点

主食面点就是以面粉或米粉制作的主食食品,是人们一日三餐的常食,就目前的中国来说,主要有面条、馒头、饼和糕四个主要类型。

1.面条

面条这个名称恐怕是近代才有的,古代食谱中找不到"面条"这个词,因为以小麦面粉烹制的各种食品在汉唐时代统称为"饼"。其中以水煮食的称为"汤饼",其实也是一大类食品,包括今天所有用水(汤)煮食的面食品种,其中还有许多有馅的品种。这个时期最可靠的技术史料是《齐民要术》,在其《饼法第八十二》中有"水引饼"条:"水引:挼如箸大,一尺一断,盘中盛水浸,宜以手临铛上,挼令薄如韭菜,逐沸煮。"这还是用手拉制的,不是后来的刀切面,但那时已有将面食制品称××面的说法,在"水引"之后便是"切面粥:一名'棊子面'"的食品,这种"棊子面"就是方形的面块,其制法有今日面条的要素,但不是面条。"××面"的名称大量出现在宋代,在孟元老《东京梦华录》、耐得翁《都城纪胜》《西湖老人繁胜录》、吴自牧《梦粱录》和周密(四水潜夫)《武林旧事》中记录各种面名有数十种,但其中真正如今天面条的恐怕很少,甚至没有;因为作为主食的面条,就是以水(至多酌加食盐和食碱)和面,揉成面团,或用手拉条,或用面杖压成大薄片,然后重叠用刀切条抖散,现在前者叫作拉面,后者叫刀切面,而机制拉面(挂面)和机制面条是很近代的事情(仅百年左右的历史)。古籍上出现的那些名目繁多的"面",和面的液体往往不是清水,而是各种特制的混合液、蛋液甚至是畜禽肉和鱼虾肉的茸泥,这就不可能是一般民众一日三餐的面食。麦粉面条制作最大的科技含量就是利用面粉中的麦精蛋白和麦胶蛋白在水的参与下,经过机械性的搓揉形成网格,并且改变淀粉分子的构象结构,从而增加面条的杨氏模量,即使其具有较大的弹性和抗张强度。这种面条煮熟后咀嚼起来有一种俗称"筋抖"的感觉,如果煮得过头或熟后放置时间过长,由于水分子的大量渗入,其杨氏模量显著降低,这种感觉便会消失。这是我们生活中的常识,无须多做说明。

与面条类似的还有米线，也称米粉、粉干，宋代称为米缆。邱庞同《中国面点史》说它起源于魏晋南北朝时的“粲”。按：“粲”原义为精白米，作为一种米粉食品的粲，首见于《齐民要术》的《饼法第八十二》，原文引自《食次》：“粲，一名‘乱积’。用秫稻（即糯稻）米绢罗之。蜜和水（水蜜中半）以和米屑，厚薄令竹杓中下。先试，不下，更与水蜜。作竹杓，容一升许，其下节，概作孔。竹杓中下沥五升铛里，膏脂煮之熟，三分之一铛中也。”从这段文字看，这种又名“乱积”的“粲”，不像米线，倒像扬州茶食店里卖的小京果，不过小京果是切断后油炸的，而粲则是纷乱的长条，所以称“乱积”。更为关键的是米线的面团是单纯用水调的。宋人笔记中提到了米缆的名称，但没有记述其制法。现代的米线是我国南方的常见食品，其制法是先用水浸泡大米，磨成细粉，压去水分，放桶中捏混，置蒸笼中蒸过，再捣捏使有黏性，经压榨机压出细条，于水中冷却，捞起后置于竹帘上晾干即成。这样制得的粉干，可以短期贮存或运输，也可以压成细条后入热汤中调味即食。这里的压榨机是人力手动形式，恰似北方的河漏床，在宋代应已出现，所以说米缆出现于宋代是合理的。

也许人们早已知道，不能用制面条的方法去制米线，古人会把它归咎于小麦粉和米粉的差异，但不会知道差异在什么地方。现代食物成分分析结果告诉我们，面粉和米粉不仅其蛋白质的结构不相同，其淀粉结构也有很大的区别：小麦粉所含均为直链淀粉，而糯米粉几乎都是支链淀粉，支链淀粉和冷水的亲和力较低，所以不容易形成合适的面团，糯米粉和面通常都用热水，故而制米线时要将米粉先蒸熟，然后成型，虽然米线的粳米粉是直链淀粉和支链淀粉混合物，用冷水也同样不能成型。至于粲的面团是很稀的，基本上是米粉的悬浊液，只有这样才能从勺孔中漏下去。米粉的这些特性，对于黍、粟等碾制的小米粉同样存在，即用小米粉制面条需要和制米线用类似的方法，最后靠压榨法成型。但有人认为米粉面团也可以拉条，前引青海喇家遗址的面条即是。喇家遗址的面条很细，手工很精巧，长度约 50 厘米，呈黄色，断面近似圆形，看上去很像拉面，也有研究者猜测这种小米面条很可能是用某种简单工具压制的。不过这个结果说明了：①中国是最早发明面条的国家，驳倒了意大利和阿拉伯人说他们祖先在 2000 年前最早发明了面条的观点，因为中国是在 4000 年前；②面条就是一种用粮食细粉制得的细条状食品，并非一定要用小麦面粉；③面条制品只需粮食粉碎手段，并非一定要等到石磨发明以后，因此，粉食的历史很可能是与粒食并行发展的；④面条的进食说明了中国人用箸的历史不以“纣为象箸”为上限。

除了稻米和小米以外，一些粗纤维含量较高、蛋白质含量较少的粮食粉屑如荞麦粉等，也可以用挤压和压榨的方法制成类似于面条状的食物。这就是现代仍流行于北方、发明于元代的“河漏”。王祯《农书》卷七《百谷谱》“荞麦”条：“或作汤饼，谓之河漏。滑细如粉，亚于麦面，风俗所尚，供为常食。”这种河漏，也称饸饹、活络等，是将荞麦粉用水调成面团，放在牝牡相接的“河漏床”上压成细条状，并且直接漏入沸水中煮熟调味食用。

我国还有一种传统丝条状的粮食制品粉丝，它是用豌豆、绿豆等富含淀粉的豆粉制成的，最早见于宋人笔记，如吴自牧《梦粱录》中称为索粉，可用于高级官员筹酌，至今苏州、浙江一带方言中仍称粉丝为索粉或细粉。豆类淀粉无法使其形成面团，故而粉丝制作时用沸水冲烫搓拌形成淀粉凝胶，趁热使其通过漏勺细孔成型并落入沸水中固定，捞出晾干。实际上就是老化的淀粉凝胶。粉丝一般不作为主食，而是用作制菜肴的原料。

2. 馒头

馒头这个名称，相关著作都说它和诸葛亮有关，所据均为宋代高承《事物纪原》卷九，说的是诸葛亮南征孟获，入蛮夷之地，当地有“人头祭”的习俗，诸葛亮不愿杀人祭祀，乃以猪、羊之肉，外包面皮，做成人头模样代替，所以被称为曼头或𡡡头，后来好事者加“食”旁，就成了馒头。可惜这个说法在正史中无据可查，但人们仍然信其说。不过诸葛亮的馒头是有馅的，如果有其事，应是后来包子的滥觞，在今天的吴语地区，人们仍称包子为馒头，如肉馒头、菜馒头、小笼馒头、生煎馒头等等，并不专指无馅的“白馒头”。在苏北地区，只有无馅的发酵面团蒸制的才称馒头，我们在这里讨论的也是这种无馅的白馒头，因为它是人们一日三餐的主食品种之一，而且它的演变史关系到发酵面团的诞生。

其实，馒头这一类用蒸的方法熟制的面食品，在两汉魏晋时都称为蒸饼。在汉代以前蒸饼的面坯是否经过发酵，目前无史料可证，也没有出现“曼头”的名称。但到了晋代，在束皙的《饼赋》、卢湛的《祭法》和荀氏的《四时列馔传》中都有了馒头的记载，不过也没有是否发酵的说明。《晋书·何曾传》曾批评权臣何曾生活奢华，成语“日食万钱”“无下箸处”说的就是他，而他食的蒸饼，“不坼作十字者不食”。我们用现代的面点知识向前倒推，何曾喜食的是“开花馒头”，但要制作开花馒头，没有发酵面团是不行的，即使在现代，蒸制开花馒头也颇有技术含量，尽管各地有不同的工艺和配方，但开花馒头蒸制的关键点是一样的：①面团发酵必须发足；②加碱揉透，碱要加足；③兑碱后还要加入足量的蔗糖；④蒸制时火大气足；⑤笼屉的垫布要用干的，或者垫纸片。这几条控制不好，一定会影响馒头顶部开花的效果。从上述关键点中的加糖步骤可知，面团兑碱以后还要加糖，显然是为了使其酵母菌在蒸制时重新发酵，发酵时产生的 CO_2 气体在受热时体积膨胀，从而冲裂顶部的薄弱表皮（因成型后顶上先用刀划过）而形成花样。在何曾生活的公元3世纪，这种馒头肯定是奢侈品，如果这一条史料可信，则魏晋时期，我国的面点发酵技术已经相当成熟了。可惜《何曾传》未提及加糖细节，所以至今很难定论。这方面还有一条史料，即《十六国春秋·赵录》：“石虎好食蒸饼，常以干枣、胡桃瓤为心蒸之，使坼裂方食。及为冉闵所篡幽废，思其不裂者不可得。”视此，石虎所嗜，乃果馅馒头，蒸时拆裂，也由于二次发酵，酵母菌生长所需之糖来自干枣。何曾生卒年份为 199—276 年，石虎为 295—349 年，两人相隔不足百年，说明蒸饼开花技术产生于魏晋年代，或有可能。然而，真正可信的史料还是《齐民要术》，其《饼法第八十二》中共引了《食经》的三个配方：

> 《食经》曰："作饼酵法"：酸浆一斗，煎取七升；用粳米一升着浆，迟下火，如作粥。六月时，溲一石面，着二升；冬时，着四升作。
>
> "作白饼法"：面一石。白米七八升，作粥，以白酒六七升酵中，着火上。酒鱼眼沸，绞去滓，以和面。面起可作。
>
> "作烧饼法"：面一斗。羊肉二斤，葱白一合，豉汁及盐，熬令熟。炙之。面当令起。

贾思勰所引的《食经》，通常被认为是成书于 534 年（北魏初年）前的崔浩所作的《崔氏食经》，其"作饼酵法"，赵荣光称为酸浆酵法。这个"浆"是古籍上常见的一类饮料，《周礼》"王之六饮"中就有它，周代设有专司其职的"浆人"，但浆是什么？有人说是淡酒，有人说是醪（酒酿）。视此，酸浆就是发酵过了头的酒酿，则《食经》所说的"饼酵"就是今天我们常用来发面的馊粥，而其下一则"作白饼法"中的"酵"，加的催化剂是"白酒"，这种白酒不是今日的蒸馏酒，而是过滤后的酒酿酒，这种酒的发酵作用和馊粥同功，实际上也可以用酒曲来实现。生活于东汉中晚期的崔寔，在《四民月令》中说夏日吃"水溲饼"（亦称"水引饼"，即面条）不易消化，"唯酒引饼入水即烂也"。这里的"酒引饼"，显然指今日的发面馒头，所以说不管是用酸浆，还是用酒酿酒，都是要先做成馊粥，这种馊粥的作用，即相当于今日的液体酵母。这可能是东汉至曹魏时期民间普遍使用的发面方法，所以在随后的"作烧饼法"中，最后只用了"面当令起"四个字，说明做有馅烧饼时也要用发面。

上述馊粥发酵法并不方便，事实上民间和面食店并不是每次都要"作粥"，而是在每次发酵时，留下一团已发酵的生面团，任其过度发酵并晾干，下次再发酵时，只需将已干硬的酵面块压碎，加水调匀，便可以和面团发酵，这便是"酵头"或"老肥"发酵法。过去的研究者都认为这种方法产生于 12 世纪，所据为南宋程大昌《演繁露》中记西晋惠帝时诏令太庙祭祀用"面起饼"，并注为："起者，入教（酵）面中，令松松然也。"还有就是元代胡三省注《资治通鉴》时，说南朝齐武帝永明九年（491），"荐宣皇帝面起饼"。胡注说："起面饼，今北人能为之，其饼浮软，以卷肉啖之，亦谓之卷饼。"这样，人们便把程大昌生活的年代定为面肥发酵法的产生年代。赵荣光在《中国饮食文化史》第六章中明确表示这种理解是错误的，他认为西晋惠帝祭祀诏令发布的年代即永平元年或元康元年（291），就是面肥发酵法产生的年代。他为此指出了《晋书·食货志》《晋书·孝愍帝》和《资治通鉴·晋纪·愍帝建兴四年》等三条史料，说明当时皇家太仓已藏有饼曲（即酵头或干面肥）。这样，面肥发酵法的历史就前推了上千年，即公元3世纪。今日我国北方农村，以面食为主的地区，这种保存“老肥”的做法仍然很普遍。

在现代食品工程科学中，面团发酵过程称为生物化学膨松法，酵母菌是这种方法不可缺少的催化剂，在20世纪中期就广泛推广了纯酵母菌制剂，即现代市场上常见的鲜酵母和干酵母，因其不含有杂菌，所以面团发酵后没有酸味，也用不着兑碱，这是在近代食品科学原理指导下取得的，和传统方法相比有高效快捷的优点。自从鲜酵母培养技术进入中国，西方发酵技术也就进入了中国，早在19世纪末期，早期接触西方人士的学者和官吏，将面包称为洋馒头，当年李鸿章出使西方各国，吃不惯西餐，弄得他很苦，唯有“洋馒头”可以下咽。进入20世纪，也只有少数人吃过面包，国人特别是广大农民认识面包，是在新中国成立以后，可是到了20世纪末期，面包也进入了普通百姓的一日三餐，这是中外饮食文化交流的又一大成果。由于面包发酵采用纯酵母，而且是两次发酵，其膨松程度远大于馒头，其气孔的大小和分布也很均匀，加之面包面粉中的麦精蛋白含量高于馒头面粉，而且是用烘焙的方法熟制的，水分含量较小，所以面包放置以后，不易出现馒头放冷后的老化现象，故而说馒头只宜热吃，而面包则是冷热均宜。

3. 饼

“饼”这个汉字，第一章就已经说过，首见于《墨子·耕柱》，以后又见于《韩非子·外储说左下》，说明春秋战国时期就已经有“饼”这种食物。考古发掘表明，在3000年前的新疆哈密市五堡乡的墓葬中，已有了小米饼，在山东滕州薛城的春秋时代遗址中，甚至出现了饺子或馄饨（对这一发现尚有争论）。这些都说明粉食至迟在春秋时代已经比较普及。《艺文类聚》引《三辅旧事》说，刘邦做了皇帝，把父母接到长安去享福，可他那“土老帽”的父亲并不习惯，于是乃有“太上不乐关中，高祖徙丰、沛屠儿、沽酒、卖饼商人，立为新丰县，故一县多小人”之事。此事令人发噱，但却说明了秦汉时期，饼已经是非常普遍的市肆食品了。不过，正如本书前面已经多次指出，那时的饼是一切面制品的统称，这个面也并不专指小麦粉。最早对“饼”做出解释的是东汉刘熙的《释名》：“饼，并也。溲面使合并也。”现在看来，这个解释也实在是太原始了，把面粉弄潮了搅和在一起就是饼了，难怪以后把一切面制品都称为饼，细长的称索饼，汽蒸的称蒸饼，水煮的称汤饼，来自胡地（北方）或上着胡麻称胡饼，用髓脂、蜜和的叫髓饼……这些名称的命名完全没有章法可循。所以后来为了表现特色，或受外来文化的影响，出现了许多稀奇古怪的食品名称，通常又都没说明其配方和制作方法，以致今天从事食文化研究的人，把解读这些食品名称变成了专门的学问，并且也因此产生了不同的见解。鉴于本书的宗旨在于科技，故而对此不做深究，但需要指出，作为当时中国主食面点品种之一的饼，已不同于历史上面食统称的“饼”。第6版《辞海》指今日的饼为“蒸烤而成的扁圆形食品”。其实这个定义好像是以《齐民要术》作者的见解为依据的，因为他把今日的荷包蛋叫作“鸡鸭子饼”，这种食品和粉食一点关系也没有，所以我们今天最好把“饼”定义为：以煎、烤、焙、烙、炸等方法制熟的扁圆形或薄型的面食品，有时也用蒸或煮的方法。几乎所有的粮食磨粉后都可以做饼，只要能“溲面使合并也”，面团可以发酵，也可以不发酵。不过做饼的主要原料还是小麦面粉，这是人类饮食文明进化的结果。

从笼统称谓的饼，到把水煮的汤饼称面条，笼蒸的蒸饼称馒头，并把它们从统称的饼属家庭中分离出去，这个时间大概起于唐宋，完成于明清，邱庞同的《中国面点史》大体上可以说明这一点。其间所涉及的科学技术原理并没有超过面点和馒头，但有些以油脂为传热介质的饼类食品，使用的是矾碱面团，它们究竟产生于何时，至今没有人进行过研究。关于这一点，我们将在下节讨论。

4. 糕

糕也写作“餻”。第6版《辞海》的定义是：“用米粉、麦粉或豆粉等制成的块状食品。如年糕；蛋糕；绿豆糕。”这个定义实在太含糊了。其实，糕这一类食品，是大有来头的，它的出现要早于饼。宋代高承在《事物纪原》卷九中说：“《周礼·笾人》：羞笾之实，糗、饵、粉餈。郑康成云：二物皆粉稻米黍米所为，合蒸曰饵，饼之曰餈，盖饵，即餻也。”在这里，高承没有把这段原文引全，原文是：“羞笾谓若少牢主人酬尸，宰夫羞房中之羞于尸侑，主人主妇皆右之者，故书餈作茨。郑司农（郑众）云：糗，熬大豆与米也。粉，豆屑也。餈或作茨，谓干饵饼之也。玄（郑玄）谓此二物皆粉稻米黍米所为，合蒸曰饵，饼之曰餈。糗者，捣粉熬大豆为饵，餈之黏著以粉之耳。饵言糗，餈言粉，互相足。”这段佶屈聱牙的注释，的确令人费解，不过有一点是明确的，这里所讲的是两种食品，即糗饵和粉餈，而不是“糗、饵、粉、餈”。依笔者的理解，糗饵是将豆粉和米粉合蒸而成，故高承说它就是糕；粉餈是米粉做成饼后粘制一层豆粉，实际上还是糕，不过其做法类似于今天的“驴打滚”。（注：“餈”字今规范为“糍”。）由于“糗”还有类似于今天“炒面”的解释，所以历代注家常有不同的说法，但可以肯定，周代已经有了用米粉做的糕，特别是在南方水稻产区，糕也是人们的主食面点之一，这也是现代面点米粉面团的最早起源。把糕称为饵，至今犹然，例如云南的饵块。汉唐以后，糕的品种越来越多，唐代的市肆食品中，糕也列于其中，甚至有专门卖糕的食店，而且糕和饼很少混淆，这就说明古人知道小麦面粉和米粉的加工区别，对于富含支链淀粉的黏性米粉，是不能用酵母菌来发酵的，所以凡是叫作糕的食品都是先熟制成型为一大块，然后分割成小块，即使是发酵的面粉类制品，如经过切割便也叫作糕，诸如油糕、绿豆糕等等，而那些不经过切割的，便称为圆子、团子等等。

并非所有米粉面团都能不发酵，关键在于其支链淀粉含量。不含支链淀粉的籼米粉,同样可以发酵做成馒头或饼。

(二)副食面点

副食面点的功能符合“点心”的原义,即指正餐以外的补助食品、补充食品、休闲食品,实际上,宴会上所上的点心大都是副食的性质,正因为它们不属于一日三餐,或者有时也作为正餐,但总是偶尔为之,所以副食面点制作都比较精细,讲究色、香、味、形、质的综合效果,自古即是如此。故副食面点几乎都有自己的个性特点,不仅配料和形式多样,制作方法也多有变化,所以名称很多。详细考察这些名称的起源和特点,笔者以为是文化史的任务,邱庞同的《中国面点史》已做了开拓性的贡献,所以这里不再罗列这些名称;而且名称再多,依然逃不脱水调、发酵或膨松、油酥和米粉杂粮等面团的范围。从科学技术的角度讲,油酥面团和矾碱面团有相当的科技含量,而且这两种面团的制品大多属于副食面点,故而在这里对它们的发展史做必要的考察。

1. 油酥面团

最早的油酥制品当数汉代《释名》所列的“蝎饼”和“髓饼”,特别是前者,有“入口即碎,脆如凌雪”的记述。《齐民要术》卷八中的《饼法第八十二》中所列的16种制饼方法,勉强算得上是油酥面团的只有髓饼、细环饼。截饼虽用油调面,但并未说明熟制方法。宋代的炉饼,和今天的油酥面团有一定程度的相似,但真正的油酥面团可能产生于元代。《饮膳正要》列举了一些油酥饼的制作方法,多以酥油(奶油)为起酥油,熟制方法为烘烤。到了明代,油酥饼就相当普遍了。

油酥面团的技术难点是油脂和面粉的均匀混合。对于油水面,因为有水的参与,所以面粉中的蛋白质和淀粉的亲水性都可以发挥作用。最早的蝎饼(有人认为即《齐民要术》中的截饼)用的是牛羊脂膏或牛羊乳,髓饼用的则是动物骨髓,而且都可能加了蜂蜜,故而有一定的亲水性。而五代陶穀在《清异录·馔羞门》所列的某些食品名称,特别是《韦巨源烧尾宴食单》中的巨胜奴、贵妃红之类,很可能是油酥面团,可惜没有具体配方和制法,很难确定。宋代吴氏《中馈录》中列有“酥饼方”:“油酥四两,蜜一两,白面一斤,溲成剂,入印,作饼,上炉。或用猪油亦可,蜜用二两尤好。”这可是我国月饼的最早配方。这里的“油酥”应是油脂和面粉的混合物。脂肪和油都具有憎水性,它不像水在调面团中那样,水和淀粉颗粒具有很强的亲和力,所以两者很容易均匀分布,而油脂在面粉中因表面张力的缘故,其内聚力促使它形成一个个小油珠,面粉只能靠能量状态很低的附着力黏附在这些油珠的表面,所以不能形成有弹性的面团。故而行业里都反复强调制油酥面要使用“擦”的手法,使得油珠变得尽可能小,面粉在它们的表面分布越来越均匀,从而形成油酥面团。不过这种油酥很难成型,故而要与水油面或水调面配合使用,否则熟制后会变成一盘散沙。所以无论是包酥还是模制(即上述“入印”),油酥面团都不能用水煮或汽蒸的方法熟制。

2. 矾碱面团

矾碱面团的典型食品是油条。在古代“食经”中往往与糖蜜面团和盐碱面团混淆,因为从先秦开始,粔籹、膏环、寒具、馓子、麻花等各种类似名称纠缠不清,说法也很多,或用米粉或用面粉,制法也并不一样;但有一点是相同的,它们都是用油炸法熟制的。从现代工艺来看,油条和它们都不一样,因为油条配方中使用了明矾。对于这一点,邱庞同早已指出,他还引了薛宝辰《素食说略》中的一段话:“以碱、白矾发面,搓长条炸之,曰油果,陕西曰油炸鬼,京师名曰炙鬼。”说到油条,中国民间普遍把它和秦桧联系在一起,诸如“油炸桧”之类,但却没有任何证据说明宋代甚至元、明,白矾(明矾)已经用于面点制作。《素食说略》是晚清时的著作,这个时间太晚了。如果以它为准,则我国传统的化学膨松面团似乎有外来的嫌疑,因为将明矾用于面点制作,实为一大科学发明。

我国认识明矾的历史,可以上溯到秦汉以前,《神农本草经》将其列为上品药,名为矾石:“矾石。味酸寒。主治寒热泄利,白沃阴蚀,恶疮目痛,坚骨齿。炼饵服之,轻身不老增年。一名羽涅,生山谷。”又《山海经》:“女床之山,其阳多赤铜,其阴多石涅。”郭璞注曰:“即矾石也,楚人名为涅石,秦名为羽涅也。”

魏晋以后,才有矾石之名,因《说文解字》无“矾”字,葛洪《抱朴子》有白矾、矾石之词。陶弘景《名医别录》对其“坚骨齿”的功能表示怀疑,顾野王《玉篇》则云:“涅,矾石也。”唐人俗字写作“礬”。以后历代本草和外丹著作中屡见,普遍用作外科收敛药物,对妇科白带(即“白沃”)、阴道溃疡(“阴蚀”)和医治目疾等的医疗功能,也一直予以肯定。直到明代,李时珍在《本草纲目》中说:“若人服食,须循法度。”(这句话有很高的科技含量)。有人搜集了用矾石的药方数十条,也未提到它在食品制作中的用途。所以据此推断,明矾在油炸食品中的应用不会早于清代。然而“油炸桧”(油炸鬼)的传说未必没有来头。元朝统治者将南方汉人称为“南人”,大搞民族歧视,人们出于对秦桧(其实应该是宋高宗)投降政策的愤恨,创造了这么一个美丽的爱国主义传说,就和太原小吃“头脑”一样。另外,油条制作也并不是非明矾不可,盐碱面团一样可以炸成油条。但是不管怎么说,明矾依然是我国食品行业使用得最早的化学膨松剂。

近代化学告诉我们,矾石即明矾,也称白矾,化学名称为硫酸铝钾,也称钾明矾或钾铝矾,化学式为 $KAl(SO_4)_2 \cdot 12H_2O$。这是一种酸性复盐,能够中和碱性疏松剂(如小苏打),产生二氧化碳和中性盐,从而避免食品产生不良气味,且可防止食品因碱性过大使质量下降,并能控制疏松剂的产气速度,使得食品松脆。所以明矾和小苏打(碳酸氢钠)是相当理想的组合疏松剂。我国食品添加剂卫生标准规定,油条中的明矾用量为10—30 g/kg,用量过大,制品质地脆而硬,如北京小吃焦圈、薄脆等都是如此。

众所周知,明矾亦用作净水剂,还用作某些海产品的保鲜剂和去毒剂,如腌渍海蜇等。只要控制用量,并无大的毒性。然而,近年来,卫生界一直说铝有引发老年痴呆的危害,所以油条中的明矾备受质疑,有的地方已不用明矾了。

(三)烘烤食品

烘烤食品是个时尚名称,在中国古代一向被称为糕点。从《清异录》《东京梦华录》等古代笔记小说的描述来看,它们是从市肆饮食店(即现代所称餐饮业)分化演变而来的,即从生产产品品种相对单一的作坊,专门销售特色面点甚至糖果的门店而形成的,例如《清异录》中的"花糕员外"。《东京梦华录》《梦粱录》等更是所记繁多,这完全是中国糕点行业的滥觞。元、明、清各代都有所发展,清代的糕点作坊已遍及城乡,从而形成了京、苏、广、川、闽、潮(州)等各帮式的地方风味,其中的烤制品俗称"炉货",炸制品俗称"油货",是主要品种,占糕点生产总量的80%以上,品种繁多。现代称为饼干的一类食品,也是从古代糖油面团制品发展起来的。我国近代意义上的饼干则诞生于20世纪初期,以机械烘焙成批生产为特征。但饼干生产的现代化实始于1978年,从国外引进了先进的设备和现代化的工艺技术。

面包的诞生地是古埃及,其生产技术于明代万历年间传入我国,但形成规模生产与饼干差不多同时。

方便面是日本人于1959年开始大规模生产的,我国烹饪界说它是中国的"伊府面"。但我国方便面生产的流水线是20世纪80年代从国外引进的,不过现在已经相当完善,处于世界先进水平,并且已成为世界性畅销食品。

膨化食品是膨化机加工生产的食品。日本人在第二次世界大战中就用膨化方法加工生产军粮。我国于20世纪70年代后期研制成连续膨化机,并开始生产膨化食品,现已成为休闲食品的主要品种之一。

烘烤食品其实还应该包括传统的"炒货",但其技术进步不大。

从广义上讲,烘烤食品指用面粉和各种粮食及其半成品与多种辅料相调配,经过发酵,或直接用高温烘烤,或油炸而成的一系列香脆可口的食品,包括糕点、月饼、饼干、方便面、膨化食品等。它们都属于一般概念下的副食品,我们平常认为它们属于食品工业。改革开放以来,这些门类食品生产的变化很大,科学技术进步也很显著。

四、快餐

快餐作为一种文化，是美国文化在人们饮食行为中的表现。快餐文化从形式上看就是快捷，产品规格和服务方式科学统一，相关厨艺被科学合理地分割成若干个技术要素，每种要素都可以量化，不带有任何随意性，每一种产品都有恒定的作业流水线，以机器和设备的定型操作确保产品质量的统一。有人说这叫作工业烹饪。这种说法只见形式，不懂内涵。现代快餐是资本主义大生产理念在餐饮行业中的高度体现，它的企业管理模式也像美国这个国家一样，是 United States 式现代化的连锁经营。肯德基、麦当劳这些跨国的快餐企业，尽管有成千上万家分店分布在世界各地，但对于同一种产品、同一项服务，你不可能在不同的分店发现有不同的质量，至少它们对顾客的承诺是这样的。可是，一般人并没意识到快餐的文化底蕴，人们往往只知道"快"（台湾称"速食"），结果降格以求，以致在 20 世纪 80 年代以后，我国城乡各地出现多如牛毛的"快餐店"。这些供应盒饭和面点的速食摊点，和快餐文化没有任何关系，完全是东施效颦。美国快餐登陆中国大陆的第一家店面是 1987 年在北京天安门广场西南角的肯德基分店，它很快就站稳了脚跟，取得了成功；令人意想不到的是洋快餐的铁杆"粉丝"竟然是完全没有传统美食欣赏能力的中国少年儿童，独生子女的优越地位迫使长辈们为他们埋单，甚至变成了他们的同道。而且传统饮食文化的卫道者们全无招架之力，除了骂几句"垃圾食品"之类的咒语以外，其他办法一点也没有，"博大精深"的中华美食文化和粗糙浅薄的机器文化相比，完全暴露了自己的龙钟老态，任凭这些跨国公司从中国赚走丰厚的利润。就像福特公司出口一辆轿车，用不着配上司机，因为中国人自己会开车一样，这些跨国公司在中国每建立一家分店，也不需要外国人来经营，以致我们走进任何一家洋快餐店，在那里见到的几乎都是自己的同胞（至多只有个别代表外方利益的同胞）。但我们的钱的确被外国人赚走了，这就是快餐文化的魅力，信不信由你！

20 世纪 90 年代，中式快餐企业风起云涌，追赶的目标便是肯德基。一时间，多家以烤鸭、炸鸡为主要产品的快餐店几乎同时开业，也有店家以包子、饺子、拉面或盒饭为主打产品。在教育界，有的高校宣称设立了快餐专业，培养了以快餐为方向的食品学硕士。在理论界，有关快餐的专著有好几本问世。甚至有人说，中国在先秦时代就有了快餐。没有经过几年，这些企业纷纷倒闭。时至今日，常州的大娘水饺和丽华快餐、西北的马兰拉面、内蒙古的小肥羊等几家企业坚持了下来，有的还有了一定规模的发展，但与肯德基、麦当劳相比，依然是小巫、大巫之别。何以如此？究其原因，我们根本没有吃透快餐文化的精髓，在科学技术上几乎毫无准备，我们还是在厨师的手艺上打圈圈，以落后的手工业思维去处理机械化、现代化的大生产，岂有不败之理？有些人甚至以繁杂的中餐宴会去评价现代快餐食品，更是牛头不对马嘴。

快餐文化的人民性在于它服务于人们的一日三餐，而我们中国有13.6亿人口，人们每天都要吃饭，但不是每天都去赴宴，因此快餐有广阔的发展前景。快餐食品品种的选型应该注重那些主副食结合的产品。常州大娘水饺的成功，就是很好的范例。

附录一 诺贝尔自然科学奖和饮食科学

衣食住行是人类生命活动最基本的需求，尤其是饮食，更是人们生活消费的最终端，从进化的观点讲，人猿区别的标志是工具的使用和制取，而最早的工具就是为了满足人们获取食物的目的而发明的。因此，在科学的萌芽状态中，人们最早掌握的一批手工技艺，诸如狩猎、耕田、捕鱼、烹调、制陶等等，都是为人们饮食需求服务的，所以在最早的科学门类中，饮食占有重要的地位。然而，当真正的科学出现以后，作为终端的饮食科学，其进展速度反而变得相对缓慢。但 18—19 世纪的近代科学，却使饮食科学有了新的发展，一方面在理论上去掉了不少神秘的面纱，另一方面在技术上得益于机械化、电气化的改造。到了 20 世纪，诺贝尔自然科学奖的设立，在更深的层次上阐述了饮食科学的基本原理，但由于从事饮食制作人员众多，真正懂得其中深奥的科学原理的人极少，绝大多数人仅追求"吃饱"和"好吃"，反而忽视了这些深奥的科学原理，从而造成了饮食好像和诺贝尔奖无关的假象。

我们常说的自然科学，通常指数学、物理学、化学、生物学、天文学和地学，但诺贝尔自然科学奖仅设有物理学、化学、医学生理学奖(可视为生物科学的一个分支)三个奖项，它们都在不同程度上与饮食科学相关。

需要声明的是：本书意在做科普宣传，所以书后不附冗繁的文献目录，除特殊情况外，对各项诺贝尔奖得主的原文人名也大都从略，读者如有进一步研究的需要，可查阅文后的参考文献，或从互联网上检索。

人类饮食活动最根本的目的是摄取营养，而"营养"是生物学上的一个普泛的概念，第 6 版《辞海》对"营养"所下的定义为："机体摄取、消化、吸收和利用食物或养料，维持生命活动的整个过程。"显然，这个定义包含一切有生命现象的物种，即"机体"。其中"利用食物或养料"的过程即我们常说的新陈代谢。新陈代谢包含"同化"和"异化"两个部分，"同化"是指生物机体将所吸收的食物或养料中的物质变成自身组织的过程；"异化"则指机体将自身组织中的物质分解成为废料排出体外的过程。这样食物和机体构成供体和受体的对立统一关系。食物即是营养物质的供体，机体即是摄取食物的受体。对于人类来说，饮食活动的复杂性高于其他一切生物，从古到今都是科学研究的重点，直到今天，被视为当代自然科学最高荣誉的诺贝尔奖，必然与人类的饮食活动密切相关。这主要表现在如下几个方面：

一、人体生命活动中的能量

自从1543年比利时人维萨留斯撰著了《人体结构》，颠覆了罗马医学明星盖伦(129—200)在解剖学上的统治地位，建立了近代解剖学，使医学走向科学道路，当17世纪牛顿机械自然观形成，近代科学逐步确立了其学术主导地位，牛顿力学对整个学术界产生了决定性的影响，1620年英国弗朗西斯·培根的《科学的新工具》问世以后，西方医学越来越明确地把人的生命活动看作是机械运动，活着的人体就是一部开动了的机器，进食就是给机器加油。1786年法国人达兰贝尔最早在科学上使用"能量"一词。1807年英国人扬正式引入能量概念。此前，人们已经认识了力、热量、温度等物理概念以及它们的定量表述。1824年法国人卡诺始创热力学的基础概念，发表了著名的卡诺循环；随后在力与热、电，以及动能、势能之间建立定量互换关系，直到1842年德国人迈尔发表了有关能量守恒的最早论文。大约在此后10年之内，热力学第一定律和第二定律得以确认，直到1865年，德国人克劳修斯提出了"熵"(S)的概念。在理论力学中，熵是一个晦涩而较难理解的物理概念，是表示物质系统状态的物理量，是系统热量Q对绝对温度T的比值。对于任何一个孤立系统而言，熵越大，系统自发变化的可能性越大，反之越小。同样，系统的熵越大，其内部分子由有序状态向无序状态转变的可能性也越大；也就是说，熵值实际上是分子运动混乱程度的表征。

热力学是经典物理学的重大成果，由于它强调的前提条件是孤立系统，故此熵的增大或减小都是可逆的。从理论上讲，绝对的孤立系统实际上是不存在的，诸如人们司空见惯的生命现象都是不可逆的过程。因此，在实际工作中应用热力学原理时要有许多修正项，这在一般的工程设计和科学实验中是可以做到的，但对于像人体这样复杂的物质系统，那就不能如此简单。一个人的生命从胚胎孕育到婴儿、少年、青年直到成年，系统不断更新壮大，而到了中年以后，逐步走向衰老直至死亡，整个过程如用经典的热力学原理来解释，会产生一个很大的悖论。对于不可逆过程而言，经典热力学原理需要更新。

能量是近代物理学的核心概念，它虽然诞生于18世纪，但物理学的革命性变化发生于17世纪，所以说人们对能量的认识是物理学革命变化的重大成果。能量的影响不限于物理学本身，也影响了其他门类的自然科学。例如，19世纪化学发生了革命性变化，20世纪生物学也发生了革命性变化，这个变化可以核酸双螺旋结构的发现为标识。尽管如此，能量依然是研究物质世界的重要范畴，19世纪用能量可以很好地解释化学变化的奥秘，但到生物学领域内，就出现了前面所说的悖论。

1969年，比利时物理和化学家伊利亚·普里高津(Ilya Prigogine)(1917—

2003)发表了一篇题为《结构、耗散和生命》的论文,对远离平衡态的不可逆过程热力学,即在与外界有物质和能量交换的物质系统内,当各要素存在复杂的非线性相干效应时,才可能产生自组织现象,从而产生自组织有序态,这种状态称为耗散结构。用统计热力学原理来解释耗散结构,就是要从系统外引进负熵,用以抵消对象体内正熵的增加。打一个通俗的比喻,呱呱坠地的婴儿,在摄取母乳中养分(意味着引进负熵)以后,不断转化为自己的组织和器官,并且维持其生命活动所需要的能量(意味着正熵的增加),从而逐渐长大成人。这个过程是将有序的食物原料经过加工变成无序的食品,并且被人摄取构成有序的有生命的人体,这时的人体就是一种耗散结构。他有一个著名的"三部曲"理论,即"从存在到演化"→"从混沌到有序"→"确定性的终结",这就是从宇宙至一切生命体的发生、生长到死亡的基本规律。他因此获得了1977年的诺贝尔化学奖,他在时空观点上是反霍金的。由于他是非平衡态统计物理与耗散结构理论的奠基人,被称为是继牛顿和爱因斯坦之后第三个伟大的自然哲学家,有着"混沌理论之父""热力学诗人""科学文化人"等多种美誉。

耗散结构理论虽然冲破了孤立系统和封闭系统的束缚,但并未摒弃经典热力学的基本概念,能量、熵、焓等一系列热力学术语依然是它的基本科学语言和数学表达方式,这是很了不起的。耗散结构理论从科学的高度阐述了一切真实系统的变化规律,其中也包括了人的饮食活动。它的自组织过程是生物机体新陈代谢过程的高度概括。可以肯定地说,了解(不是掌握)耗散结构理论的基本思想,可以使我们深刻理解人的饮食活动与能量变化的关系,从而避免许多神秘的、糊涂的认识。

20世纪末,纳米(1纳米$=10^{-9}$米)技术在许多技术领域得到了应用,在医药、化妆品和食品工程中也有人企图使用这项技术。这种创新思维的态度是好的,但是真正做的时候,一定要非常谨慎和认真,在没有取得绝对无害和高度有效的实验结论之前,切不可鲁莽行事。因为纳米颗粒的直径仅为头发丝直径的八万分之一,这样细小的物质粒子是可透过人的皮肤、血管壁等直接进入血液或淋巴等体液系统的,它们有可能产生自组织的严重后果,使原本不是人体器官组织正常成分的物质变成正常成分,从而导致人体某些功能异常,这就未必都是好事。如果某些食品添加剂或调辅料直接进入血液或淋巴系统,也会引起生理功能的紊乱,所以不要把无肯定实验依据、缺乏科学风险评估的盲目标新立异之举当作科学创新。

二、量子论和人的饮食活动

量子这个词现在已经常见于各种书刊,但是能够准确说出量子定义的人并不多。量子是微观世界的重要概念,是指微观世界中的某些物理量不能连续变化而只能取某些分立值，相邻两分立值之差称为该物理量的一个量子。首先提出这个概念的是德国人普朗克(M. Planck，1858—1947)。他在1900年研究黑体辐射时，首先发现物质吸收或辐射能量变化是不连续的，这种辐射能大小的变化和辐射的频率 ν 成正比，他得到的变化公式是 $\triangle E = h\nu$，式中的h被称为普朗克常数，现在公认的数值为 $6.6260755 \times 10^{-34}$ 焦耳·秒；$\triangle E$ 被称为能量子。其他某些物理量也可以表现为量子化，例如不同颜色的光线，其相当的能量被称为光子。后来证明许多微观粒子的运动状态，也可以用量子数来表示。

普朗克的量子论引发了现代物理学的革命，从而获得了1918年的诺贝尔物理学奖。到了20世纪30年代，经过多名顶级物理学家的研究建立了量子力学(因为牛顿的经典力学在微观世界内已不适用)，并且先后有多名物理学家获得诺贝尔物理学奖。

量子力学在其他领域广泛应用，分别建立了量子化学、量子生物学、量子生物化学、量子遗传学等等。但对于一般的饮食科学而言，我们所要关注的主要是量子论对物体颜色成因的解释，再就是食物原料加工和烹饪过程中，食物成分发生化学变化时不同分子的分解和合成中所涉及的化学键(包括氢键等次级键)的断裂和形成时的能量变化，都是呈量子化的规律。例如虾蟹等的甲壳受热后变红便是如此。所以我们现在不应该再把《吕氏春秋·本味》中的“鼎中之变，精妙微纤，口弗能言，志不能喻”当作规律来宣扬，从定性的角度讲，“鼎中之变”都可以用物理和化学规律来加以解释；从定量的角度讲，某些必要的技术参数还没有测定，这正是我们将来所要做的。

三、对营养素的认识

科学家对营养素的认识得益于有机化学的发展，许多重大事件都发生于19世纪，诸如1828年德国人韦勒用人工方法合成尿素，彻底摧毁了流行于18世纪的“生命力论”。随后德国化学家李比希发明了分析有机化合物的新方法。1860年举行了世界化学大会，确立了有机结构理论的基本概念。1863年确立了有机化合物空间异构体的概念。1865年德国凯库勒提出苯的结构。1874年荷兰人范霍夫提出了碳原子不对称四面体模型，导致了立体化学的建立。

就在有机化学的形成和发展过程中，由于能量概念的同步发展，19世纪上半叶科学家们已经发现了三大产热营养素在生物机体新陈代谢中的重要作用。1850年在英国出版的*The Chemistry of Common Life*(当时国际化学泰斗贝齐利乌斯的学生John Ston所作)，已经有了油脂、糖类和蛋白质的基本概念。这本书1854年的修订版于1876—1881年间在上海《格致汇编》上连载了中译本(1878—1879两年曾停刊)，中译者是英国传教士傅兰雅和中国人栾学谦，后来又几次出版译文的合订本。笔者过去对此书做过介绍(该书实为近代营养学和生物化学传入中国的肇始)。当时对三大营养素的认识还很肤浅,仅对油脂的化学组成和结构有初步了解,对碳水化合物(糖类)和蛋白质结构尚不清楚。而胆固醇和脂肪酸的新陈代谢和规律是美国人布洛克和德国人吕南在1942—1950年间发现的,他们因此获得1964年的诺贝尔医学生理学奖。

简单的有机物合成糖类是德国人费歇尔(Emil Fischer,1852—1919)在1884年的成就,他也因此获得了1902年的诺贝尔化学奖。而英国人哈沃斯在1933年对糖类和多糖类的研究获得了1937年的诺贝尔化学奖。从那时起,我们开始用氧环式准确地表示糖类化合物的结构和化学性质。但是对淀粉和纤维素的区别,直到1964年才因美国人艾尔宾等发现高等植物的纤维素合成酶而最终被阐明,虽然机体内的糖代谢途径早在1939年就知道了。

众所周知,蛋白质的结构异常复杂,虽然蛋白质与生命的关系早在19世纪就引起了科学家的关注。早在1910年前,德国人科赛尔就因他对蛋白质和核酸化学的研究而获得1910年的诺贝尔医学生理学奖。但直到1951年英国人桑格才对胰岛素分子中的氨基酸排序问题进行研究,他因此获得了1958年的诺贝尔化学奖。从此,对蛋白质和核酸的研究就成了诺贝尔奖的热门话题。1959年美国人奥克沃和科恩伯格研究出了核糖核酸和脱氧核糖核酸的生物合成,从而获得1959年的诺贝尔医学生理学奖。1960年英国人佩鲁茨和肯德鲁因对球蛋白结构进行研究,从而获得1962年的诺贝尔化学奖。同年的诺贝尔医学生理学奖被授予了美国人沃森和英国人克里克及威尔金斯,以奖励他们在核酸分子结构及其对生物信息传递方面的科学意义,从此双股螺旋就成了生物遗传学的代名词。而1961年法国人雅各布等关于酶和病毒合成的遗传控制的研究,获得1965年的诺贝尔医学生理学奖。总之,自核酸的结构弄清以后,有关遗传学和分子生物学的发展日新月异,更有好多科学家因此获得诺贝尔自然科学奖,人类对生命科学的认识日益深化。但这些与饮食科学没有直接关系,所以我们在这里不再介绍。

20世纪初期,自然科学家对营养素研究的最大贡献在于维生素。1911年日本人铃木梅太郎和波兰人丰克首先提出维生素的命名,英文Vitamin原义是“维持生命的胺类”,源于1910年铃木梅太郎对维生素B1(也称硫胺素)的研究,以后有多项研究获得诺贝尔自然科学奖,计有:

1928年德国人温道斯因从1907年起对甾族化合物进行的研究而获化学奖,这项研究与维生素D有密切关系。

1929年英国人霍普金斯和荷兰人爱克曼因对多种维生素的发现和研究而获得医学生理学奖。

1937年英国人哈沃斯在化学奖得奖内容中,除了糖类分子结构外还包括了他对维生素结构的确定;与他共享此奖的瑞士人卡勒获奖是因对多种维生素的研究。

同年,匈牙利人森特·焦尔季因在生物氧化上的发现、维生素C和延胡索酸催化作用的研究而获得医学生理学奖。

1938年德国人库恩因对类胡萝卜素和维生素的研究而获得化学奖。

1943年美国人多伊西和丹麦人达姆因发现维生素K并研究了它的化学性质而获医学生理学奖。

至此,我们常见的维生素的结构、化学性质和生理功能基本上都已经认识了,近代营养学的科学地位已完全确立了。可是到了1955年,英国人霍奇金用X射线测定了生物学上重要物质的结构,从而获得了1964年诺贝尔化学奖,其中就包括了Vb_{12}的结构。从那以后,有关营养素的研究,再也没有获得过诺贝尔自然科学奖。

四、关于酶和激素

酶,旧称"酵素",是生物体内产生催化能力的蛋白质。生物体内所涉及的化学变化都要在酶的催化下才能进行,人体内新陈代谢过程所涉及的化学变化也都是如此。科学家对酶的认识始于酒精发酵和乳酸发酵。1857年法国人巴斯德证实发酵作用系由微生物所引起。在此之前的1856年德国人施旺指出酵母属于植物。1894年日本人高峰让吉发现高淀粉酶。20世纪以后,因酶学研究而获得诺贝尔自然科学奖的有:

1929年瑞典人欧勒·切而平和英国人哈登因对糖发酵及其酶的研究而获得化学奖。

1931年德国人瓦勃因对呼吸酶的研究而获医学生理学奖。

1946年美国人萨姆勒等三人因结晶酶而获化学奖。

1953年李普曼和京留布斯因发现辅酶A和三羧酸循环的研究而共享医学生理学奖。

1955年瑞典人迪奥尔对氧化酶本质和作用方式的研究获得医学生理学奖。

1957年英国托德因核苷酸和核苷酸酶的研究而获得化学奖。

直到1997年丹麦人斯科还因研究细胞中钠-钾离子浓度平衡酶而获得当年化学奖的一半(另一半是博耶和沃克对ATP形成过程的研究)。

从这些获奖项目可知,当代酶学研究的前沿已不是一般的消化酶或工农业生产用酶制剂那样简单,而是以研究高级生物化学反应的作用机理为主要目标。

激素是生物机体内另一类活性物质,又称"内分泌"或"荷尔蒙",是人和动物的内分泌腺器官直接分泌到血液中去的对身体有特殊效应的物质。最早提出激素概念的是英国人斯特林(1906年提出,1914年被确认)。最早获得诺贝尔奖的激素课题有:1909年瑞士人克歇尔关于甲状腺的研究而获得医学生理学奖。1922年英国人麦克劳德和加拿大人班廷因发现胰岛素而获得1923年的医学生理学奖。1958年英国桑格还因确定了胰岛素的分子结构而获得化学奖。在此之前，还有人因研究脑垂体前叶激素在糖代谢中的作用而获得1947年的医学生理学奖。

激素研究中最活跃的部分是性激素，它们与人的饮食也有密切联系，但是并没有人因此项研究而获得诺贝尔奖。

维生素、酶和激素都是人体生命活动不可缺少的微量物质，但人体不能自行合成维生素，必须从食物中摄入，而酶和激素却可以由人体自身的生理反应而合成，所以在一般情况下无须专门摄入，故而维生素属于营养素，而酶和激素则不是，它们都是生理作用的调节物，对这类调节机制的研究至今仍是自然科学的前沿。

2013年10月7日，瑞典卡罗琳医学院宣布，把2013年诺贝尔医学生理学奖授予美国科学家詹姆斯·罗思曼、兰迪·谢克曼和德国科学家托马斯·祖德霍夫，以奖励他们在细胞学方面的杰出贡献。细胞生命活动依赖于细胞内运输系统，获奖的项目叫囊泡运输调控机制。所谓囊泡运输调控机制，是指某些分子与物质不能直接穿过细胞膜，而是依赖围绕在细胞膜周围的囊泡传递运输。囊泡通过与目标细胞膜融合，在神经细胞指令下可精确控制激素、生物酶、神经递质等分子传递的恰当时间与位置。这一机制对我们认识许多非营养素类物质的生理活性有重要作用。

五、人体中生理信息的传递和风味科学

人体的神经系统是个复杂的信息系统，无论中外，古人对此早有觉察，中医“望闻问切”的目的就是获取人体的生理信息，西医也是如此，但他们发明了听诊器(1816年法国人拉埃内克)。19世纪中叶，西方科学家研究神经传导的机理，认识了大脑是运动中枢。到19世纪末，俄国人巴甫洛夫对迷走神经和条件反射的研究，导致他1904年就获得了诺贝尔医学生理学奖，阐明了消化生理学的基本机制。整个20世纪有许多人因此获得诺贝尔奖，至今仍然方兴未艾，下面我们按年代罗列这些得奖项目。

1906年意大利人高尔基和西班牙人卡哈尔发明用硝酸银染色法研究神经结构而获得医学生理学奖。

1913年法国人里谢特因对过敏反应的研究而获得医学生理学奖。

1932年英国人艾德里安因发现神经原及其功能而获得医学生理学奖。

1936年英国人戴尔和奥地利人勒维因发现神经兴奋的化学传递而获得医学生理学奖。

1944年美国人厄兰格和加塞因对神经纤维功能的研究而获得医学生理学奖。

1963年英国人赫胥黎、霍奇金，澳大利亚人艾尔克斯因发现神经细胞膜周缘

和中央部分兴奋和抑制的离子机制而获得医学生理学奖。

1970年卡兹等人因发现神经递质及其贮藏、释放和失活的机制而获得医学生理学奖。

1978年英国人米切尔因研究生物系统中利用能量转移过程而获得化学奖。

1994年美国人吉尔曼和罗德贝尔发现了一种运送GTP的G蛋白在细胞信号传导中的作用而获得医学生理学奖。这是一个了不起的发现。1997年的化学奖又授予了这项研究。

1999年美国人布洛伯尔因发现蛋白质具有内在信号物质控制其运送到细胞内特定位置的作用而获得医学生理学奖。

2000年卡尔森等人也因为在神经系统信号传递方面的研究而获得医学生理学奖。

以上关于诺贝尔自然科学奖中有关生物信息的得奖项目并未完全列举。但自从1994年发现G蛋白在细胞信息传递中的作用以后,这方面的成就特别受到化学和医学的共同关注。人们知道人的身体是由数十亿细胞相互作用的微调系统,每个细胞都包含能感知周围环境的微小受体,因此才能适应新的环境。早在1968年,美国医学家罗伯特·J. 莱夫科维茨研究了肾上腺素的受体。20世纪80年代,另一位美国医学家布赖恩·K. 科比尔卡成功地将这种受体(实为一种基因)从庞大的基因信息中分离出来。在此之前,人们已经认识了眼睛中能够捕获光线的受体。2011年,科比尔卡成功地捕获了肾上腺素激化、并向细胞发出信号的瞬间画面。这是"分子层面的杰作"。他俩因此获得了2012年的诺贝尔化学奖。如今,人们将那些功能相似的受体称为"G-蛋白偶联受体",其中包括光、味道受体、肾上腺素受体等等,这类受体拥有上千个基因编码。目前发现,约有一半药物都是通过"G-蛋白偶联受体"而发挥其药效的。G-蛋白偶联受体无疑是风味科学最高端的成就,正如当年诺贝尔评奖委员会一位评委所说的那样:他举起一杯热咖啡说,人们能看到这杯咖啡,闻到咖啡的香味,品尝到咖啡的美味,以及喝下咖啡后心情愉悦等,都离不开受体的作用。现在已知,大约1000种基因为G-蛋白偶联受体"编码",与人体对光线、味觉和气味的感知以及肾上腺素、组胺、多巴胺和血清素等物质相关。

当代饮食科学关于风味概念的界定,可分广义和狭义两种,广义概念即常说的美味,包括人对饮食的生理感受和心理感受;狭义的风味即烹饪学界所说的色、香、味、形、质,其中尤以味和香最为神秘。无论广义还是狭义,其所涉及的食物供体都是生理信号的提供者,它们并不一定是营养素,甚至绝大多数没有营养功能,但却有不可忽视的风味功能。某些营养综合性的保健品,它们可能包含人体需要的各种营养素,但它们构不成美食,因为它们没有风味功能。有些厂家人工构造了诸如色泽、气味、口味等风味因素,但因缺乏天然食物那种自然风味,人们依然不把它们视为美食。

诺贝尔奖从来没有注意饮食风味方面的研究成果，但对感觉生理的研究非常关注。在视觉方面，早在1911年就对眼睛屈光学研究授予医学生理学奖（奥地利人居尔斯特兰德获得）；1967年又因视觉过程中的生理和化学机制，1981年再因对视觉系统的信息处理研究，都颁发过医学生理学奖。在听觉方面，早在1914年，奥地利人巴兰克就因对内耳前庭器及平衡感的研究而获得医学生理学奖。1961年，又因对耳蜗刺激的物理机制的研究颁发了医学生理学奖。至于与触觉相关的获奖次数就更多了。以上三种都是物理感觉，而气味和滋味都属于化学感觉，对它们的研究相对较难。直到2004年，美国人理查德·阿克塞尔和琳达·巴克才因嗅觉机理的研究而获得诺贝尔医学生理学奖。然而，至今还没有人因研究味觉而获得诺贝尔奖，尽管有关味觉器官的生理解剖知识好像已经很完备了。但我们对味觉的化学信号递质和作为味受体的G-蛋白偶联体，还没有突破性的进展，不过2012年的化学奖为我们指明了方向，我们有理由相信在不久的将来，人类必定会完全弄明白味觉感受的起因和结果。到了那一天，我们再也不用依靠古人的心理感受来阐释美味的奥秘。对于东亚人来说，鲜味的奥秘也会被完全揭示，风味这个古老的概念一定会获得严正的科学内涵。

六、关于饮食心理的科学基础

所谓“心理”，是人脑对客观世界的积极反映，并在此基础上对人的行为做出自我调节。人的心理是在劳动和语言的影响下形成的，它和动物的心理有显著的差别。虽说巴甫洛夫的条件反射说对人和动物都是有效的，但人的心理具有自觉的能动性，并接受社会历史规律的制约，所以心理学最早是哲学的一个分支，然而饮食心理有着更明显的生理基础，故此也是自然科学的研究对象。可是自巴甫洛夫以后，这方面的杰出成果很少，在诺贝尔奖的范围内，仅在1973年的诺贝尔医学生理学奖的获奖课题中，对人类个体和社会行为模式的建立进行科学阐述，这年的获奖者是德国动物学家卡尔·冯·弗里希、奥地利动物学家康拉德·洛伦兹和荷兰行为学家尼科利斯·丁伯根。这个课题的研究始于1935年，洛伦兹发现鸭子和鹅的幼雏在孵化后不久，就会透过视、听的刺激学会识别亲鸟（亲生父母或养父母）并到处跟随其行走的现象。他对这种行为提出“铭记”（Cimprinting）的概念。他们因此认为每个物种都具有遗传性能力去学习特定的事物，而且所学的事物都和该物种适应的生存价值有关。他们认为低等动物的攻击性行为对其生存有利。他们的行为学研究成果同样适用于人类个体和人类社会。例如，某些人的好战行为就和动物的攻击性行为相似。笔者以为，人们的饮食习俗就是一类典型的行为学标本，人们在饮食活动中的风味偏嗜，在另一些人看来简直毫无道理，但偏嗜者却认为极其神圣。再如当美国快餐文化传入中国以后，其最早的“粉丝”一族是孩子，这是耐人寻味的现实问题。说到底,孩子是跟大人学的。当这种行为纳入他们的生存价值系统以后,就会影响他们的思维方式和社会行为,加上网络行为无处不在,中国人丢掉"慢性子"逐渐变得追求急功近利,这很值得我们深思。

结束语

如前文所述,饮食活动是人类生存的最低需求,但不等于说低端需求没有高深的科学原理依据,更不等于说任何低端需求没有美的追求。恰恰相反,人类的饮食活动中的每一个环节,都存在着高深的科学规律,就这个意义上讲,说它是"博大精深"未尝不可,问题是我们要向高深的方向上去做,这是笔者写作本书的真实愿望。既然连科学王冠诺贝尔自然科学奖都可以和饮食结缘,那我们又何必认为饮食科学是科学王国中的二等甚至是三等公民呢!饮食是生命现象中的关键步骤,是生命科学研究的重要课题。我们从事饮食文化研究的人士,如果没有这个认识,那他的研究成果有多大价值,就很值得怀疑了;同样,我们从事食科教育的人士,如果总是就事论事,不向受教育者揭示饮食活动中深层次的科学原理,那就永远改变不了他们身上的"匠气"。

风味和营养是人类饮食活动的两大基本追求,我们从前文的介绍中可以看出有关营养科学的深层次问题,可以说已经解决得相当好了(但不等于到顶了),但有关风味的科学问题,目前仍是自然科学研究的前沿课题,在这些问题没有完全认识以前,仅靠"文化"是说不明白的。长期食用没有营养或营养不全面的低劣的食物,是会吃死人的,这种事例多如牛毛;但长期食用风味不佳的食物只会令人生厌,而不会死人。因为营养是科学,没有人文界限;而风味是科学与人文兼具,根本没有谁高谁低的标准。还是费孝通先生说得好,"各美其美,美人之美,美美与共,天下大同"。饮食亦当如此。

参考文献:

[1] 汤浅光朝.解说科学文化史年表[M].张利华,译.北京:科学普及出版社,1984.

[2] 刘启云,等.诺贝尔奖获得者演说词精粹[G].北京:中国大百科全书出版社,1995.

[3] 编写组.诺贝尔奖金获得者传(第4卷)[G].长沙:湖南科学技术出版社,1987.

[4] 李雨民,陈洪.诺贝尔奖和诺贝尔学——生命科学诺贝尔奖50年评价和思考[M].上海:上海科学技术出版社,2011.

[5] 吕淑琴,陈洪,李雨民.诺贝尔奖的启示[M].北京:科学出版社,2010.

附录二　1949年以来中国大陆地区饮食文化的历史回顾和反思[①]

摘　要：新中国成立60年来，大陆地区人民的食物生产和饮食生活发生了翻天覆地的变化，经历了从饥饿到温饱，再向小康变化的历程，部分比较发达的地区还在建设基本现代化的饮食文化格局。为此，本文从饮食文化的学科定位、大陆地区人民饮食生产和饮食生活概况的变化、中华饮食文化传统、食品安全和营养科学、饮食文化社团和学术交流、食科教育、饮食文艺、餐饮行业和餐饮文化8个方面，分别讨论这些变化过程，既总结已取得的成绩，也不回避发生的争论和存在的问题，目的在于将中华饮食文化这个民族瑰宝发扬光大，从而使中国人民的饮食生活尽快走向科学化、现代化的道路。

关键词：饮食文化　营养科学　食科教育　饮食社团　餐饮业

中国近代意义上的饮食史研究发轫于张亮采著《中国风俗史》（写成于清宣统二年，首版于1911年，现在容易见到的是1988年上海文艺出版社影印的上海商务印书馆1917年第6版的“民俗、民间文学影印资料之十五”），该书叙事起自远古，迄于明代。关于张亮采的生平，除了他的原书《序例》末署“宣统二年九月既望萍乡张亮采识于皖江之寄傲轩”之外，其余未见著录。该书在每个关键篇章（按朝代分），都将“饮食”作为专门一节叙述其时代特征。因此，它不仅是研究中国风俗史的早期代表作，也是研究中国饮食史的早期代表作，篇幅虽小，但所用史料均翔实可靠。在此之前，直到1949年10月1日中华人民共和国成立的整个民国时期，对中国人饮食活动做全方位研究的成果，屈指可数，仅有董文田的《中国食物进化史》（《燕大月刊》第5卷第1—2期，1929年）、郎擎霄的《中国民食史》（商务印书馆1934年版）和李劼人的《漫游中国人之衣食住行》（《风土杂志》第2卷第3—6期，1948年9月—1949年7月）等寥寥数种。此外尚有关于酒、茶、食器、食礼、食俗等方面的专题研究，数量也不多。总而言之，不成气候，不足以形成一门学问。因此，

---

① 后改题为《建国60年来我国饮食文化的历史回顾和反思》，分上、中、下发表于《扬州大学烹饪学报》2010年第1期第5—12页、第2期第1—7页和第3期第20—26页，发表时略有改动，此为补正底稿。此次收入本书时，又增收了表2和表3中的相关新数据。

也就没有人对这些研究做过综合性的概括，直到20世纪80年代"烹饪热"兴起，饮食或烹饪被当作一种文化受到人们的普遍关注，于是有了概述（Review）性的论著出现。据笔者管窥所及，最早是赵荣光的《中国饮食文化研究概论》（据他自己说，此文写于1986年）等5篇论文，后来被收录在他的论文集《中国饮食史论》（黑龙江科学技术出版社1990年版）中。1992年，他又应约为日本饮食学杂志《VESTA》写了《中国食文化研究述析》（刊于1994年第1期），后来收录于《赵荣光食文化集》（黑龙江人民出版社1995年版）。差不多同时，《中国烹饪百科全书》（中国大百科全书出版社1995年版）的前言部分对烹饪文化研究做出该书编辑部的全面阐述。2001年，姚伟钧、王玲发表了《二十世纪中国的饮食文化史研究》（《饮食文化研究》2001年第1期），以后姚伟钧又与徐吉军合作，以《二十世纪中国饮食史研究概述》为名在"中国经济史论坛"（www.guoxue.com 2003-8-15）上重新发表，两者内容略有差异。笔者也曾就此问题陆续发表过一些简短的看法，后来在为《中国烹饪文化大典》审稿的基础上归纳成《当前中国烹饪文化研究工作中的十大关系》一文，发表在《扬州大学烹饪学报》2008年第4期上。所有这些概述，都有不同的归纳角度和学术观点，又都没有经过必要的切磋讨论，而且大都偏于"史"的论述，对现当代中国人民的食生产和食生活的联系明显不够，所以对此问题有重新认识的必要。加之2009年是中华人民共和国成立60周年，也是中国改革开放30年，各行各业各学科都在回顾总结，继往开来，饮食文化当然也有此必要，此乃笔者写作本文的主要动机。

一、饮食文化的内涵和科学定位

饮食文化作为一个社会范畴，自从有了人类社会，它就是客观存在的，但是作为一个学科概念，它出现的时间并不太长。把人的饮食活动看作一种文化，是社会学和人类学所首创。然而，我国古代"四库"或者更早的"七略"中，无论是"饮食"还是"文化"，都是不入流的。因此，饮食文化的提法还是一件舶来品，说得最早的当推孙中山，继而有蔡元培、林语堂、郭沫若等，毛泽东也认为饮食是一种文化，但他们都没有真正从事过饮食文化的研究，所论也不过是一种学术观感而已。我们知道社会学和人类学早期的研究方法，和历史学相类，即主要是古文献和古文物的考证和田野调查。在我国，费孝通、雷洁琼等前辈有过卓越的贡献，不过因为当时中国的社会问题很多，又因为连年战争，他们的注意力还未能及于饮食。而新中国成立以后，恰逢斯大林在苏联推行文化极权主义，把各种科学和各类文化都打上阶级烙印，社会发展史和政治经济学取代了一切社会人文科学，就是在自然科学领域内，也有批判孟德尔遗传学、鲍林的有机化合物结构的"共振论"等等。我国当时在"学苏联"的高峰期，社会发展史和政治经济学是各级各类学校（包括在职干部培训等）的指定教科书，《联共（布）党史》第四章第二节（斯大林著《历史唯物主义和辩证唯物主义》）也曾经是大学政治课的必读教材。学术思想战线上也曾掀起过批判孟德尔遗传学、批判共振论的风潮，甚至还批判过热力学第二定律，资产阶级"先验论"是这些批判的常用罪名。这些批判中，后果最为严重的是对马寅初"新人口论"的批判，不顾国情的人口政策造成了严重恶果，这是一个不争的现实。在培养高级人才和从事科学研究的高等教育方面，1952年的全国高等学校院系调整，其最大成就在于确立了新中国的教育主权，使高等教育成为建设新中国的人才培养高地和科学研究战场，这也是一个不争的事实。但是在这次院系大调整中，不仅社会学、人类学等一些二级学科，甚至连法学、心理学等都被作为资本主义的学术体系而被清除停办，教师改行。最有意思的是心理学，院系调整后的第一任南京大学校长潘菽先生是国际上知名的心理学家，也不能从事心理学研究，因为当时说人只有阶级性，心理学是伪科学；但是后来因为国际学术交流的需要，潘菽就任中科院心理学研究所的所长，这或许因巴甫洛夫是俄国人的缘故，因此有幸在高等师范院校保留了教育心理学这门课程，才使得我国心理学人才没有断档。但心理学的社会作用大为削弱了，曾经发生过培养好的飞行员由于没经过心理测试而不能上岗的怪事。社会学、人类学的相关领域后来转型为民族学、民俗学，但都没有把饮食文化当回事。因此在1949—1980年的新中国头30年，真算得上是饮食文化研究论著寥若晨星的年代，仅有如人们经常提到的林乃燊先生的论文，算是其中的佼佼者[1.1]。

改革开放以后，社会餐饮行业和外事旅游事业的发展，促成了中国烹饪的社会需要急剧上升，从而形成了一股"烹饪热"。其中有一位做实事的人物，即原商业部办公厅主任、党组成员萧帆先生，他利用自己的权力和地位，迅速组织起一支队伍，创办了《中国烹饪》杂志，成立了中国烹饪协会，主持编写了《中国烹饪辞典》和《中国烹饪百科全书》，整理注释了一批烹饪古籍，却很少在前台亮相。在他属下的陈耀昆、黄琳等同志，更是恪尽职守。所以20世纪80年代的"烹饪热"高潮，尽管今天仍有不同的看法，但成绩是基本的。我们应该懂得"前人种树，后人乘凉"的道理，所以不应忘记他们。但是需要指出，以萧帆老人为首的一批学者，他们一开始就提出烹饪是个大概念，食品乃至饮食都是烹饪属下的子概念，当时在业界流行一句名言："烹饪是文化，是科学，是艺术。"据说这是国务院某位领导在1983年举办的全国烹饪名师技术鉴定会上提出的。一时间，这种说法充斥各种媒体，不仅厨界朋友对此赞颂备至，因为它对提升厨师地位提供了一个理论支柱，而且有许多文化人和艺术家也支持这种说法。然而，这却是个泡沫，因为谁也没有对烹饪和文化、科学及艺术这三个概念画等号的提法，做过令人信服的理论阐述。笔者介入烹饪界并关注饮食文化研究实际始于1988年，开始对这个提法没有过多关注，只是觉得它的口气太大。然而科学工作者的本能养成"不唯书、不唯上"的科学精神，实际工作需要也迫使我认真思考这种提法的科学价值,后来发现它在逻辑上是混乱的。说烹饪是一种文化是可以成立的,因为烹饪是人类进化到熟食阶段特别是陶器发明以后做饭做菜的技术,它含有利用自然、改造自然的人文意义。如果将烹饪作为一个文化范畴,它也应该具有科学属性和艺术属性,但却不能武断地说,烹饪是文化,同时又是科学和艺术。笔者因此对前述提法提出质疑,明确反对这种大而无当的笼统表述,并将相关的见解写入自己的习作中[1.2]。需要申明的是,在此之前笔者对烹饪文化和饮食文化两个学科名称,并没有明确的抉择,有时认为两者是可以互通的,但已意识到烹饪文化是饮食文化的一个分支。大约也就在 1993 年前后,大多数研究者普遍接受了"饮食文化"的概念,但仍有个别学者坚持烹饪文化大于饮食文化,甚至把饮食文化曲解为"吃喝文化"[1.3]。

坦率地讲,"饮食文化"的提法是西方人类学家所首创,而最早研究中国饮食文化的学者却是日本人,著名的如青木正儿、筱田统、田中静一、木村春子、石毛直道、中山时子等,都是中国食文化学者熟悉的名字。随后是海外华人和我国台湾学者,最著名的是人类学家张光直(Kwangchin Chang,1931—2001),他主持编写的《中国饮食文化》(*Food in Chinese Culture*,美国耶鲁大学出版社 1977 年版),是中国饮食文化研究领域内颇有影响的著作,可惜这本书在大陆地区仅在一些大型图书馆中能见到其英文原著,至今还没有完整的中文译本,这就影响了我们从人类学的高度来认识中国饮食文化的历史渊源和基本特征。此外,我们还可以从相关的文献中见到台湾学者尹德寿的《中国饮食史》(台北新士林出版社 1977 年版),但在大陆地区却没有人读过。不过境外这些信息还是影响了大陆地区的饮食学界,一些对新事物敏感的学者跳出了"烹饪"的藩篱,接纳了饮食文化这个学科名称。其间赵荣光先生是比较突出的一位。从他公开发表的论著来看,大概在 1986 年他就明确使用"饮食文化"这个名称取代了烹饪或烹饪文化,他也是大陆地区最早阐述饮食文化学术内涵的学者。他的第一部论文集叫《中国饮食史论》(黑龙江科学技术出版社 1990 年版),在该书的第 37 页,他说:"'饮食文化'是一个涉及自然科学、社会科学及哲学的普泛的概念,是个介于'文化'的狭义和广义二者之间而又融通二者的一个边缘不十分清晰的文化范畴。(他这一句话的表述方式,直到 2008 年都未见到有变化。)确切些说,饮食文化是指食物原料获取、加工和制作过程中的技术、艺术、科学以及以饮食为基础的习俗、传统、思想和哲学。"在随后出版的《赵荣光食文化论集》(黑龙江人民出版社 1995 年版)的第 19 页,他又重复了这一表述,以后他与谢定源合著的《饮食文化概论》(中国轻工业出版社 2000 年版)的第 3 页上,在上述表述的基础上加了"即由人们食生产和食生活的方式、过程、功能等结构组合而成的全部食事的总和"这一内容。而到了《中国饮食文化概论》(高等教育出版社 2003 年版)的第 2 页则改为:"饮食文化是指食物原料开发利用、食品制作和饮食消费过程中的技术、科学、艺术,以及以饮食为基础的习俗、传统、思想和哲学,即由人们食生产和食生活的方式、过程、功能等结构组合而成的全部食事的总和。”这个定义在他的《中国饮食文化史》(上海人民出版社2006年版)第2页上全文照录,并且对人类的食事分食生产、食生活、食事象和食惯制4个方面做进一步的阐发。2008年,高等教育出版社的《中国饮食文化概论》第2版第2页上,这个定义就再也没有变化了。笔者如此不厌其烦地做如上的引证,是想使大家明白究竟什么叫“饮食文化”。而赵荣光正是大陆当代饮食文化研究工作者中唯一认真思考并且做了清晰回答的人,我们也可以从他的认识过程中领悟到这个问题的重要性。事实上,如果不能回答“饮食文化”是什么,那是无法建立这个学科的。

我国大陆地区第一本饮食文化的专著是林乃燊先生的《中国饮食文化》(上海人民出版社1989年版),他在该书“序言”的开头说:“饮食文化,是随着人类社会的出现而产生,又随着人类物质文化和精神文化的发展而丰富自己的内涵。”他接着列举了一大堆“子学科”,但始终没有用简洁的语言给饮食文化下个定义。

在1997—1998年间,《中国食品报》曾以“食论精华”的栏目介绍了国内一些饮食文化研究人士对饮食文化的内涵和学科定位等方面问题的看法,遗憾的是这些文章都没有正面回答“饮食文化是什么”这个必须回答的问题。2001年,已故的中国食文化研究会首任会长杜子端先生在《饮食文化研究》的创刊号上,以《建议创建食文化学》为名发表专文,他说:“食文化是综合性大文化,横联社会科学、自然科学、应用技术科学的三千多个学科,每个学科的成果都会直接或间接地影响食文化的新发展。食文化涉及从原料种类、食物生产到饮食消费的整个过程,并同每个人的日常生活息息相关。我们天天都在享受食文化,同时又发展食文化。”杜老曾先后担任过轻工业部和农业部副部长,也曾经是中国食品工业协会的会长,是长期管理国家食品生产的主要官员,因此他深知食事研究和管理被人为分割的弊端,所以总想创建一个大范围综合的学问,来克服这个弊端,这个大学问便叫作食文化学。其实,这是所有食文化研究者的共同困惑,明确做出回答的人极少。天津的高成鸢先生从1993年起,便在《中国烹饪》杂志上以“中国饮食之道”和“烹饪哲学”为栏名发表一系列理论探讨性的文章,后来他又将这些文章整理成专著《饮食之道——中国饮食文化的理路思考》(山东画报出版社2008年)出版。他认为饮食文化的内涵不如其学科定位迫切重要,他曾经说食文化在现代学科体系中还没有找到恰当的位置,因此目前还没有找到与当代学术体系对话的平台。他认为文化人类学是登上这个平台的阶梯,因此他赞同某些人类学家建立“饮食人类学”的主张,认为饮食人类学是“从泛文化的观点研究人类饮食体系与人类文化相互关系的学科”。通过“尊重现存的学科格局”,“通过切实努力,可以使这个学术框架逐步充实膨胀,有朝一日就会瓜熟蒂落,甩掉‘人类学’名目,成为独立学科”[1,4]。原来如此,为了做老子,先学做孙子。高先生指出当前饮食文化“不能进入学术殿堂,没有机会与各学科对话”。这个判断是正确的,比某些先生高喊“博大精深”要明智得多,但他把食文化的源头仅仅放在中国烹饪和中餐上。他又说:“中华文化以饮食为本原,因此,使饮食文化相应成为基本学科便是我们的理想目标。”这种精神和愿望,真是高尚而又伟大,但结合当代文化的时代性和民族性的背景,这个目标难以实现。因为饮食与 20 世纪那些成为“基本学科”的学科门类(如环境、信息、空间、管理等)相比,无论是在自然科学还是在人文科学的基础上,都处于知识链的低端。造成这个局面的原因不在现代,而在古代。《周礼》曾经展现过这个苗头,但先秦和秦汉儒家摧残这棵嫩苗,以后的“七略”和“四库”也没有刻意提携,工匠和厨师的知识体系不为古代学术界所承认,如果没有贾思勰、宋应星之类杰出人物,中国食文化的科学内涵将是缺失的。环境学科就是一个最好的例证,尽管我们祖宗倡导了“天人合一”,但并没有协调人和自然的办法,结果被动适应自然,反而阻碍了前进的步伐,而莽撞地“人定胜天”也会自食其果,实际上只有当物质文化发展到一定的阶段,才会产生现代的环境学科。因此,在当代创建饮食文化学科时,不能无视近代科学各个分支的地位,光靠文化人类学是不够的,况且文化人类学本身也不具备“基本学科”的资格,平台本身过低了,我们无法通过它爬到“科学殿堂”上去。不过,高成鸢先生提出的命题是非常重要的,学科定位就是上门牌号码,否则何来学术地位。

正如高成鸢先生所指出的那样,文化人类学是研究人类社会文化起源及发展规律的科学,即人类学研究的是“初民”,因此无法像历史学那样,强调“让史料说话”,所以只能用“田野调查”的方法进行历史的“重构”。“从文化人类学的角度看,在相对封闭的人群中,衣食住行因日复一日、年复一年而成为习惯,又随着空间的扩展和时间的延续变为风俗,而风俗的人格化即为社会;所谓文化传统不过是社会的符号表征,它一旦形成即会反过来规范人们的日常生活。”[1.5]因此当人类学的研究对象从“初民”转向“古人”的时候,便产生了日常生活史,这就是以现代为背景的“日常生活批判”理论,这个理论关注到“人们首先必须吃喝穿住,才能从事政治、科学、艺术、宗教等社会活动。因此,人的生存需要和满足需要的生产,以及人身的繁衍和家庭等是社会历史运行的深刻基础和社会历史理论的基本主题”[1.6]。这是 20 世纪西方马克思主义学者对过去那种一味围绕生产力和生产关系、经济基础和上层建筑等非日常领域展开的“宏观”的“科学化”的史学研究的反思,“科学化”的史学使哲学社会科学理论日益抽象化,为了寻找某种“绝对理念”来统领一切,从而忽视人类社会的差异性和个体性,忽视社会发展的文化内涵,在一切领域内寻找普遍适用的“原则”,这种方法现在被称为“抽象化顽症”。其结果便是理论研究中的“见物不见人的倾向”。而日常生活史学则是将研究对象微观化,直接从具体的人类群体日常生活着手,并且将目光投向那些“小人物”(即“弱势群体”),从包罗万象的“日常行为”中构建更加丰满的社会模型。日常生活是一个文化概念,不同民族的文化传统、生活方式是该民族日常生活中最坚固的部分,就连法律在这里也不可能求得统一。由此可见，要想建立独立的饮食文化学（或食文化学），必须在传统史学的方法论中引入人类学的研究方法，而且最好称为“中国饮食文化学”，因为适用于全人类的饮食文化原理是其内涵中的自然科学成分（在技术层面上仍有差异），在人文社会科学的角度上，我们必须接受日常生活批判理论的启示。至于饮食文化学的学科定位问题，在阶段性成果尚未取得的当代，一时还无法确定它的“门牌号码”。遗憾的是就连《辞海》这种常见的大型工具书，在其最新版中仍然没有“饮食文化”这个词。

笔者在《烹饪学基本原理》的第五章第二节，也列了个“何谓饮食文化”的标题，写作的时间是 1992 年。那时笔者还是个饮食文化研究阵地上的新兵，知识的积累决定了笔者在那时不可能有什么明确的见解，完全属于那种“肚里明白，嘴上说不出”（“口不能言，志不能喻”）的葫芦型研究者，借用当时流行的物质文化和精神文化之类空活，岂能有什么明确的结论。由此联想到什么“综合大文化”“横联自然科学和社会科学”之类说法，都是不自觉的“抽象化顽症”。现在首要的任务是构建不同时代、不同地域、不同人群的饮食文化模型。我们并不完全排斥“让史料说话”，但也不能轻信史料，江苏高邮龙虬庄的骨箸和青海民和喇家的面条，是我们进行反思的绝好教材。

徐吉军和姚伟均先生曾将中国饮食史研究分为兴起阶段（1911—1949）、缓慢发展阶段（1949—1979）和繁荣发展阶段（1980 年至今），并列举了相关的著述目录，收录的文献到 1999 年止。现在这些资料显然已经不够了。赵荣光先生在《中国饮食文化概论》（高等教育出版社 2008 年第二版）的绪论部分列举了更为详尽的成果目录，收录的文献到 2007 年底。鉴于这本书是印数较大、比较容易见到的专著之一，所以在这里不再转录，有兴趣的读者可自行查阅。

参考文献之一

[1.1] 林乃燊.中国古代的烹调和饮食——从烹调和饮食看中国古代的生产、文化水平和阶级生活[J].北京大学学报：社科版，1957(2).

[1.2] 季鸿崑.烹饪学基本原理[M].上海：上海科学技术出版社，1993.

[1.3] 聂凤乔.还是称“烹饪文化”好——小议“饮食文化”[N].中国食品报，1997-6-27(4).

[1.4] 高成鸢.学科定位：食文化研究繁荣的关键[N].中国食品报，1998-9-11(4).

[1.5] 刘新成.日常生活史——一个新的研究领域[N].光明日报，2006-2-14(12).

[1.6] 衣俊卿.日常生活批判与社会学范式转换[N].光明日报，2006-2-14(12).

二、60年来中国大陆地区人民食生产和食生活概述

20世纪的前半期，中国人民一直处于水深火热之中，清王朝的灭亡、帝国主义列强瓜分中国、国内军阀混战、国共两党之间的十年内战、八年抗日战争（东北地区为14年），最后是共产党夺取全国政权的三年解放战争，真是国无宁日，生产力受到严重破坏。广大人民群众饥寒交迫，其食生活处于极度低下的保命状态。1949年，农村家庭的恩格尔系数达90%，城镇家庭也达到80%，这就足以说明问题了。

中华人民共和国成立以后的60年，可以分为前30年和后30年两个阶段，我们通常称前30年为计划经济时期，后30年为改革开放或社会主义市场经济时期，其分界线便是1978年的中共十一届三中全会。在计划经济时期，又可以1956年城乡社会主义改造为界，分为两个时期：1949—1956年的经济建设过渡期，在1952年第一个五年计划开始以前，整个国家处于解放战争以后的经济恢复期，由于土地改革运动调动了广大农民的生产积极性，农业生产有了很大的发展，人民的饮食生活曾一度明显地改善；但是1956年的城乡社会主义改造运动以后，中国进入了真正的计划经济年代，事无巨细均由统一的国家计划来控制，首先是粮食的统购统销，继而是集体经济剥夺了农民自主经营土地的权利。“三年困难时期”，全国因缺粮而死了多少人，至今没有个准确的统计，在中国人口统计年表中，每年人口都在增加，唯有1960年和1961年是减少的，1959年全国人口总数是6.72亿人，1960年减为6.62亿人，1961年又降为6.58亿人，两年净减2300万人，如果加上正常的人口净增数，1959年到1961年间非正常死亡人数和减少出生的人数，当在4000万人左右。这不禁使我们想起清光绪三年到五年（1877—1879），山西、河北、河南、山东大旱三年，饿死的人达1300万，几乎接近当时四省总人口的1/10。我国地域辽阔，自然灾害年年都有，但1959—1961年的灾害并不完全是天灾，政策措施不当和政治运动不断，也是无可回避的重要因素；所以从1963年起将执行中的五年计划暂停，进入连续三年的经济调整期。

1958年“大跃进”中最值得研究的食文化现象，是遍布城乡的公共食堂。有人统计过，1958年底全国有公共食堂340多万个。“有衣同穿，有饭同吃，无处不平等，无处不饱暖”，这便是人们对共产主义的理解，因此“放开肚皮吃饭”，“吃饭不要钱”，就成了狂热的愿望。我们现在已经找不到公共食堂的原始发明人，但1958年10月25日的《人民日报》社论肯定了这种共产主义的“吃饭形式”，说这样做可以解放农村妇女的生产力，结果造成了粮食大量浪费，1958年底就撑不下去了。以全国农村典型的大寨为例，在办公共食堂的一年中，社员们总共吃过白面饺子8次，蒸馍4次，油果1次，大米干饭4次，其余绝大多数时间，仍只能吃窝窝头、酸

饭、稀米饭。连大寨人自己的说法都是:“办食堂有四费:浪费粮食、浪费柴炭、浪费劳力、浪费时间。”难怪它是短命的。于是一阵狂热风过后,1959年就进入难熬的饥饿岁月。

我们中国人自古就有追求绝对平等的理想,《礼记·礼运》那段关于“大同”的论说,就是人们平等友爱的最高境界。陶渊明的《桃花源记》,康有为的《大同书》,尽管说法不同,但都想把社会引向虚幻的“平等”。但不管什么社会,“吃饭”都是首要问题。国以民为本,民以食为天,是中国人的古训。事实上,在以农立国的华夏古文化中,这个“食”实际上就是粮食。最早提出这句名言的郦食其,在向刘邦献策时,也是以洛阳附近敖仓的粮食作为背景的[2.1]。新中国成立后,非常重视粮食生产,提出“以粮为纲”的方针;可是中国粮食问题一直没有解决,甚至没有达到历史水平,可见粮食问题不仅是吃饭问题,实际上是我们这个人口大国处理一切问题的基本出发点。因此,对粮食问题的研究事关中国的政治和经济,至于饮食文化研究,更应该是第一命题。在这方面,蔡建文、周婷的专著是一本写得很好的书[2.2],一方面分析总结了我们自己的经验和教训,另一方面又以科学乐观的态度指出了前进的方向,正面回答了美国经济学家莱斯特·R. 布朗提出的21世纪谁能养活中国的问题。书中以可靠的统计数字说明问题,本节所引用的数据有很大一部分来自于该书,由于引用频繁,所以未加以详注。该书对中国历史上的粮食生产情况做过统计,时间上限为战国末期,下迄1998年,表1—3便是这些统计结果。

表1　中国历代粮食生产消费状况统计表

时期	耕地面积(亿亩)	粮田面积(亿亩)	人口(亿人)	粮食总产量(亿公斤)	人均粮田面积(亩/人)	粮食亩产(公斤/亩)	人均占有原粮(公斤)	每个劳动力生产的原粮(公斤)
战国末期	0.9	0.846	0.2	91.35	4.26	108	460.5	1659
西汉末期	2.38	2.24	0.595	295.7	3.76	132	496.5	1789
唐	2.11	1.99	0.529	332.35	3.76	167	628	2262
宋	4.15	3.9	1.04	602.5	3.75	154.5	579.5	2087.5
明	4.65	4.2	1.3	726.5	3.23	173	559	2013.5
清朝中叶	7.27	6.18	3.61	1134.05	1.71	183.5	314	1134
1931年						135.5		
1947年						90.3		
1949年		16.5	5.4	1131.8	3.05	85.5	206	700

表2　新中国成立以后，中国(大陆)人民食生产和食生活基本情况统计表

年份	国民生产总值(GDP)(亿元)	人口数(万人)	农村恩格尔系数(%)	城镇恩格尔系数(%)	食品工业年产值(亿元)	食品年产值/工业年总产值(%)	社会餐饮年销售额(亿元)	餐饮年销售额/社会消费品年零售总额(%)
1949	466	54167	90	80				
1952	679	57500			82.8	24.1	14.1①	5.1①
1957	1241				135.6	19.6		
1962	1149.3	67300			126.9	14.9		
1965	2235	72538			175.5	12.6		
1970	2252.7	83000			197.9	8.2		
1976	2943	93700			388.6	11.9		
1978	5689.8	97523	67.7	57.5	471.7	11.4	54.8	
1979	6175	97092			518.7	11.3		
1980	6619	98255			568.0	11.4		
1981	7490	99622			690.1	13.3		
1982	8291	101541			755.5	13.6		
1983	9209	102495	<60		794.3	12.9	112.1	
1984	10627	103604			865.8	12.3		
1985	13269	104639			940.6	11.3		
1986	15104	106008			1018.1	11.3		
1987	10920	108000			1134.0	11.0		
1988	13853	109614			1305.7	10.8		
1989	15677	111191			1348.3	10.4		
1990	17400	114333			1360.0	10.4		
1991	21617.8	115823			2665.1	11.9	492.0	5.2
1992	23938	117171			2980.0	11.0	589.7	5.4
1993	31380	118517			3428.7	10.0	800.1	6.4
1994	43800	119850			4039.9	9.9	1201.4	7.2
1995	60794	121121			4496.1	10.1	1579.2	7.7
1996	67795	122389		<50	5146.5	10.1	2024.9	8.2
1997	74772	123626			5842.1	10.3	2433.2	9.1

续　表

年份	国民生产总值(GDP)(亿元)	人口数(万人)	农村恩格尔系数(%)	城镇恩格尔系数(%)	食品工业年产值(亿元)	食品年产值/工业年总产值(%)	社会餐饮年销售额(亿元)	餐饮年销售额/社会消费品年零售总额(%)
1998	79553	124810			5517.3	9.6	2816.4	10.1
1999	82054	125909			6020.3	9.3	3199.6	10.3
2000	89404		＜50	＜40	6672.1	8.8	3752.6	11.0
2001	95933	127627	47.7	38.2	7278.0	8.4	4368.9	11.6
2002	102398	128453	46.2	37.7	8433.0	8.2	5092.3	12.4
2003	116694	129227	45.6	37.1	8870.2	7.7	6066.0	13.2
2004	136515	129988	47.7	37.7	16280.9	8.7	7486.1	13.9
2005	182321	130756	45.5	36.7	20473.0	8.1	8886.8	13.2
2006	216314	131448	43	35.8	21586.95		10345.5	13.5
2007	265810	132129	43.1	36.3	32665.80		12352	13.8
2008	314045	132802	43.7	37.9	37566.16		15404②	14.2
2009	335353	133474	41.0	36.5	49698.71	20.4	17998	14.3
2010	397983	134100	41.1	35.7	53000		17648	18.1
2011	471564	134735	40.4	36.3	78078	9.1	20635	11.2
2012	519322	135404	39.3	36.2	89552		23448	11.1
2013	568845	136072	37.7	35.0	约 10 亿		25569	10.75

注:(1)表中的①指 1952 年,我国社会餐饮业第一次有统计数字,当年人均社会餐饮消费为 2.45 元。②指当年人均社会餐饮消费为 1160 元。统计项目名称为“住宿和餐饮业零售额”。2010 年餐饮业年销售额占当年 GDP 的 0.44%。

(2)GDP 数值常因统计口径的变化而略作调整,这里所列的 2006—2010 年“十一五”期间的数值为 2011 年初的调整值。

表 3　改革开放以来,中国(大陆)城乡人民收入和食物原料产量表

年份	农村居民人均纯收入(元)	城镇居民人均可支配收入(元)	粮食总产量(万吨)	油料总产量(万吨)	糖料总产量(万吨)	肉类总产量(万吨)	水产总产量(万吨)	牛奶总产量(万吨)
1959			19505	419.6				
1965			19453	362.5				
1977	①	622③	28272	401.5	2020.8	按头数计	470	
1978	①	644③	30475	521.8	2381.8	按头数计	466	

续　表

年份	农村居民人均纯收入(元)	城镇居民人均可支配收入(元)	粮食总产量（万吨）	油料总产量（万吨）	糖料总产量（万吨）	肉类总产量（万吨）	水产总产量（万吨）	牛奶总产量（万吨）
1979	83.3②	705③	32110.5	643.5	2461.4	1062.4	430.5	
1980	85.9	762③	31822	769.1	2911.2	1205.5	449.7	114.1
1981	223	463④	32502	1020.5	3602.8	1260.4	460.5	129.1
1982	270	500④	35343	1181.7	4359.4	1350.8	515.5	161.8
1983	309.8	526④	38728	1055.0	4032.3	1402.1	546	184.5
1984	355.3	608④	40712	1185.2	4794.6	1525	606	221
1985	397	690④	37898	1578	6038	1755	697	250
1986	424	828④	39109	1473	5859	1918	813	286
1987	463	916④	40241	1525	5482	1921	940	319
1988	545	1119④	39401	1320	6237	2188	1046	369
1989	602	1950③	40745	1291	5793	2328	1148	380
1990	630	1387③	43500	1615	7180	2504	1218	413
1991	710	1570③	43524	1638.3	8263	2712.2	1339	462.6
1992	784	1826③	44258	1640	8753	2933	1646	501
1993	921	2337③	45644	1761	7623	3780	1785	498
1994	1220	3197③	44450	1984	7339	4300	2098	530
1995	1578	3894③	46500	2250	7800	5000	2538	548
1996	1926	4839	50450	2200	8250	5800	2800	625
1997	2090	5160	49250			5304	3561	
1998	2160	5425	49500	2292	9765	4355	3854	
1999	2210	5854	50800	2600	8400	5953	4100	
2000	2253	6280	46251	2950	7450	6270	4290	
2001	2366	6860	45262	2872	8790	6340	4375	
2002	2476	7703	45711	2900	10151	6590	4513	
2003	2622	8472	43067	2805	9670	6920	4690	
2004	2936	9422	46947	3057	9528	7260	4855	
2005	3255	10493	48401	3078	9551	7700	5100	

续　表

年份	农村居民人均纯收入(元)	城镇居民人均可支配收入(元)	粮食总产量(万吨)	油料总产量(万吨)	糖料总产量(万吨)	肉类总产量(万吨)	水产总产量(万吨)	牛奶总产量(万吨)
2006	3587	11759	49804	3062	10987	8100	5250	
2007	4140	13786	50160	2641	11110	6800	4737	
2008	4761	15781	52850	2950	13000	7269	4895	3651
2009	5153	17175	53082	3100	12200	7642	5120	3518
2010	5919	19109	54641	3239	12045	7925	5366	3750
2011	6194	21810	57121	3279	12520	7957	5600	3656
2012	7917	24568	58957	3476	13493	8384	5906	3744
2013	8896	26955	60194	3531	13759	8536	6172	3531

注：(1)表中数字后①表示当时没有统计；②表示集体经济分配数；③表示职工平均工资；④表示可支配的生活费。

(2)2008年首次统计禽蛋总产量，当年为2638万吨；2009年为2741万吨；2010年为2765万吨；2011年为2811万吨；2012年为1861万吨；2013年为2876万吨。

(3)油料指花生、油菜籽和芝麻，大豆列入粮食；糖料指甘蔗和甜菜；肉类指猪、牛、羊肉。

这些不容易见到的数据是很宝贵的。我们仔细分析这些表发现，新中国成立以后，我们奋斗了60年，人均占有原粮数竟然没有超过祖宗，1936年全国粮食总产量为15000万吨，1953年为16683万吨，1958年为20000万吨，1959年为19505万吨，1960年为14350万吨，1978年为30475万吨。这些数字，如果用当年的人口总数一除，我国人均占有原粮在1978年以前一直在300公斤左右徘徊，即使推行联产承包责任制以后，也从来没有超过400公斤，大丰收的1997年，也只有398.5公斤，仍然是低水平。20世纪80年代，从世界粮食组织到中国科学院、国家计划委员会等权威机构评估中国土地资源的最大生产能力为8.3万亿吨/年，以人均粮食500公斤/年计，最大人口承载量为16.6亿人；以人均粮食550公斤/年计，最大人口承载量为15.1亿人。由此得出结论，中国环境的人口最大容量为15亿—16亿人。这个大账是所有食文化研究者都要关心的。

至此，我们可以说，中华人民共和国成立后的前30年，中国人的食生活是处于饥饿状态，从事当代饮食文化研究的人们，应当以中国传统的荒政观点去看待问题。但是原因是多方面的，以美食观点研究饮食史的学者，会认为这30年的中国有饮食，但没有“文化”。须知，这种认识是不正确的，“前事不忘，后事之师”，我们需要吸取教训。

1978年11月16日晚，安徽凤阳县小岗村18户农民宣誓并按下了手印，分田到户，揭开了最近30年中国人民饮食生活的新篇章，中国人民从此走向温饱。由于这30年的统计数据比较完整，我们不妨看看表2和表3的数据。

表2和表3所列数据主要来自国家统计局的统计公报，和国务院总理的政府工作报告，也有部分来自中国食品工业协会和中国烹饪协会的网站，个别数据曾经过核对，因为媒体上所载数据常有差错，统计口径并不都完全一致，但总的变化趋势是正确的；有些数字看上去令人鼓舞，但有些数字则令人不寒而栗。例如1994—1995年，我国人口达12亿，那时的耕地面积是19.2亿亩，人均1.55亩；可到了2008年，我国人口13.2亿，耕地面积只有18.2亿亩，人均不足1.38亩；如果坚守18亿亩耕地的红线，到达承载人口最高值16亿时，人均耕地仅1.125亩，按每人每年需粮500公斤，则亩产要达到450公斤。对照表1可以发现这是很不轻松的任务。因为现在连400公斤/亩都在徘徊，因此要有一群袁隆平才能实现。否则，要想喝酒吃肉就难了。由于饲料粮数量急剧增加，目前北京、天津、上海、广东、福建、海南、湖南、湖北、江西、江苏、四川等省市，人均粮食消费都超过或达到450公斤/年。这已经超过世界的平均水平。

粮食问题之大，是世界上任何一个国家都不敢小视的，粮食问题表面上看是食生产和食生活的一个侧面，但却是它的核心，无论从微观还是宏观的角度，饮食文化研究者都不可以忽视它。鉴于问题太大，本文的篇幅也不允许面面俱到地去讨论所有的问题，我们在这里仅拣出一些基础数据，例如上述三表，目的在于引起大家的注意。还需要指出：我国从1953年建立粮食统购统销体制，到1992年11月1日，全国宣布放开粮食的购销价格和经营体制的限制，直到1993年底，全国95%以上的县市放开了粮食价格，前后达50年之久，其中暴露出来的社会问题和文化问题，远远超出我们的想象。另外，从2006年起，完全取消了延续近3000年的农业税，这更是标志着我们国家从落后的农业国向先进的工业国的转变，建设资金的原始积累不再依赖于农业，农业的任务就是满足人们饮食生活的需要。

参考文献之二

[2.1] 司马迁.史记·郦生陆贾列传[M].

[2.2] 蔡建文，周婷.中国人还会不会饿肚子[M].北京：经济日报出版社，1999.

三、中华饮食文化传统的特征和扬弃

这是饮食文化研究中理论性最强也最根本的核心问题，因为在它的上面就是中华文化传统和中华文化的特征。在一般情况下，人们对文化传统和传统文化的认识往往是混淆不清的。对此，中国社会科学院前副院长李慎之先生对中国文化传统是怎样阻碍了中国的现代化的问题，思考了10年[3.1]。他首先论证了文化传统和传统文化是两个不同的观念，并引用了庞朴的解释：“文化传统是形而上的道，传统文化是形而下的器。”文化传统是传统文化的核心，它几乎贯穿于一切传统文化之中，支配着中国人的行为、思想以至灵魂。“传统文化是丰富、复杂的、可以变动不居的；而文化传统应该是稳定的、恒久单一的。它应该是中国人几千年传承至今的最主要的心理习惯、思维定势。”李慎之是位1945年参加重庆中共代表团工作的老革命人，又是著名的社会科学家，根据他的思考和观察，并且参考了鲁迅、陈寅恪这些学术大师，邓小平、李维汉等无产阶级革命家的总结和反思，他认为中国的文化传统就是专制主义，即是1980年通过的《关于建国以来党的若干历史问题的决议》中所说的“封建主义”。他反对用什么“道”、“理”、“天人合一”、实用理论、忧患意识、乐感文化等等抽象概念来表述中国的文化传统。上层专制主义和下层奴隶主义是个典型的合二为一的结构，是个儒、法互助的权力结构，这个结构实际上始于秦始皇。他认为中国专制主义时间长，资格老，具有以儒家学说为核心的宗教意味，以宗教仁义为内容的人情味，是中华大统一的基础，中央集权官僚制度以汉族或入主中原的少数民族领袖一脉传承的思想统治或愚民政策等为主要特点。从他所说的这些特点来看，中国封建专制主义的主体应该抛弃了，但是它那种绵延坚韧的生命力（是地球上唯一延续不断的古文明），“天人合一”的人文传统，家国同构、家国一体的社会伦理观念，刚健有为自强不息的民族精神，注意和谐、崇尚中道的道德原则，求真务实的功利追求等积极因素，则是应该永远继承和发扬的[3.2]。

既然一个民族的文化传统是深入骨髓的东西，要完全抛弃是不可能的，但文化又是个既有民族性又有时代性的社会范畴。因此，当某种社会架构在时代大潮的冲击下，它原有的文化传统并非完全不变，三皇五帝和夏商周三代时期，都各有不同的文化特征，也就是说，那时的文化传统和秦汉以后并不完全相同。所以，我们在当代努力吸收西方文化中的优良部分，应该构建以爱国（这一点属于继承）、民主（这一点属于吸收）和科学（这一点属于发扬）为基本特征的中华民族新的文化传统。

以上所述，看似与饮食文化无关，其实不然，因为饮食文化是传统文化的一个具体门类，故而它也在民族文化传统的制约之下。早在1990年，笔者介入饮食学术圈子不久，出于一个自然科学工作者的本能，曾经说过：“近十几年来，在文化理论战线上，各种流派纷纷登台，唯独在烹饪文化这个领域内，却是一枝独秀，那就是封建主义的意识形态泛滥成灾，作为其中的极端，竟然把整个文化就说成是饮食文化，也就是说，中华民族的一切知识体系都是吃出来的。”[3.3]笔者也因此得罪了人，赵荣光先生曾引用了这段话，但他的引用更起了火上加油的作用。可是今天回过头来再看看，觉得没有错。我们不妨列举一些现象来加以论证。例证之一是中南海、人民大会堂、钓鱼台国宾馆等国事服务机构中的名厨，放着“人民勤务员”之称不要，常自称或喜欢别人称他们是“御厨”。还有人说，他们所设计的菜单都是“国家机密”，真是不敢苟同。而且媒体和若干饮食文化研究者也认同这类说法。例证之二是餐饮行业拒绝近代科学对烹饪技术的干预和改造，这在20世纪八九十年代达到了顶峰，笔者不止一次听到有人说：“机器做的菜不如手工做的好吃。”1994年在黄山召开的第二届中国烹饪学术研讨会上，上海有一位代表在会上公然宣称：请不要与我们讲什么营养，那样会束缚厨师的手脚。诸如此类的论调不一而足，直到近年来才有所改进。相比之下，食品行业就不会有这些奇谈怪论，因为食品工业早在20世纪初就进行了科学的改造和更新。例证之三是一段时间复古之风盛行，而复古的核心内容是宫廷秘制、官府家传，甚至一再求之于古典文学名著，表面上看是研究专家与企业经营者合伙忽悠广大老百姓，实质上是封建的等级观念在作祟。然而，单纯复古毕竟不合时代的节拍，曾几何时，“仿古”之风不再。例证之四是不断有人大刮奢靡之风，可算是近30年来的社会顽症，饮食业追求“满汉全席”之风至今不衰。也有人营造“啤酒喷泉”，设计“人乳宴”。每到节日，“万元宴”、“数十万元宴”、豪华月饼、豪华粽子、用黄金包装的大闸蟹……就像始终赶不走的苍蝇一样，在人们耳际嗡嗡作扰；据说还有什么“炒龙须”（炒鲶鱼胡子）、“蒸鹅脑”等荒诞的菜品设计。诸如此类的观念与做法，并不符合“孔孟食道”的优良传统，实是封建专制主义极权统治者追求物欲的遗毒，魏文帝就说过“五世长者知饮食”的糊涂话。

既然封建专制主义的文化传统阻碍了中国的现代化，我们又何必死抱往它不放呢？这是因为五千年来延续的传统文化（其中当然也包括饮食文化），是在它的指导下继续传承并加以发展的，不过这种传承是批判的传承，即进行扬弃。全盘继承或一概打倒这两种极端都是不可取的。为了使这种传承更为有效，我们首先必须弄清楚中华饮食文化的基本特征。

王学泰说他“理解的饮食文化主要指饮食与人、人群的关系”[3.4]。这话没有错，如果没有人，那还有什么文化可言呢？但是对于人来说，饮食是生命延续的必备物质条件，除了空气就是饮食（包括水）。因此，如果这里所说的“人”，不是特定的，就和一般的动物一样，也没有什么文化可言。中国的特定地理环境和自然条件，造就了中华民族大家庭，只有这个大家庭的饮食，才会形成中华民族的饮食文化。要说清楚这种特定的饮食文化的特征，并不是一件很容易的事情。张亮采说：“中国以农立国，而风气早开于古时，由是安土重迁，井里酿成仁让之俗。五谷之食，利赖至今。”[3.5]这个时间，在传说的神农氏时代。因此，中华饮食文化一切特色，均源于古代的农耕文明。“贵和尚中”的民族性格源头便在这里。所以秦始皇统一中国以后，历代的疆土面积屡有变动，但黄河、长江这两大流域始终是中华文明的核心区域，中华饮食文化的特征，主要就是这个核心区域饮食文化的特征。我们只有从这里寻找其饮食文化的个性特征，才是中华民族饮食文化的个性特征，一切共性的东西，如主张烹饪文化说的“养为目的，味为核心”，就是人类饮食文化的共性，因此，那不是中华民族饮食文化的特征。

近 20 多年来，研究中华饮食文化特征（即“饮食之道”）的学者很多，如西安王子辉先生用一个“和”字来概括；成都的熊四智先生说是“五味调和”与“营养卫生”；天津的高成鸢先生曾为此写了一本书，书名就叫“饮食之道”，其核心观点就是两个字——“味道”。日本的中山时子女士认为中国饮食的核心是追求鲜味。我国台湾的李亦园先生说，我们是喜欢吃，也会吃，而中山女士认为我们只懂吃，那是太小看我们了，他提出，我们中国人通过吃，悟出了“中和”这个伟大的思想观念和行为准则，所以中华饮食之道就是孔子的孙子子思在《中庸》中阐发的“致中和”。而赵荣光先生最早在 1983 年就以《中国饮食文化民族性特征概说》一文，提出中华民族饮食的理论原则是食医合一、饮食养生、本味主张、孔孟食道，还有食料原料选择的广泛性、进食心理选择的多样性、食馔制作的灵活性、区域内风格的历史传承性和区域间文化交流的通融性，他自己称这为“四大原则”和“五大特性”。从那以后，他一直是这样说的，没有改变。还有其他学者，也曾有过诸如此类的说法，这里不再引证。对于这些见解，笔者觉得有些困惑，因为人类文明可以概括为物质和精神两个方面，虽然它们之间有互相依存、互相影响的关系，但如果将这两者混在一起去认识中华饮食的特征，常会有顾此失彼、混淆不清的感觉，所以笔者主张将物质文化和精神文化分别阐述。

从物质文化的角度讲，中华民族饮食文化的特征主要表现在：以植物性食物为主的膳食结构（具体地讲，长江流域以南以稻米为主食，长江以北以小麦面粉为主食，除信奉伊斯兰教的少数民族外，其他民族的肉食品以猪肉为主）；营养指导的二元化（近代营养学和中国传统医学原理同时干涉人们的饮食生活）；复杂多变的烹饪技术；匕箸进食的合食方式；以鲜为佳的调味主张；超越宗教的饮食禁忌（信奉伊斯兰教和佛教的人士除外）。

从精神文化的角度讲，主要表现是“民以食为天”的人本思想；“医食同功”的饮食原则；“天人合一”的人文传统；贵和尚中的伦理原则；儒家传统的礼俗规范。

对于以上这些特征，出于我们中华民族的思维惯性，通常都持弘扬的心态，当将其与域外饮食文化比较时，如果发现别人的饮食文化特征与我们的思维惯性不一致，很容易产生鄙视或抵触情绪。我们常会听到如“中华民族饮食是人类最健康、最文明的饮食”之类的豪迈语言，其实还是文化沙文主义的不自觉表现。对于世界上任何一种饮食文化形态而言，本无优劣之分，就像鞋子穿得是否舒适，只有自己的脚知道一样。文化的排他心理和包容性是共存于一体的矛盾，因此任何一种传统文化都会有其消极的一面。有人清理过中国饮食文化的消极面，主要有奢靡、暴殄天物和强让过度三个方面[3.6]。笔者赞同这种分析。

需要说明，本节若干观点的介绍，已成为业界的常识，为节省篇幅，故而对其出处未做详细说明。

参考文献之三

[3.1] 李慎之. 中国文化传统与现代化[J]. 战略与管理,2000(4).

[3.2] 曾德昌. 中国传统文化指要[M]. 巴蜀书社,2001.

[3.3] 赵荣光. 赵荣光食文化论集[G]. 黑龙江人民出版社,1995.

[3.4] 王学泰. 华夏饮食文化[M]. 中华书局 1993.

[3.5] 张亮采. 中国风俗史[M]. 上海文艺出版社,1998.

[3.6] 郑清波. 传统饮食文化别议[N]. 光明日报,2005-09-13(7).

四、食品安全与营养科学

(一)食品安全

食品安全有两层含义:一为数量安全,即国家需要有足够的食物原料储备。对我们中国来说,最主要的就是粮食储备,保证遇到水旱兵荒时,人民不发生饥馑现象。二为质量安全,即保证食物原料及食品制作和消费过程的清洁卫生,不受生物性、化学性和放射性的污染,保证食用的安全。这里讨论的即是质量安全,即通常所说的食品卫生问题。

"卫生"这个词首见于《庄子》,原先与养生、摄生、保生、治生、厚生、养身、爱生、养性等词同义,而清洁意义上的"卫生"是 20 世纪初期从日本回归的,是 hygiene 一词的汉译,有时也与 health 或 sanitation 混用。但 health 原义为健康, sanitation 则为卫生保健,都不如 hygiene 准确。我国古代提倡食品要清洁的是孔子,在《论语·乡党》中有具体的内涵。孔子所主张的是因为祭祀是隆重的活动,故而所用食品不可不洁、不熟。可惜孔子的主张没有被中国古代医家所吸收,因此,在中医典籍中把致病因素概括为抽象的"邪气"或邪,所以我国长期以来,对食物不洁的认识主要是心理因素。有一个有趣的故事:是孔子"厄于陈蔡",好不容易搞到一点米,孔子安排颜回去熬粥,不料有烟炱落入粥锅,按孔子的教导,这种弄脏了的粥应该弃去,但颜回想这些粥来得不易,他们都处于饥饿的状态,弃之实在可惜,于是他将被烟炱污染的部分自己舀出喝了。颜回的这个动作恰巧被孔子看到了,他感叹不已,心想虽然"贤哉回也",但在饿极了的时候也会违背自己的教训,因此大为失望。后来颜回主动向孔子说明情况,方使他恢复对这个得意门生的信任。这则故事反映了孔子对食物不洁的标准主要不是生理上的防治疾病,而是他一贯提倡的礼教的需要。数千年来都是如此。直到 19 世纪后期,西方近代医学传入中国以后,才把清洁和防病结合到一起,"卫生"这个词才在含义上和"养生"脱钩,但仍有保健的意味。可惜由于清末和民国时期,中国的文盲率高得惊人,科盲率则更高,因此近代科学意义上的"卫生",仅在社会上层人士中流行,许多基层群众甚至认为讲卫生是穷讲究,就连食品作坊和餐饮从业人员也是如此。

新中国成立以后，共产党和人民政府不遗余力地宣传卫生、防治疾病，开展了一次又一次的爱国卫生运动，其间也遇到来自社会基层的阻力。笔者清楚地记得，20世纪50年代初，南京清真菜名店马祥兴，当时在城南三山街营业（现在迁至鼓楼广场），梁檩上蛛丝积尘很厚，卫生监管部门要他们清扫，从业人员竟说打扫会扫走“财气”，成为电台广播的典型。在改革开放以前，食品安全卫生并没有严格的法规治理，相关管理机关的红头文件是《食品加工、销售、饮食企业卫生五四制》，是卫生部和商业部于1960年联合颁布的；直到2000年2月，卫生部又发布了《餐饮业食品卫生管理办法》，算是在《食品卫生法》颁布后对前者的补充。事实上，在食品短缺的年代，对卫生不合格的食品，与颜回同样想法的人是很多的，只要削价销售，人们还是很欢迎的。而且在计划经济年代，从业人员追逐利润的意识不强，违法经营的现象相对少见；可是到了市场经济时期，违法经营的事件大幅增加，食品安全卫生事故经常出现，人民群众反映强烈，一般性的道德呼唤几乎已经不起作用，迫切需要法治。于是在1995年10月30日八届全国人大常委会十六次会议通过了《中华人民共和国食品卫生法》，这是中国历史上第一部食品卫生法规，其作用是很大的，从农田到餐桌，对食品卫生安全工作有了全面监管的措施。2004年9月1日，国务院做出《关于进一步加强食品工作安全的决定》。2005年商务部又在《食品卫生法》《餐饮业食品卫生管理办法》《学校食堂与集体用餐卫生管理规定》《学生集体用餐卫生监督办法》等相关法律法规的基础上，制定了《餐饮业和集体用餐配送单位卫生规范》，应该说食品卫生的监管是做到了有法可依的程度。然而食品安全事故仍然频发。事实证明，当社会道德力量软弱无力时，就要加强法律干预的力度，这或许就是“以霸王道杂之”的真谛。进入新世纪以后发生的食品安全卫生事故，几乎都是经营者道德缺失的人为事故，是明知不可为而为之的犯罪行为，诸如2006年阜阳劣质奶粉事件，以及苏丹红事件、农药防蝇的火腿事件、太仓劣质肉松事件等等都是如此。这说明犯事者的犯罪成本太低，需要加大惩罚力度，并且扩大监管范围，对执法人员需要强化责任追究措施，克服多头监管形成法律真空地带的弊病。人民迫切希望更完备的法律出台。新的《中华人民共和国食品安全法》酝酿了数年之久，终于在2009年2月28日第十一届全国人大常委会第七次会议上通过，并且于同年6月1日起实施。这部法律的通过，显然受到了2008年三鹿集团三聚氰胺污染幼儿配方奶粉事件的影响，国务院曾为这个事件启动了食品安全事故的国家一级响应，该事件造成了巨大的经济损失和食品安全的信任危机；不良企业家的社会破坏能力，让我们尝足了苦头[4.1]。2009年7月20日，温家宝总理签署了《中华人民共和国食品安全法实施条例》，可以说相关的法律法规已经相当完备。2009年底，全国人大常委会又对《食品安全法》进行执法检查。从法律层面讲，从“卫生法”到“安全法”不仅是法律名称的变化，而且是国家在努力恢复食品安全的信心；从学术层面讲，是中国饮食文化走向文明饮食的一大进步，是中国人民饮食生活走向法制化、现代化和科学化的关键标志。

(二)营养科学

我国当前的营养指导,基本上处于传统和现代的双轨状态。新中国成立以后,现代营养科学随着人民文化水平的普遍提高,正在走向日益普及的状态,但是传统的养生理论仍为社会公众普遍认同,所以才出现这种双轨状态,这实际上是中西医学交流碰撞乃至争论的必然结果。然而,无论是传统的养生理论,还是现代营养科学,都没有人系统研究过它们的历史发展过程,传统养生学的历史研究实际上是附着在中医史的体系之中,但目前还没有一本权威的中医史;至于现代营养科学,在1949年以前的情况,吴襄和郑集曾做过综述[4.2],虽然篇幅不大,但资料罗列比较齐全。营养学史部分的执笔者郑集教授(1900—2010),是我国当代年龄最长的生物化学家和营养学家,抗衰老的代谢失调论的首创者,南京大学教授。1949年以后的营养工作进展状况,曾任中国营养学会秘书长的翟凤英女士对此做了详细记述,并对新中国成立以后我国人民营养状况的变化情况,做了翔实的讨论[4.3]。本节所述除特殊标注外,均依据这两本书。

1.传统养生理论的现代价值

“养生”一词最早见于《庄子·养生主》,但《老子·第五十章》已有“摄生”一词,河上公注:“摄,养也。”是以“摄生”即养生,同义词甚多,已如前述。据此,我们可以认定中国传统的养生学说,发端于春秋战国时期,这在杂家著作《吕氏春秋》中有反映,但养生原理的系统化著作还是《黄帝内经》,笔者曾讨论过相关问题,但未涉及《灵枢》[4.4]。后来,又系统地讨论了中国的养生理论,并且区分了学术道统和宗教道统的历史面貌[4.5];还阐述了中国古典营养学说的三个里程碑,指出了以《黄帝内经》为标志的上古时代、以孙思邈为代表的中古时代和以忽思慧《饮膳正要》为代表的近古时代中国养生思想和实践的发展过程,这和翟凤英女士的观点是一致的[4.6];近来又对中华民族食物和营养理论的历史演进以及传统的养生学说进行了系统的讨论[4.7],除了进一步肯定《黄帝内经·素问·上古天真论》“上古之人,其知道者,法于阴阳,和于术数,食饮有节,起居有常,不妄作劳,故能形与神俱,而尽终其天年,度百岁乃去”,和《黄帝内经·素问·藏气法时论》“五谷为养,五果为助,五畜为益,五菜为充,气味合而服之,以补精益气”这两段重要论述是中国养生理论的精华以外,首次指出中国传统营养学说是《黄帝内经》中的营卫学说,这在《素问》尤其是《灵枢》中都有清楚的阐述,而饮食文化界和营养学界长期推崇的“养助益充”,实为传统的膳食结构,并不能作为中医的营养理论来看待。营养学说中的营养素概念实为“水谷精气”,且“水谷精气”又因行于“脉中”和“脉外”而分为“营气”和“卫气”,“清者为营,浊者为卫”,营气“柔和”属阴,卫气“刚悍”属阳。视此,在我们今天看来,营气更像修补组织的营养要素,卫气更像主宰人体运动的能量。但能否做这样的附会解释，因笔者并不专门研究中医和营养学，所以恳请相关方家批评指正。其实，《墨子·辞过》早就指出："其为食也，足以增气充虚，僵（强）体适腹而已矣。"中国古代所说的"气"，是个万应灵丹，物质与精神均俱，这里不妨释为营养。

在《黄帝内经》之后，关于饮食养生方面的著名古籍有东汉张仲景的《伤寒杂病论》、曹魏嵇康的《养生论》、东晋葛洪的《抱朴子·内篇》和《备急肘后方》、南朝梁陶弘景的《养性延命录》等，道家和道教"顺应自然"的思想居于主导地位。而唐代孙思邈的《备急千金要方》和《千金翼方》，实为"医食同源"学说发展的高峰，他的学生孟诜撰《食疗本草》，"皆说食药治病之效"。孙思邈以食"治未病"的思想，应视为中国传统养生学的第二个理论高峰。

中国养生学的第三个理论高峰是元代忽思慧的《饮膳正要》，翟凤英说该书首先指出"食"不同"药"，把"食疗"发展成了"食养"，是真正的饮食营养；尽管他很注意食物和药物的营养功能，但并不将两者混为一谈，因此《饮膳正要》是我国历史上第一部真正的营养学著作。明清两代，有许多类似的著作，但都没有超过《饮膳正要》，因为它们在理论上没有突破。

19世纪西方近代医学传入中国，开始受到传统医学的排斥，但和中华古老的封建帝制一样，不久便败下阵来。1914年，余云岫等甚至发起取缔中医的运动，后经恽铁樵等力争才平息下来。1953年，卫生部有两名副部长说中医是"封建医"，意欲扑杀，幸亏毛泽东的干预才未能成功。前几年，又有人在网上发起签名运动，一家叫"医学8号楼"的网站连篇累牍地发布从民国以来批判中医的文章，其中还包括鲁迅、胡适这些近代名人批判中医的著述，他们要求将中医逐出中国主体医疗体系，而现实的情况也是中医在中国医疗体系中的份额日益缩小。此次风波，虽经党中央、国务院明确表示反对而暂告停息，但相关的批判从未停止。2004年，中国传统医药作为非物质文化遗产进入国家保护名录，这当然是件好事，但是其负面效应也不可忽视；大凡一种文化达到需要保护的地步，至少说明它已经有了不适应时代的部分，所以对中医的现代化改造已提上了议事日程。尤其是对中医典籍的现代诠释，已到了迫切需要的地步，而且这种诠释除了阐明其阴阳五行说的历史面貌，更重要的是与近代科学的对译。有人主张将中医理论封闭僵化（固化），以保持其正宗古朴的面貌，笔者以为是不可取的，而且这也不符合中医自身的发展过程。直到清朝末年，不是还有王清任的《医林改错》吗！？事实上，当代许多有成就的中医科学家，也使用动物试验、有效成分测定等近代科学手段在研究中医，其中也包括传统的中医养生学。问题的关键是大家要相信科学（不是迷信经典），服从真理，例如，在中医性味学说基础上衍生的饮食配伍禁忌，早在1936年，郑集教授就以动物和人体实验的方法指出其愚昧，但至今还被不少人大肆宣扬，相关出版物销售火爆，岂非咄咄怪事！

2.现代营养科学

郑集和翟凤英的著作中都认为：中国现代饮食营养学始于1913年，并称1913—1924年为萌芽期，1925—1937年为成长期，1938—1949年为苦斗期，1949年以后为发展期（郑先生称新生期）。笔者这些年也注意检索收集文献，觉得萌芽期的时间似乎可以提早到1880年，以上海《格致汇编》连载英国传教士傅兰雅口述、中国人栾学谦笔录的《化学卫生论》为开始。因为从那以后，至少中国知识分子知道有三大营养素，而"营养"一词的引进的确始于1913年。为此，笔者对新中国成立以前的中国现代营养学的概况进行了研究，也说明了1945年成立了中国营养学会，1946年创办了《中国营养杂志》，但只出了两期便停刊了，1956年复刊改名《营养学报》[4.8—4.12]。

我国现代营养科学的普及和发展时期是在新中国成立以后。1952年商务印书馆出版了中央卫生研究院营养学系编撰的《食物成分表》，1959年、1982年、1992年和2002年先后进行四次全国性的营养调查。1962年提出了新中国成立后第一个营养素供给量建议，1988年中国营养学会修订了这个建议，1989年正式提出了我国居民膳食指南，1997年又对它进行了修订，1998年发布了《中国居民平衡膳食宝塔》。2000年10月17日中国营养学会公布了我国第一部《中国居民膳食营养素参考摄入量》。其间，中央政府也对国民营养状况予以关注。在营养政策方面，新中国成立以后的前30年实施的粮食定量供应标准即是根据当时粮食生产情况进行营养拆算的结果。1993年6月20日，《人民日报》发表了国务院制定的《九十年代中国食物结构改革与发展纲要》；2001年11月6日，国务院办公厅又颁布《2001—2010年中国食物与营养发展纲要》。这些都体现了国家和政府对人民健康营养状况所采取的保障措施。可惜的是，我国至今还没有制定正式的营养法规，比我们的东邻日本已晚了几十年，而中日两国都是以植物性食物为主的膳食结构。据说，相关的营养立法已经酝酿多年，至今尚未进入审议阶段，真是非常遗憾。

改革开放以来的30年，我国在全民营养改善方面，首先是1997年12月5日国务院颁布了《中国营养改善行动计划（1996—2000年）》，其目标是保障食物供给，落实适宜的政府干预措施，减少饥饿和食物不足，降低蛋白质——能量营养不良发生率，预防、控制和消除微量营养素缺乏症；正确引导食物消费，优化膳食模式，促进健康的生活方式，全面改善居民营养状况，预防有关的慢性病。应该说这是非常正确的。1999年起，推行食品营养标签，现已成为制度。1996年6月起，启动国家大豆行动计划，克服贫困地区营养不良状况，推行东方膳食结构。2000年8月，在大中城市启动学生奶计划，不仅推动了中国奶业的发展，也改善了青少年的体质。采取食物强化措施，推行加碘盐计划，控制碘缺乏症，2009年起进一步改善这项工作，对碘缺乏症高发区和非缺乏地区制定不同的碘盐销售计划；2002年推行铁强化酱油的行动；2002年在部分地区启动面粉强化措施，在面粉中添加维生素和微量元素；等等。这些都标志着中国营养工作充分体现以人为本、服务大众的根本目标，也说明我国的营养研究以实用为主。在理论研究方面，除了抗衰老理论研究以外，有关基础理论的研究与国际先进水平尚有一定的差距。

通过以上概述可知，国家宏观营养政策和居民膳食营养指标的制定，已经完全由营养科学承担了，因此现代营养科学是我国营养科学的主流。但是在微观角度对个人饮食行为的干预，传统饮食养生学还有很大的信奉人群，其基本缺陷是缺乏必要的效果统计，特别是个人体质的认定，几乎是一个盲区。如果不能做到体质的气血阴阳虚实与食物配伍的协调，按中医的基础理论来衡量，这些干预是不可取的。总而言之，中国居民的膳食营养指导的两元化特征，看来是不会改变的，这其间可以研究的问题很多，2008年的北京奥运会已经启示了这一点。

参考文献之四

[4.1] 季鸿崑. 从三聚氰胺说起//赵荣光：饮食文化研究 2009：上[M]. 哈尔滨：黑龙江科学技术出版社，2009.

[4.2] 吴襄，郑集. 现代国内生理学者之贡献与现代中国营养学史料[M]. 上海：中国科学图书仪器公司，1954.

[4.3] 翟凤英. 中国营养工作回顾[M]. 北京：中国轻工业出版社，2005.

[4.4] 季鸿崑. 黄帝内经素问和中国营养科学[J]. 中国烹饪研究，1997(4).

[4.5] 季鸿崑. 道家、道教养生思想源流和中国饮食文化[J]. 饮食文化研究，2001(1).

[4.6] 季鸿崑. 中国古典营养学说的三个里程碑[J]. 扬州大学烹饪学报，2001(1).

[4.7] 季鸿崑. 中华民族食物和营养理论的历史演进[J]. 饮食文化研究，2006(4).

[4.8] 季鸿崑. 化学卫生论的解读及其现代意义[J]. 扬州大学烹饪学报，2006(1).

[4.9] 季鸿崑. 近代医学和营养科学东渐与欧美传教士的作用[J]. 扬州大学烹饪学报，2008(1).

[4.10] 季鸿崑. 丁福保和中国近代营养卫生科学[J]. 扬州大学烹饪学报，2008(2).

[4.11] 季鸿崑. 郑贞文和他的《营养化学》[J]. 扬州大学烹饪学报，2008(3).

[4.12] 季鸿崑，吴宪. 中国近代营养科学和生物化学的奠基人[J]. 扬州大学烹饪学报，2009(4).

五、饮食文化社团和国内外交流

在现代社会中，各种各样的社会团体发挥着人际交流的主要作用，其中也包括学术交流，它成为沟通各类同道之间关系的纽带和桥梁，并且协调各利益共同体之间的平衡和和谐。合法社团的存在与正常活动，是衡量文明社会的重要标志。在我国，饮食行业和饮食科学、饮食文化的社团组织，在改革开放之前，除了成立于1945年的中国营养学会以外，几乎没有什么正常的社团组织。1980年11月成立的中国食品科学技术学会(Chinese Institute of Food Science and Technology)，是中国科学技术协会的组成部分，1984年成为国际科学技术联盟(TUFoST)的成员，下设儿童食品、软饮料、甘蔗糖、甜菜糖、黄酒、柠檬酸、酶制剂、食品添加剂、米面和烘焙制品、食品机械、冷冻与冷藏食品等分会和青年工作委员会，各省、市、自治区大都设有地方分会，是个正规的、典型的科学技术研究和交流组织，办有多种相关的科技期刊，对我国食品科学技术的发展起了重要的推动作用。

我国食品行业最大的行业组织是中国食品工业协会(China National Food Industry Association, CNFIA)，是国务院机构改革后轻工总会的下属机构，1981年由国务院批准成立，代行部分政府职能；2004年以前有农副食品加工业、食品制造业、饮料制造业和烟草制造业4个分会；2005年将采盐业也划归食协管理，每个分会下面又有多种专业的行业协会，是我国最具权威性的食品工业机构，也是中国食品行业权威的学术交流机构。旗下《中国食品报》和多种专业期刊都是重要的食品信息和学术交流平台。

中国饭店协会或中国饭店业协会是民政部批准成立、商务部管理的住宿和餐饮业的行业协会，主要特点是偏重于宾馆及餐饮业的经营管理。

中国旅游饭店协会与中国饭店协会的特点相似，只不过它是由国家旅游局管理，1986年2月25日经民政部批准成立的。

中国烹饪协会(China Cuisine Association, CCA)是在原商业部支持下，于1987年4月成立的餐饮业的行业组织，其会员成分主要是厨师和行业经营管理人员，也有许多专业人士和相关教学科研人员参加，它在中国饮食文化的研究和学术交流方面起了很重要的作用，其会刊先为《中国烹饪》，现为《餐饮世界》。由于会员众多，组织得法，所以财大气粗，活动多样而且正常，其所办活动能够雅俗兼具，在当代饮食文化的各个方面，它的影响最大，而且也能够与时俱进。在该会成立初期，过分强调尊重传统，对中国烹饪的现代化、科学化注意不够。后来，特别是进入新世纪以后，做了很多开创性的工作，例如我国第一个《全国餐饮业营养配餐标准》就是由该会主持制定并颁布实施的，它在厨师培训提高等方面的成就更为突出。

世界中国烹饪联合会(World Association of Chinese Cuisine, WACC)，简称

世烹联，1991年由国务院批准成立，是以中国烹饪协会为核心，联合世界各地中餐业经营者和厨师从事管理、技术和学术交流的国际组织，它对于扩大中华饮食文化在全世界的影响起了很大的作用。

中国食文化研究会(Chinese Food Culture Research Association, CFCRA)，是1994年6月7日由文化部管理、民政部批准注册的非营利性社会团体，其章程所列参加者均为国内热心中国食文化研究的领导者，食文化专家学者，食物原料学家，食物营养学家，社会名流美食家，食业管理大师，食品企业、餐饮企业、酒企业、茶企业、调味品企业的企业家，食品工程和烹饪工艺的高技能人员，以及有关团体的代表，旨在研究"五千年文明、十三亿人口"的食文化，弘扬优秀的中华食文化，推动中国人的食生产、食生活、食经济的健康发展。该会的成立受到1991年在北京召开的首届中国饮食文化国际研讨会的推动。1992年酝酿，1993年筹备，1994年正式成立以后，举办过多次大型活动，食文化交流的广度和深度都大大提高；特别是1998年5月在大连召开的98世界华人饮食科技与文化交流国际研讨会，论文数量和水平都有了显著的提高，在饮食文化研究领域内产生了重大的影响。然而到了2007年以后，由于一系列的人事关系因素，该会在换届选举时产生了分裂现象，至今仍未解决，目前有两套人马都打着中国食文化研究会的旗号在活动，在互联网上互相攻击，造成了很坏的影响。笔者作为研究会的一名会员，迫切希望主管部门领导尽快做出决断，不要让中华饮食文化的优良传统在一群退职官员和知识分子的争论中受辱。

社团是各种交流活动的组织者和领导者，只要社团组织健全，活动正常，无论在国内还是在国际上，都会使交流工作结出丰硕的果实，即便是民间活动，也会产生重大的积极影响。笔者仅就个人的经历而言，记得《东方美食》杂志的社长刘广伟先生，个人出资召开了四次全国性的烹饪高等教育研讨会，终于促使中国轻工业出版社在2000—2002年间出齐了一套20种的烹饪高等教育系列教材，明显地提高了烹饪教育的教学水平。再如1999年由北京市人民政府和中国食品工业协会等单位召开的东方食品国际会议，无论在食品战略上，还是在具体行业的发展方面，都起了很大的作用。又如2007年11月，中国食文化研究会、浙江省食品学会、绍兴县人民政府主办，绍兴至味食品有限公司承办的2007中国首届酱文化(绍兴)国际高峰论坛，是一场名副其实的国际学术会议，中外学者就酱文化的世界性和民族性进行了实事求是的探讨，会议论文集汇集了当代酱文化研究的最高水平[5.1]。还有辽宁大连森兴箸业有限公司董事长刘宝国先生多年来资助中国箸文化的研究，影响及于国外，两根竹木小棍子做成大学问[5.2—5.3]，这在中国历史上是空前的。至于笔者未能参与的交流活动则更多，其成果也一定更大。总而言之，中国食文化学术交流绝不是什么赔钱的买卖。有远见的企业家，相关学术单位和高等院校的领导人，如能重视相关的学术交流活动，则对于中华饮食文明作为一种软实力走向世界,必将起到良好的促进作用。

2009 年 11 月 27 日,《光明日报》记者张蕾报道了中国科学技术信息研究所发布的"中国科技论文统计结果",从 1999 年到 2009 年 8 月,我国科技人员共发表论文 64.97 万篇,排在世界第五位;论文被引用 340 万次,排在世界第九位;根据科学引文索引数据库(SCI)统计,我国内地机构作者为第一作者的论文,在 2008 年为 9.23 万篇,其中评价不俗的有 1.06 万篇,食品科学论文中评价不俗的比例较高,说明了我国近年来食品科学研究成绩喜人。

参考文献之五

[5.1] 冯新泉.酱缸流淌出的文化 2007 中国首届酱文化绍兴国际高峰论坛论文集[G].北京:中国社会科学出版社,2008.

[5.2] 刘云,等.箸文化大观[M].科学出版社,1996.

[5.3] 刘云,等.中国箸文化史[M].中华书局,2006.

六、食科教育

"食科"这种说法是笔者想出来的。在 2008 年的一次会议上,青岛有企业家想创办一所与饮食有关的涉及各学科的大学,有人主张称食事大学,有人主张称食学大学……笔者也觉得这种想法不错。过去钱学森先生曾主张在国务院下面建立一个统管饮食事务的部级单位,在大食品概念下把有关"食"的部门都统率起来。这当然不是一件小事,牵涉的范围很广,简直就是回到了比《周礼》还要古老的《尚书·益稷》所描述的那个年代,在现代是无法做到的,全世界也没有这个模式,所以几乎无人响应。但是所指也是现实政府体制的一大缺陷,我国食事管理的多头分立现象的确存在,2008 年三鹿奶粉事件发生以后,牵涉进来的部级以上的机构最多时达到 16 个,就是一个明证。这种现象同样反映到与饮食有关的高等教育学科分类之中,所以笔者从理科、工科、医科等名称中得到启发,首次提出"食科"的说法,并且列举了从国家教育部网站上查到的 30 多个相关的专业名称[6.1]。这些专业分属文、理、工、农、医及管理等各种一级学科,但这些专业的共性却表现在人类饮食活动方面,因此食科教育应该首先体现这种共性。关于这一点,我们在本文的前面各节已经不同程度涉及了。从教育科学的规律方面探讨,食科教育机构至少有两门课程应该是各级各类食科高等教育都开设的,一为营养卫生学,二是饮食文化学,前者事关饮食活动中物质文明的建设,后者事关精神文明建设,两者都是我们中国人饮食活动中的常识,也是食科教育中的专业常识。高等食科教育的个性主要体现在技术教育的层次上,按我国的现状分为食品和烹饪两大部类,更基础的农林牧副渔技术不列入食科教育范围。

我们通常理解的食品和《食品安全法》的法定定义略有区别，很接近“食物”这个模糊的概念，有很明显的工程意识，在管理体制上属于轻工业，在历史上很早就和机械科学相关，例如粮食加工业在汉魏时期就引入了畜力和水力机械。其经营特点和各种作坊一样，随着社会生产力的进步，其工程特性日益明显，到了西方近代科学东渐以后，食品技术有了质的飞跃。我国近代食品工程意义上的食品工厂，大体上诞生于19世纪后期，而近代食品科学和工程教育，直到20世纪30年代才诞生。原中央大学食品工程系、浙江大学农业化学系等是我国早期食品工程教育的著名机构，主事者和教授都有留学国外的背景，因为它们事关国计民生，所以新中国成立以后不仅没有收缩，反而有很大的发展。例如，1952年在南京大学食品工程系基础上建立了独立的无锡轻工业学院（现为江南大学），以后又办了好几个类似的院校和专业。由于这些院校起点原本就高，而且一直在近代教育观念的指导下，所以无论在教育方面，还是在科学研究方面，都取得了很大的成功。我们从前文的表2中可以看出，中国食品工业总产值一直在GDP的10%左右徘徊，在现代真正体现“民以食为天”者，即此行业。鉴于笔者对食品科学和工程教育完全是个门外汉，而且也从未涉猎这个领域，所以不敢妄加议论，只是觉得他们热衷于科学技术，对饮食文化的关注似乎不够而已。

中国的烹饪教育，在1958年以前，基本上没有正规的学校教育，教是师徒间的手艺传授。20世纪30年代左右，曾有过用近代教育方式传授厨艺者，如某些教会学校家政系和一些女子职业中学（主要在长江下游城市中），也曾经有人编过厨艺教材，但并未产生过社会影响。新中国成立以后的1956年，由于城乡的社会主义改造运动的完成，计划经济体制完全形成，社会餐饮业全部转为国营或公私合营，厨艺传承的链条中断。但因为社会生活正常运转的需要，1959年起在全国各地陆续创办的商业技工学校中，大都设有以培养社会厨师为目的的中等烹饪专业（初中毕业入学，毕业生相当于高中文化水平）。1966年起，因“文化大革命”，这些学校也有10年没有招生，直到1977才恢复招生。此后在有些地方还创办了一些中等专科学校的烹饪专业（高中毕业入学，两年或三年后毕业，但不承认为高等学校学历，俗称“大中专”）。80年代以后，各地又在某些普通中学内设立烹饪专业，叫作烹饪职业中学（也是初中毕业生入学，毕业生具有高中毕业学历）。技工学校、大中专、职业中学的混乱现象，直到90年代以后才统一纳入中等职业教育范畴（包括一些称为“高等职业学校”者和民办的“烹饪学院”）。所有这些，可视为我国正规的中等烹饪教育的发展历程，标志着近代教育方式正式担负传承中国厨艺的历史任务，师徒相授成为微不足道的补充手段。我国中等烹饪教育现代化的一大标志是1979年商业部系统长沙教材编写规划会议确定编写、1981年陆续出版的“饮食服务技工学校试用教材”，这一套共6本、由中国商业出版社出版的烹饪教材，规范了全国中等烹饪教育的教学实践，尤其是把营养卫生知识纳入厨师培养的必修课程，是中国烹饪教育现代化的一大创举。这 6 本书也客观地体现了中餐厨师的基本知识结构，它们的编写出版是当代中国饮食文化史上的重要事件，我们决不应该忽视它。

中等烹饪教育的发展必将催生高等烹饪教育的诞生，如果没有社会实际需要做基础，想用行政手段硬造一个学科，即使造起来也会打烊。1958 年“大跃进”时，黑龙江商学院（现哈尔滨商业大学）就曾办过本科层次的烹饪系，结果一届都没有办到底。1983 年商业部在江苏商业专科学校（现并入扬州大学）办中国烹饪系，尽管开始时只是中等烹饪专业的放大，却具有很强的生命力；随后在 1984、1985 两年，先后有黑龙江商学院、四川烹饪专科学校、广东商学院、武汉商业服务学院和上海旅游专科学校等都办了同样的专业；到了 20 世纪 90 年代以后，又有十几个省、市、自治区开办了二十几个同类专业。新世纪以来，在职业技术学院（即原先俗称的“大专”）这个档次上，烹饪专业已经形成气候，本科层次的“烹饪教育与营养”专业也有多所院校开办，硕士研究生在食品、烹饪教育、专门史等名义下招生数届。笔者以为，中国烹饪高等教育体系已经走出了草创时期，正向提高完善时期迈进。然而，它到现在为止，仍然没有列入教育部的正式专业目录，也就是说，它仍然处于试办阶段。何时能够转正，主要决定于我们从事烹饪高等教育的人员，何时能够把这个有 5000 年文明史、有关 13 亿人口吃饭问题的重要专业办得名副其实，可见，这并不是一件轻松的事情！

1958 年，商业部为什么要当时的黑龙江商学院办烹饪系，笔者不清楚，也未见到“黑商”同行的介绍。但 1983 年江苏商专办中国烹饪系，笔者查阅过教育部的正式批文，后来还当面请教过当时力主办这个专业的商业部原部长刘毅同志。据说当时教育部是反对的，并有“培养炒菜的干部”的调侃说法。但刘部长力争，说既然牲口吃的饲料可以办大学专业，为什么人吃的饭菜就不能办大学专业？经过争论，教育部让步，才有了江苏商专的中国烹饪系。一个偶然的机会，笔者有幸当上了这个系的第三任系主任，前两任是汤钺和聂凤乔两位先生。汤钺同志是位“老革命”，为人心直口快，他亲口对笔者说：这个系主任不好当！人家根本不重视你。其实他说的“不重视”，是指人们觉得烹饪这个行当不值得办什么大学。聂凤乔先生也对笔者谈过类似的问题，不过他认为别人不懂得中国烹饪的“博大精深”。笔者接任时已经快 57 岁了，从一个化学教师改行来做烹饪高等教育的教学行政工作，意识到建立一个新的学科，尤其是像烹饪这种在传统学术舞台上没有地位的学科，很可能吃力不讨好。但是没有想到困难是如此之大，负面议论和质疑来自各个方面，特别是来自教育决策部门，有几件事使笔者至今都有人格受到侮辱的感觉。1989 年春天，扬州市政协有位同志带来两位年长的全国政协常委来到笔者主持工作的中国烹饪系，说是要考察烹饪高等教育，要笔者详细汇报，并且在当时的系实习基地——琼林苑招待他们。从上午 9 时一直谈到下午 3 时，一位曾任教育部副部长的全国政协常委最后说了一句话：“你们的工作给我留下深刻的印象。”这种言不由衷的外交辞令使笔者半天说不出话来。江苏商专自然归口于商业部系统，开始时，中国烹饪系是部管的，所以笔者多次前往北京联系工作，为此接触过商业部教育司和饮食服务司的多位司长。在教育司，除了鄢维安司长对烹饪高等教育比较重视以外，其他司长往往泛泛而谈；在饮食服务司，他们觉得烹饪大专生不如厨师甚至中专生顶用，连中专生都可以发的厨师证，大专生则不能发，1990年笔者就碰过这样的钉子，而且不止一次。1992年，商业高等专科教育研究会在扬州开会。同时开会的还有商业部系统烹饪高等教育研讨会，时任商业部教育司司长的纪宝成先生（后曾任中国人民大学校长）到会，但他主要关心的是前一个会议，直到会议将结束，两个会议的代表合在一起听纪司长讲话时，他才在讲话的最后说：烹饪要不要办大学，是个未解决的问题。他说，高等教育的专业设置一定要有一级学科做依托，这个烹饪算是几级学科？他讲到这里，意识到他的这番高论和他的教育司司长身份相悖，最后补充了一句："但是我们又不得不支持它。"笔者坐在下面，满腔怒火，曾顶了他一句。当下纪宝成先生是中国高等教育界叱咤风云的人物，但他对中国烹饪的认识是错误的，一种手艺或一门技术的传承能否成为大学教育中的专业，主要由社会的实际需要和它本身的知识内涵来决定，古代泥瓦工和木匠的手艺是现在建筑学的原始形态，原始的食物加工技术发展成现在的食品工程等等，都是有力的证据。现代烹饪已经吸收了许多近代科学技术元素，而且还在继续吸收，它为什么不能作为大学的一个专业呢？笔者退休已经近20年，但对这个问题一直敏感。2009年3月，从报刊上见到武汉大学前校长刘道玉先生揶揄"烹饪博士"时，依然感到愤怒和无奈。《辞海》直到第6版，依然没有收录"饮食文化"这个词，笔者百思不得其解。中国的主流学术界，对于一日三餐绝对不可或缺的饭菜制作技术，为什么会如此冷漠，难怪聂凤乔先生说他们"根本不懂烹饪"。

最早对烹饪高等教育进行研究的是原江苏商专及其所属中国烹饪系两级领导，我们在当时全国唯一一家烹饪理论刊物——《中国烹饪研究》上，先后发表了六篇相关文章[6.2—6.7]。除此之外，我们还在其他刊物上发表过多篇此类文章。当时重点讨论的是烹饪工艺专业，进行了行业调查，并且总结我们自己的经验，分析了师资队伍的知识结构和整合方向。当时争论是很激烈的，特别是作为教学副校长的刘传桂同志，两度和我们捆绑上阵，其所受的压力是不言而喻的，但也反映了校领导旗帜鲜明支持创新的态度。现在回过头来再读当时发表的那些文章，说明我们把烹饪工艺专业定为理工科专业，烹饪文化是饮食文化的一个分支，烹饪技术是食品科学的一个部分，烹饪文化研究不是单纯的文史研究，要引入自然科学的实验方法，以及将烹饪工艺专业作为类似于体育、艺术类专业，从具有起码实践基础的人员中招收学生，并且作为一个门类单独划分录取分数线，建设"双师型"师资队伍，聘请多名江苏名厨为兼职工艺教师，确定烹饪工艺专业的必修和选修课程设置，编写反映时代水准的教材，开展烹饪科学研究，争取毕业生持大专毕业文凭和厨师等级证书双证上岗，提高工艺教师的科学文化素养等一系列措施，现在看来是完全正确的。我们为全国的高等专科（现职业技术学院）层次的烹饪高等教育提供了一个合格的培养模式，现已成为全国的样板。但是我们也有不足，主要表现在未能很好地与现代食品工程专业联姻，未能进一步提高烹饪工艺专业的现代科技含量，未能进入饮食文化研究的创新状态，未能主动地进行国际学术交流。

进入21世纪以后，烹饪高等教育进入提高阶级，一些办学条件较好的学校创办了大学本科层次的烹饪教育，个别学校还开办了硕士研究生教育。笔者已退休多年，没有参与这些工作，但仍旧关心，从耳濡目染的零星信息中，从相关专业教材的科学水平中，觉得成绩虽然是主要的，但问题仍在于相关专业的科技内涵未能跟上时代的步伐，而饮食文化的研究仍停留在刨祖宗家底的基础上，与当代世界的学术水平仍有很大的差距。我们不仅对国外当代马克思主义研究者倡导的"日常生活批判"的史学和哲学观点一无所知，就连美籍华裔学者张光直的《中国饮食文化》也没有几个人读过，甚至还没有一个中文译本。联想到20世纪张起钧先生的《烹饪原理》，曾在大陆地区红极一时，这就很值得我们反思。整个队伍在文史和理工两个方面的功底都明显不足，我们一定要加倍努力，绝不能做"文不像秀才，武不像兵"的"半瓶醋"。

教育引领整个社会进步的方向，食科教育事关我国人民食生产、食生活和食观念的更新和发展。我们在建设小康社会的关键时刻，尤其需要发展食科教育，因为饮食是人民幸福生活的重要标志之一。我们不仅要吃得好，而且要吃得科学，吃得文明，这个时尚潮流完全靠食科教育来引领，我们食科教育工作者的任务艰巨而且光荣。我们既不要用"博大精深"来壮胆，也不怕别人说我们不上档次而气馁，因为谁也离不开饮食。"人莫不饮食，鲜能知味也"，我们一定要揭开这个"味"的本质。

参考文献之六

[6.1] 季鸿崑.《食品安全法》和我国的食科教育[J].扬州大学烹饪学报，2009(2).

[6.2] 刘传桂，季鸿崑.推陈出新 博采众长[J].中国烹饪研究，1988(5、6)文后附中国烹饪系烹饪工艺专业教学计划.

[6.3] 季鸿崑，徐传骏.改革招生办法 加快烹饪高级专门人才的培养速度[J].中国烹饪研究，1989(3).

[6.4] 刘传桂，季鸿崑.中国烹饪文化与烹饪科学研究中若干问题的探讨[J].中国烹饪研究，1991(1).

[6.5] 季鸿崑，徐传骏，路新国.中国当代烹饪教育刍议[J].中国烹饪研究，1991(2).

[6.6] 孙鸿才.对烹饪工艺专业教学改革的一点设想[J].中国烹饪研究,1992(1).
[6.7] 季鸿崑.关于我国高等烹饪教育的专业属性和培养规格问题[J].中国烹饪研究,1992(1).

七、饮食文艺

以饮食为主题创作文学艺术作品,是中国传统文化的一大特色,就艺术品而言,有数不清的漆器、陶器、瓷器、骨蚌器、青铜器、竹木器、金银器等等古物,还有岩画、壁画、画像石、画像砖、绢画、纸画、书帖、雕塑品等等艺术品。民国时期丰子恺先生画的许多以饮食为题材的漫画,其美学价值远远超过饮食本身。就文学作品而言,从《诗经》《楚辞》开始,又有汉赋、六朝骈文、唐诗、宋词乃至明清小说,都有涉及饮食的描写,甚至以饮食为唯一内容,而历代的"食经"之类,基本上都是散文作品,其文笔流畅俊美,同样也极具文学欣赏价值。此风绵延至现代,不仅古典品种没有消失,新的艺术形式也被用于饮食方面的创作,其中对饮食文化有很大影响的是散文、小说和戏剧、电视等表演艺术。

(一)饮食散文

饮食散文是饮食文学的主要部分,在1949年以前,有林语堂、梁实秋、周作人、胡山源诸名家,但在1949—1979年这30年间,由于不停地批判资产阶级的生活方式,人们耻于谈论吃喝,或者说不敢谈论吃喝,因此有关饮食的散文极少。中共十一届三中全会以后,压抑了30年的饮食欲望如泉涌般释放,一些当代著名作家如秦牧、汪曾祺等写了大量的美食诗文,一时间"文人谈吃"成为时尚。《中国烹饪》和多家晚报竞相刊载此类文章,多家出版社出版了一些名家谈吃的散文专集,其中梁实秋的《雅舍谈吃》和周作人的《知堂谈吃》,竟被人们当作饮食文化研究成果到处引用。笔者对此现象持赞成的态度,有人谈吃总比无人谈吃好,即使其中有些并不科学的说法,也不必大惊小怪。但凡事都有个限度,由于此类文章并非只是谈吃,而是以吃做由头,进而讲待人处世,教人如何安身立命,如果作者本人就不是个东西,他说得越好,笔者就越反感。例如周作人,是个被国共两党执政者都认定的汉奸,这个大节不保的人物,在饮食细节上又能有多少非学不可的"壮举"?有人或许因为他在五四新文化运动中有突出的表现而原谅他,但汉奸的本质却不能因此消失。汪精卫在青年时代也曾满腔热血,难道就要去肯定他吗!?周作人1946年被国民政府法院以汉奸罪判处有期徒刑14年。中华人民共和国成立后,他写信给周恩来总理(他们同是绍兴周姓宗亲),希望人民政府有使用他的机会。周总理将信转给毛主席,毛主席批示:"文化汉奸嘛,又没有杀人放火。现在懂希腊文的人不多,养起来做翻译工作,以后出版。"显然,毛主席的意思是"废物利用",而决不像现在有些人那样推崇备至。而周作人本人一直想脱去“汉奸”帽子，他利用自己1939年遭遇刺杀的旧事，在1961年写了3000字的文章，题目叫《元旦的刺客》，投给《光明日报》，该报立刻退稿。1939年那场刺杀实际上是爱国青年的除奸活动，周作人说成是遭日本军警的刺杀，把汉奸打扮成爱国者，周作人真是无耻之尤[7.1]。据说他的《知堂谈吃》还得过什么奖，真是“狗屎用油炸炸，也是好吃的”。

（二）饮食小说

小说体裁的饮食文学，我们经常读到，但在当代中国，影响最大的是陆文夫写的《美食家》，开始发表于1982年，现在有多种版本，而且印数都很大。不过这种书在中共十一届三中全会以前恐怕是出不来的，因为小说中塑造的主人公朱自冶，按照阶级斗争的观点，是个典型的寄生虫和二流子，这种人无论在城市还是在农村，都可以找到他们的原型；按照传统的伦理观点，是个典型的败家子。所以《美食家》这本小说，本来应该起到鲁迅笔下的阿Q或孔乙己的作用，但却没有做到。由此可见，要达到鲁迅的高度和境界是很不容易的。但是，《美食家》对新中国计划经济时代社会众生相的描写是很细腻、很真实的，使读者有身临其境的感觉，加之陆文夫先生对苏州方言风俗的驾驭能力异乎寻常，所以受到广大读者的欢迎。他对社会餐饮业的细致观察，使得厨师们一致承认他是内行。笔者熟悉的十几位江苏名厨，特别是苏州名厨，都将其引为知己。《美食家》的人物塑造也许不合传统价值，但它的文艺美学价值不应忽视。从那以后，还没有一本堪与媲美的以饮食为主题的小说。

（三）饮食戏剧和影视作品

新中国成立以后，饮食戏剧文学的巅峰之作当数老舍先生的《茶馆》，该剧在北京人民艺术剧院上演以后，不仅引起了文艺界的轰动，而且在社会各界都有强烈的反响。老舍先生以茶馆为缩影，反映了中国近代那段屈辱的历史和民族的苦难。《茶馆》被拍成影视作品以后，其传播面更广，毫不夸张地说，给全国人民上了一次生动的爱国主义课。

戏剧和影视作品与一般的平面文学载体不同，其受众可以不受文化程度的限制。1963年，由费克、张幼军和严恭编剧，严恭导演的电影《满意不满意》，是一部滑稽戏剧，用普通话和苏州话混合表演，令人忍俊不禁。舞台选用一家名叫得月楼的餐馆，反映了普通劳动者的平凡生活。据说，严恭为了导演这部电影，亲自在苏州松鹤楼当了一个月的餐厅服务员，所以一切都表演得那么生动。电影放映以后，给人们留下了深刻的印象，凡是看过电影的人，都终生难忘，并且因此带火了餐饮老店得月楼的生意，就连“文革”岁月也是顾客盈门。这种现象诱发了上海电影制片厂导演徐昌霖的创作灵感，1983年他执导了电影《小小得月楼》，同样受到观众欢迎，并且更加推动了苏州得月楼菜馆的营业额，现在它已经成了苏州一家餐饮名店。

改革开放以后，北京人民艺术剧院又一次编演了以餐饮活动的兴衰反映社会生活的话剧《天下第一楼》，写的是清末民初北京前门烤鸭店的兴衰史。该剧作者是青年作家何冀平，用的是和《茶馆》一样十足的京味，演出以后盛况空前。后来又拍成电视剧，是餐饮文学中不可多得的名篇。《天下第一楼》也有个"美食家"角色叫修鼎新(修二)，他和朱自治很像，是个不做其他事的专门食客。这种人在南宋笔记《梦粱录》和《武林旧事》中都有祖源，不过南宋杭州人把他们叫"白相人"(这显然是吴语)，这种人不像李渔、袁枚甚至苏轼、陆游那样上档次，但和李、袁等人一样对饮食有感悟，也可以说是属于"知味者"，因此在现代文学作品中把他们写成什么样子，的确很难。不过笔者以为，在今天我们奔小康、实现现代化的征程中，无论是朱自治，还是修鼎新，还是不要为好。

强调饮食文艺的地方特色非常重要，《茶馆》和《美食家》的成功都有这方面的因素。我们希望有更多优秀的饮食文艺作品问世，因为它们可以普及饮食美学。我们更希望有才华的中国作家，多创作以饮食为主题的文艺作品，因为这些作品的艺术感染力比"文人谈吃"要强得多。我们更希望作家们创作以食品作坊工人和厨师为主角的文艺作品，因为他们才是中华民族饮食文化真正的传承者。最近，见到报道，据说被称为厨师之乡的河南省长垣县，集资数千万元，拍摄意在弘扬饮食文化的电视剧《长垣》，这也是一大创举，值得借鉴。

参考文献之七

[7.1] 杨闻宇. 大节与细节. 光明日报，2005-08-26(7).

八、餐饮行业和餐饮文化

近30年来，我国饮食文化研究的着眼点主要还是社会餐饮行业，即所谓的中国烹饪，而从事食品科学和食品工程研究及经营的人士，对于广泛意义上的饮食文化，似乎不太关注，但酒、茶和民俗食品的相关人士除外。总的说来，餐饮行业的发展更需要饮食文化研究成果来支撑，这也是"烹饪热"产生的根本原因。

(一)菜系和饮食文化圈之争

鉴于菜系和饮食文化圈之争的焦点和争论的过程，已成了众所周知的常识，所以笔者在这里不再介绍，现在的情况是争论并没有结论。菜系说的优势在于人多势众，餐饮行业经营者和厨师出于对中国菜的弘扬心态，基本上都拥护菜系说；而饮食文化圈的赞同者多为饮食文化的专业研究人员，人数自然不会多。但学术争论是不能用举手的方法来裁决的，所以笔者主张争论应该深入下去，关键在于相关内涵的界定，如果主张者不能说出立论的依据和标准，迟早是会被清理掉的。2008年底，商务部出台了《全国餐饮业发展规划纲要(2009—2013)》(以下简称《纲要》)，从《纲要》的全文来看，非常重视行业的科学化、现代化改造，这是值得肯定的。但是它所提出的"在对待传统菜系改良、创新的基础上，建设五大餐饮集聚区"，即辣文化餐饮集聚区、北方菜集聚区、淮扬菜集聚区、粤菜集聚区和清真餐饮集聚区，笔者以为还有商榷的必要。过去菜系说经常抬出的依据是曾任商业部部长姚依林的讲话，但因未发红头文件来裁决，所以仍没有名分；现在有了红头文件，"四大菜系"似乎有了准生证。可是笔者以为：菜系说的争论是饮食文化研究领域内的学术争论，而学术问题是不能用红头文件来裁定的。20世纪的苏联，斯大林就经常用这种方法来处理学术问题，其结果非常恶劣。新中国成立以后，在学习苏联的热潮中也曾经使用过这种方法，仅举马寅初《新人口论》遭批判一例，便足以说明问题。因此，这个"集聚区"的提法还有讨论的必要。我们除了可以从"清真餐饮集聚区"的内涵中找出伊斯兰教宗教食禁这个特征以外，其他四大"集聚区"的特征是什么，这是必须要回答的实质问题，如果没有明确的答案，这个"集聚区"之说前景不妙。另外，把广大西南地区的饮食归结为一个"辣"字，恐怕也太粗浅了。至于粤菜、北方菜指的是什么，又是如何"集聚"起来的，也需要仔细揣摩。还有淮扬菜，在江苏省就曾经争得不可开交，现在"集聚区"的提法，把浙江、安徽、上海，或许还有江西抑或福建都归到它的名下，恐怕很难集聚起来，因为我们现在还没有充分的证据(甚至是最起码的证据)说明上述广大地区的饮食风格是从淮安和扬州这两个地级市传播出去的，人家也不会莫名其妙地认祖归宗的。

菜系也好，饮食文化圈也好，集聚区也好，现在都不要下结论，大家都多做调查研究工作，把证据储备足了，再由权威机构(诸如中国烹饪协会)主持召开研讨会，开展实事求是的学术争论，一次解决不了，还可以继续争下去。我们中国人有个不好的风气，那就是"面子"胜过"里子"，常把学术争论当作人身攻击，这是需要改进的，如果利用手中的权力或有利条件，压制学术争论的不同意见，那正是我们文化传统中专制主义的具体表现，应该坚决反对。

(二)烹饪技术体系

近30年来，由于烹饪教育事业的发展，教学需要对传统烹饪技艺进行科学的整理，这方面取得很大的进步，而且也没有什么否定性的争论。贝尔纳说："首先产生技术，随后产生科学。"[8.1]"科学的一个形相是体系化的技术，其另一个形相则是合理化了的神话。"[8.1]现在出版的许多烹饪工艺学的教材，基本上都做到了这一点，这是很值得庆幸的。随着材料科学、机械工程、电气工程、信息技术、能源技术等的进步，中餐的烹饪技术也有了很大的改进和提高，相关的原理阐述也越来越现代化、科学化。20 世纪 80 年代，人们对张起钧的《烹调原理》推崇备至，而我们今天回过头再去读它，就有一种不过如此的感觉。事实上，只要系统地掌握刀工、火候和调味三大核心技术，再配以选料、汤芡、美化等辅助技术，做一个好厨师并不神秘。

（三）菜点文化和宴会文化

改革开放以后，人们冲破了封建主义和资本主义生活方式的禁锢，掀起一股“烹饪热”，查遍了 5000 年的文化典籍，挖掘了千万厨师的实践经验，真是“上穷碧落下黄泉”，使得中国的菜点文化得到了空前的弘扬；出版了一本又一本菜谱，相关的工具书，动辄上百万字，不仅《随园食单》，就连《调鼎集》也相形见绌。对于这些，笔者无意评论，只是希望它们有可靠的复演性。现在摄像技术已很普遍，何不下功夫多做音像出版物，用以展现名厨大师们的灶上功夫？台湾的傅培梅女士便在电视上教了 1200 多道菜，大陆为什么不能？据说有人以编菜谱为职业，可以肯定，这种菜谱的水分一定不低，结果是内行不看，外行看不懂。

和菜点文化同时火爆的还有宴会文化，历史上那些稀奇古怪的宴会名称都被抖落了出来，正是这种风气，才使得“满汉全席”重放异彩。笔者以为：中国菜点的品质，总的来说，是优大于劣，而中国传统的宴会文化，是劣胜于优，中餐迫切需要改革的正是这种与现代文明精神相悖的传统宴会。

对菜点文化史的研究，主要著作是徐海荣所主编的《中国饮食史》（共 6 卷，华夏出版社 1999 年版）中的重要内容，而相关专题史的研究是邱庞同所著《中国面点史》（青岛出版社 1995 年版）和《中国菜肴史》（青岛出版社 2001 年版），由于这些著作的资料取舍比较严谨，“戏说”的成分极少，可信度比较高。

菜点文化中最值得关注的是“名菜名点”的认定，这种认定有两层含义：一层是文化含义，应该将那些传承数百年乃至上千年的菜点评选出来，作为文化遗产加以保护，例如，红烧肉就值得关注。另一层是市场含义，就是当下广大食客喜欢的名菜旺菜。这种认定不能单纯以“适口”为标准，要结合生态保护、营养卫生的实际需要。特别是生态保护，要有一票否决权，不仅老虎肉等要永远退出人们的食谱，就连猴脑、熊掌等也应该严加禁止，这是中国菜点文化走向文明的标志之一，否则我们高喊“天人合一”之类口号，就完全是骗人的。

（四）餐饮企业文化

这个问题实际上也包括食品企业，在中华人民共和国成立以来的前 30 年，全国的企业文化几乎是同一模样，党的领导、工人阶级当家做主、民主集中制、为人民服务……都是企业的核心价值观。在这种情况下，外行领导内行是很正常的，修鞋的做电器制造厂的书记厂长、电焊工当食品厂厂长……那是毫不奇怪的。这种风气同样出现在餐饮企业之中。厨师、服务员当饭店经理是很普遍的，由于缺乏必要的管理科学训练，所以往往不重视自己的企业文化建设。改革开放以后的 30 年（我国改革开放以后的第一个个体户营业执照就是发给餐饮业的），餐饮企业和一些规模不大的食品厂都被推向了市场，即便是那些保留原有名号的“老字号”，由于早期创业的业主们对企业的控制权已经丧失多年，在创业年代建立的那些企业文化特色，也早已荡然无存。所以，那些“百年老店”尽管门上的招牌未换，剩下的可能就是它们早先经营的特色产品品种，企业的人文精神几乎是一片空白。而这些企业的新主人们大都由原来能干的“同志”转变而来，他们想到的第一个目标，往往就是赚钱，至于什么“文化”，那是用来装门面的。所以近些年来，餐饮企业的平均寿命一降再降。江苏省曾有过统计，餐饮企业平均寿命只有 3.5 年，有些老字号，即使名号不变，当家人也已换了好几茬，急功近利成了企业主们普遍的经营心态。试想，一个短命的企业，有什么企业文化可言，而没有文化内涵的企业，是不可能有什么品牌效应的。现实的情况是：建立在封建伦理基础上的旧文化理念，如货真价实、童叟无欺、真不二价等等，早已忘得一干二净；而建立在资本主义竞争理念上的顾客至上、员工激励等等，却又灵活掌握；至于社会主义初级阶段提倡的遵纪守法、为人民服务等等，又认为是已经过时，有些人竟连中华民族传统文化的道德良知、诚信待人等都已丧失，从而事故不断，甚至达到令人愤慨的地步。一些餐饮业经营对奢靡之风、暴殄之风起了推波助澜的作用，万元宴、天价宴、人乳宴、跪式服务、裸体盛……只要能赚钱，什么都可以干；食品卫生安全的问题更是触目惊心，2008 年“三鹿婴幼儿配方奶粉事件”，导致国家动用了食品安全事故的一级响应，逼得温家宝说出了“企业家要流淌道德的血液”这样的重话。笔者以为：餐饮企业文化建设是到了更新换代的时候了，继承祖宗的优良传统，吸取外来的先进理念，发扬时代精神，恪守社会主义的道德准则（可以“八荣八耻”为内容），应是当代一切文化建设的共同原则。我们希望能有一批餐饮业的排头兵（如北京全聚德）在这方面做出理论指导的经验总结，同时在各级各类食科教育机构开设有针对性的职业道德讲座，从而真正地使我国饮食文化的优良传统发扬光大。

附带推荐一下，中国食文化研究会的信息咨询服务部办了一种免费交流的内部刊物，名为《食在中国》，前后已有 8 年之久，该刊在餐饮行业文化建设方面做了许多工作，受到业内人士广泛好评，像这种好事，社会要允许它存在并加以发扬。

（五）快餐

在改革开放之前，我们知道“快餐”这个词，是出现在翻译的美国小说中，那里把麦当劳译成麦克唐纳快餐店。至于方便面和速冻食品则闻所未闻。笔者清楚地记得，扬州市委有一位前任书记，因中日友好城市交流去了一趟日本，回来做访问报告，说到方便面，眉飞色舞，赞不绝口，不亚于当年解放军初入城市的情态。可是不久，无论是快餐，还是方便面和速冻食品，都受到烹饪文化界和部分厨师朋友的责难。首先是鄙视，说快餐不过就是快一点，我国传统餐饮业的多种面点制品及盖浇面、盖浇饭等都是快餐食品，已经有了两三千年历史了；所谓方便面，不就是我国清朝即已流行的"伊(秉绶)府面"吗？至于速冻食品，因系机器制作，无论如何没有手工制品好吃。如此等等，不一而足。然而以肯德基、麦当劳为先行者的"洋快餐"，首先取得了广大少年儿童的认可，生意红火，其营业额和利润率是任何一家讲究"色香味形"的中餐企业所无法企及的，而且已经连续20多年稳居中国境内餐饮业百强榜的榜首。至于方便面和速冻食品，因为方便快捷，已经为广大消费者普遍接受，以追求珍(高级原料、珍稀动植物)、大(场面庞大)、全(酒菜热炒、大菜点心、主食汤品、四时果品，甚至还有看饤视果等等一应齐全)、奇(常人难以想到的食物和服务)为目标的中式餐饮企业，虽未每况愈下，但和洋快餐比起来，也算惨淡经营了。

我们可以批评"洋快餐"的品种单调，是"垃圾食品"，无文化可言。然而"洋快餐"恰恰是资本主义大生产概念下工业文明在餐饮行业中的体现，而我们的传统"中华美食"依然是小农经济和手工作坊条件下的饮食文化载体。机械化工业生产、连锁经营、标准化制作和服务、统一的品牌标识和装修式样，给人一种遍地开花的广告效应，所有这些似乎就是朝气蓬勃的先进文化形象。相比之下，中餐企业心目中的"祖传秘方""只此一家，别无分号""技术精湛"等自命清高的经营心态，显然表现出老态龙钟遗老遗少的文化形象。大中型中餐企业往往把自己的服务对象定位于社会精英、富豪大贾、文人雅士的层次上，动辄鲍鱼、熊掌、燕窝、鱼翅……或者是掐菜塞肉等莫名其妙的菜肴设计，似乎来者都应是"五世长者知饮食"的知味者，至少也该是朱自冶、修鼎新式的美食家。由于服务对象人群越来越小，尽管人们的餐饮消费水平日益提高，却也无法和面向普罗大众的洋快餐相比。我们真不该丢掉祖先"薄利多销"的经营理念，所以对于"洋快餐"，我们不仅应该包容，而且应该认真学习，批判地吸收这种有生气的异质饮食文化。可喜的是，我们已经有了一批这样的快餐企业，除了有像大娘水饺、丽华快餐、小肥羊、马兰拉面之类新型快餐企业之外，永和豆浆以及来自台湾顶新集团的德克士等也加入了这个行列，洋快餐的本土化目标也必将指日可待。我们有多得不可胜数的饮食文化优良遗产可供发扬光大，却缺乏应有的勇气和魄力。举个极平常的例子，笔者现在长住苏州，知道苏州人对扬州富春包子喜爱至深，但跑遍整个苏州，找不到一家扬州特色的面点店，这难道不是极力主张弘扬淮扬菜人士的悲哀吗？扬州餐饮界热心把包子空运到香港，为什么就不能扩展到江苏各地乃至全国各地？仅此一例，就足以说明很多问题。我们已经"可上九天揽月"，难道传统食品的工业化生产比这还难吗？关键还是想"一口吃成个胖子"，总想走暴利经营的邪路，却不想认真为人民服务。

2007年，中式快餐年营业额达2000多亿元，占整个快餐市场的80%，年增长率达30%，但至少有60%以米饭为主食，且这些企业承包离不开厨师，因此不是真正意义上的现代快餐。缺乏标准化，实际上就是小饭店或排档。所以食客仍然反映它们的进食环境不如洋快餐店舒适。但它们的发展说明了中国人的饮食情结，所以中式快餐大有可为[8.2]。

参考文献之八

[8.1] [英]贝尔纳.历史上的科学[M].伍况甫，译.北京:科学出版社，1954.
[8.2] 中国烹饪协会网.

主要参考文献

[1] 阮元.十三经注疏[M].北京:中华书局,1980.
[2] 老子.老子[M].王弼,注.上海:上海古籍出版社,1989.
[3] 庄子.庄子[M].郭象,注.上海:上海古籍出版社,1989.
[4] 管子.管子[M].房玄龄,注.上海:上海古籍出版社,1989.
[5] 墨翟.墨子[M].上海:上海古籍出版社,1989.
[6] 荀子.荀子[M].杨倞,注.上海:上海古籍出版社,1989.
[7] 晏子.晏子春秋[M].孙星衍,校.上海:上海古籍出版社,1989.
[8] 高诱.吕氏春秋[M].上海:上海古籍出版社,1989.
[9] 董仲舒.春秋繁露[M].赵曦明,等,重校.上海:上海古籍出版社,1989.
[10] 韩非子.韩非子[M].宋阙名,注.上海:上海古籍出版社,1989.
[11] 淮南子.淮南子[M].高诱,注.上海:上海古籍出版社,1989.
[12] 葛洪.抱朴子[M].上海:上海古籍出版社,1990.
[13] 桓宽.盐铁论[M].上海:上海古籍出版社,1990.
[14] 刘向.说苑[M].上海:上海古籍出版社,1990.
[15] 刘向.新序[M].上海:上海古籍出版社,1990.
[16] 班固.白虎通德论[M].上海:上海古籍出版社,1990.
[17] 荀悦.申鉴[M].上海:上海古籍出版社,1990.
[18] 王充.论衡[M].上海:上海古籍出版社,1990.
[19] 戴德.大戴礼记[M].长春:吉林大学出版社,1992.
[20] 贾思勰.齐民要术译注[M].缪启愉,缪桂龙,注.上海:上海古籍出版社,2006.
[21] 王祯.东鲁王氏农书译注[M].缪启愉,缪桂龙,译注.上海:上海古籍出版社,2008.
[22] 徐光启.农政全书[M].陈焕良,罗文华,校注.长沙:岳麓书社,2002.
[23] 宋应星.天工开物[M].扬州:江苏广陵古籍刻印社,1997.
[24] 沈括.梦溪笔谈全译[M].李文泽,吴洪泽,译.成都:巴蜀书社,1996.
[25] 王冰.黄帝内经素问[M].北京:人民卫生出版社,1963.
[26] 正坤.黄帝内经[M].北京:中国文史出版社,2003.
[27] 忽思慧.饮膳正要[M].北京:中国书店出版社,1993.

[28] 庄绰.鸡肋编[M]. 北京:中华书局,1983.
[29] 李昉,等.太平御览·饮食部[M]. 王仁湘,注.中国商业出版社,1993.
[30] 王缵叔,王冰莹.酒经·酒艺·酒药方[M].西安:西北大学出版社,1997.
[31] 司马迁.史记[M]. 郑州:中州古籍出版社,1996.
[32] 班固.汉书[M].郑州:中州古籍出版社,1996.
[33] 袁枚.随园食单[M].北京:中国商业出版,1991.
[34] 王圻,王思义.三才会[M].扬州:江苏广陵古籍刻印社,1987.
[35] 张亮采.中国风俗史[M].上海:上海文艺出版社,1988.
[36] 吕思勉.先秦史[M].上海:上海古籍出版社,1982.
[37] 尚秉和.历代风俗事物考[M].北京:中国书店出版社,2001.
[38] 徐海荣.中国饮食史[M]. 北京:华夏出版社,1999.
[39] 徐珂.清稗类钞[M]. 北京:中华书局,1986.
[40] 翟凤英.中国营养工作回顾[M]. 北京:中国轻工业出版社,2005.
[41] 李刚.烹饪刀工述要[M]. 北京:高等教育出版社,1988.
[42] 季鸿崑.烹饪技术科学原理[M].北京:中国商业出版社,1993.
[43] 季鸿崑.烹饪学基本原理[M]. 上海:上海科学技术出版社,1999.
[44] 赵荣光.中国饮食文化史[M].上海:上海人民出版社,2006.
[45] 许慎.说文解字注[M]. 段玉裁,注.郑州:中州古籍出版社,2006.

提示性索引

后　记

20 世纪 90 年代，就想写一本涵盖饮食各个方面的科学技术史，但总是理不出头绪来。主要是因为对从科学技术角度考察的饮食，究竟有哪几个重要部分，不像现在这样清晰；加之当时在资料上的准备也不充分，许多该读的书没有读。直到 2005 年前后，才明确认识到人类的饮食，从科学技术角度讲，应当有营养卫生安全、食品和烹饪三个方面，这也是本书第二至第四章分别讨论的内容。然而，人的饮食活动又是人文科学关注的重点，所以从古到今，有关饮食伦理功能的论述如汗牛充栋，因此，有必要做背景文献的介绍，这就是本书第一章形成的缘由。

上述这段话，本来应该写在前言中的，但此次出版前夕，由于“食学”的概念已经出现，并有了很大的影响，因此需要对它的元典精神做必要的阐述，这样就做了一篇“代前言”来说明，并且加了两个附录，以便读者了解当前饮食科学的理论基础和现代风貌。

本书初稿写成于 2005 年到 2009 年间，以后每年都增订一次，直到这次正式出版。其间知道我写这本书的友人仅有赵荣光教授，他原计划将它推荐给其他出版社。然而，在 2013 年底，浙江工商大学出版社的鲍观明社长、钟仲南副总编和人文事业部的唐妙琴博士等得知消息后来访，他们异常热情，令我十分感动，所以决定在该社出版，以飨读者。

认识我的人都知道我是个深度近视的患者，在电脑屏幕前工作的时间不能太长，故而本书的电子版实际上全由老伴陆玉琴同志完成。她还造了上百个生僻古字，真是难为她了，在此一并感谢！

本书最后定稿于 2014 年 4 月 20 日。就在此时，见到了《光明日报》上浙江工商大学食品学院联合中科院上海生命科学院营养科学研究所和美国 Monell 化学感官中心等，为建立现代食品安全与营养科学协同创新中心（CFN）而招聘人才的广告；该中心将基础研究的课题集中在食品自由基生物学、食品营养生物学、食品胶体及物理化学、味觉分子生物学和食品口腔加工等五个方面。这是令食界人士鼓舞的大好事，我们等待好消息。

季鸿崑

2014 年 4 月 20 日